Mailchimp

Michael Keukert

Mailchimp

Das Praxis-Handbuch
E-Mail-Marketing für B2B und B2C

mitp

Bibliografische Information der Deutschen Nationalbibliothek

Die Deutsche Nationalbibliothek verzeichnet diese Publikation in der Deutschen National-
bibliografie; detaillierte bibliografische Daten sind im Internet über <http://dnb.d-nb.de>
abrufbar.

Bei der Herstellung des Werkes haben wir uns zukunftsbewusst für umweltverträgliche und
wiederverwertbare Materialien entschieden.
Der Inhalt ist auf elementar chlorfreiem Papier gedruckt.

ISBN 978-3-7475-0048-4
3. Auflage 2020

www.mitp.de
E-Mail: mitp-verlag@sigloch.de
Telefon: +49 7953 / 7189 - 079
Telefax: +49 7953 / 7189 - 082

Lektorat: Sabine Schulz
Sprachkorrektorat: Petra Heubach-Erdmann
Coverbild: © ra2 studio @ fotolia.com
Satz: III-satz, Husby, www.drei-satz.de
Druck: Medienhaus Plump GmbH, Rheinbreitbach

Inhaltsverzeichnis

Vorwort zur 3. Auflage

Wow, was für eine atemlose Zeit! In den letzten zwei Jahren war ich landauf, landab in Sachen Mailchimp unterwegs und habe Schulungen nicht nur in Metropolen wie Berlin, Frankfurt, Hamburg oder Wien gehalten, sondern habe Kunden auch in Cloppenburg, Innsbruck und St. Gallen fit gemacht. In 2018 haben wir mit unserer Mailchimp-Agentur bereits den zweiten Mailchimp-Day mit über 100 Teilnehmern in Köln veranstaltet und einen prall gefüllten Vortrags- und Workshoptag zusammen verlebt. Zu offenen Trainings wie beispielsweise in Augsburg im Januar 2020 kamen Teilnehmer teilweise aus Liechtenstein und aus Wien angereist. Nahezu wöchentlich bekomme ich positives Feedback zu den letzten beiden Ausgaben des Mailchimp-Buches und das macht mich stolz und dankbar.

Mailchimp ist ein Programm mit einer sehr hohen Entwicklungsgeschwindigkeit. Im Schnitt alle sechs bis acht Wochen kommen neue Versionen heraus, die aber sehr schonend und benutzerfreundlich in die Programmoberfläche eingebaut werden. So gab es schon bald, nach der Erstveröffentlichung dieses Buches, Stellen in der Software, die geringfügig anders aussahen oder an denen neue Funktionen dazugekommen waren. Es spricht für die Qualität von Mailchimp, dass die Zahl der Anfragen, die wir zu Änderungen der Benutzeroberfläche bekommen haben, vergleichsweise gering blieb.

Sowohl für Neueinsteiger als auch für fortgeschrittene Anwender von Onlinemarketing-Lösungen gehört Mailchimp zum unverzichtbaren Instrumentarium. Die Innovationen, die Mailchimp vorlegt, dienen als Maßstab für die Branche und setzen das Tempo, dem andere folgen müssen.

Mailchimp selbst legt nach wie vor ein atemberaubendes Tempo vor. Für die meisten Anwender war das Redesign vom September 2018 (siehe *https://mailchimp.com/resources/new-brand-announcement-2018/*) eine der sichtbarsten Änderungen. Große Änderungen wie die erweiterte Einbindung von Onlinemarketing-Möglichkeiten oder die Möglichkeiten, Kampagnen auch per Postkarte zu versenden, täuschen leicht darüber hinweg, wie viel sich unter der Oberfläche tut.

Mein Team und ich finden nahezu wöchentlich kleine bis mittlere Änderungen in Mailchimp: Hier eine kleine optische Umstellung, dort eine sinnvolle Textänderung, aber mitunter auch neue Funktionen und Möglichkeiten. Nach wie vor muss ich bei diesen Dingen die Entwickler von Mailchimp loben, da durch diese

Änderungen der logische Fluss und die Funktionen nicht unterbrochen werden und sich die Anwender selten umgewöhnen müssen.

Eine weitere einschneidende Änderung war der Wechsel des Preismodells im Sommer 2019, der zwar einige Nutzer verärgerte, insgesamt aber eine begrüßenswerte Entscheidung in Richtung zunehmender Professionalisierung und fairer Preispolitik war. Nicht zuletzt dieser Wechsel und die Menge der neuen Funktionen sind der Grund, warum die vorliegende dritte Ausgabe fast ein Jahr später erscheint als ursprünglich geplant. Ich hoffe, Sie sehen mir das nach.

Das große Thema des Jahres 2018 war das Inkrafttreten der Datenschutzgrundverordnung (DSGVO) Ende Mai. Diese europäische Richtlinie hat mitunter große Unsicherheit bei den Anwendern erzeugt, teilweise geschürt von Marktbegleitern, die die Gunst der Stunde zu nutzen versuchten, um an der Markt- und Technologieführerschaft zu kratzen. Tatsächlich hat Mailchimp die ersten Informationen zur DSGVO bereits im Sommer 2017 veröffentlicht und war im Dezember 2017 im Großen und Ganzen mit der Umsetzung fertig – zu einem Zeitpunkt, zu dem manche Mitbewerber das Thema noch nicht einmal öffentlich erwähnt hatten. Das Maß an Informationen, die Unterstützung und der Umfang der bereitgestellten Werkzeuge von Mailchimp können dabei nur als vorbildlich angesehen werden.

Bei aller berechtigten Kritik an Inhalten und politischer Umsetzung der DSGVO hat die ganze Diskussion jedoch ein Gutes gehabt: Anwender von Onlinemarketing-Werkzeugen wie Mailchimp sind nun verstärkt auf das Thema Datenschutz sensibilisiert und ich erlebe in der täglichen Praxis meiner Agentur erfreulicherweise seltener Fälle, bei denen den Interessenten solche Überlegungen völlig egal sind. Gerade im Hinblick auf die »Lazy Spammer«-Thematik (vgl. Abschnitt 3.2) ist das eine große Erleichterung.

Ich wünsche Ihnen viel Spaß mit der vorliegenden 3. Auflage des Mailchimp-Buches. Ich hoffe, das Buch unterstützt Sie sowohl beim Einstieg in Mailchimp als auch bei der täglichen Arbeit. Ich würde mich freuen, von Ihnen zu hören. Vielleicht sehen wir uns ja auch auf dem nächsten Mailchimp-Day!

Aachen, 29.02.2020

... und dann kam Corona! Es ist kaum fassbar, wie sich das Land – ja die Welt – in den letzten 4 Wochen verändert hat. Wir sind als Digitalagentur vergleichsweise gut aufgestellt, da wir schon seit mehreren Jahren die Möglichkeit zur Arbeit im Homeoffice bieten und konsequent digitale Produktivitätstools nutzen. Viele andere sind nicht in dieser glücklichen Situation und müssen im Eiltempo aufholen.

Die Zahl der Anfragen in unserem Geschäftsbereich »Mailchimp-Agentur« sind sprunghaft gestiegen. Es scheint, dass diese Krise für viele Unternehmen der Anlass ist, konkret in den Ausbau ihrer digitalen Kommunikation zu investieren und vielleicht auch eine Zwangspause zu nutzen, um sich fit zu machen. Hier ist die E-Mail-Kommunikation mit Kunden und Interessenten definitiv wichtig. Auch ich muss mich umgewöhnen: Habe ich bisher immer sehr gerne Schulungen und Workshops vor Ort beim Kunden gemacht, so bieten wir jetzt erstmalig das Webinar oder die Video-Schulung als Konzept an. Ich denke, das Dienstreiseverhalten wird als Folge von COVID-19 eine dauerhafte Veränderung erleben. Die Umwelt freut es.

Ich wünsche Ihnen, dass Sie die Pandemie persönlich und wirtschaftlich gesund überstehen und würde mich freuen, wenn Sie das vorliegende Buch (nicht nur) in Ihrer Krisenkommunikation unterstützt, sondern Ihnen vor allem auch dauerhaft hilft.

Aachen, 31.03.2020

Einleitung

Willkommen zum Praxishandbuch Mailchimp. Wenn Sie dieses Buch in den Händen halten, haben Sie sich mit der Thematik E-Mail- und Newsletter-Marketing wahrscheinlich schon ein bisschen auseinandergesetzt. Neben vielen anderen Tools sind Sie irgendwann auch mit Mailchimp in Berührung gekommen – vielleicht auch nur, weil Sie bereits selbst einen via Mailchimp verschickten Newsletter erhalten haben. Im Jahr 2019 wurden über Mailchimp gut 930 Millionen E-Mails pro Tag verschickt. Das sind fast 11.000 Newsletter pro Sekunde, wobei Mailchimp weltweit über 4 Milliarden E-Mail-Adressen kennt. Mit einem Marktanteil von gut 60% ist Mailchimp damit unbestrittener Marktführer, insbesondere, wenn man bedenkt, dass der nächste Mitbewerber gerade einmal auf 9,5% kommt. Weitere Statistiken zu Mailchimp finden Sie unter *https://aix.li/mc2019*.

Mailchimp ist ein sehr starkes Marketingtool. Wir setzen es als Agentur seit mehr als zehn Jahren sehr erfolgreich im B2B- und B2C-Bereich ein. Und nach unzähligen Vergleichstests haben wir uns entschieden, für die Projekte unserer Kunden (und unsere eigenen natürlich auch) nahezu ausschließlich Mailchimp einzusetzen. Warum? Mailchimp ist leistungsfähig, meistens intuitiv und sehr praxisnah. In vielen Anwendungsfällen, vom Einzelunternehmer über den Kaninchenzüchterverein bis hin zum DAX-gelisteten Unternehmen: Wir haben in allen Projekten gute Erfahrungen mit Mailchimp gemacht – und unsere Kunden auch.

So umfangreich Mailchimp ist, so beständig ist es. Zwar wächst der Funktionsumfang kontinuierlich, aber neue Features werden immer erst dann ausgerollt, wenn sie marktreif und fehlerfrei sind. Alte Funktionen werden bei Rollouts aber oft nicht von heute auf morgen abgeschafft, sondern stehen noch langfristig zur Verfügung, damit Benutzer sich nicht von heute auf morgen umstellen müssen.

Ein Manko hat Mailchimp aber und dies ist auch einer der Gründe, warum ich dieses Buch geschrieben habe: Mailchimp bedient hauptsächlich den englischsprachigen Markt. Mailchimp wird zwar weltweit mit steigender Begeisterung genutzt, aber unsere Ansprechpartner beim Hersteller haben uns verraten, dass es so schnell keine deutschsprachige Version der Benutzeroberfläche geben wird. Deswegen gibt es dieses Buch: *Mailchimp – Das Praxishandbuch*.

Aus langjähriger Agenturerfahrung und aus unzähligen Mailchimp-Projekten habe ich viel Praxiswissen extrahiert und in diesem Buch untergebracht. Ich hoffe, Sie haben am Buch und an Mailchimp Ihre Freude.

Mailchimp

E-Mail- und Newsletter-Marketing wurden schon häufig totgesagt, letztlich wurde es jedoch noch nie so häufig und erfolgreich eingesetzt wie heute.

Zum Erfolg des modernen E-Mail-Marketings tragen Anbieter wie Mailchimp natürlich bei. Im Gegensatz zu anderen Softwarelösungen, zum Beispiel zu Microsofts Office, auf dem ich gerade dieses Buch schreibe, setzt Mailchimp schon sehr lange auf Software-as-a-Service (SaaS).

Dabei wird die Software nicht mehr auf einem PC im heimischen Arbeitszimmer oder auf einem Server in der Firma installiert, sondern vom Anbieter auf Servern im Internet – quasi in der Cloud – zur Verfügung gestellt.

Der Softwareanbieter kümmert sich rund um die Uhr um die Lauffähigkeit, um Updates und um neue Funktionen, die dem Nutzer automatisch zur Verfügung gestellt werden. Alles, was Sie zur Nutzung benötigen, ist eine Internetverbindung. Eine Software-Installation ist nicht mehr notwendig.

Auch hier liegen die Vorteile auf der Hand. Auf der einen Seite müssen Sie nichts mehr installieren. Das macht insbesondere die Arbeit von unterschiedlichen Orten aus an unterschiedlichen Computern oder auch am Smartphone deutlich einfacher. Und das lästige Kaufen und Installieren von Updates fällt natürlich auch weg.

Gerade im Bereich des E-Mail-Marketings gibt es aber noch einen weiteren entscheidenden Vorteil. Mailchimp kümmert sich um die Perfektionierung der Zustellung von E-Mails.

Vereinfacht ausgedrückt: Wenn Sie von Ihrem heimischen PC aus zu viele E-Mails in zu kurzer Zeit verschicken, dann wird Ihr Internetprovider, zum Beispiel 1&1 oder T-Online, dies irgendwann unterbinden, weil der Verdacht auf Versand von Spam besteht (bzw. technisch unterstellt wird).

Anbieter wie Mailchimp optimieren hingegen den Versand und stellen durch eigene Maßnahmen sicher, dass Sie keine Spammails – auch nicht versehentlich – verschicken können. Diese Missbrauchsprävention erlaubt es, mit den Internetprovidern Vereinbarungen zu treffen, die bei via Mailchimp verschickten E-Mails eine Zustellung quasi garantieren. Ende der Vereinfachung.

Wenn Sie dieses Buch in Ihren Händen halten, dann haben Sie wahrscheinlich bereits den ein oder anderen Blick auf Mailchimp geworfen und selbst einige Erfahrungen mit Mailchimp sammeln können. Bevor ich Sie gleich durch die Wirren des Systems begleite, bekommen Sie noch ein paar Informationen zu Mailchimp selbst.

Mit über 12 Millionen Nutzern weltweit (Stand 2019) gehört Mailchimp zu den ältesten, größten und erfolgreichsten Spezialanbietern in diesem Segment des Onlinemarketings.

The Rocket Science Group, die Firma hinter Mailchimp, wurde 2001 unter anderem von Ben Chestnut gegründet, der auch heute noch der Firma als CEO vorsteht. Zunächst nur als Nebenerwerb gedacht, hat sich die Firma sehr schnell weiterentwickelt. Heute gehören neben Mailchimp auch Mandrill und TinyLetter zum Portfolio.

Aufbau des Buches

Dieses Buch ist strukturiert aufgebaut und beginnt bei allgemeinen E-Mail-Themen und endet bei der API-Programmierung. Im Idealfall legen Sie unter *www.mailchimp-testen.de* einen neuen Mailchimp-Account an. Das ist meist einfacher, auch wenn Sie bereits über einen eingerichteten Account verfügen. Ich begleite Sie im Laufe des Buches von den ersten Einstellungen über das Template-Design bis hin zum Versand Ihrer ersten Kampagne.

In den ersten beiden Kapiteln beschäftigen wir uns mit E-Mail- und Newsletter-Marketing im Allgemeinen. Ich beleuchte dabei unter anderem die Bedeutung von E-Mails im Marketingmix und die rechtliche Grundlage für den Newsletter-Versand.

In Kapitel 3 erläutere ich das Mailchimp-Preismodell und zeige Ihnen das Thema Compliance genauer.

Ab Kapitel 4 geht es mit der praktischen Umsetzung los: Accounteinrichtung, Listen und Segmente, Formulare für die An-, Ab- und Ummeldung. Je weiter die Kapitel fortschreiten, desto mehr nähern wir uns ausgehend von den Vorbereitungen dem eigentlichen Newsletter-Versand.

Am Schluss des Buches gehe ich noch kurz auf fortgeschrittene Anwendungen, wie zum Beispiel die API-Programmicrung ein.

Natürlich eignet sich das Buch aber auch als Nachschlagewerk bei der täglichen Arbeit. Nahezu alle Menüpunkte der Mailchimp-Oberfläche finden Sie auch im Register am Ende des Buches wieder. Wenn Sie also mal nicht weiterkommen, schauen Sie einfach hier im Buch nach – es gibt ganz bestimmt eine Lösung!

Über die Autoren

Michael Keukert ist Vorstand der AIXhibit AG, einem der ältesten E-Commerce- und Onlinemarketing-Dienstleister im deutschsprachigen Raum. Michael Keukert gründete 2011 das Ressort Onlinemarketing und dort unter anderem auch die

Division »Mailchimp Agentur« (*www.mailchimp-agentur.de*). Mit über 14 Jahren Erfahrung mit Mailchimp gehört er zu den absoluten Mailchimp-Spezialisten weltweit.

Michael Keukert erreichen Sie per E-Mail unter *michael.keukert@aixhibit.de*, auf Xing finden Sie ihn unter *www.xing.com/profile/michael_keukert*.

Bis zur zweiten Auflage war Tobias Kollewe als Mit-Autor in diesem Buch beteiligt. Tobias Kollewe ist Gründer der AIXhibit AG sowie Gründer und Vorstand der cowork AG. Mehr zu Tobias Kollewe finden Sie auf seiner Internetseite *www.kollewe.com* oder auch bei Xing unter *www.xing.com/profile/tobias_kollewe*.

Als eingespieltes Autorenteam haben Michael Keukert und Tobias Kollewe zusammen mehrere Bücher und Artikel in den Bereichen E-Commerce und Onlinemarketing verfasst.

Neuigkeiten

Mailchimp entwickelt sich ständig weiter. Schneller, als die gedruckte Auflage dieses Buches eine Änderung zulässt. Ich bin mir sicher, dass es im Zeitraum zwischen Abgabe des Manuskripts und der Verfügbarkeit des Buches im Buchhandel neue Mailchimp-Funktionen geben wird, die ich hier leider nicht mehr einfließen lassen kann.

Deswegen habe ich mich entschlossen, ein begleitendes Blog zu diesem Buch zu veröffentlichen. Unter *https://www.mailchimp-agentur.de/blog/* veröffentliche ich ergänzende Tipps, beschreibe Erweiterungen und erkläre neue Funktionen.

Bisher zweimal haben wir den Mailchimp-Day, eine ganztägige Vortrags- und Workshop-Veranstaltung rund um Mailchimp organisiert. Der Mailchimp-Day ist die erste deutsche Veranstaltung, bei der Anwender – egal ob privat oder beruflich – mit Spezialisten gemeinsam Erfahrungen austauschen und bei der Fachvorträge und Workshops rund um Mailchimp geboten werden. Infos zum jeweils nächsten Mailchimp-Day finden Sie auf *https://www.mailchimp-day.de/*.

Danke!

Das erste eigene Buch, das in die dritte Auflage geht. Das macht stolz und demütig zugleich.

Daher geht mein erster Dank an den mitp-Verlag, der an das Mailchimp-Buch glaubte, als es ein anderer Verlag nicht tat. Das Mailchimp-Buch war ein bisschen ein Herzensprojekt und mitp mit Steffen Dralle als Bergführer und Sabine Schulz als Programmleiterin haben nicht wirklich lange gezögert, bis sie zugesagt haben. Das freut mich bis heute noch immer!

Weiterer Dank gehört Tobias Kollewe, meinem Co-Autor bis zur zweiten Auflage. Ich hoffe, es findet sich mal wieder ein Projekt, das wir gemeinsam schreiben können.

Bedanken möchten ich mich auch bei Berit, Denise, Irem, den beiden Jessicas, Larissa und Maral, allesamt Mitarbeitern im Bereich der Mailchimp-Agentur bei der AIXhibit AG, für die Unterstützung bei der Bearbeitung des Manuskripts, der Erstellung von Grafiken und der Umsetzung von Testszenarien. Vielen, vielen Dank!

Bedanken möchte ich mich auch bei den Entwicklerinnen und Entwicklern von Mailchimp, die ein ziemlich tolles Tool entwickelt haben und uns bei unserer täglichen Arbeit in der Agentur und in Kundenprojekten, aber auch beim Schreiben dieses Buches immer wieder mit Rat und Tat zur Seite stehen.

Kapitel 1

E-Mails im Marketingmix

E-Mails sind sicherlich das stärkste Marketinginstrument, das der digitale Marketingbaukasten aktuell zur Verfügung stellt. Natürlich haben auch Suchmaschinen-Marketing, zum Beispiel mittels Google Ads, Social-Media-Plattformen wie Facebook, Instagram und Twitter oder auch Affiliate-Marketing ihre Daseinsberechtigung.

Stellt man aber Kosten und Nutzen jeweils gegenüber, dann werden die Vorteile des wohl ältesten Marketingtools in den »neuen Medien« schnell klar: geringer Kontaktpreis, minimale Streuverluste, langfristige Kundenbindung und hohe Konversionsraten.

Bevor ich mich der Nutzung von Mailchimp selbst widme, erlaube ich mir noch eine kleine Einführung in das E-Mail- und Newsletter-Marketing selbst.

Auf den folgenden Seiten dreht sich alles um die Bedeutung von E-Mails, um den Aufbau einer E-Mail mit den unterschiedlichen Elementen von der Betreffzeile über den Preheader bis hin zum eigentlichen Inhalt.

Und es geht auch ein bisschen um die rechtlichen Aspekte beim E-Mail-Versand. Ich erkläre unter anderem, wie Sie E-Mail-Adressen sammeln und wann Sie wem welche E-Mails schicken dürfen.

1.1 Bedeutung von E-Mail-Marketing

Verschicken Sie mehr E-Mails! Diese Kernaussage wird sich wie ein roter Faden durch dieses Buch ziehen und gibt damit gleichzeitig einen kleinen Ausblick auf die Bedeutung von E-Mails im Marketing.

E-Mails sind sowohl im E-Commerce als auch im Direktmarketing eine unschlagbare Form der Kundenansprache. Im Vergleich zu anderen Marketing-Tools ist E-Mail-Marketing

- kostengünstig
- schnell
- einfach personalisierbar

Zudem, und das ist wohl der entscheidendste Vorteil, erreichen E-Mails ihre Empfänger unabhängig von Zeit und Raum. E-Mails landen in der Mailbox und können de facto nicht überlesen werden. Selbst das Löschen einer ungeöffneten E-Mail ist ein Kontakt mit dem Absender oder seiner Marke.

Im Gegensatz zu Social-Media-Diensten gibt es keine Halbwertzeit eines Postings, weil der Nutzer zur richtigen Zeit – zum Zeitpunkt des Postings – gerade nicht online war.

Im Onlinemarketing sprechen wir von Pull- und Push-Services. Die meisten Werkzeuge im Onlinemarketing-Mix sind Pull-Services. Wenn ich eine Anzeige bei Google sehen soll, dann muss ich aktiv nach einem bestimmten Begriff suchen. Will ich eine Werbung auf Facebook sehen, dann muss ich auch auf Facebook aktiv sein. Im E-Mail-Marketing hingegen muss ich nichts tun – ich bekomme die Newsletter und Marketing-Mails »gepusht«. Zu einem Zeitpunkt, den der Verfasser bestimmt.

Dementsprechend beeindruckend sind auch die Zahlen, die freilich von Studie zu Studie unterschiedlich sind, aber doch zumindest einen groben Überblick über die weltweite Bedeutung des Mediums E-Mail geben.

Im Schnitt erhält jeder Empfänger sage und schreibe 416 kommerzielle E-Mails pro Monat, knapp 14 pro Tag. Dabei handelt es sich natürlich nicht nur um Newsletter, sondern um alle möglichen Formen der kommerziellen E-Mail, auf die ich im Laufe dieses Kapitels noch weiter eingehe.

91% der Konsumenten lesen ihre E-Mails täglich. Damit liegt E-Mail als meistgenutztes Medium weit vor Facebook. Lediglich 64% der Nutzer weltweit werfen täglich einen Blick auf die Neuigkeiten im sozialen Netzwerk. Um Aufmerksamkeit für eigene Produkte und Dienstleistungen zu erhalten, ist das natürlich viel zu wenig; die Streuverluste sind trotz Likes und Zielgruppenauswahl viel zu hoch.

Der durchschnittliche Return-on-Investment (ROI) liegt bei 44,25 US-Dollar für jeden in E-Mail-Marketing investierten Dollar. Auch hier der Versuch eines Vergleichs zu Facebook Advertising: Der Vergleich scheitert an verlässlichen Zahlen. Zu Facebook Advertising stehen leider keine Zahlen zur Verfügung. Im Gegenteil. Hier wird von Social-Media-Beratern oft ins Feld geführt, dass nackte Zahlen gar nicht ermittelt werden sollten. Brand Awareness, Markenbildung und Kundenbindung seien viel wichtiger, aber eben nicht direkt messbar.

Die Unternehmensberatung McKinsey&Company hat sich dennoch die Mühe gemacht und versucht, Daten und Fakten zum Thema der Kundenakquise über die verschiedenen Kanäle zusammenzutragen.

Mit einem überaus deutlichen Ergebnis. Die Autorin Nora Aufreiter schreibt:

»Emails remain a signifcantly more effective way to acquire customers than social media – nearly 40 times that of Facebook and Twitter combined.« (*https://aix.li/mckinsey-email-studie*)

Laut statista-Erhebung wurden in Deutschland im Jahr 2015 rund 537 Milliarden E-Mails verschickt; Spammails nicht mit einberechnet. Innerhalb von nur 15 Jahren hat sich damit das Versandvolumen mehr als versechzehnfacht (2000: 32,3 Milliarden E-Mails).

Im gleichen Zeitraum ist die Anzahl der in Deutschland verschickten Briefe um fast 30 Prozent gesunken: von 16,6 Milliarden auf 11,9 Milliarden.

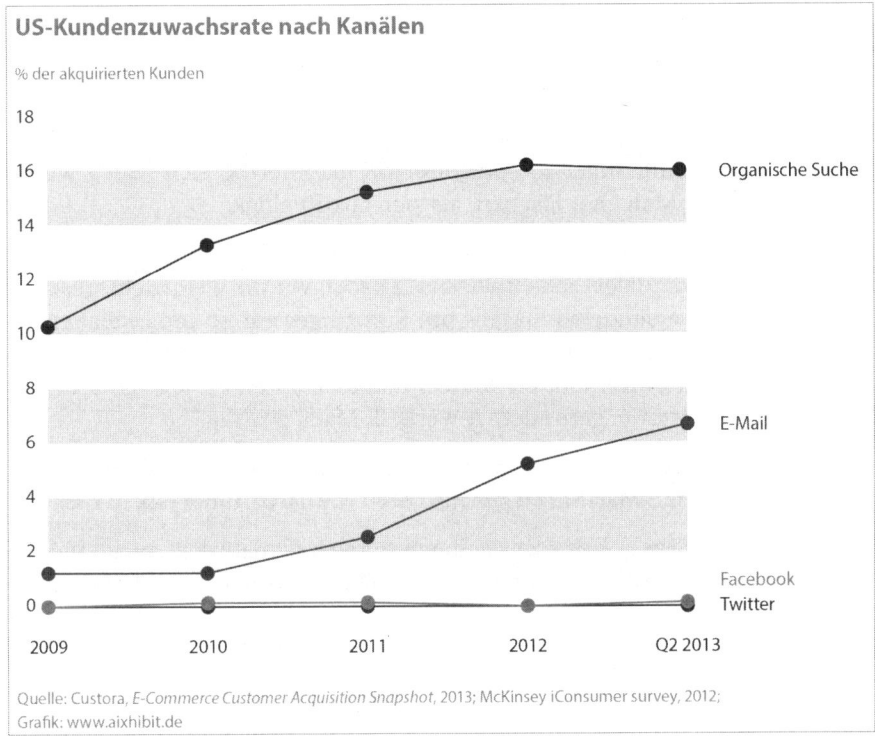

Abb. 1.1: Entwicklung der Kundenakquisition im Internet nach Kanälen

Davon ausgehend, dass alle versendeten E-Mails auch ihren Empfänger erreichen und dort zumindest die Titelzeile (Subject) und der Absender gelesen werden, ist der Stellenwert von E-Mails wohl unbestritten.

E-Mails sind das wichtigste Kommunikationsmittel unserer Zeit!

1.2 Senden Sie mehr E-Mails!

… denn Sie verschicken zu wenige!

Grundsätzlich brauchen Sie keine Angst davor zu haben, dass Ihre Kunden Ihnen das übel nehmen könnten. Denn selbst bei einer scheinbar absurd hohen Sendefrequenz – mehr dazu weiter unten – ist der Druck nicht hoch genug, um die Bequemlichkeit des vielleicht genervten Empfängers in einen Klick auf den Abmelde-Link am Fuß des Newsletters oder der Transaktionsmail umzuwandeln.

Und damit haben Sie als Versender genau das erreicht, was das oberste Ziel jeder E-Mail-Kampagne ist: der Kontakt des Empfängers mit der Marke.

Statt sich vom Newsletter abzumelden, werden unerwünschte E-Mails oft nur aus der Inbox gelöscht. Aber auch die Aktion des Löschens zeigt Ihre Marke. Und im Bedarfsfall wird sich der Empfänger eher an die Marke erinnern, mit der er immer wieder (auch vermeintlich negativ) in Berührung gekommen ist.

Eine Studie (Herbst 2015) der AIXhibit AG (*www.aixhibit.de*) in Zusammenarbeit mit dem Lehrstuhl für Marketing der FH Aachen zeigt genau dieses Bild. Der Großteil der E-Mail-Empfänger im Business-to-Customer-Bereich (B2C) würde eine unerwünschte E-Mail eher löschen, als sich abzumelden.

Zum Beispiel mit der scheinbar absurd hohen Sendefrequenz: Für einen Anbieter aus dem Bereich der digitalen Fotoentwicklung haben wir im Weihnachtsgeschäft 2014 die Anzahl der versendeten E-Mails pro Empfänger auf 40 pro Monat explodieren lassen. Ursprünglich erhielt jeder Newsletter-Abonnent einmal pro Woche eine E-Mail. Von Mitte November bis Mitte Dezember waren es, je nach Kundensegment und Kauf-Historie, gerundet 1,3 Werbe-E-Mails pro Tag.

Entgegen unserer Annahme – ja, das hat uns selbst überrascht – war die Abmeldequote während und nach dem E-Mail-Sturm genauso hoch wie davor: unter einem Prozent.

Bei einer Listengröße im hohen sechsstelligen Bereich ist natürlich auch eine Abmelderate unterhalb eines Prozents nicht wenig. Durch geschickte E-Mail-Akquise über Facebook und Google AdWords wurden die Abmeldungen aber nicht nur abgefangen. Über den gesamten Kampagnenzeitraum ist die Gesamtliste der Empfänger insgesamt sogar gestiegen.

Die Conversion-Rate, also die Rate der auf Basis der versendeten E-Mails erzielten Verkäufe, ist dagegen deutlich angestiegen.

Kurz vor den Weihnachtsfeiertagen wurde die Sendefrequenz wieder auf ein normales, »erträgliches« Maß gesenkt. Auch die Öffnungs-, Klick- und Conversion-Raten normalisierten sich wieder.

Dieses einfache Beispiel zeigt deutlich, dass Sie keine Angst vor Abmeldungen haben müssen. Betrachten Sie es so: Empfänger, die sich die Mühe machen, den Abmelde-Link von Ihrem Newsletter zu finden, hätten Sie mit hoher Wahrscheinlichkeit nicht zu einer Conversion jedweder Art bewegen können. Sie müssen sogar davon ausgehen, dass der Empfänger schon die vorangegangenen E-Mails überhaupt nicht mehr gelesen hat. Ein Fan Ihrer Marke oder Kunde Ihres Shops wäre er wohl eher nicht mehr geworden.

Daher gilt: Egal, wie viele E-Mails Sie aktuell verschicken – verschicken Sie noch mehr!

1.3 Anwendungsfälle

Grundsätzlich unterscheiden wir im E-Mail-Marketing mehrere Arten von E-Mails. Nicht alle E-Mail-Formen lassen sich dabei eindeutig klassifizieren, da sich die Definitionen je nach Zweck und Anwendungsgebiet überschneiden können.

Der klassische Newsletter ist die bekannteste Form im E-Mail-Marketing.

Transaktionsmails, Marketing-Automations, Zeit-basierte und Aktions-basierte E-Mails sind weitere Definitionen, die in den folgenden Abschnitten weiter erläutert werden.

1.3.1 Newsletter

Der klassische Newsletter ist die bekannteste, aber nicht die am weitesten verbreitete Form des E-Mail-Marketings.

Egal ob Kaninchenzüchterverein, Metallbauer oder DAX-Konzern: Der regelmäßige Newsletter wird als Marketinginstrument überall genutzt.

Newsletter eignen sich dabei als schnelles und kostengünstiges Push-Medium für die drei Ebenen des Customer-Lifecycle-Messagings:

■ Neukunden-Akquise
■ Kundenbindung
■ Revitalisierung/Reaktivierung der Kundenbeziehung

Newsletter spielen dabei sowohl in der Kommunikation mit Endkunden (B2C), im Business-Bereich (B2B) als auch in der innerbetrieblichen Kommunikation eine große Rolle (vgl. Abbildung 1.3).

Angebotsnewsletter von Aldi, Mediamarkt oder Amazon haben im Handel einen großen Stellenwert eingenommen und versorgen Verbraucher in regelmäßigen Abständen, meist wöchentlich, mit Informationen zu Preisen und Produkten.

Gleiches gilt natürlich für Dienstleister, die Neuigkeiten rund um das Dienstleistungsportfolio oder personelle Änderungen verbreiten.

In den vergangenen Jahren lösten E-Mails auch in der innerbetrieblichen Kommunikation klassische Personalzeitschriften oder Verteiler als Informationsträger ab.

Der Grund für den Erfolg von Newslettern liegt auf der Hand: Newsletter sind dank wegfallender Satz- und Druckkosten nicht nur deutlich kostengünstiger. Sie sind natürlich auch wesentlich schneller. Zwischen dem Geschehen und der Verbreitung von Information vergehen bei Drucksachen gut und gerne mehrere Wochen. Newsletter können dagegen taggleich verschickt werden.

Vergleicht man die Kosten für ein monatliches Postmailing mit den Kosten für einen Newsletter, wird der Kostenvorteil direkt sichtbar.

Abb. 1.2: Wöchentlicher Newsletter von ALDI Süd

Liebe AIXhibit'ler,

lauf, Forrest, lauf! Unser Laufteam ist wieder erfolgreich beim BusinessRun angetreten und vollzählig ins Ziel gekommen. Auf welchem Platz genau und was sonst noch im nächsten Monat alles passieren wird, könnt Ihr in diesem Newsletter nachlesen.

Herzlichst,
Tobias, Pawel und Michael

KICKER LIGA

Das Managerspiel "Kicker Interactive" zur Bundesliga-Saison 2014/2015 ist vorbei. Judith hat alle hinter sich gelassen und mit 1.417 Punkten den ersten Platz gemacht. Platz 2 geht an externe Gäste (1.398 Punkte) und Platz 3 hat sich Luke gesichert (1.328 Punkte).
Unsere Liga "Yo AIXhibit!" ist mit einer Durchschnittspunktzahl von 1.164,1 auf Platz 3.976 von fast 20.000 Ligen gelandet. Insgesamt haben in dieser Saison an die 200.000 Manager mitgespielt. Judith hat sich auf Platz 8.284 in der Einzelwertung gekämpft. Der beste Manager erreichte in dieser Saison 1.741 Punkte.
Die nächste Runde des Managerspiels startet voraussichtlich am 1. August 2015. Jeder ist herzlich eingeladen mitzuspielen – auch eure Freunde und Bekannte. Sprecht Thomas einfach an, er schickt euch dann eine Einladung für die Liga.

Abb. 1.3: Interner Mitarbeiter-Newsletter der AIXhibit AG

In der folgenden Tabelle finden Sie beispielhaft die Kosten für ein Postmailing an 10.000 Empfänger mit Satz, Druck, Versandabwicklung (Lettershop) und Porto dem Versand eines Newsletters gegenübergestellt. Die Kosten für das Postmailing sind fiktiv, aber doch realistisch angegeben. Die Kosten für den Versand als News-letter entsprechen den monatlichen Mailchimp-Kosten für ein Abomodell mit 10.000 Empfängern und einem Newsletter-Versand pro Monat.

	Kosten Mailing	Kosten Newsletter
Satz und Druck	2.000,- €	-
Versandabwicklung	1.500,- €	-
Porto	6.300,- €	68,32 €
Personalaufwand für Vorbereitung und Rückläuferbearbeitung	Mittel	Gering
Tausend-Kontakt-Preis TKP	980,- €	6,83 €

Tabelle 1.1: Beispiel-Mailing/Newsletter mit 10.000 Empfängern

Der Tausend-Kontakt-Preis (TKP) gibt Auskunft über die Kosten pro 1.000 erreichter Empfänger.

1.3.2 Transaktionsmails

Transaktionsmails sind die häufigste Form der verschickten E-Mails. Grundsätzlich sind Transaktionsmails an irgendeine Form von Transaktion gebunden. Hierzu zählen beispielsweise:

- Anmeldebestätigungen
- Bestellbestätigungen
- Versandbestätigungen mit Trackingnummer
- Hinweise auf abgebrochene Warenkörbe
- Bewertungsaufforderungen
- Ereigniszusammenfassungen
- usw.

Grundsätzlich kann man nahezu jede automatisch versendete E-Mail, die sich in irgendeiner Form einer Transaktion im Internet zuordnen lässt, dieser Gruppe zuordnen.

Da sie die häufigste Form der versendeten Mail bildet, ist nicht nachvollziehbar, warum sie nach wie vor eher stiefmütterlich behandelt wird.

Viele Unternehmen entwickeln aufwendige, responsive Templates für ihre Newsletter. Diese werden vielleicht wöchentlich, vielleicht auch nur monatlich versendet.

Viel häufiger kommen Verbraucher aber mit der Marke in Kontakt, wenn sie Transaktionsmails erhalten. Gerade hier bietet sich die Möglichkeit, sowohl durch entsprechende gestalterische Elemente das eigene Unternehmen in ein positives Licht zu rücken als auch weiterführende Angebote zu unterbreiten (natürlich nur im Rahmen des Wettbewerbsrechts, vgl. Abschnitt 2.5 »Rechtliche Aspekte«).

Gut gestaltete Transaktionsmails spiegeln dabei das Image des Versenders wider und heben diese E-Mails aus dem unformatierten Einheitsbrei der gängigen Transaktionsmails deutlich hervor.

1.3.3 Ereignisgebundene E-Mails

Ereignis gebundene E-Mails sind je nach Definition eine Untergruppe der Transaktionsmails oder gleichbedeutend mit diesen.

Den Ereignis gebundenen E-Mails geht – im Gegensatz zu den zeitgebundenen E-Mails – ein Ereignis voraus, das entweder vom Empfänger der E-Mail ausgelöst wurde oder vom Versender.

Bei den Aktionen kann es sich also beispielsweise um eine Bestellung im Onlineshop oder um den Versand der Ware handeln.

1.3.4 Zeitgebundene E-Mails

Zeit gebundene E-Mails richten sich immer an einem Datum und/oder an einer Uhrzeit aus.

Dabei kann es sich demnach zum Beispiel um Geburtstags-Newsletter handeln oder um die Erinnerungsfunktion an ablaufende Angebote in einem Onlineshop.

1.4 Von Massenmails und Spam

Der Unterschied zwischen Massenmails und Spam ist sehr gering. Grundsätzlich ist auch jede Massen-E-Mail, also auch jeder Newsletter dazu geeignet, als Spam identifiziert zu werden.

Der feine Unterschied liegt allein in der Sichtweise des Empfängers. Denn auch Angebote für Viagra, Cialis und Co. werden nur deswegen verschickt, weil die E-Mails ihre Interessenten und die angebotenen Medikamente ihre Abnehmer finden. Wer auf Basis einer empfangenen E-Mail Viagra(-ersatz) im Internet kauft, wird diese E-Mail nicht als Spam einordnen.

Neben der subjektiven Sichtweise ist es letztlich die enthaltene Information, die aus E-Mails Spammails macht. Spammails, so eine gängige Definition, beinhalten weitestgehend immer die gleiche Marketing- und Werbebotschaft, egal wie häufig und über welchen Zeitraum die E-Mail tatsächlich verschickt wird.

Massen-E-Mails, also zu Beispiel Newsletter, zeichnen sich dagegen dadurch aus, dass sich mit den Versandzeitpunkten auch die Inhalte ändern.

Spammails werden von Mailsystemen inzwischen mit relativ hoher Wahrscheinlichkeit automatisch ausgefiltert. Die Filter basieren auf einer Vielzahl einzelner Regeln, die zusammen ein sehr engmaschiges Netz bilden.

Die Regeln untersuchen dabei sowohl den Inhalt der versendeten E-Mails als auch die beim Versand genutzte Technik.

Eines der bekanntesten Systeme ist das Programm SpamAssassin, das auf vielen Linux-Systemen zum Einsatz kommt. SpamAssassin bewertet eingehende E-Mails und vergibt für jede zutreffende Regel eine vorgegebene Anzahl Punkte. Überschreitet die Gesamtzahl der Punkte eine vorgegebene Schwelle, so wird die E-Mail als Spam klassifiziert und entweder markiert, gelöscht oder die Annahme verweigert. Zu den von SpamAssassin geprüften Regeln gehören zum Beispiel:

- Absender
- Enthaltene Keywords
- HTML-Inhalt
- Bekannte Spam-Textpassagen
- Ausgehende Links

Andere Methoden, wie zum Beispiel Greylisting (USA: Graylisting), setzen auf technische Regeln im Zusammenspiel von versendendem und empfangendem Mailserver oder blockieren als Spam-Versender bekannte Mailserver komplett (Blacklisting).

Mailchimp als Anbieter ist darauf angewiesen, dass alle über das eigene System verschickten E-Mails beim Empfänger ankommen und dass die eigene Reputation nicht durch Spammails beschädigt wird. Daher legt Mailchimp großen Wert auf »saubere« Systeme und hat mit Omnivore (vgl. Abschnitt 8.1 »Adressen importieren«) ein eigenes System entwickelt, um sich vor Spam-Versendern zu schützen. Omnivore untersucht dabei alle E-Mails und alle Bewegungsdaten, bevor E-Mails überhaupt verschickt werden.

Wenn Sie sich über diese kleine Einführung hinaus für die Funktionsweise von Mailservern und -Systemen, die Klassifizierung von Spam und die technischen Hintergründe interessieren, empfehle ich Ihnen das Buch »E-Mail-Marketing: Das umfassende Praxis-Handbuch« von René Kulka (erschienen ebenfalls bei mitp, ISBN 9783826650956). Auf rund 900 Seiten können Sie alles nachlesen, was Sie wirklich schon immer einmal über E-Mails wissen wollten.

Kapitel 2

Einführung in E-Mail-Marketing

E-Mail ist gleich E-Mail? Weit gefehlt. Zu guten Transaktionsmails und Newslettern gehört viel mehr als guter Inhalt. In diesem Kapitel widme ich mich daher dem strukturellen Aufbau von E-Mails – angefangen bei der Betreffzeile bis (sprichwörtlich) hinunter zum Abmelde-Link.

Und wenn wir schon beim Thema »Abmeldung« sind, dann darf ein kleiner Exkurs zu den rechtlichen Fragen natürlich nicht fehlen.

2.1   Inhaltlicher Aufbau einer E-Mail

Um gute Newsletter und Transaktionsmails verschicken zu können, müssen wir zunächst einen Blick auf die verschiedenen Elemente einer E-Mail werfen.

Alle Elemente, angefangen beim Absender über den Inhalt bis hin zur Fußzeile (Footer), haben ihre Relevanz und ihre eigene Bedeutung.

Sie sind ausschlaggebend für Öffnungsraten, Klickraten und damit natürlich auch für Conversions, also zum Beispiel für Käufe im Onlineshop oder für Kontaktaufnahme.

Auf der anderen Seite sind zum Beispiel Elemente wie der Abmelde-Link im Footer wichtig für Benutzerfreundlichkeit und Rechtssicherheit.

Die folgenden Elemente einer E-Mail werde ich in den jeweiligen Kapiteln nochmals genauer unter die Lupe nehmen und mit Beispielen genau erläutern.

- Subject (Titelzeile)
- Absender
- Preheader
- Header
- Inhalt
- Call-to-Action
- Footer

2.1.1   Subject

Die Betreffzeile ist der erste Teil der versendeten E-Mail, den der Empfänger wahrnimmt. Sei es über die Benachrichtigungsfunktion seines E-Mail-Programms oder in der Voransicht seiner Mailbox.

Dem Subject kommt daher neben dem Preheader eine wichtige Bedeutung zu: Die Betreffzeile soll dazu anregen, die E-Mail zu öffnen und zu lesen.

Sie sollten dabei jedoch die Nutzung von Buzzwords und Wörtern aus dem Verkaufs-Jargon möglichst vermeiden. Genauso tabu sind einschlägige Phrasen und Wörter in GROSSBUCHSTABEN.

Ob die Personalisierung der Betreffzeile (»Michael, spare jetzt 20% Prozent bei Tiernahrung!«) die Öffnungsrate tatsächlich steigert, darüber gibt es widersprüchliche Angaben. Aus meiner Erfahrung hängt dies sehr von der Zielgruppe ab. Wie Sie Ihre Betreffzeile mit Mailchimps Merge-Tags personalisieren können, zeige ich Ihnen etwas später.

In jedem Fall sollten Sie die Wiederholung gleicher Betreffzeilen im Laufe der Zeit genauso verhindern, wie die Wiederholung von Inhalten. Hier ist ein bisschen Kreativität gefragt, um den Empfänger fortlaufend zu interessieren.

Tipp

Achten Sie darauf, dass die Betreffzeile nicht zu lang wird. Diese werden in der Smartphone-Ansicht automatisch gekürzt. Als Faustregel gilt: Gute Betreffzeilen sind kürzer als 50 Buchstaben.

2.1.2 Absender

Die Absenderangabe einer E-Mail hat mehrere Funktionen. Zunächst zur technischen. Der sogenannte Envelope-Sender ist vergleichbar mit der Absenderangabe auf einem Briefumschlag. Sie gibt an, von wem die E-Mail stammt und an wen eine Fehlermeldung zurückgeschickt werden kann, wenn die E-Mail nicht zustellbar ist.

Ähnlich wie beim Postversand wird die Echtheit dieser Angabe jedoch nicht überprüft. Vielleicht ist Ihnen das auch schon einmal passiert und Sie haben eine Unzustellbarkeitsbenachrichtigung für Spammails erhalten, die angeblich Sie verschickt haben. Das sogenannte Spoofing wird gerne von Spammern genutzt, da die Wahrscheinlichkeit, eine E-Mail zu öffnen, natürlich deutlich größer ist, wenn der (vermeintliche) Absender dem Empfänger bekannt ist.

Der Envelope-Sender wird im E-Mail-Programm des Empfängers in der Regel nicht oder nur bei Einblendung aller Meta-Daten angezeigt. Angezeigt wird hier der Absender, den Sie im Kampagnen-Setup festlegen. In Abschnitt 11.2 zeige ich Ihnen, worauf es bei der Absenderangabe ankommt und warum Sie hier keine No-reply-Adresse hinterlegen sollten.

Eine Ausnahme ist hier – wie übrigens in vielen anderen Bereichen auch – das E-Mail-Programm »Outlook« von Microsoft. Diese Software zeigt den Envelope-

Sender in einer recht unschönen und wenig vertrauenerweckenden Art und Weise anstatt des gewünschten Absenders an, wenn man als Versender seine Absenderadresse nicht speziell verifiziert.

2.1.3 Preheader

E-Mail-Clients auf Smartphones und auch einige Desktop-Mailprogramme zeigen in der Standard-Einstellung zunächst den sogenannten Preheader (Vorschauzeilen) der E-Mail an. Dabei wird die erste Textzeile aus dem Nachrichteninhalt extrahiert und in der Mail-Übersicht angezeigt, damit der Empfänger, unabhängig von der Titelzeile (Subject) der E-Mail, den Inhalt selbst schon erahnen könnte.

In der Regel ist den Versendern der Newsletter dieser Umstand überhaupt nicht klar. Nur so ist es erklärbar, dass ein Großteil der Newsletter immer noch mit Sätzen ähnlich diesem beginnt: »Wenn der Newsletter nicht korrekt angezeigt wird ...«

Abb. 2.1: Der Preheader zeigt in der Voransicht den Betreff (Subject) und die ersten Inhaltselemente einer E-Mail. Gute Preheader fassen den Mail-Inhalt kurz und prägnant zusammen. Ohne die E-Mail zu öffnen und zu lesen, kennen die Empfänger bereits den Inhalt.

Diese Aufforderung ist ein Relikt aus Zeiten, in denen Mail-Clients HTML-E-Mails nicht korrekt oder unterschiedlich interpretiert und angezeigt haben. Meine Erfahrungen zeigen, dass die Klickrate auf den Link zur Ansicht der E-Mail im Internetbrowser bei nahezu 0% liegt. Es ist dabei nicht ausgeschlossen, dass die wenigen Klicks auf diesen Link von den Versendern selbst allein zu Testzwecken gemacht werden (»Was passiert denn, wenn ich auf diesen Link klicke ...?«).

In Zeiten immer noch schmaler mobiler Bandbreiten und hoher Kosten für Datenvolumen auf Smartphones hat der Preheader durchaus seine Daseinsberechtigung. Vor dem Öffnen und Nachladen des Mail-Inhalts kann man sich als Empfänger einen Überblick über den Inhalt verschaffen und entscheiden, ob man die E-Mail sofort lesen möchte.

Voraussetzung hierfür ist natürlich, dass der Preheader auch tatsächlich sinnvoll genutzt wird.

Bis zu 60% aller E-Mails wurden 2018 zuerst auf mobilen Endgeräten geöffnet. Gerade hier bietet der Preheader die Möglichkeit, eine weitere Botschaft an den Empfänger unterzubringen, die Öffnungsrate nachweislich zu erhöhen und ein vorzeitiges Löschen der Mail aus (vermeintlichem) Desinteresse zu verhindern. Anstatt des überflüssigen technischen Hinweises können Sie die Kernbotschaft Ihres Newsletters in wenigen Worten zusammenfassen.

Meine Tipps für gute Preheader:

- Stellen Sie die Kernaussage des Newsletters heraus.
- Beschränken Sie sich auf Stichworte oder einen kurzen Satz.
- Berücksichtigen Sie die kurze Textlänge im Porträt-Modus (hochkant) der Smartphones.
- Wiederholen Sie nicht die Titelzeile. Doppelter Text verbessert die Öffnungsrate nicht!
- Testen Sie verschiedene Varianten auf Ihrem eigenen Smartphone.
- Verbannen Sie den Link zur Browseransicht aus Ihren Newsletter-Templates.

In Abbildung 2.1 sehen Sie die Darstellung des Preheaders im Hoch- und Querformat auf einem Smartphone.

Die Textinhalte werden automatisch übernommen und gekürzt. Ein guter Preheader fasst den Inhalt der E-Mail kurz und prägnant zusammen. Der Leser ist schon vor dem Öffnen der E-Mail über den Inhalt informiert.

> **Wichtig**
>
> Seit der ersten Auflage dieses Buches vor fünf Jahren ist dem Preheader eine zunehmend wichtigere Rolle zugefallen. In den meisten Fällen ist der Preheader

ausschlaggebend für das Öffnen oder Nichtöffnen der Mail ausschlaggebend – wobei Nichtöffnen nicht zwingend schlecht ist. Das Medium E-Mail ist einzigartig, insofern als es über zwei Phasen verfügt: vor der Öffnung und nach der Öffnung. Vielfach schielen Marketer hauptsächlich auf die zweite Phase. Die erste Phase ist aber die eigentlich Entscheidende. Je besser hier Absender, Betreff und Preheader aufeinander abgestimmt sind, desto größer sind Ihre Chancen auf gute Resultate.

2.1.4 Inhalt

Über den Inhalt Ihrer zukünftigen Newsletter und Transaktionsmails zu schreiben, hätte etwas vom Blick in die Glaskugel. Denn letztlich können und sollen Sie selbstverständlich schreiben, was für Ihre Zielgruppe relevant ist. Und die kenne ich natürlich nicht.

Mailchimp stellt Ihnen mit dem Mail-Designer und einer Vielzahl von Vorlagen getestete und bewährte Tools zur Verfügung, die Ihnen bei der Erstellung von Newslettern sehr viel Arbeit abnehmen werden.

Wie Sie diese Tools benutzen, erfahren Sie im Laufe dieses Buches.

Nichtsdestotrotz möchte ich einige Elemente an dieser Stelle nochmals herausstellen, da ihnen eine besondere Bedeutung zukommt.

Call to Action

Egal, was Sie in Ihrer E-Mail schreiben, Sie verfolgen einen bestimmten Zweck. Wenn der Zweck Ihrer E-Mail nicht die reine Information ist, dann sollten Sie Ihre Leser in jedem Fall zu einer Handlung auffordern. Das kann zum Beispiel die Kontaktaufnahme sein, der Download von weiterführenden Informationen oder der Einkauf in Ihrem Onlineshop. Und selbst, wenn Sie Ihre Leser lediglich über irgendetwas informieren möchten, sollten Sie sie nicht in eine Sackgasse laufen lassen. Geben Sie ihnen stattdessen die Möglichkeit, etwas zu tun, auf das wiederum Sie Einfluss haben.

Die Handlungsaufforderung, Call to Action genannt, wird dabei mittels einer deutlich hervorgehobenen Schaltfläche dargestellt. Im Prinzip geht es darum, dem menschlichen Auge einen Haltegriff zu geben. Dieses herausgestellte Element erfasst der Leser schneller als den geschriebenen Text. Aus einzelnen Elementen wie dem Absender, der Betreffzeile, Zwischenüberschriften und dem Call to Action kann er Inhalte ableiten und bei Interesse anklicken, bevor er den Text selbst gelesen hat. Die Nutzung von aktivierenden Begriffen (»kostenlos«, »jetzt«, »Download«) können die Klicks zusätzlich forcieren.

Footer

Der Fußbereich eines Newsletters ist meist den sogenannten Meta-Informationen vorbehalten.

Genau wie bei einem im geschäftlichen Umfeld geschriebenen Brief und auf Ihrer Internetseite sind Sie verpflichtet, Angaben entsprechend den Vorgaben des Bürgerlichen Gesetzbuches (BGB), des Handels-Gesetzbuches (HGB) und des Telemediengesetzes zu machen. Weitere Informationen hierzu finden Sie im Abschnitt 2.5.2 »Pflichtangaben im Newsletter«.

Mailchimp selbst verlangt überdies die Aufnahme ebendieser Angaben im Footer jeder verschickten E-Mail. Sie werden keinen Newsletter verschicken können, wenn Sie diese Stammdaten nicht in Ihrem Account hinterlegt haben.

Gleiches gilt für den Abmelde-Link. Auch dessen Vorhandensein wird von Mailchimp automatisch überprüft.

Sie können den Abmelde-Link zwar mithilfe kleiner Tricks verbergen. So können Sie den automatischen eingefügten Abmelde-Link zum Beispiel statt hinter dem Text »vom Newsletter abmelden« auch hinter einem Punkt ».« verstecken. Oder Sie können den Text in dunkelgrauer Schrift auf sehr dunkelgrauem Hintergrund platzieren.

Allerdings sollten Sie sich dabei nicht erwischen lassen oder viele Beschwerden Ihrer Empfänger bei Mailchimp provozieren. Mailchimp wird Ihren Account wahrscheinlich suspendieren, wenn das auffliegt.

2.2 Responsive E-Mail-Templates

Newsletter und Transaktionsmails sollten sich, genauso wie moderne Internetseiten, am Endgerät orientieren, mit dem sie gelesen werden. »Kluge« E-Mails reagieren auf den zur Verfügung stehenden Platz, zum Beispiel wenn das Smartphone um 90 Grad gedreht wird. Dieses sogenannte responsive Verhalten ist seit einigen Jahren für nahezu alle Endgeräte und E-Mail-Programme umsetzbar.

Einer Studie der AIXhibit AG (*www.aixhibit.de*) zufolge werden nur 57 % der von Onlineshopbetreibern verschickten Newsletter für die Ansicht auf mobilen Endgeräten (Smartphones) optimiert.

Rund 60 % aller E-Mails werden zuerst auf einem Smartphone geöffnet. Realistisch betrachtet sind aber nur die Hälfte davon auch tatsächlich lesbar. Die Chance, dass auf dem Smartphone nicht lesbare E-Mails zu einem späteren Zeitpunkt auf dem Desktop-PC oder Notebook noch mal zum Lesen geöffnet werden, ist wahrscheinlich eher gering. Abbildung 2.2 zeigt, wie ein schlecht gemachter Newsletter auf einem iPhone aussieht. Die Response- und Conversion-Raten dieses Newsletters sind denkbar schlecht – wen wundert's?

Abb. 2.2: Ein nicht-responsiver Newsletter ist auf Smartphones de facto nicht lesbar.

Mailchimp bietet mit seinem Baukasten-Designer und seinen Vorlagen ein tolles und einfach zu bedienendes Tool, das die Entwicklung einfacher, responsiver E-Mails im Handumdrehen möglich macht. Denken Sie daran: Der beste Newsletter ist nur ein guter Newsletter, wenn er vom Empfänger überhaupt gelesen werden kann!

2.3 Sendefrequenz

Verschicken Sie mehr E-Mails!

Die Frage nach der richtigen Sendefrequenz gehört zu den häufigsten, die wir gestellt bekommen. Und sie ist pauschal am schwierigsten zu beantworten.

Letztlich hängt es davon ab, wie häufig Sie etwas zu erzählen haben und wie viel Zeit Sie haben, um Newsletter-Inhalte zu erstellen.

Ich empfehle, dabei immer Folgendes im Hinterkopf zu behalten: Je häufiger Sie Kontakt zu Ihren Empfängern haben, desto häufiger werden diese an Sie denken. Und desto wahrscheinlicher verschicken Sie Ihre E-Mail zum für den Empfänger richtigen Zeitpunkt.

Onlineshop-Kunden erwarten zwischen zwei und vier E-Mails pro Onlineshop pro Monat. Also selbst ein wöchentlicher Newsletter mit Angeboten und Informationen zum Produktsortiment ist nicht zu viel.

Verschicken Sie per E-Mail eine Zusammenfassung Ihrer Blogbeiträge, das können Sie einmal monatlich machen. Hochfrequenz-Blogs mit vielen Beiträgen versenden Newsletter auch einmal pro Woche.

Beispiel aus der Praxis: Das Strickmagazin *www.stricken.de* verschickt einen wöchentlichen Newsletter mit den Inhalten der vergangenen Woche.

Letztlich liegt es an Ihnen und an den Erwartungen Ihrer Empfänger. Probieren Sie es einfach aus.

2.4 Sendezeitpunkt

Wie bei so vielen Themen scheiden sich die Geister auch beim richtigen Sendezeitpunkt für E-Mails. Viele Studien belegen manche Wochentage als optimale Tage. Es werden sich genauso viele Studien finden, die das Gegenteil beweisen wollen.

Auch hier werden Sie ausprobieren müssen, was Ihre Empfänger zu welchem Zeitpunkt tun. Mailchimp unterstützt Sie bei der Auswahl der richtigen Uhrzeit an einem bestimmten Wochentag.

Meine Erfahrungen zeigen, dass wochentags gegen halb zwölf und halb sechs am Nachmittag E-Mails am schnellsten nach dem Versand geöffnet werden. Der Grund liegt auf der Hand: Zu Beginn der Mittagszeit und rund um den Feierabend hat man eher Zeit, einen kurzen Blick in die Mailbox zu werfen.

Letztlich kommt es aber nicht so sehr auf den richtigen Zeitpunkt, sondern auf die richtige Betreffzeile und den Preheader an. Stimmen diese beiden Faktoren, dann ist die Chance sehr gut, dass Ihre E-Mail auch gelesen wird, wenn Sie sie während des Fußball-WM-Finales verschicken.

2.5 Rechtliche Aspekte

Der Versand von E-Mails und Newslettern ist rechtlich betrachtet leider nicht so einfach, wie er von Haus aus sein könnte. Mail-Text schreiben, Empfänger auswählen, E-Mails verschicken, Conversions beobachten.

Sie müssen auf ein paar grundlegende Dinge achten, die ich im Folgenden kurz skizzieren möchte. Dazu gehören unter anderem die Regelungen zur Adressgenerierung.

Ihren heimischen Briefkasten können Sie, genauso wie den Briefkasten am Büro, mittels eines einfachen Aufklebers vor unerwünschter Werbung schützen. Wer dennoch Prospekte oder kostenlose Wochenzeitschriften einwirft, kann sich in mehrfacher Hinsicht schuldig machen.

Auf der einen Seite haben Sie als Empfänger natürlich einen Anspruch auf Unterlassung. Niemand sollte Sie zwingen können, die Wochenzeitschriften entsorgen zu müssen.

Auf der anderen Seite haben theoretisch auch Wettbewerber einen Anspruch auf Unterlassung gegen den Prospektverteiler, da er sich wettbewerbswidrig verhalten könnte.

Und was für den Briefkasten am Haus gilt, das gilt – zumindest in der Theorie – natürlich auch für den virtuellen Briefkasten: die Mailbox. Allerdings fehlt hier der Aufkleber mit der Aufschrift »Bitte keine Werbung einwerfen!« respektive ein technisches Mittel, das den Einwurf unerwünschter E-Mails verhindert.

In diesem Zusammenhang ist jedoch nicht der unerwünschte Werbeprospekt für Viagra & Co (also Spam) gemeint, sondern grundsätzlich jede unverlangt zugesendete E-Mail.

Wettbewerber können kaum von Haus zu Haus gehen und den Einwurf von Werbeprospekten auf Wettbewerbsrecht überprüfen. Durch die große Transparenz im Internet ist die Überprüfung, ob unverlangte E-Mails verschickt werden, dagegen erheblich einfacher. Und so hat sich in den vergangenen Jahren (leider) eine regelrechte Abmahnindustrie rund um unterbeschäftigte Rechtsanwälte und Verbraucher-»Schutz«-Vereine gebildet, die am liebsten jede E-Mail einzeln unter die juristische Lupe nehmen würden.

Nähme man jede juristische Einzelmeinung schlecht informierter Amtsgerichts-Richter wörtlich, dann wäre der Versand von E-Mails immer dann verboten, wenn zuvor nicht mit doppeltem Durchschlag, schriftlich, postalisch, per Einschreiben mit Rückschein dem Empfang jeder einzelnen E-Mail zugestimmt würde. Wahrscheinlich gäbe es gar keine E-Mails mehr.

Im August 2014 legte sich ein Kunde eines Onlineshops ein Kundenaccount an. Über die Eröffnung des Kontos erhielt er eine Bestätigungsmail. Deswegen ließ er den Onlineshop abmahnen und bekam vom Amtsgericht Berlin Pankow/Weißensee auch noch recht (*http://t3n.de/news/urteil-anmeldebestatigungen-double-opt-in-pflicht-592304/*).

Und auch das hier beschriebene Double-Opt-in-Verfahren war nach Ansicht des OLG München rechtswidrig. Die Bestätigungsmail, die der Newsletter-Abonnent bekommt, mittels derer er sein Abonnement final per Klick bestätigen sollte, sei unzulässige Werbung (*http://www.heise.de/newsticker/meldung/OLG-Urteil-stellt-Rechtmaessigkeit-von-Double-Opt-in-Verfahren-in-Frage-1754502.html*).

Betrachtet man diese beiden oder jedes andere Urteil zum Thema Empfang und Versand von E-Mails, dann müsste man eigentlich von E-Mail- und Newsletter-Marketing per se abraten.

Auch die in diesem Buch beschriebenen Praxisbeispiele sind nicht immer vollkommen und absolut mit geltender oder ehemals geltender Rechtsprechung in Einklang zu bringen. Auch besteht natürlich keinerlei Rechtssicherheit, was zukünftige richterliche Entscheidungen anbelangt.

Wenn man aber nun immer jede Rechtsgrundlage mit der Lebenswirklichkeit vergleichen würde, dann hätten wir insbesondere im Bereich der Internetnutzung ein erhebliches Problem. Nicht wenige Juristen behaupten zum Beispiel, dass die Nutzung von Cloud-Diensten wie Dropbox, Google, Facebook, Evernote etc. immer dann datenschutzrechtlich bedenklich wäre, wenn kein schriftliches und im Original unterschriebenes Dokument die Auftragsdatenverarbeitung für die Nutzer oder eigene Kunden regelt; insbesondere natürlich dann, wenn Daten, wie zum Beispiel Namen oder E-Mail-Adressen, eigener Kunden ohne deren explizites Einverständnis in diesen Diensten genutzt oder gespeichert werden. Selbige Bedenken gibt es natürlich auch bei der Nutzung von Mailchimp.

Nun, der Form halber möchte ich auf die Definition von Single- und Double-Opt-in-Verfahren nicht verzichten. Für die weitere Information empfehle ich aber durchaus die rechtliche Beratung durch einen mit der Materie vertrauten Fachanwalt. Die Betonung liegt auf »mit der Materie vertraut«!

2.5.1 Opt-in

Unter Opt-in, vom englischen *to opt-in* (»sich für etwas entscheiden«), versteht man im Zusammenhang mit dem Versand und Empfang von E-Mails ein Verfahren, das die Zustimmung zum Empfang der E-Mails regelt.

Dabei wird zwischen drei verschiedenen Verfahren unterschieden, die sich durch die Form der Zustimmung durch den Empfänger oder eine von ihm ausgelöste Aktion unterscheiden.

Vorsicht

Haben Sie keinerlei Einverständnis des Empfängers zum Versand einer E-Mail an ihn, dann sollten Sie ihm tunlichst keine E-Mail schicken. Die Rechtslage ist hier eindeutig. Sie kennen den Empfänger nicht? Sie hatten noch nie Kontakt? Sie können – zum Beispiel im geschäftlichen Umfeld – auch kein theoretisches Interesse unterstellen? Dann verschicken Sie keine E-Mail!

Sind auf Internetseiten allgemeine E-Mail-Adressen, wie zum Beispiel *info@mailchimp-agentur.de* angegeben, dann mag dies rechtlich betrachtet durchaus als Einverständniserklärung gelten: Der Webseitenbetreiber lädt Sie quasi zur Kontaktaufnahme ein. Nichtsdestotrotz ist der E-Mail-Versand an diese Adressen letztlich nicht eindeutig rechtlich geregelt und damit vorsichtig zu handhaben.

Mailchimp wird Sie aus gutem Grund am Import solcher E-Mail-Adressen in bestehende Listen hindern (siehe Abschnitt 8.1 »Adressen importieren«).

Single Opt-in

Beim Single Opt-in muss der Empfänger dem Empfang der E-Mails nur durch eine einfache Aktion zustimmen. Das kann die Angabe seiner E-Mail-Adresse in einem entsprechenden Adressfeld sein. Durch Betätigung einer Schaltfläche (zum Beispiel »Newsletter abonnieren«) wird seine E-Mail-Adresse der entsprechenden Newsletterliste hinzugefügt.

Der Besteller der E-Mail erhält – außer eventuell am Bildschirm – keinerlei weitere Bestätigung; auch nicht per E-Mail selbst.

Dieses einfache Verfahren birgt natürlich die Problematik, dass Fremde jederzeit beliebige E-Mail-Adressen einer Liste hinzufügen können, ohne dass Versender und die späteren Empfänger der E-Mails dies bemerken oder vorab verhindern können.

Die vereinfachte Form der Zustimmung kann darüber hinaus auch durch konkludente Handlungen oder durch Vertragstexte geregelt werden.

In Onlineshops finden sich häufig am Ende des Bestellvorgangs Checkboxen mit Texten, die die Zustimmung zum Empfang von Newslettern regeln.

Transaktionsmails, die zum Beispiel im Zusammenhang mit der Bestellung selbst verschickt werden, können über Allgemeine Geschäftsbedingungen geregelt werden. Darüber hinaus kann man das Einverständnis zum Empfang dieser E-Mails auch als de facto gegeben voraussetzen.

Erhält der Onlineshop-Kunde E-Mails mit Angeboten zu ergänzenden oder artverwandten Produkten, dann könnte man dies – je nach urteilendem Richter – auch als rechtlich in Ordnung betrachten, solange der Kunden jederzeit den Abmelde-Link finden und nutzen kann.

Confirmed Opt-in

Das Confirmed Opt-in geht einen Schritt weiter als Single Opt-in. Hierbei wird, sobald dem Versendersystem die neue E-Mail-Adresse bekannt ist, eine entsprechende Bestätigungsmail an den Empfänger verschickt. Diese E-Mail informiert ihn lediglich darüber, dass er ab sofort auf der jeweiligen Liste eingetragen ist und zukünftig E-Mails erhält.

Der Empfänger muss an dieser Stelle keine weitere Aktion ausführen (vgl. Double Opt-in), wenn er zukünftige E-Mails erhalten möchte.

Möchte er dies nicht, kann er über einen entsprechenden Link in der Opt-in-Mail der weiteren Nutzung seiner Adresse widersprechen und sich aus der Liste austragen.

Häufig wird diese Form des Opt-ins von Spammern genutzt, um den Versand von Spammails zu rechtfertigen: Der Empfänger hätte sich ja jederzeit aus der Liste austragen können ...

Double Opt-in

Ähnlich wie beim Single Opt-in erhält der Empfänger beim Double Opt-in nach der Eintragung auf einer Newsletter-Liste eine Bestätigungsmail vom Versender. Der Versand/Empfang dieser E-Mail ist jedoch noch nicht mit dem Aktivieren eines Abonnements gleichzusetzen.

Im Gegensatz zum Single Opt-in muss der Empfänger an dieser Stelle nochmals bestätigen, dass er die E-Mails auch tatsächlich empfangen will.

Hierzu ist in der E-Mail ein Link enthalten. Klickt er auf diesen, wird er zum Newsletter-System des Versenders geleitet. Erst dann ist sein Abonnement aktiv, seine Zustimmung erfolgt.

Klickt der Empfänger der Opt-in-Mail dagegen nicht auf den Bestätigungslink, so wird sein Abonnement nicht aktiviert.

Opt-in in der Praxis

In der Praxis zeigt sich, dass sich die Anmelderaten zu Newslettern je nach genutztem Bestätigungsverfahren deutlich unterscheiden.

Im Rahmen von A/B-Tests haben wir unter anderem die Anmeldeverfahren zum Newsletter auf *www.stricken.de* getestet.

Mittels Flyin-Fenster wird der Surfer aufgefordert, seine E-Mail-Adresse zu hinterlassen, um den wöchentlichen Newsletter zu abonnieren.

Die beiden Tests unterschieden sich dabei lediglich durch die Form der Bestätigung des Abonnements. Im Ergebnis gab es bei Nutzung des Double-Opt-in-Verfahrens 50 % weniger Newsletter-Anmeldungen als bei Nutzung des Confirmed-Opt-in-Verfahrens.

Auch die Nutzung einer konkreten Handlungsaufforderung im Subject der Bestätigungsmails (»Bestätigen Sie jetzt Ihr Newsletter-Abonnement«, u.a.) konnte die Anmelderate nicht signifikant steigern. Daher ist davon auszugehen, dass Newsletter-Empfänger in der Praxis schon vermehrt von einem Confirmed-Opt-in-System ausgehen und den Inhalt der Bestätigungsmail des Double-Opt-in-Verfahrens überhaupt nicht mehr wahrnehmen.

Seit Juni 2018 gilt auf europäischer Ebene die Datenschutzgrundverordnung (DSGVO), im Englischen General Data Privacy Regulation (GDPR) genannt. Im Gegensatz zu einigen Interpretationen ist mit dieser Verordnung nicht etwa »alles verboten«. Tatsächlich schreibt die DSGVO keinerlei technische Verfahren vor oder verbietet bestimmte Dienste. Vielmehr ist der Dreh- und Angelpunkt das »informierte Einverständnis« des Nutzers von digitalen Diensten (und damit auch des Empfängers von Newslettern), verbunden mit weitreichenden Informations- und Dokumentationspflichten.

Mit Bezug auf das E-Mail-Marketing haben Sie daher nun eine stärker als bisher ausgeprägte Informationspflicht, was Sie mit den Daten der Empfänger vorhaben und welche technischen Verfahren Sie nutzen. Zudem müssen Sie stärker als bisher das Einverständnis des Empfängers dokumentieren. *Wie* Sie dieses Einverständnis dokumentieren, schreibt die DSGVO nicht vor. Hier bietet Mailchimp mit dem Double-Opt-in einen jahrzehntelang bewährten, gut eingespielten Weg an. Sie können das Einverständnis aber auch anders dokumentieren, zum Beispiel auf Postkarten oder Papierformularen, auf denen der Empfänger – zum Beispiel bei einer Bestellung oder auf einem Messestand – handschriftlich seine E-Mail-Adresse einträgt und unterschreibt, dass er einen Newsletter beziehen möchte.

2.5.2 Pflichtangaben im Newsletter

Vereinfacht ausgedrückt muss der Absender einer E-Mail bzw. eines Newsletters eindeutig identifizierbar sein. Welche Angaben gemacht werden müssen, ist unter anderem im § 5 des Telemediengesetzes geregelt (*http://www.gesetze-im-internet.de/ tmg/__5.html*), ebenso im Bürgerlichen Gesetzbuch (BGB) und im Handels-Gesetzbuch (HGB).

Dabei ist seit 2014 auch die Angabe einer Telefonnummer Pflicht. Diese darf jedoch keine kostenpflichtige Mehrwertdienstenummer sein (0900, 0180x etc.). Ebenso muss eine Faxnummer angegeben werden, soweit sie existiert.

Handelt der Versender nicht im eigenen Namen, also zum Beispiel als Reisebüro, Versicherungsmakler oder bei Vermittlung von Mobilfunkverträgen, dann ist der dritte Vertragspartner ebenfalls mit den Pflichtangaben zu nennen.

Und zu guter Letzt: Sofern das Unternehmen des Newsletter-Versenders nicht im Handelsregister eingetragen ist, also bei Einzelunternehmern oder GbR, so sind die Unternehmer mit vollständigem Vor- und Zunamen zu nennen.

Kenntlichmachung als Werbung

Versenden Sie E-Mails als Werbung oder E-Mails mit »kommerziellem Charakter«, dann dürfen Sie das nicht verschleiern.

Was die Rechtsprechung damit genau meint, ist nicht so einfach zu beantworten. In jedem Fall sollten Sie – so die Rechtsprechung – vermeiden, dass man Ihre E-Mail als persönliche E-Mail auslegen könnte, wenn Sie für eine Dienstleistung oder ein Produkt werben und diese E-Mail gleichzeitig an mehr als einen Empfänger verschickt wird.

2.6 Abmeldemöglichkeit

In jeder E-Mail muss der Empfänger die Möglichkeit haben, sich aus Ihrem Verteiler auszutragen. Dies kann über die Unsubscribe-Funktion von Mailchimp geschehen oder über eine andere Möglichkeit.

Oft ist in Newslettern noch der Hinweis zu lesen, dass man auf einen Newsletter einfach mit einer Antwortmail und dem Betreff »unsubscribe« antworten solle.

Rechtlich ist das sicherlich in Ordnung; aus Kundensicht ist es wenig freundlich. Zudem verursachen Sie sich selbst eine Menge Aufwand, da Sie die Abmeldung dann manuell ausführen müssen.

Mailchimp macht den Abmelde-Link zur Pflicht im Footer. Um die technische Umsetzung einer Abmeldung müssen Sie sich also nicht mehr kümmern.

Tipp

Wenn Sie über jede Abmeldung aus Ihren Listen trotzdem informiert sein möchten, können Sie sich hierzu just in time, täglich oder wöchentlich einen Report schicken lassen. Mehr dazu finden Sie in Abschnitt 5.2.7, »Notifications / Benachrichtigungen«.

Wichtig

Klickt ein Empfänger auf den Abmelde-Link, dann muss die Abmeldung umgehend erfolgen. Er darf danach keinen weiteren Newsletter erhalten; außer, er meldet sich selbst wieder an.

Dies gilt auch für eine E-Mail mit einer Abmeldebestätigung. Hiervon rate ich dringend ab! Der (ehemalige) Empfänger hat deutlich seinen Willen bekundet, **keine** E-Mails mehr zu erhalten. Das schließt weitere Transaktionsmails im Zusammenhang mit dem Newsletter ein!

2.6.1 Abmeldung mehrerer E-Mail-Adressen

Erhalten Sie von einem Empfänger eine E-Mail mit der Aufforderung oder Bitte, keine E-Mails mehr an ihn zu versenden, dann sollten Sie die E-Mail-Adresse, von der diese E-Mail verschickt wurde, aus dem Verteiler löschen. Zusätzlich sollten Sie dem Absender die Löschung kurz bestätigen und ihn bitten, die E-Mail-Adressen nochmals zu spezifizieren. Der Empfänger könnte über mehrere E-Mail-Adressen verfügen und darüber Ihren Newsletter abonniert haben. Bekommt er nun doch noch einmal nicht erwünschte Newsletter an eine andere Adresse, ist der Ärger für Sie vorprogrammiert.

Kapitel 3

Preismodell und Compliance

E-Mail-Marketing gehört zu den günstigsten Werbemöglichkeiten im digitalen Zeitalter. Nichtsdestotrotz fallen natürlich auch bei Mailchimp Kosten an, wenn Sie es professionell einsetzen möchten. Jenseits der 2.000-Abonnenten-Grenze können Sie zwischen zwei Abrechnungsvarianten wählen.

Mailchimp ist unter anderem auch deswegen kostenpflichtig, weil es eine hohe Zustellbarkeitsrate verspricht. Diese kann nur gewährleistet werden, indem Mailchimp eine ausgefeilte technische Infrastruktur und umfangreiches, gut geschultes Personal einsetzt – und das ist teuer. Was es mit der Mailchimp-Compliance auf sich hat, lesen Sie in Abschnitt 3.2.

3.1 Mailchimp-Preismodell

Einer der Erfolgsfaktoren von Mailchimp ist die Tatsache, dass die Nutzung bis zu einer Audience-Größe von 2.000 Adressen komplett kostenlos ist. Mailchimp bezeichnet die 2.000-Adressen-Grenze als Ausprobier-Angebot. Sie können Mailchimp testen und sich von der Leistungsfähigkeit überzeugen, ohne eine Vertragsbindung eingehen zu müssen. Tatsächlich ist es aber so, dass einige interessante Funktionen von diesem Testangebot ausgenommen sind und es einige Einschränkungen gibt:

■ Nur eine Audience und nur ein Benutzer. Diese Beschränkung wurde im Mai 2019 eingeführt, um den kostenlosen Account deutlicher von den Bezahl-Accounts abzugrenzen.

■ Werbung – Mailchimp fügt unter jeder versendeten Mail eine kleine Eigenwerbung ein. Neben dem allgegenwärtigen Mailchimp-Affen kann man auch einen dezenten Schriftzug wählen – gänzlich abschalten kann man die Werbung aber nur mit einem bezahlten Account.

■ Inbox Preview (bis Oktober 2016 »Inbox Inspection«) – das Testen des Newsletters in verschiedenen Mailprogrammen – muss beim kostenlosen Account für 3 US-Dollar pro 25 Inbox Previews hinzugekauft werden. Bei einem bezahlten Account im Monatsabo sind 25 Inbox Previews pro Monat im Preis inbegriffen, bei Anwendern von Mailchimp Pro sogar 1.000 pro Monat..

■ Die Versandplanung anhand der Zeitzone des Empfängers – im Mailchimp-Jargon »Timewarp« genannt – steht ebenfalls bei den kostenlosen Accounts nicht zur Verfügung.

- Mailchimp Conversations erleichtern das Verwalten von Antworten auf den Newsletter, wenn mehrere Personen den Account betreuen. Siehe dazu Abschnitt 11.1.2 »Weitere Kampagnen-Optionen«.

- Mailchimp sieht eine Obergrenze von 12.000 Mails pro Monat vor. Wenn Sie das Limit von 2.000 Empfängern voll ausreizen, dann können Sie jedem Empfänger also sechs Mails pro Monat senden. Das sollte für die meisten Fälle reichen.

Mit Ausnahme der Werbeeinblendung sind diese eingeschränkten oder fehlenden Funktionen alle in den Bereich der Profi-Features einzuordnen. Die ersten Schritte können Sie problemlos ohne diese Funktionen machen. Wir haben zahlreiche Kunden, die auch nach Jahren noch ohne bezahlten Account auskommen, dafür aber Mailchimps Eigenwerbung am Ende jeder verschickten E-Mail in Kauf nehmen.

Wächst die Audience-Größe auf über 2.000 Adressen an oder soll eine der oben beschriebenen Funktionen genutzt werden, dann bietet Mailchimp zwei verschiedene Bezahlmodelle an: Einzelversand und Monatsabo. War früher die Zahlung ausschließlich über eine Kreditkarte möglich, hat Mailchimp in den letzten Jahren erfreulicherweise nachgebessert. Andere Zahlungsoptionen sind mittlerweile PayPal, SEPA-Lastschrift, Giropay (nur in Deutschland) und Klarna. Die Zahlung ist neben Euro auch in Schweizer Franken sowie einer Reihe anderer Währungen möglich.

3.1.1 Einzelversand mit Pay-as-you-go

Im Beratungsgespräch ziehen wir bei diesem Zahlungsmodell immer gerne die Analogie zur Briefmarke. Sie können sich einen Bogen Briefmarken auf Vorrat kaufen und nach Bedarf nutzen. Wenn Sie keine Briefmarken mehr haben, müssen Sie neue kaufen, bevor Sie wieder versenden können.

Genau so ist es mit Mailchimp: Sie kaufen ein Kontingent »Briefmarken« – hier Credits genannt – und können diese dann nach Bedarf für den Newsletter-Versand aufbrauchen. Jede einzelne Mail verbraucht dabei einen Credit.

Die Audience-Größe spielt bei diesem Modell keine Rolle – es kommt ausschließlich auf die Anzahl der versendeten Mails an. Wenn Sie drei Audiences mit jeweils 1.000 Abonnenten haben, aber nur 500 Mails an die wichtigsten Empfänger verschicken wollen, dann benötigen Sie dafür 500 Credits.

Sie können keine einzelnen Credits kaufen, sondern müssen sie in einer bestimmten Menge abnehmen. Die minimale Anzahl sind 5.000 Credits für derzeit knapp 140 Euro, was in etwa 0,027 Euro pro Mail entspricht.

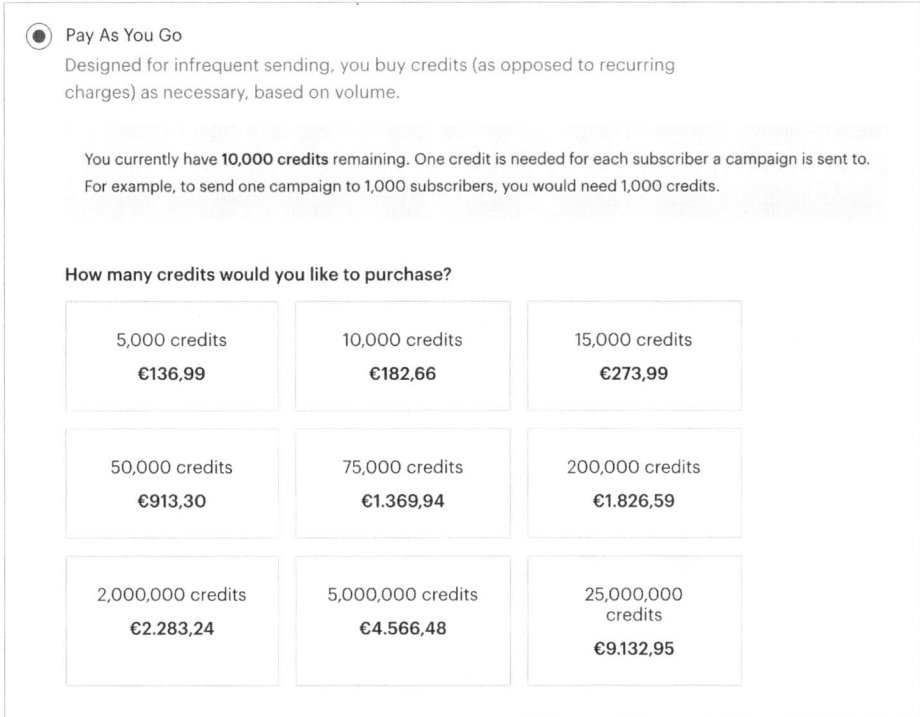

Abb. 3.1: Die Staffelung der Mailchimp-Credits wurde im Jahr 2018 stark eingeschränkt.

Da die Credits nicht verfallen, können Sie auch größere Mengen sozusagen auf Vorrat kaufen und – hier hört die Briefmarken-Analogie auf – durch Mengenrabatte sparen. So kosten 50.000 Credits nur noch gut 900 Euro beziehungsweise 0,018 Euro pro Mail. Je nachdem, wie groß Ihr E-Mail-Marketingprojekt ist, können Sie sogar noch größere Mengen kaufen. Bei 200.000 Credits zahlen Sie knapp 2.000 Euro – der Preis pro Mail sinkt dann auf 0,009 Cent ab.

Seit 2018 beobachten wir, dass Mailchimp die Bezahlung per Credits zunehmend unattraktiver macht. Konnte man früher noch als Mindestmenge 300 Credits kaufen, so liegt diese Zahl inzwischen bei 5.000 Credits. Auch sind die Credit-Preise deutlich gestiegen. Dies ist ein starkes Indiz dafür, dass Mailchimp mehr auf die im folgenden Abschnitt erläuterte Zahlung im Monatsabo fokussiert.

Hinweis

Bitte beachten Sie, dass beim Auflösen eines Mailchimp-Kontos etwaige noch vorhandene Credits *nicht* zurückerstattet werden! Ungenutzte Credits verfallen nach 12 Monaten.

3.1.2 Mailchimp im Monatsabo

Das zweite Bezahlmodell ist das Monatsabo, bei dem Sie Monat für Monat einen bestimmten Betrag zahlen. Dieser Betrag macht sich wiederum an der Gesamt-Audience-Größe fest! Hier würden bei der Berechnung des Abopreises also auch »ruhende« Audiences, die nicht aktiv genutzt werden, mitzählen.

Was bedeutet in diesem Zusammenhang Gesamt-Audience-Größe? Sie können innerhalb eines (bezahlten) Mailchimp-Kontos mehrere Audiences anlegen. Diese Audiences können Sie als strukturierende Elemente ansehen. Der Mailchimp-Account eines Vereins kann zum Beispiel eine Audience für alle Mitglieder der Tennisabteilung und eine zweite Audience für alle Fußballer haben. Zusätzlich kann eine Audience existieren, die alle Mitglieder umfasst, und eine Audience nur für den Vorstand und das Präsidium. Hier zeigt sich auch, dass eine Mail-Adresse auf mehr als einer Audience enthalten sein kann: Selbstverständlich finden sich die E-Mail-Adressen des Vorstands auch auf der Mitglieder-Audience.

Die Zahl aller Adressen auf allen Audiences zusammen bildet die Gesamt-Audience-Größe. Wenn die Mitgliederliste zum Beispiel 300 Adressen umfasst und die Liste der Vereinsfunktionäre weitere 20 Adressen, dann beträgt die Gesamt-Audience-Größe 320 Adressen. Und das, obwohl die 20 Mitglieder der Vereinsführung ebenfalls auf der Mitglieder-Audience auftauchen.

Bei einer maximalen Zahl von 2.000 eingetragenen Adressen auf der einzigen Audience innerhalb eines Kontos ist die Mailchimp-Nutzung kostenfrei. Möchte man mehr Adressen und/oder mehr Audiences, muss auf einen kostenpflichtigen Mailchimp-Account im Monatsabo gewechselt werden.

Im Gegenzug zu Pay-as-you-go muss das Monatsabo, wie der Name schon sagt, jeden Monat gezahlt werden, auch wenn vielleicht kein Versand stattfindet. Dafür ist das Monatsabo ungefähr halb so teuer wie der Einzelversand, wenn Sie mindestens einen Versand im Monat vornehmen.

Im Frühjahr 2019 hat Mailchimp eine umfangreiche Umstrukturierung des Bezahlmodells durchgeführt. Gab es vorher lediglich den kostenlosen und den bezahlten Account, so gibt es jetzt vier sogenannte »Pricing Plans«. Neben einigen Einschränkungen bei Profi-Funktionen unterscheiden sich die vier Preismodelle primär in zwei Punkten: der Anzahl der Audiences und der Anzahl der Mailchimp-Nutzer.

Der kostenlose »Free«-Account beinhaltet eine einzige Audience mit maximal 2.000 Adressen und kann nur einen einzigen Mailchimp-Benutzer haben, den Account »Owner«

Das »Essentials«-Preismodell hat einen Basispreis von 9,99 US-Dollar (circa 9,20 Euro zur Zeit der Drucklegung). Dafür kann man 3 Audiences einrichten, die maximal 50.000 Adressen enthalten dürfen – wovon die ersten 500 im Basispreis enthalten sind. Zudem kann man mit 3 Benutzern im Mailchimp-Account arbeiten, die dann auch unterschiedliche Nutzerrechte haben können. Möchte man mehr Adressen in den Audiences haben, dann steigt der Preis. Die nächste Preisstufe beinhaltet maximal 1.500 Adressen und würde den Monatspreis auf 19,99 US-Dollar heben, 10.000 Adressen schlagen mit 74,99 Dollar (circa 70 Euro) zu Buche.

Das »Standard«-Preismodell ist das Modell, das Mailchimp professionellen Anwendern empfiehlt und das unserer Erfahrung in der Agentur nach auch der Realität am nächsten kommt. Es erlaubt bis zu 5 Audiences und bis zu 5 Mailchimp-Benutzer. Im Preis von 14,99 Dollar (knapp 14 Euro) sind wieder 500 Empfänger enthalten. Die nächste Staffel beinhaltet 2.500 Adressen und kostet 49,99 Dollar (circa 46 Euro), 10.000 Adressen schlagen hier mit 99 Dollar (circa 91 Euro) zu Buche.

Das »Premium«-Paket kommt am ehesten dem alten Preismodell nahe, jedoch mit dem früher schon kostenpflichtigen »Mailchimp Pro«-Zusatzpaket. Mit einem Basispreis von 299 Dollar (circa 275 Euro) ist es definitiv für professionelle Anwender gedacht. Deshalb gibt es auch bei der Zahl der Audiences und der Zahl der Mailchimp-Benutzer keine Limitationen. In diesem Paket sind dann auch gleich 10.000 Adressen inklusive. Ein professionell genutzter Account mit 50.000 Adressen würde 599 Dollar (circa 550 Euro) kosten. Das klingt nach viel, aber wenn man lediglich 4-mal pro Monat einen Newsletter an alle Empfänger sendet, dann sind das lediglich 0,00275 Euro pro Mail.

Tipp

Eine der störendsten Einschränkungen des neuen Preismodells ist die Limitierung der Zahl der Mailchimp-Benutzer. Sollten Sie eine Agentur wie uns einschalten, dann können Sie uns als Agentur-Benutzer hinzufügen. Dieser spezielle Benutzertyp zählt *nicht* auf Ihre Gesamt-Benutzerzahl. Wenn Sie ohnehin planen, das Gros der Arbeiten mit Mailchimp Ihrer auf E-Mail-Marketing spezialisierten Agentur zu überlassen, könnten Sie so sogar möglicherweise mit einem günstigeren Preismodell arbeiten. Die Beratung hinsichtlich des günstigsten Preismodells sollte zu den Kompetenzen einer Agentur gehören.

Mailchimp zieht für jede Monatsrechnung die aktuelle Gesamt-Audience-Größe heran. Schrumpft Ihre Liste durch Abmeldungen oder weil Sie Empfänger löschen, und sinkt dadurch in eine günstigere Staffelung, dann berechnet Mailchimp natürlich auch nur den günstigeren Preis. Im umgekehrten Fall werden die monatlichen Kosten aber auch höher, wenn Ihre Liste wächst. Bei zu starkem Wachstum zieht Mailchimp aber die Notbremse – Sie müssen dann noch mal explizit bestätigen, dass Sie in eine teurere Aboklasse rutschen.

Zwischen den beiden Bezahlmodellen kann übrigens jederzeit problemlos gewechselt werden. Auch können Sie einen Account »pausieren« – zum Beispiel bei saisonalen Aktivitäten. Für den Zeitraum Ihrer Pause stehen alle Funktionen wie gewohnt zur Verfügung. Sie können lediglich keine E-Mails versenden. Sobald Sie Ihre Pause beenden, wird sofort die Monatspauschale von Ihrer Kreditkarte abgebucht. Dies startet dann auch die Abrechnungsperiode zum aktuellen Datum. Sie können die Account-Pause also auch nutzen, um das Rechnungsstellungsdatum von Mailchimp anzupassen.

Die Änderung des Preismodells im Mai 2019 zog einiges an Kritik, auch von langjährigen Anwendern, nach sich. Betrachtet man zunächst die Preise, so gab es tatsächlich eine deutliche Steigerung. Kosteten in der ersten Auflage dieses Buches 5.000 Credits noch 90 Euro, so sind es jetzt 136 Euro. Im Monatsabo kosteten 25.000 Empfänger in der ersten Auflage des Buches noch 140 Euro, heute wären es 174 Euro im »Essentials«-Preismodell, 201 Euro im »Standard«-Plan und sogar 413 Euro im »Premium«-Preismodell. Auf den ersten Blick eine Verdreifachung des Preises.

Diese Betrachtungsweise – nachvollziehbar, wie sie ist – lässt einige wesentliche Punkte außer Acht. Zum einen war dies die erste Preiserhöhung von Mailchimp seit langer Zeit, was angesichts der gebotenen Leistung bemerkenswert ist. Zum anderen erlaubt das neue Preismodell eine feinere Einteilung der benötigten Funktionen und Leistungen, sodass die nicht unbeträchtliche »Mittelschicht« der Anwender im Endeffekt sogar spart. Und zu guter Letzt: Der Funktionsumfang von Mailchimp ist in den letzten Jahren immens gewachsen, wodurch der neue Preis mehr als gerechtfertigt und im Vergleich zu den Marktbegleitern immer noch sehr günstig ist.

Wir haben das Für und Wider des neuen Preismodells in unserer Agentur (*www.mailchimp-agentur.de*) lange diskutiert und sind zu dem Schluss gekommen, dass es unter dem Strich eigentlich eine positive Entwicklung ist. Nicht-kommerzielle Anwender, Privatpersonen, Vereine und kleine Firmen können nach wie vor einen umfangreichen Funktionsumfang mit nur geringen Einschränkungen kostenlos nutzen. Ambitionierte und professionelle Anwender können genau die Ausbaustufe, die sie brauchen, zu nachvollziehbaren Kosten buchen.

3.1.3 Mailchimp für Non-Profits

Gute Nachrichten für gemeinnützige Organisationen: Mailchimp gewährt einen 15%-Rabatt auf das Monatsabo. Den Discount müssen Sie jedoch zunächst beantragen. Nutzen Sie hierzu das Kontaktformular unter *https://mailchimp.com/contact/* und wählen Sie den Punkt NON-PROFIT DISCOUNT REQUESTS aus. Im Kontaktformular erklären Sie (auf Englisch), welcher Art Ihre Organisation ist und welche gemeinnützigen Aufgaben sie hat.

Geben Sie dazu die Webadresse der Organisation an und senden Sie – soweit vorhanden – Belege über die Gemeinnützigkeit als Scan mit. Mitunter kommen Rückfragen von einem Mailchimp-Mitarbeiter, die Sie beantworten müssen. In der Regel wird der Rabatt aber problemlos gewährt.

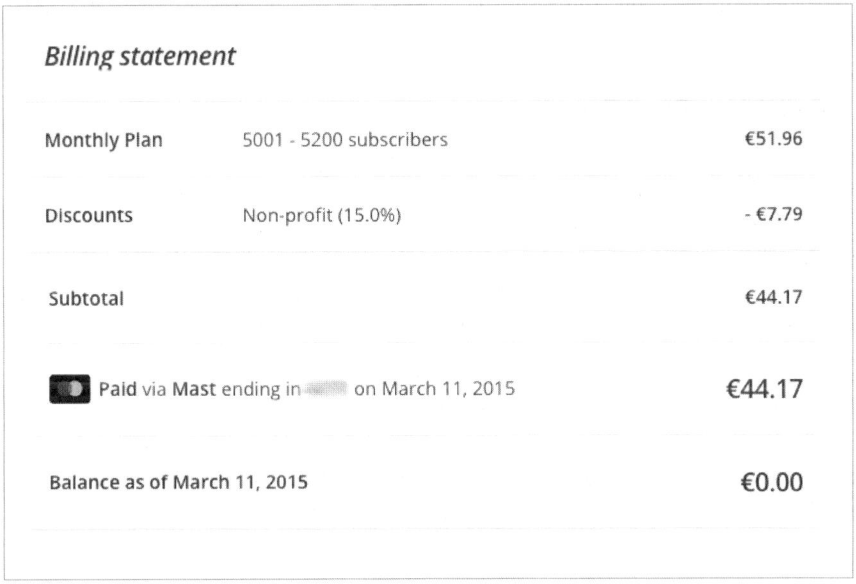

Billing statement

Monthly Plan	5001 - 5200 subscribers	€51.96
Discounts	Non-profit (15.0%)	- €7.79
Subtotal		€44.17
Paid via **Mast** ending in ▮▮▮▮ on March 11, 2015		**€44.17**
Balance as of March 11, 2015		€0.00

Abb. 3.2: Gewährte Rabatte können im »Billing Statement« eingesehen werden.

Den Rabatt können Sie auf Ihren Rechnungen, den »Billing statements« einsehen. Diese finden Sie im Account-Menü. Klicken Sie dazu neben Ihrem Login oben rechts auf den nach unten gerichteten Pfeil. Wählen Sie im aufklappenden Menü ACCOUNT aus. Anschließend klicken Sie auf BILLING und wählen im Menü BILLING HISTORY aus, um die Rechnungen einzusehen.

3.1.4 High-Volume Sender

Bis zur Änderung des Preismodells im Frühjahr 2019 galt man ab einer Adressbasis von 52.001 Empfängern als Großkunde. Bis zu dieser Empfängerzahl können Sie im Monatsabo beliebig viele Mails versenden – also auch die sprichwörtlichen drei am Tag. Mittlerweile gibt es ein Limit in der Zahl der Mails, die Sie versenden können.

Im »Free«-Preismodell ist die Zahl auf 10.000 Mails pro Monat (früher: 12.000) beschränkt. Bei maximal möglichen 2.000 Adressen wären das fünf Mailings im Monat – für die gelegentliche Nutzung mehr als ausreichend.

Das »Essentials«-Preismodell erlaubt bis zu 500.000 individuelle Aussendungen im Monat, der »Standard«-Plan 1,2 Millionen Mails und das »Premium«-Preismodell bis zu 3 Millionen Aussendungen. Benötigt man mehr Aussendungen pro Monat, dann muss man Mailchimp direkt bezüglich des »High volume CPM«-Paketes ansprechen. CPM steht hier für »Cost Per Mille« – auf Deutsch auch gerne Tausendkontaktpreis genannt. Das Paket kann mittlerweile nicht mehr direkt über die Website gebucht werden..

3.1.5   Mailchimp Pro / Premium

Von Herbst 2015 bis Mai 2019 gab es mit »Mailchimp Pro« eine kostenpflichtige Zusatzoption, die optional zum Account hinzugebucht werden konnte. Der Preis von 199 US-Dollar (ca. 177 Euro) pro Monat sowie die Namensgebung legten bereits nahe, dass es sich um Funktionen handelte, die vor allem die Betreiber von sehr großen Listen benötigten. Es war daher folgerichtig, ein solches Paket als separate Option anzubieten, statt die Kosten auf alle Accounts umzulegen.

Mailchimp Pro erweiterte dabei einige der bestehenden Funktionen. Im Bereich der A/B-Tests stehen normalerweise nur drei Varianten zum Test zur Verfügung. Mit Mailchimp Pro konnten bis zu acht Varianten einer Kampagne parallel getestet werden. Im Bereich der Reports konnten Sie mit Mailchimp Pro mehrere Kampagnen miteinander vergleichen und sogar einzelne Listensegmente getrennt auswerten.

Ein zweiter Bereich von Mailchimp Pro widmete sich Themen im Bereich des Kampagnenversands. So war es mit dem Zusatzpaket möglich, einen bereits laufenden Versand noch zu stoppen – allerdings nur, wenn mindestens 10.000 Empfänger selektiert sind. Auch erlaubte Mailchimp nun erstmals, zu sehen, wie weit der Versand eigentlich schon fortgeschritten ist. Mit dem Basispaket stehen beide Möglichkeiten nicht zur Verfügung – hier endete Ihr Einfluss nach dem Klick auf SEND.

Auf den Bereich »Compliance« legt Mailchimp allergrößten Wert. Mailchimp führt intern genau Buch, wie »wohl« Sie – beziehungsweise Ihre Kampagnen – sich verhalten und wie viel Ärger es mit Ihren Abonnenten gibt. Je besser das Wohlverhalten, desto schneller werden Ihre Mails ausgeliefert. Je dunkler Ihre Weste, auf desto langsameren Servern werden Ihre Mails versendet und desto kritischer werden Ihre Kampagnen beobachtet. Mit Mailchimp Pro wurde nun erstmals dieser Schleier gelüftet und Sie bekamen einen Echtzeit-Einblick, wie gut Ihre Reputation war und wie Sie diese im Zweifel verbessern konnten.

Die Kosten für Mailchimp Pro fielen monatlich zusätzlich zu den Versandkosten an. Sie konnten Mailchimp Pro jederzeit dazubuchen und auch jederzeit wieder abbestellen. Ein Großteil der Funktionen von Mailchimp Pro ist mittlerweile Bestandteil des »Premium«-Preismodells. Lediglich in Accounts, die Mailchimp Pro vor dem Wechsel der Preismodelle bereits gebucht hatten, wird es noch separat als solches aufgeführt.

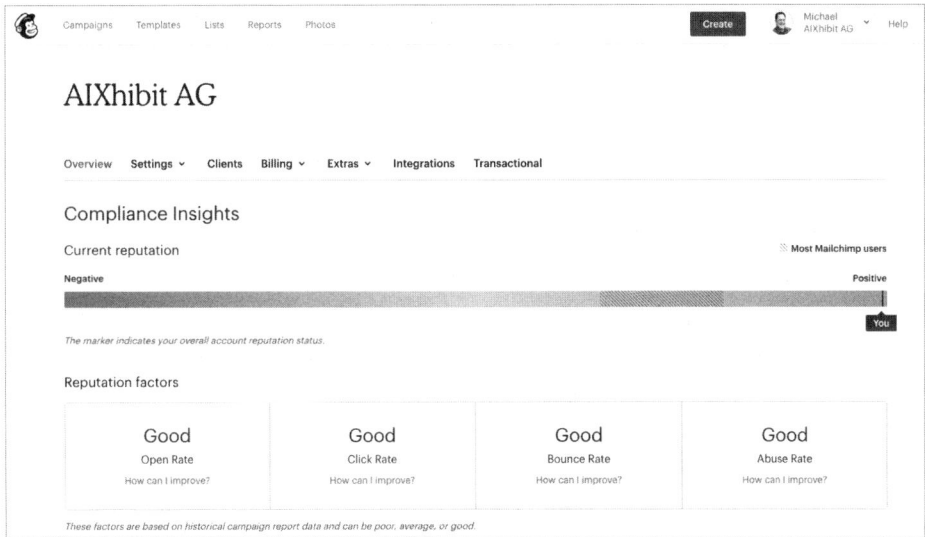

Abb. 3.3: Über das Farbspektrum von Rot (Negative) nach Grün (Positive) zeigt Mailchimp Pro an, welche Reputation man derzeit genießt.

3.2 Mail-Compliance

»With great power comes great responsibility« – große Macht bürdet große Verantwortung auf –, eine Wahrheit, die vor allem durch Stan Lee's »Spiderman« Einzug in den Alltag gehalten hat, gilt in besonderer Weise auch für den Umgang mit E-Mail-Marketing.

Egal, ob Ihr Newsletter-Verteiler nur 10 oder 10.000 Adressen enthält – alle Ihre Abonnenten vertrauen darauf, dass Sie das implizite Versprechen bei der Anmeldung, nur für diesen Newsletter relevante Informationen zu versenden, einhalten. Wenn Ihre Newsletter-Empfänger anfangen, Ihre Aussendungen als unerwünschte Mail – als Spam – anzusehen, dann haben Sie das Vertrauen verspielt.

Eine weitaus größere Verantwortung kommt Mailchimp selbst zu. In einem Blogpost vom April 2015 spricht Mailchimp von 600 Millionen E-Mails täglich. Das wären täglich sieben Mails für jeden einzelnen Deutschen, vom Säugling bis zum Greis! Bei dieser unglaublichen Menge von E-Mails ist Mailchimp natürlich bemüht, nicht den Ruf einer Spam-Schleuder zu bekommen. Auch Kooperationen mit großen Mail-Providern und Spam-Blacklists basieren auf einer möglichst weißen Weste der E-Mail-Marketing-Plattform.

Seit 2008 investiert The Rocket Science Group erhebliche Mittel in die wissenschaftliche Erforschung von Spam. Ein erster Schritt war die automatische Analyse von 61 Billionen E-Mails. Dieser Vorgang dauerte damals zwei Wochen, wie ein Blogpost von 2010 – das erste Mal, dass Mailchimp öffentlich über das Projekt berichtete – erwähnt. Leider ist der Blogpost zwischenzeitlich nicht mehr auf der Mailchimp-Seite zu finden, er kann aber noch über das Internet-Archiv abgerufen werden (*http://bit.ly/mcvore*).

Heute gehört Omnivore – der Allesfresser – zu einem festen Bestandteil der Mailchimp-Infrastruktur und versucht, anhand statistischer Methoden die Spam-Wahrscheinlichkeit vorherzusagen. Mailchimps Anspruch ist dabei, Spam zu verhindern, noch bevor er auftritt.

Mailchimp hat mit Omnivore vor allem die »Lazy Spammer« – die faulen Spam-Versender – im Blick. Im Gegensatz zu den »Evil Spammern« – den bösartigen Spammern – handelt es sich bei den faulen Spammern nicht um Personen, die mit Vorsatz handeln, sondern die eher aus Unachtsamkeit, Fahrlässigkeit oder Desinteresse zum Spammer werden.

Ein Großteil der Problematik tritt bereits beim Import von Adressen auf. Bei mehreren Hundert Millionen E-Mails am Tag ist es sehr wahrscheinlich, dass Mailchimp eine Adresse, die Sie importieren möchten, bereits kennt und Erfahrungswerte hat, ob eine Zustellung an diese Adresse möglich ist oder ob der Adressat sich in der Vergangenheit bereits über unerwünschte Mails beschwert hat. Omnivore prüft beim Adressimport jede einzelne Adresse, und wenn der Prozentsatz an Problemkandidaten zu groß wird, erfolgt eine Warnung an den Benutzer.

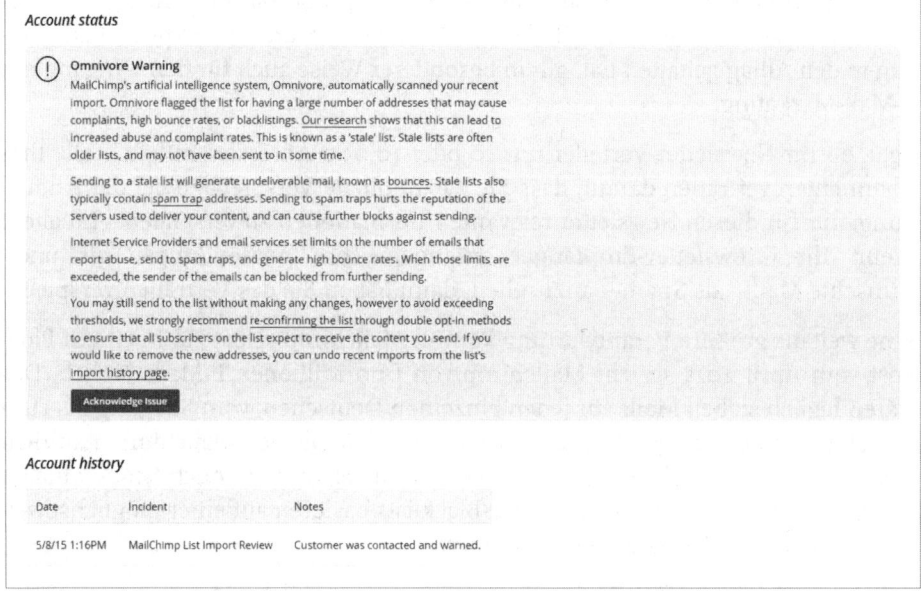

Abb. 3.4: Omnivore heißt ein Mailchimp-eigenes Qualitätssicherungsprogramm gegen Spam.

In Abbildung 3.4 ist die englischsprachige Warnung zu sehen, die in solchen Fällen angezeigt wird. Der Text beinhaltet in verkürzter Form, was weiter oben beschrieben ist. Ein Versenden von Newslettern ist nun vorübergehend nicht mehr möglich, bevor man diese Meldung nicht durch einen Klick auf ACKNOWLEDGE ISSUE bestätigt hat.

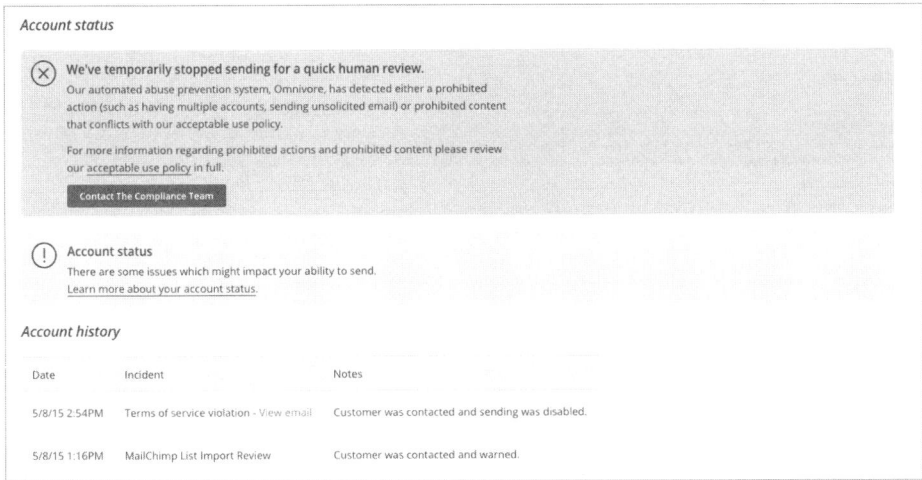

Abb. 3.5: Auf den automatischen Versandstopp folgt im Zweifelsfall ein manueller Eingriff durch das Compliance Team. Der Nutzer erhält eine entsprechende Meldung am Bildschirm.

Eine weitere Eskalationsstufe ist dann erreicht, wenn Mailchimp den Account suspendiert. Hier ist dann der Kontakt zum Mailchimp »Compliance Team« nötig, das dann ganz genau wissen will, was los ist. Leider werden in der Warnungsmail keine spezifischen Gründe genannt:

»As a bulk delivery service, a huge part of our job is providing great deliverability for all our customers. Our automated anti-abuse prevention system, Omnivore, looks for different activity that can tell us if something harmful is happening. ISPs and spam filters are becoming more sensitive to certain types of keywords and content, so we also use Omnivore to help us identify different types of content not supported through Mailchimp.

Omnivore has detected either a prohibited action (such as having multiple accounts, sending unsolicited email) or prohibited content that conflicts with our acceptable use policy.

We appreciate your understanding in this matter.

All the best, Mailchimp Compliance Team«

In der darauf folgenden schriftlichen Kommunikation muss mit dem Compliance Team zunächst geklärt werden, was überhaupt das Problem ist. Dann muss ganz genau dargelegt werden, was man gemacht hat, woher die Adressen stammen und so weiter. Das ist recht zeitaufwendig – man kommuniziert aber mit Menschen, die einen gewissen Entscheidungsspielraum haben.

In den letzten Monaten sehen wir in der täglichen Agenturarbeit gerade bei neuen Kunden zunehmend solche Warnungen. In jedem einzelnen Fall, in denen der Kunde sie ignorierte, haben sie sich als berechtigt erwiesen.

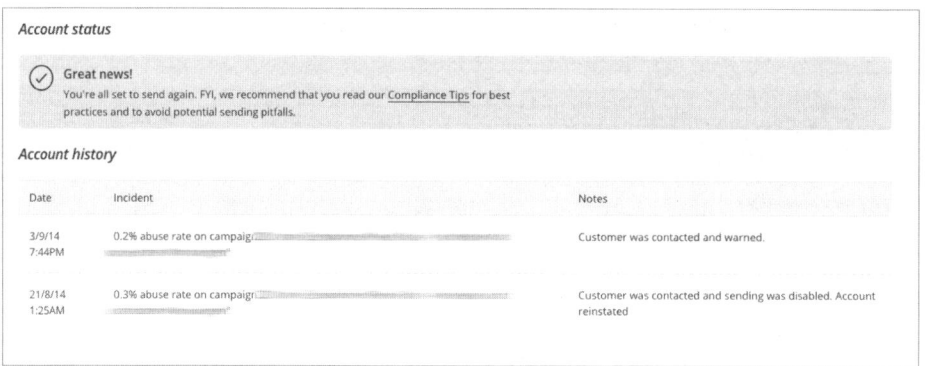

Abb. 3.6: Nach der Klärung mit dem Compliance Team wird der Account wieder freigegeben.

In einem besonders schweren Fall wurden wir kontaktiert, als das Kind eigentlich schon in den Brunnen gefallen war. Es wurden zweimal Listen von jeweils gut 30.000 Adressen importiert. Zweimal wurden Warnungen von Omnivore ignoriert, zweimal wurde an diese Listen dennoch ein Newsletter versendet. Bei der zweiten Aussendung hat Mailchimp die Notbremse gezogen und das Mailing nach wenigen Tausend Auslieferungen gestoppt und den Account gesperrt.

Zusammen mit dem Kunden haben wir zunächst die Umstände der Warnungen erforscht. Es stellte sich heraus, dass die Adressherkunft – nüchtern betrachtet – mehr als fraglich war. Der Kunde hat alle Adressen, mit denen er geschäftlich jemals Kontakt hatte, importiert. Einige der Adressen waren über 10 Jahre alt und seit der ursprünglichen Sammlung nicht mehr angeschrieben worden. Ein Großteil der Adressen stammt aus einem Anfrageformular, bei dem der Interessent aber nicht über die Verwendung der Adressen für Newsletter informiert wurde.

Keine einzige der Adressen verfügte über ein Double Opt-in, also die explizite Zustimmung zur Zusendung von Newslettern. Ein nicht unbeträchtlicher Teil der Adressaten hatte sogar in der Vergangenheit schlechte Erfahrungen mit dem Kunden gehabt und zeigte sich – in teilweise drastischen Worten – erstaunt darüber, dass die Firma überhaupt noch mal Kontakt aufnehme.

Es handelte sich hierbei um ein typisches »Lazy Spammer«-Szenario. Seitdem beraten wir neue Kunden aber noch intensiver als bisher, wenn Altbestände von Adressdaten importiert werden sollen.

Folgende Punkte sollten Sie beim Import von Adressdaten beachten:

- Kaufen oder mieten Sie niemals Adressen! Selbst wenn diese von einem seriösen Anbieter stammen und dieser von den Adressaten die Erlaubnis zur Verwendung eingeholt hat, verletzt die Nutzung einer solchen Liste die Geschäftsbedingungen von Mailchimp.

- Benutzen Sie keine veralteten Listen. Nach gängiger Rechtsauffassung erlischt die Erlaubnis zum Zusenden von Newslettern nach einem Jahr Inaktivität. Mailchimp spricht sogar von sechs Monaten. Benutzer tendieren dazu, ihr Einverständnis zu vergessen. Wenn Sie nach zwei Jahren zum ersten Mal eine Mail schreiben, wird ein großer Teil vermutlich als Spam angesehen werden und es gibt entsprechende Beschwerden.

- Ein weiteres Argument gegen zu alte Listen ist, dass statistisch gesehen private Adressen alle 12 bis 18 Monate und geschäftliche Adressen im Schnitt alle zwei Jahre wechseln. Dies führt zu hohen Bounce-Quoten bei lange unbenutzten Adressen.

Am sichersten fahren Sie, wenn Sie tatsächlich nur Adressen benutzen, bei denen die explizite Zustimmung vorliegt und die auch schon regelmäßig in der Vergangenheit angeschrieben wurden.

Kapitel 4

Mailchimp-Account-Setup

Die grundsätzlichen Überlegungen sind abgeschlossen und Sie haben nun eine Idee, wie Sie E-Mail-Marketing in der Praxis einsetzen möchten. Dann ist es jetzt an der Zeit, Mailchimp für den praktischen Einsatz vorzubereiten.

Dieses Kapitel widmet sich dem Einrichten des eigentlichen Mailchimp-Accounts. Dabei ist der Account nicht gleichbedeutend mit einem einzelnen Newsletter! Vielmehr können Sie innerhalb eines Accounts zahlreiche verschiedene Newsletter verwalten und versenden. Auf Account-Ebene gibt es aber immer einen Ansprechpartner, der Mailchimp (beziehungsweise The Rocket Science Group) gegenüber der Verantwortliche für den Account ist. Hierbei handelt es sich nicht um den Kontakt für die Abrechnung oder zwangsläufig den späteren Nutzer des Accounts. Wahrscheinlich geben Sie hier eher den Geschäftsführer Ihres Unternehmens an, wenn Sie im Auftrag handeln.

Es spricht nichts dagegen, mehrere Accounts für verschiedene Zwecke anzulegen – die Arbeit in einem einzigen Account ist aber oftmals einfacher. Überlegen Sie daher, ob Sie Ihre Projekte in einem einzigen Account abbilden können oder mehrere brauchen.

Ein Grund für mehrere Accounts ist meist die Frage der Abrechnung, wenn kostenpflichtige Mailchimp-Dienste genutzt werden sollen oder müssen. Wichtig hierbei zu wissen ist, dass Firmeninformationen zwar auf Listenebene hinterlegt werden können, Zahlungsinformationen aber nur auf Account-Ebene – es kann also pro Account immer nur einen Zahlungsempfänger geben. Mehr dazu in den folgenden Abschnitten.

> **Hinweis**
>
> Anfang 2018 haben wir für einen großen Hersteller von Gartengeräten eine sehr komplexe Struktur aus 15 Mailchimp-Accounts umgesetzt, um dessen europäische Marketingstruktur abzubilden. Während der Setup-Phase hatten alle diese Accounts die gleiche Firma als Account-Inhaber. Nach knapp der Hälfte der Accounteinrichtungen hat sich Mailchimp aktiv bei uns gemeldet und gefragt, weswegen wir denn eine solch ungewöhnliche Zahl an Accounts benötigen.

Nachdem wir erklärt haben, dass diese Accounts nach erfolgreicher Einrichtung allen anderen Firmen in der Gruppe übertragen werden und es verschiedene Rechnungsempfänger gibt und zudem noch die Dateninhaberschaft wichtig ist, ließ man uns gewähren. Andernfalls hätte Mailchimp das Anlegen mehrfacher Accounts auf den gleichen Inhaber untersagt.

4.1 Systemanforderungen

Als Software-as-a-Service (SaaS) ist Mailchimp eine Lösung, die ausschließlich über Webbrowser wie Firefox, Chrome oder ähnliche bedient wird. Hier sollten Sie einen möglichst aktuellen Webbrowser einsetzen. Ich benutze sehr gerne Google Chrome in der neuesten Version, der Internet Explorer ab Version 11 beziehungsweise Microsoft Edge oder Firefox ab Version 2 funktionieren ebenso gut. Mac-Benutzer können Mailchimp selbstverständlich auch mit Safari ab Version 7 ohne Einschränkungen bedienen.

Für die Arbeit mit Mailchimp benötigen Sie eine zuverlässige und dauerhafte Internet-Verbindung. Mailchimp stellt keine großen Anforderungen an die Geschwindigkeit der Internet-Verbindung. Bei einer zu langsamen Verbindung kann das Hochladen von Bildern oder größeren Adresslisten aber zur Geduldsprobe ausarten. Für die regelmäßige Nutzung ist eine »normale« DSL-Leitung aber in jedem Fall ausreichend.

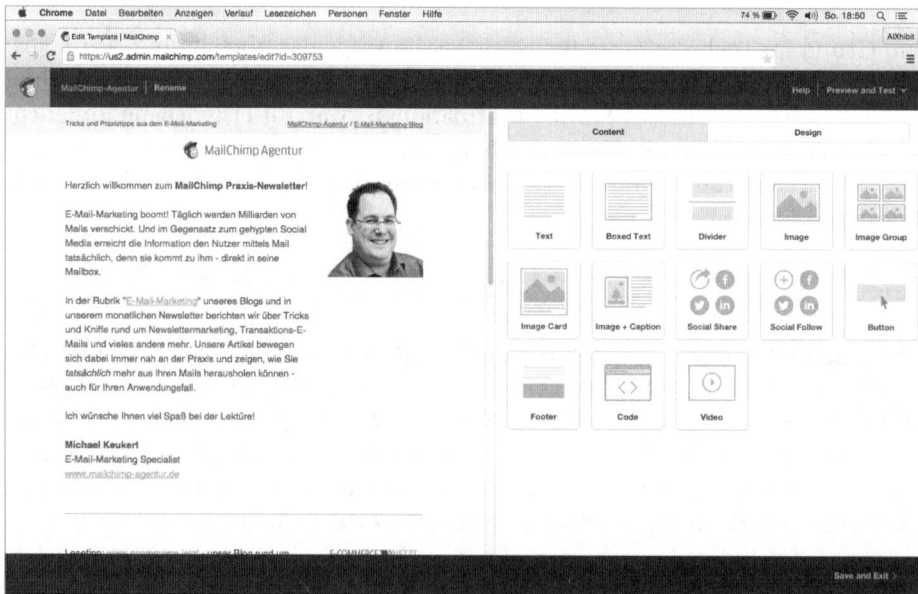

Abb. 4.1: Die Mailchimp-Benutzeroberfläche in der Auflösung 1440 × 900 Pixel

Während der Arbeit mit Mailchimp wird im Hintergrund der aktuelle Stand der Arbeit alle 20 Sekunden automatisch gesichert. So sind Sie auch gegen Ausfälle der Internet-Verbindung sehr gut geschützt und verlieren im Normalfall nur sehr wenig Arbeit, wenn die Verbindung doch einmal unterbrochen worden sein sollte. Einen Offline-Modus gibt es aber nicht – es muss immer online gearbeitet werden.

Um bequem mit Mailchimp zu arbeiten, bietet sich ein Bildschirm mit mindestens 1280 × 768 Pixeln (WXGA-Auflösung) an. In Abbildung 4.1 ist die Benutzeroberfläche in 1440 × 900 Pixeln Auflösung zu sehen. Selbst mit den Menüzeilen des Betriebssystems und des Webbrowsers bleibt so noch ausreichend Platz zum bequemen Bedienen des Programms.

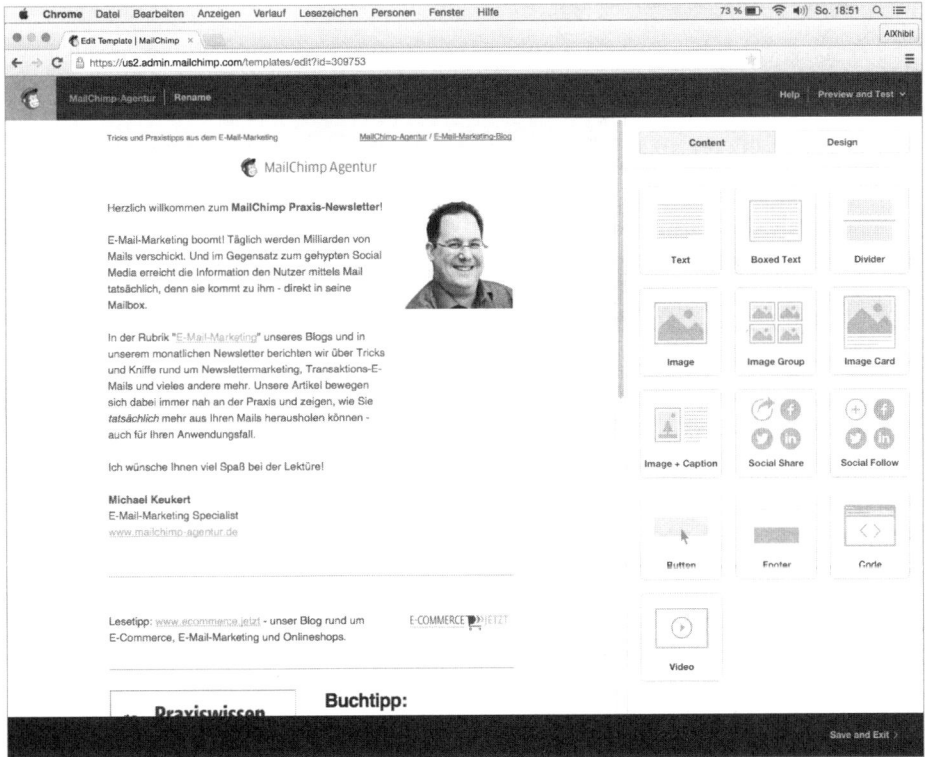

Abb. 4.2: Auch mit 1280 × 1024 Pixeln Auflösung kann man noch gut mit dem User Interface arbeiten.

Mailchimp lässt sich problemlos auf Notebooks oder Tablets bedienen. Wenn die Bildschirmgröße gering ist, passt sich die Benutzeroberfläche automatisch an. In Abbildung 4.2 ist eine Auflösung von 1280 × 1024 Pixeln zu sehen, wie sie auf frühen Flachdisplays üblich war. Die Bedienelemente auf der rechten Seite sind entsprechend zusammengerückt, um die Fläche für die Bearbeitung des Newsletters ausreichend groß zu lassen.

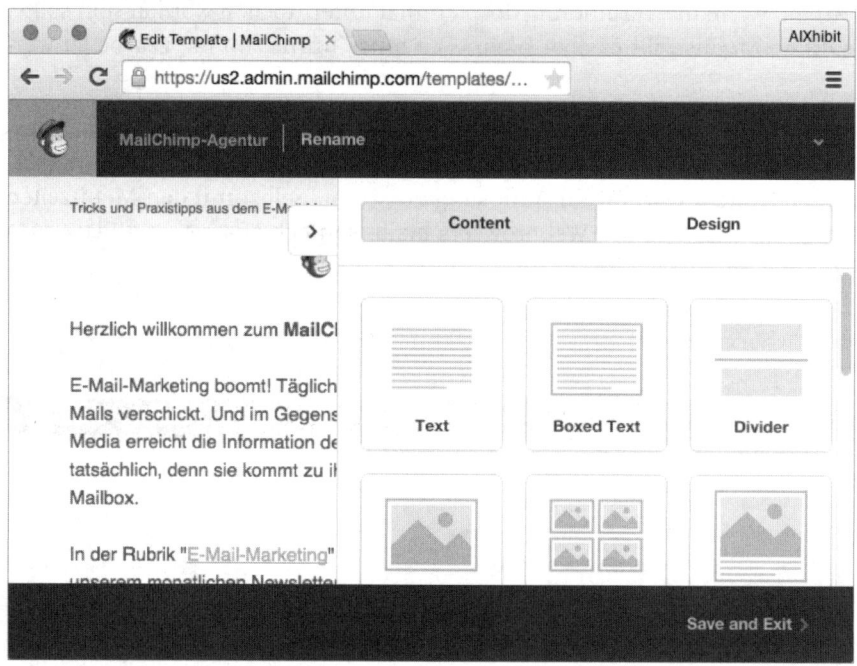

Abb. 4.3: Selbst auf sehr kleinen Displays kann man Mailchimp noch produktiv nutzen.

Selbst auf sehr kleinen Displays oder »krummen« Auflösungen kann man noch mit Mailchimp arbeiten – wenngleich nicht sehr bequem. Wird der zur Verfügung stehende Platz zu klein, dann verschwinden Bedienelemente komplett und müssen über einen kleinen Pfeil ausgeklappt beziehungsweise wieder eingefahren werden.

4.2 Account anlegen

Ihren eigenen Mailchimp-Account können Sie sich jederzeit und kostenlos anlegen. Ich habe Ihnen dazu den Kurzlink *www.mailchimp-testen.de* vorbereitet, über den Sie unmittelbar zum Anmeldeformular kommen. Alternativ können Sie den folgenden QR-Code mit einer geeigneten App auf Ihrem Smartphone oder Tablet scannen und kommen so ebenfalls direkt zum Anmeldeformular.

Abb. 4.4: Shortlink zu *www.mailchimp-testen.de*

4.2.1 Benutzer anlegen

Ein Mailchimp-Account benötigt mindestens einen Benutzer, der automatisch die Rolle des Account-Inhabers innehat. Jeder Benutzer muss über eine E-Mail-Adresse verfügen. Diese E-Mail-Adresse kann – muss aber nicht – gleich mit dem Login-Namen sein.

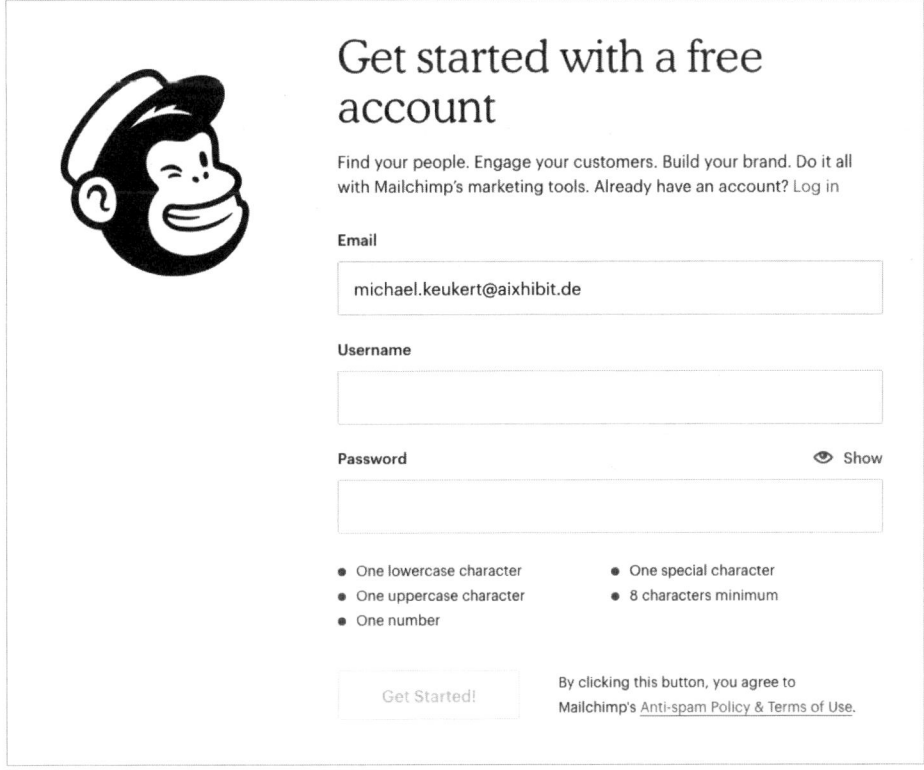

Abb. 4.5: Anmeldung zum kostenlosen Testaccount mit den Angaben zur strikten Kennwort-Vorgabe

Stellen Sie sicher, dass die E-Mail-Adresse, die Sie angeben, auch existiert. Mailchimp sendet Ihnen im Laufe der Account-Einrichtung eine E-Mail mit einem Bestätigungslink. Ohne diesen Link können Sie nicht weitermachen.

Bei der Wahl des Usernamens stellt es Mailchimp frei, ob ein klassischer Benutzername gewählt wird oder der Einfachheit halber die E-Mail-Adresse erneut angegeben wird. Meine Empfehlung ist die Benutzung der Mail-Adresse. Einen Sicherheitsgewinn durch die Wahl eines individuellen Benutzernamens gibt es nicht.

Bei der Wahl des Passworts ist Mailchimp in jüngster Zeit sehr streng geworden und stellt hohe Anforderungen. Ihr Passwort muss folgende Kriterien erfüllen:

- Mindestens 8 Zeichen
- Mindestens 1 Großbuchstabe
- Mindestens 1 Kleinbuchstabe
- Mindestens 1 Ziffer
- Mindestens 1 Sonderzeichen

Hier hinkt Mailchimp leider dem aktuellen Stand der Sicherheitsforschung hinterher und zwingt dem Anwender ein unnötig schwer zu merkendes Passwort auf. Dem geneigten Leser sei dieser Comic für die nötigen Hintergründe empfohlen: *https://xkcd.com/936/*.

Bedenken Sie, dass jemand mit unberechtigtem Zugang zu Ihrem Mailchimp-Account großen Schaden anrichten kann. Nicht nur kann ein solcher Angreifer die Adresslisten Ihrer Abonnenten herunterladen. Vielmehr kann er auch unter Ihrem Namen eine Kampagne versenden und so einen kaum mehr zu bereinigenden Imageschaden anrichten. Sicherheitsexperten raten aufgrund der Zunahme von Sicherheitsproblemen im Netz zum Einsatz eines Passwortmanagers wie Last-Pass (*www.lastpass.com*) oder 1Password (*www.1password.com*).

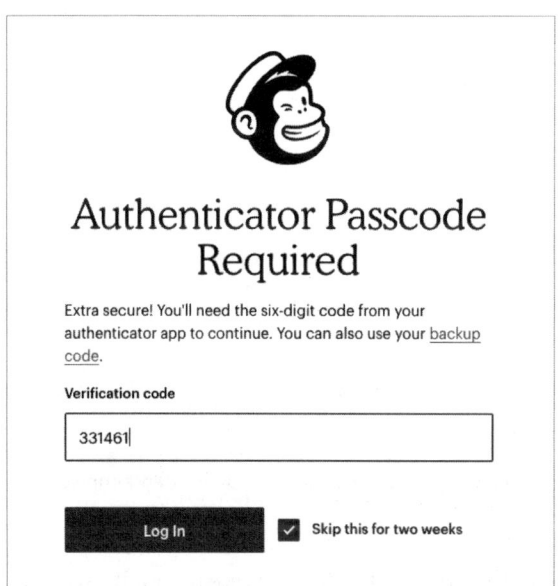

Abb. 4.6: Der Einmal-Code wird mit der Google-Authenticator-App auf dem Smartphone generiert.

Spätestens bei Mailchimp-Accounts mit sehr großen Adresslisten sollten Sie auch über eine Zwei-Faktor-Authentifizierung nachdenken. Mailchimp unterstützt diese auch 2FA genannte Technik und honoriert ihren Einsatz mit einem 10%-Rabatt auf die monatlichen Rechnungen.

Beim Einsatz der Zwei-Faktor-Authentifizierung kommt die Smartphone-App »Google Authenticator« zum Einsatz, die einen Einmal-Code mit auf 30 Sekunden begrenzter Gültigkeit erzeugt. Diesen Einmal-Code muss man zusätzlich zum Passwort angeben, um sich erfolgreich einzuloggen.

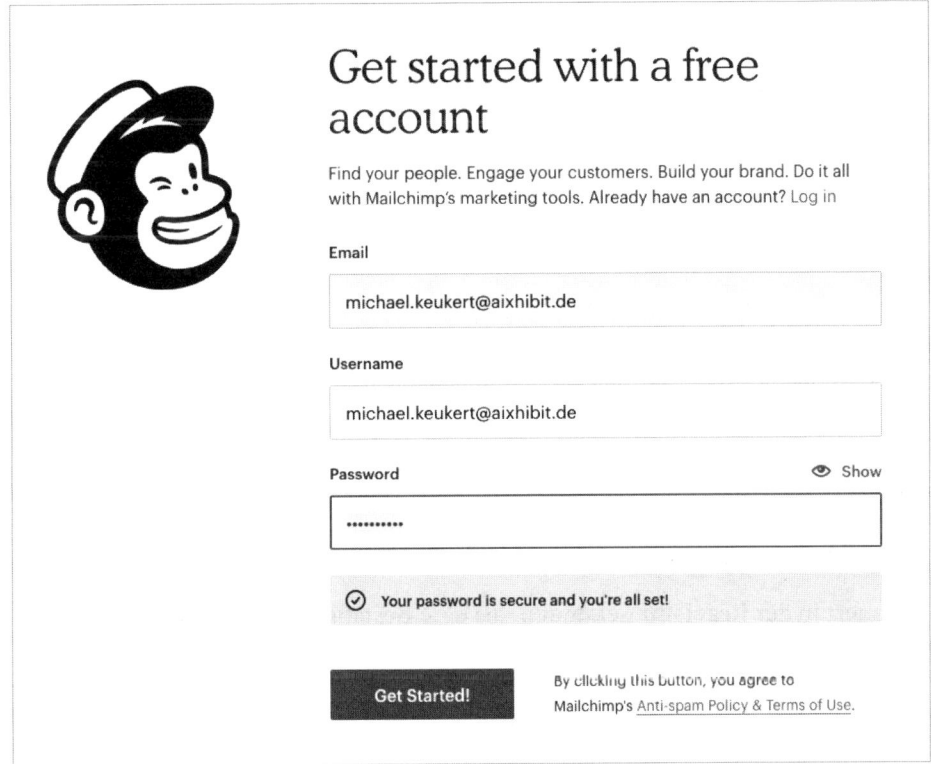

Abb. 4.7: E-Mail-Adresse und Benutzername können gleich lauten.

Bevor Sie auf GET STARTED klicken, also die Einrichtung Ihres Mailchimp-Accounts fortsetzen, überprüfen Sie erneut die Angaben. Wenn Sie die Schaltfläche SHOW anklicken, wird Ihr Passwort nochmals im Klartext angezeigt. Erst durch einen erneuten Klick werden wieder die üblichen Punkte angezeigt. Stellen Sie sicher, dass Sie Ihr Passwort auswendig kennen und dass die Mail-Adresse korrekt ist. Dann können Sie die Account-Einrichtung fortsetzen.

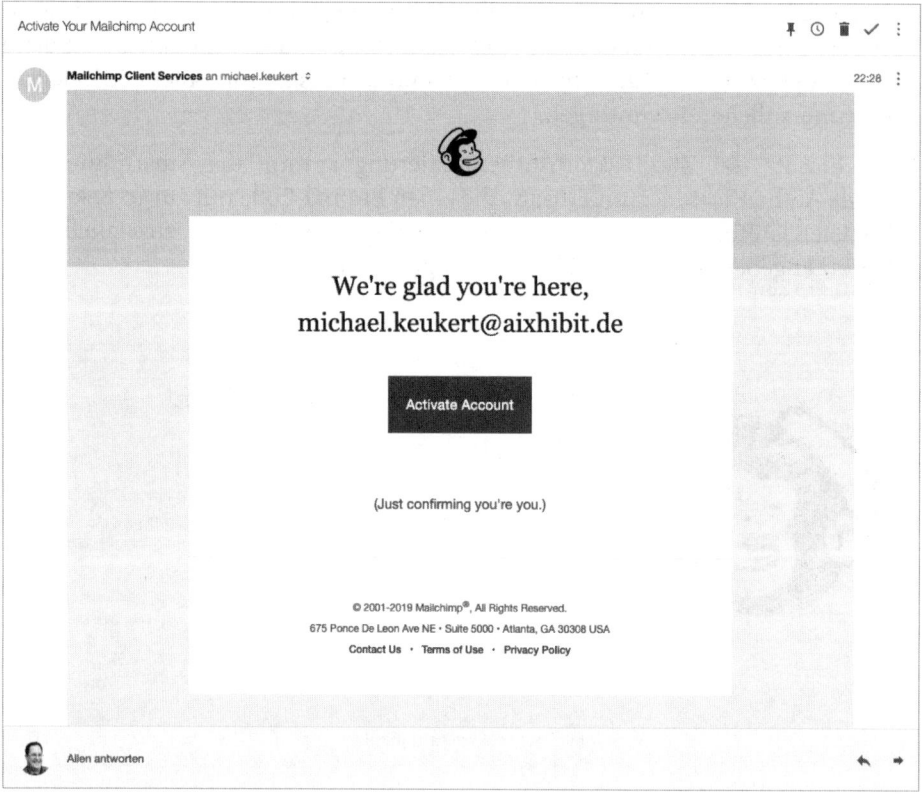

Abb. 4.8: Accountverifizierung per E-Mail

4.2.2 Bestätigungsmail

Es dauert in der Regel nur Sekunden, bis eine Bestätigungsmail von Mailchimp in der Inbox Ihres Mailprogramms ankommt. Mit dem Mailchimp eigenen Humor möchte das Maskottchen sicherstellen, dass »Sie auch wirklich Sie sind«, wozu Sie den Knopf mit ACTIVATE ACCOUNT anklicken, um die Account-Einrichtung abzuschließen.

Abb. 4.9: Captcha zur Bestätigung: »Ich bin kein Roboter!«

Eine weitere Bestätigung soll sicherstellen, dass Sie auch wirklich eine individuelle Person sind, die den Mailchimp-Account einrichten will, und nicht etwa ein Computerprogramm. Hierbei kommt eine Technik namens Captcha zum Einsatz, die Sie vielleicht von Webshops her kennen. Diese Technik ist derzeit so weit fortgeschritten, dass Sie in den meisten Fällen gar keine weitere Abfrage bekommen. Es kann aber sein, dass Sie verzerrte Buchstaben, Straßenszenen oder Tierbilder präsentiert bekommen. Die Technik basiert darauf, dass ein menschliches Gehirn die Zusammenhänge sofort erkennen kann, während sich ein Computerprogramm derzeit noch die digitalen Zähne daran ausbeißt.

Ist diese Hürde genommen – Sie sind doch kein Roboter, oder? –, haben Sie jetzt Ihren Mailchimp-Benutzer-Account eingerichtet. Über diesen Account loggen Sie sich zukünftig in den Mailchimp-Account ein. Sie können darüber auch mehrere Mailchimp-Konten benutzen. Mehr dazu in Abschnitt 4.6, »Mandantenfähigkeit«.

4.3   Account vervollständigen

Im nächsten Schritt muss nun der eigentliche Mailchimp-Account vervollständigt werden. Bitte beachten Sie, dass es hier um den Inhaber des Accounts geht! Über insgesamt sechs Eingabemasken verteilt werden im Interview-Stil weitere Angaben abgefragt.

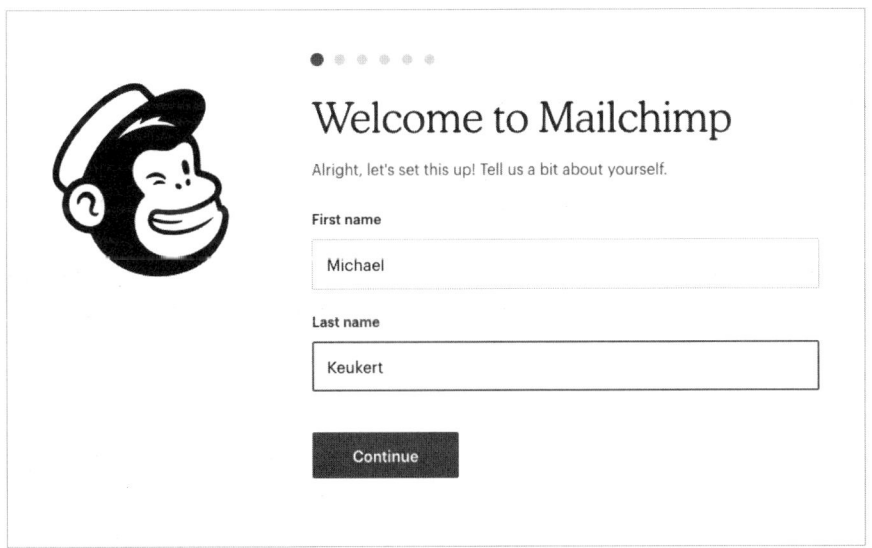

Abb. 4.10: Wem gehört der Account?

Zunächst hinterlegen Sie die Daten des Account-Inhabers. Je nach Einsatzszenario sind das nicht zwangsläufig Sie selbst, sondern beispielsweise ein Abteilungsleiter, Vereinsvorsitzender oder Firmeninhaber. Jeder Mailchimp-Account hat einen »Owner« – einen Eigentümer –, der gegenüber der Firma hinter Mailchimp, der amerikanischen The Rocket Science Group, verantwortlich für die Nutzung zeichnet. Die Angaben zum Account-Inhaber können Sie nachträglich noch ändern, wenn Sie derzeit nicht wissen, wer diese wichtige Funktion ausfüllt.

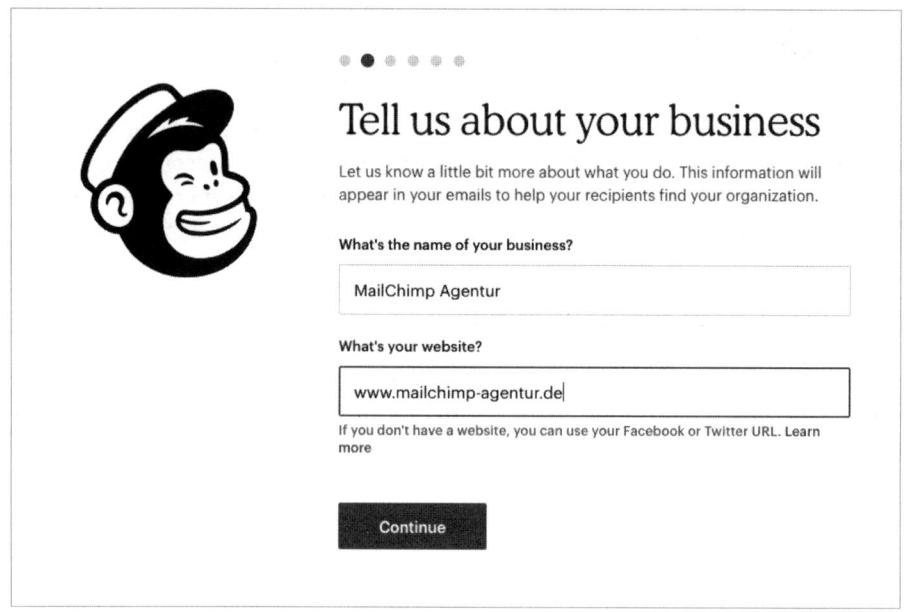

Abb. 4.11: Es muss nicht immer eine Website sein.

Im nächsten Schritt bittet Mailchimp Sie, Angaben zu der Firma, dem Verein oder der Organisation zu machen, die diesen Mailchimp-Account nutzen möchte. Eine Angabe der Firmierung ist hier nicht zwingend notwendig – wenn Sie Mailchimp zum Beispiel für Ihre Familienkommunikation benutzen, dann tragen Sie dort beispielsweise »Privat« ein. Eine Webadresse ist jedoch unbedingt nötig. Wer keine Website hat, kann hier seine Facebook-Seite oder sein Twitter-Profil angeben. Auch eine Xing-Profilseite funktioniert an dieser Stelle.

Wichtig sind hingegen die folgenden Formularfelder, in denen Sie die Anschrift Ihres Unternehmens hinterlegen müssen. Die Informationen sind rechtlich bindend und dienen einer eindeutigen Identifikation desjenigen, der diesen Mailchimp-Account betreibt. Mailchimp als US-Unternehmen ist dabei nicht nur amerikanischer Gesetzgebung verpflichtet, sondern muss auch zahlreiche internationale Regelungen zum Vermeiden von Spam – unerwünschter E-Mail-Werbung – befolgen. Das korrekte Ausfüllen dieser Felder hat also die gleiche rechtliche Relevanz wie das gesetzlich vorgeschriebene Impressum auf Ihrer Website. Auch diese Angaben können Sie nachträglich noch ändern beziehungsweise anpassen.

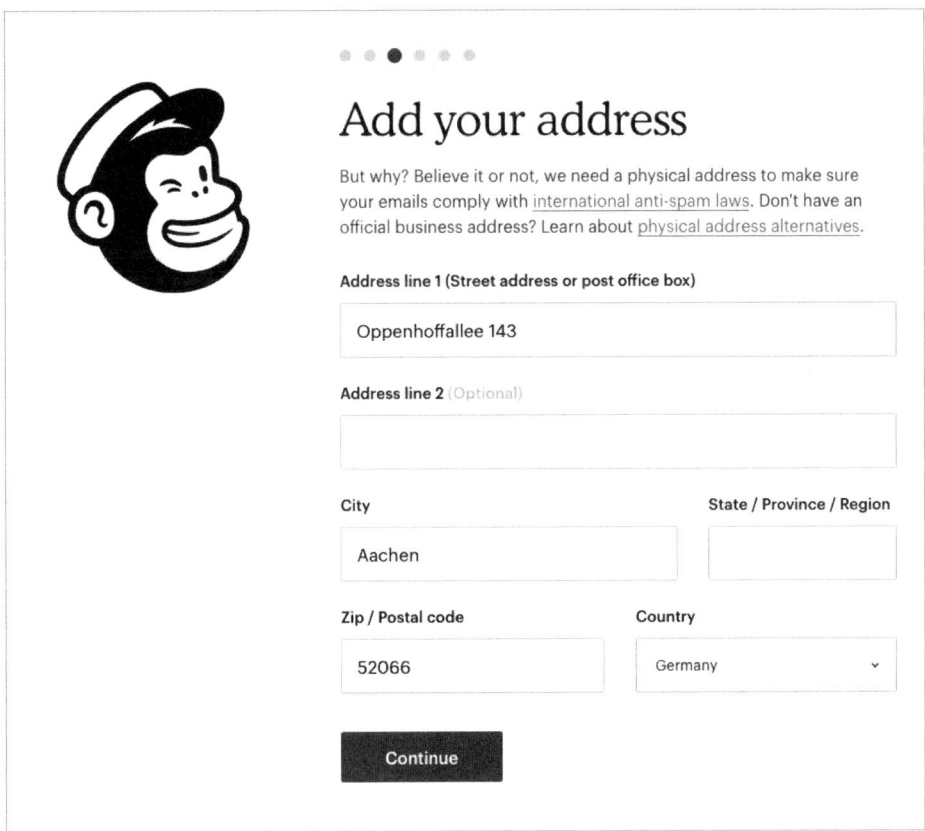

Abb. 4.12: Eine Postanschrift ist zwingend erforderlich.

In den folgenden drei Eingabemasken haben Sie jetzt noch die Möglichkeit, Ihre Social-Media-Profile zu verbinden sowie die Mailchimp-eigenen Newsletter zu bestellen. Diese Newsletter informieren Sie immer aktuell über Neuerungen, sodass ich durchaus empfehle, sie zu abonnieren. Gerade wenn Sie einen Online-shop betreiben, sollten Sie Mailchimp das mitteilen und den entsprechenden »What's in Store«-Newsletter abonnieren, da er viele hilfreiche Tipps enthält.

Hinweis

Mailchimp variiert den Anmeldeprozess immer mal wieder leicht, sodass sich dort weitere Fragen finden. Im Frühjahr 2020 findet man beispielsweise die Frage, ob man bereits Adresslisten vorliegen hat, sowie eine kleine – überspring-bare – Fragenstrecke, die beim Vorbereiten von Automations hilft. Seien Sie also bitte nicht verunsichert, wenn Dialoge auftauchen, die an dieser Stelle nicht abgebildet sind.

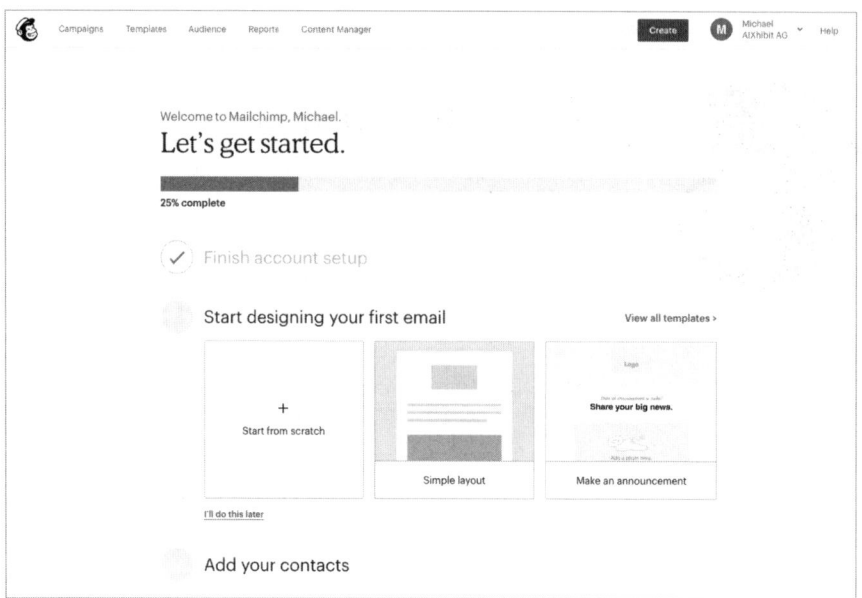

Abb. 4.13: Bei einem jungfräulichen Account gibt es eine Checkliste anstelle des Dashboards.

Ihr Mailchimp-Account ist nun komplett eingerichtet und wartet darauf, dass Sie mit dem E-Mail-Marketing loslegen!

4.4 Benutzerverwaltung

Jeder Mailchimp-Account muss mindestens einen Benutzer haben, der in diesem Fall die Rolle des »Owners« – des Eigentümers – innehat und alle Funktionen des Mailchimp-Accounts nutzen kann.

Bei einem kostenlosen Mailchimp-»Free«-Account ist dies gleichzeitig der einzige Benutzer, den man haben kann (mit Ausnahme von Agentur-Benutzern). In der Praxis arbeitet man aber oft mit anderen Benutzern zusammen. Der Designer stellt grafische Elemente zur Verfügung, der Redakteur steuert die Texte bei, der Marketingleiter muss den Newsletter freigeben. Für diese Szenarien erlaubt Mailchimp ab dem Preismodell »Essentials« das Einrichten weiterer Benutzer mit verschiedenen Benutzerrechten.

Der »Essential«-Account erlaubt insgesamt 3 Benutzer, der »Standard«-Account bis zu 5 (jeweils zuzüglich Agentur-Benutzern) und lediglich der »Premium«-Account erlaubt unbegrenzte Benutzer.

Es ist nicht bekannt, wie viele Benutzer einem Mailchimp-»Premium«-Account tatsächlich zugeordnet werden können. In der Praxis hatten wir bereits 16 unterschiedliche Benutzer in einem Account – wenn es eine Grenze gibt, dann wird sie vermutlich recht hoch sein.

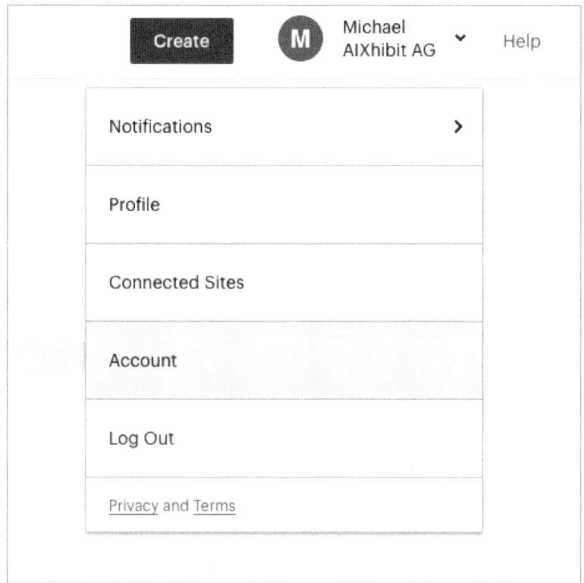

Abb. 4.14: Menüpunkt ACCOUNT – hier geht es zur Benutzerverwaltung.

Die Benutzerverwaltung finden Sie im ACCOUNT-Menü. Klicken Sie dazu oben rechts auf den Pfeil nach unten neben Ihrem Benutzernamen. Im anschließend ausklappenden Menü wählen Sie den Punkt ACCOUNT aus.

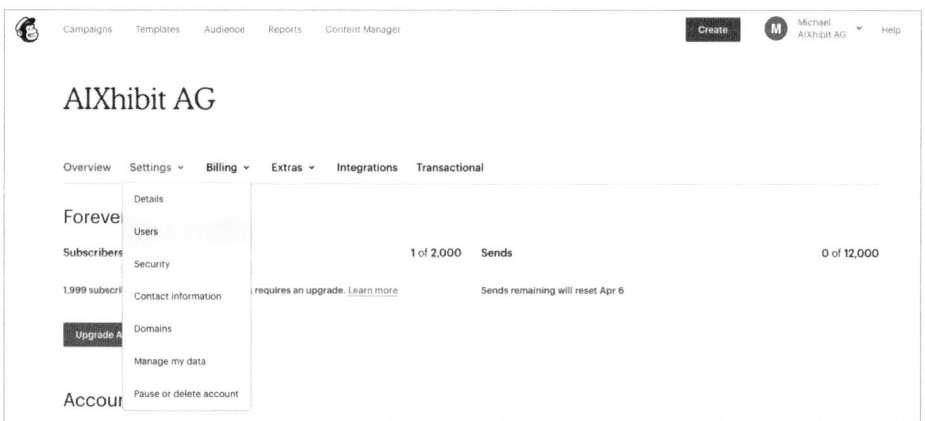

Abb. 4.15: Benutzer können Sie über das Untermenü ACCOUNT USERS verwalten.

Es erscheint die Übersicht für die Account-Verwaltung. Von hier aus können Sie zahlreiche Einstellungen tätigen, die auf den ganzen Mailchimp-Account Auswirkungen haben. Um einen neuen Benutzer hinzuzufügen, wählen Sie links das Menü SETTINGS aus und navigieren dann zum Unterpunkt USERS.

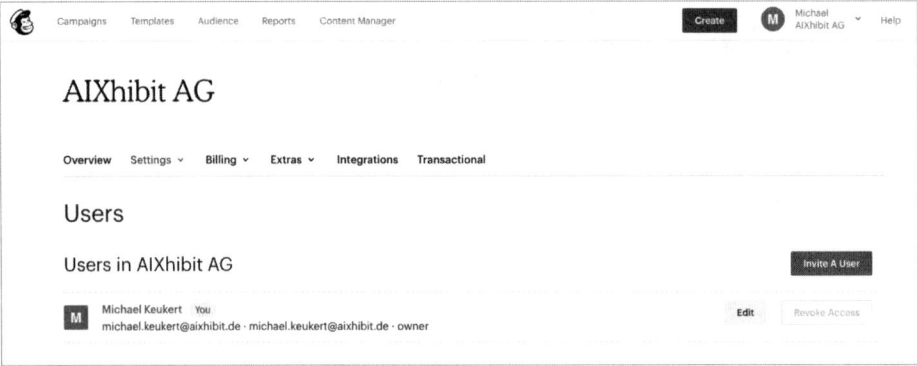

Abb. 4.16: Liste aller Nutzer des Accounts

Im folgenden Bildschirm wird die Liste aller Benutzer dieses Accounts angezeigt. Bei einem frisch angelegten Account findet man nur einen einzigen Nutzer, der mit E-Mail-Adresse, Benutzernamen (im Beispiel ebenfalls die Mail-Adresse) und den Benutzerrechten »owner« angezeigt wird. Über die Schaltfläche INVITE A USER können Sie einen zusätzlichen Benutzer in den Account einladen.

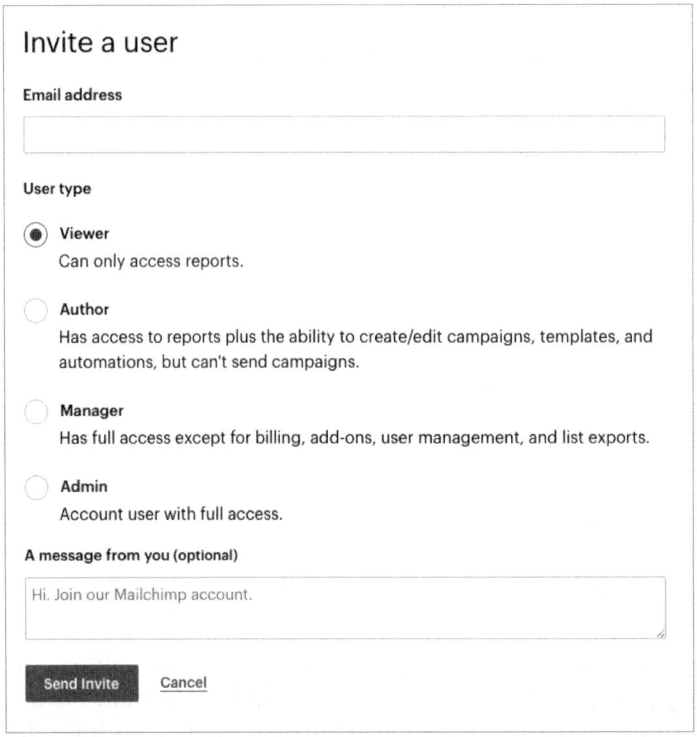

Abb. 4.17: Über die Funktion INVITE A USER können Sie weitere Benutzer zu Ihrem Mailchimp-Account einladen.

Geben Sie im oberen Feld die E-Mail-Adresse des neuen Benutzers ein. Achtung, Mailchimp führt hier keine Überprüfung durch, ob diese Adresse bereits von einem Benutzer genutzt wird. Jeder Benutzer braucht eine eindeutige E-Mail-Adresse.

Im Folgenden können Sie auswählen, welche Benutzerrechte dem neuen Kollegen eingeräumt werden sollen.

Viewer

Die Möglichkeiten dieses Benutzers sind auf das Betrachten der Statistiken und Reports beschränkt. Er kann also nur rein passiv im Mailchimp-Account agieren und selbst nicht an der Erstellung von Newslettern und E-Mail-Kampagnen mitwirken. Alle anderen Bereiche sind nicht nur vor Veränderung geschützt, sondern werden gar nicht erst angezeigt. Diese Nutzerrolle eignet sich daher für Personen, die ausschließlich mit dem Auswerten der E-Mail-Aktionen betraut sind.

Author

Die Aufgabe des Authors – im Deutschen am besten mit »Redakteur« übersetzt – ist das Erstellen einzelner Newsletter. Der Redakteur kann dabei alle Werkzeuge zum Bearbeiten der Newsletter benutzen – er kann sie aber nicht versenden.

Diese Benutzerrolle eignet sich daher für Szenarien, in denen formale Freigabezyklen realisiert werden sollen. Als Author kommen aber auch neue/unerfahrene Mailchimp-Benutzer infrage, die erst an das System herangeführt werden sollen, bevor sie eigenverantwortlich Newsletter versenden.

Manager

Dieser Benutzertyp verfügt über sehr weit reichende Rechte. Neben dem Erstellen von Newslettern kann der Manager diese auch versenden. Zusätzlich hat er Zugriff auf alle Bereiche der Listenverwaltung und hat damit direkten Zugriff auf alle Abonnenten der Newsletter.

Admin

Uneingeschränkten Zugriff auf alle Bereiche des Systems hat der Administrator. Dazu gehört insbesondere die Benutzerverwaltung inklusive des Löschens von Benutzern oder des Zuweisens von Benutzerrechten.

Obwohl der Manager auch schon Zugriff auf die Listenverwaltung hat, kann nur der Administrator Listen exportieren. Dies gilt auch für die Listen von unzustellbaren Adressen. Meines Erachtens nach wäre diese Funktion sinnvollerweise auch schon für den Manager zugänglich. In der Praxis kommt es immer wieder vor, dass diese Listen exportiert werden müssen. Leider muss der betreffende Mitarbeiter dafür Admin-Rechte haben, was nicht immer so gewünscht ist.

Nur die beiden Nutzerrollen Admin und Owner haben Zugriff auf die Zahlungs-daten der kostenpflichtigen Accounts. Wenn Sie eine neue Kreditkarte hinterlegen möchten, können Sie das ausschließlich als Verwalter des Accounts machen.

Owner

Die bisher vorgestellten Rechte können mehrfach an Nutzer vergeben werden. So kann ein Account durchaus mehrere Admins haben. Mailchimp erlaubt aber nur einen einzigen Owner, weswegen diese Rolle auch nicht beim Einladen eines neuen Benutzers ausgewählt werden kann. Der Owner ist von den Möglichkeiten her identisch mit dem Admin, trägt aber gegenüber Mailchimp / The Rocket Science Group die Verantwortung für den Account. Ein Owner kann einen ande-ren Mailchimp-Benutzer zum Owner machen und verliert dabei seinen Status als Owner und wird zum Admin.

Optional kann beim Einladen eines neuen Benutzers eine Nachricht mitgesendet werden. Diese wird in der Einladungsmail angezeigt. So können Sie neue Mitar-beiter am Newsletter direkt auf die für sie vorgesehenen Aufgaben einstimmen.

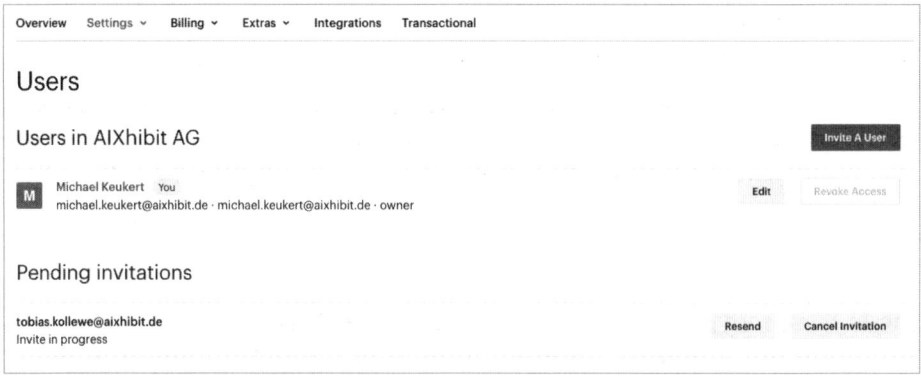

Abb. 4.18: Offene Einladungen im Account

Der neu eingeladene Benutzer erscheint als »Pending invitation« – als nicht ange-nommene Einladung – in der Benutzerliste. Gleichzeitig erhält der neue Benutzer eine Einladung per E-Mail, die er annehmen muss.

In der Einladungsmail genügt ein Klick auf JOIN THIS ACCOUNT, um auf das Anmeldeformular zu gelangen, mit dem der neue Benutzer seinen persönlichen Mailchimp-Account anlegen kann. Im Bild sieht man auch den Zusatztext, wie er beim Benutzer erscheint.

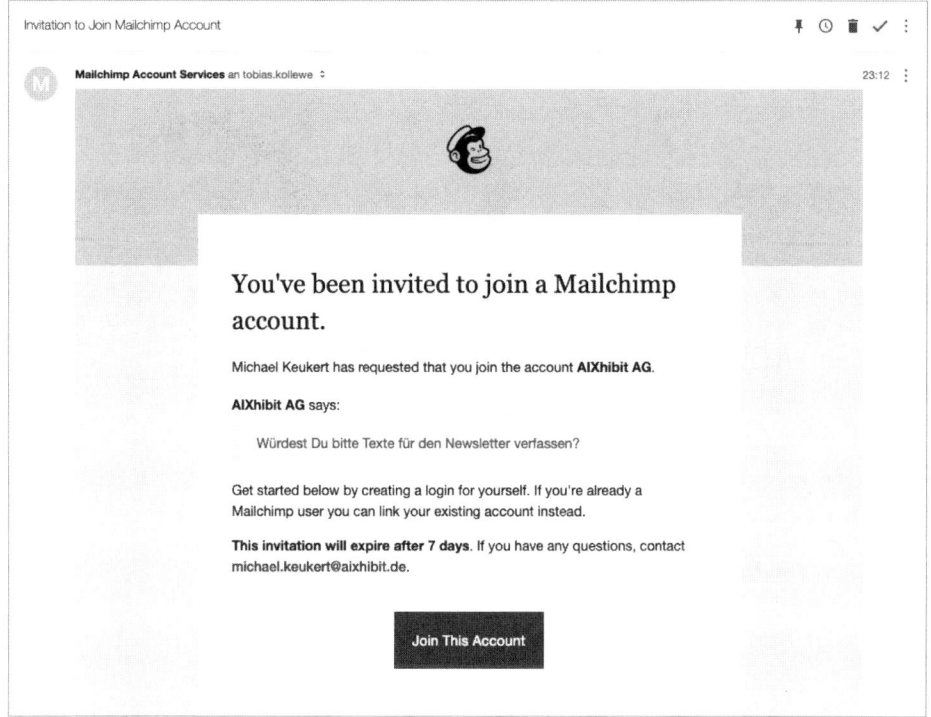

Abb. 4.19: Einladungsmail für neue Account-Benutzer

4.5 Agentur-Benutzer

Wenn Sie – vorübergehend im Rahmen eines Projekts oder dauerhaft – mit einer Agentur zusammenarbeiten, dann können Sie die Mitarbeiter dieser Agentur als Agentur-Benutzer zum Account hinzufügen. Diese Vorgehensweise hat zwei Vorteile: Die Benutzer der Agentur werden nicht auf Ihre Benutzerzahl angerechnet und Sie müssen keine Passwörter an Dritte weitergeben.

Agentur-Benutzer können Sie nicht selbst hinzufügen, sondern der Vorgang muss von der Agentur angestoßen werden. Hierzu müssen Sie dem Ansprechpartner in der Agentur die E-Mail-Adresse des Account-Owners mitteilen. Über diese Adresse kann die Agentur dann den Account zur Verwaltung anfordern.

Abb. 4.20: Wird Ihr Account von einer Agentur angefordert, müssen Sie das erst freigeben.

Sobald der Account angefordert wird, erhalten Sie eine E-Mail, in der Sie die Freigabe bestätigen müssen. Sie werden dann zu der Seite der Benutzerverwaltung in Ihrem Account geführt, auf dem Sie die Freigabe für die Agentur verwalten. Hier können Sie auch die Benutzerrechte einstellen, die der Agenturbenutzer haben darf.

Bei der Wahl der Benutzerrechte sollten Sie Rücksprache mit Ihrem Ansprechpartner bei der Agentur halten. Mailchimp schlägt die Berechtigungsstufe »Manager« vor, in der täglichen Praxis in unserer Mailchimp-Agentur muss der jeweilige Account-Spezialist aber »Admin«-Rechte haben.

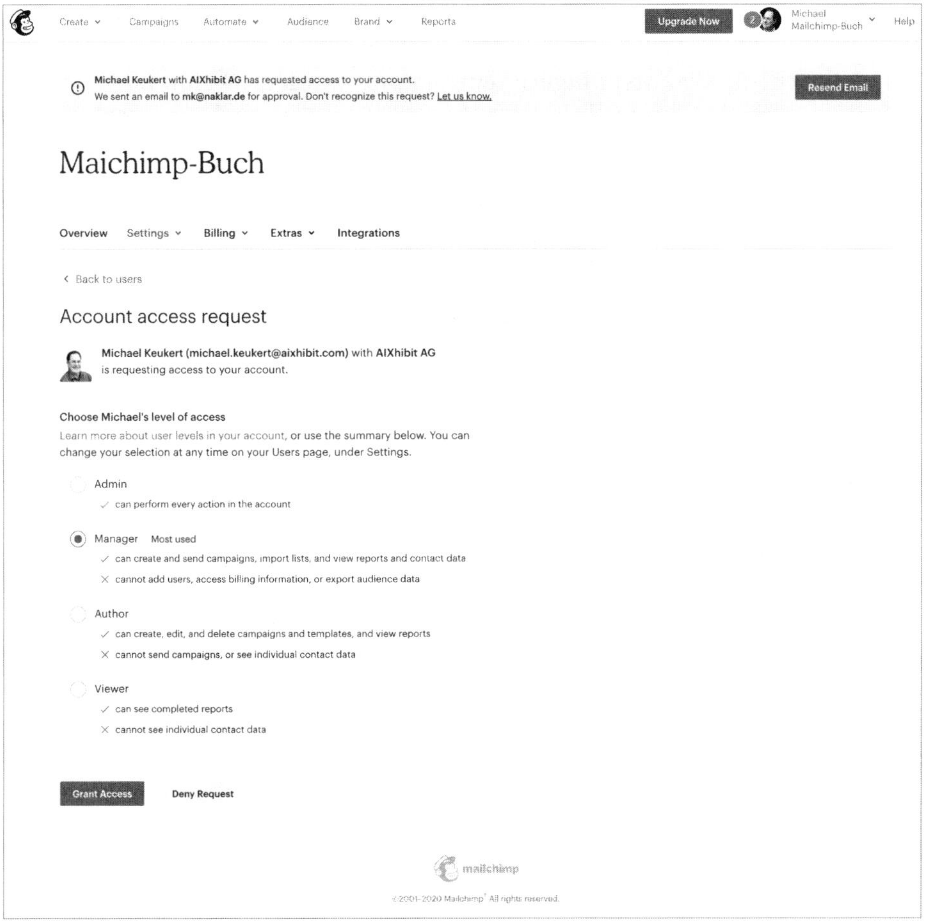

Abb. 4.21: Für Agentur-Benutzer gelten die gleichen Benutzerrechte wie für reguläre Benutzer.

Agency users in ▓▓▓▓▓▓▓▓▓▓▓▓

AIXhibit AG   Revoke All Access

Michael Keukert   You   Edit   Revoke Access
michael.keukert@aixhibit.com · michael.keukert@aixhibit.com · admin

▓▓▓▓▓▓▓▓   Edit   Revoke Access
▓▓▓▓▓▓@aixhibit.de · ▓▓▓▓▓▓▓@aixhibit.de · admin

▓▓▓▓▓@aixhibit.de · ▓▓▓▓▓▓@aixhibit.de · manager   Edit   Revoke Access

Abb. 4.22: Sie können jederzeit einzelnen Agentur-Nutzern oder der Agentur insgesamt den Zugriff entziehen.

Haben Sie dem Agenturzugriff stattgegeben, dann kann der Agenturnutzer weitere Agenturnutzer zu Ihrem Account hinzufügen, jedoch maximal mit den Benutzerrechten, die ursprünglich eingeräumt wurden. Wenn Sie also nur »Manager« erlauben, dann kann der Agentur-Benutzer auch maximal weitere Manager hinzufügen.

Über das Hinzufügen sowie über das Löschen von Agenturbenutzern erhalten Sie per E-Mail eine Benachrichtigung. Zudem können auch Sie jederzeit einzelne Agenturnutzer wie auch die Agentur insgesamt aus Ihrem Account entfernen.

Wenn Sie wünschen, dass wir von der Mailchimp-Agentur einmal in Ihren Account schauen, dann nutzen Sie bitte das Formular unter:

www.mailchimp-agentur.de/agentur-zugriff

4.6 Mandantenfähigkeit

Ein interessanter Aspekt der Mailchimp-Benutzerverwaltung ist die Möglichkeit der Mandantenverwaltung. Ein einmal erstellter Benutzer-Account kann nämlich nicht nur in einem, sondern in beliebig vielen Mailchimp-Accounts genutzt werden. Dabei können die Rechte individuell pro Mailchimp-Account gesetzt werden. In dem einen Mailchimp-Konto kann man Admin sein, in einem anderen nur Viewer.

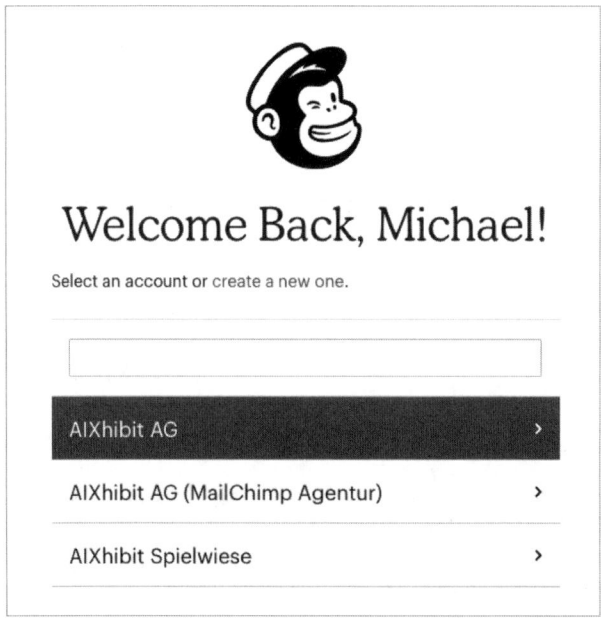

Abb. 4.23: Login-Maske. Wenn Ihrem Benutzer-Account mehrere Mailchimp-Konten zugeordnet sind, können Sie den jeweiligen Account nach dem Login auswählen.

Beim Login präsentiert Mailchimp die Liste der Konten, bei denen man eine der vier Funktionen – Viewer, Author, Manager oder Admin/Owner – innehat. Ein Klick auf einen Eintrag öffnet dann das entsprechende Mailchimp-Konto mit den jeweils aktuellen Rechten.

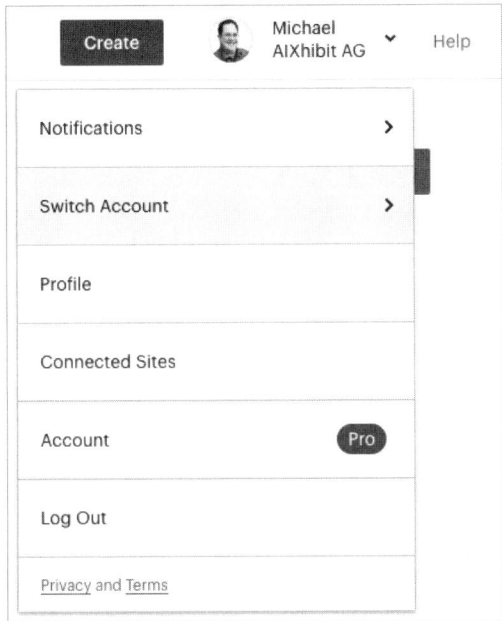

Abb. 4.24: Über den Menüpunkt Switch Account können Sie auch während der Arbeit mit Mailchimp zwischen einzelnen Accounts wechseln, ohne sich neu einloggen zu müssen.

Innerhalb eines Mailchimp-Kontos kann man ebenfalls in ein anderes Konto wechseln, in dem man mitarbeitet. Dazu klickt man auf den nach unten gerichteten Pfeil neben dem eigenen Benutzernamen und wählt im ausklappenden Menü den Punkt Switch Account – Account wechseln – aus. Im Folgenden erhält man wieder die Liste aller zur Verfügung stehenden Konten und kann mit einem Klick in das gewünschte Konto wechseln.

4.6.1 Mandantenfähigkeit mit mehreren Accounts

Um diese bequeme Funktion nutzen zu können, muss man sich zunächst wie im Abschnitt weiter oben beschrieben in ein Konto einladen (lassen).

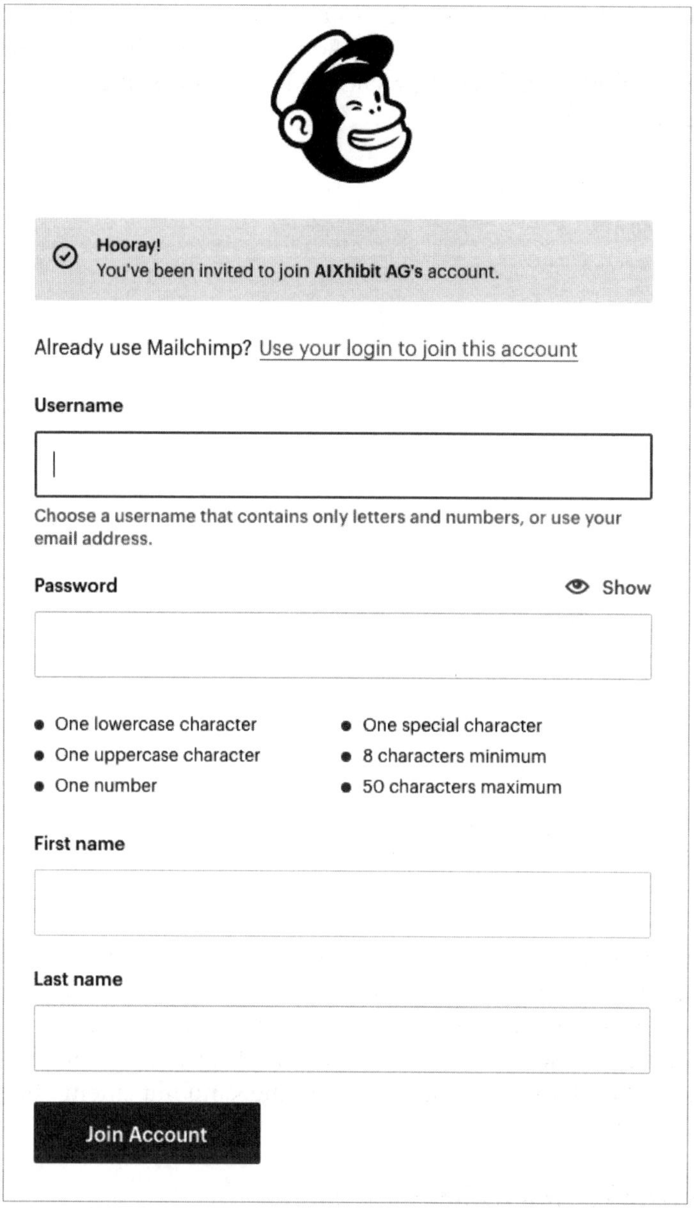

Abb. 4.25: Einladung zu einem bestehenden Account annehmen

Anstatt nun aber einen neuen Benutzer-Account anzulegen, klicken Sie auf den Link USE YOUR LOGIN TO JOIN THIS ACCOUNT – was so viel bedeutet wie »vorhandenen Login benutzen«.

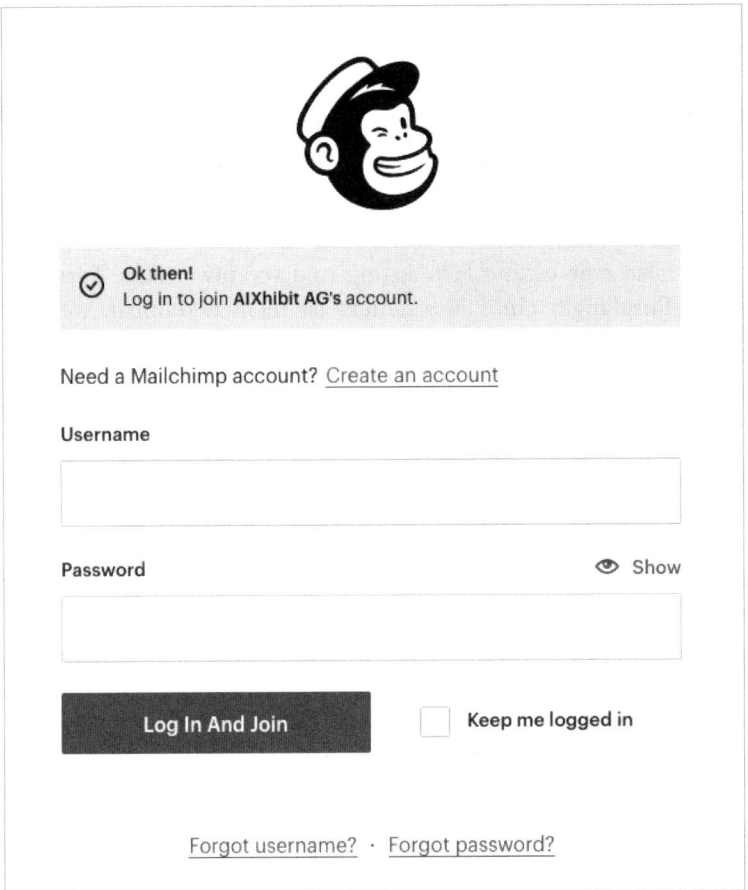

Abb. 4.26: Einladung zu einem bestehenden Account mit einem bestehenden Benutzer-Account

Jetzt geben Sie Ihren existierenden Benutzernamen und Ihr Passwort ein. Mit diesem Benutzer-Login werden Sie nun als Bearbeiter zu dem neuen Mailchimp-Konto hinzugefügt.

Diese Funktionalität ist für Personen eine große Erleichterung, die an mehreren Mailchimp-Konten mitarbeiten. Das müssen nicht nur Freiberufler oder Mitarbeiter von Agenturen sein; dieses Verfahren können Sie auch nutzen, wenn Sie neben Ihrem persönlichen Mailchimp-Account beispielsweise auch am Konto Ihres Sportvereins mitarbeiten.

Sie können übrigens von einem Admin jederzeit als Bearbeiter eines Mailchimp-Kontos entfernt werden. Keine Sorge, weder Ihr persönliches Benutzer-Login noch Ihre Rechte in anderen Mailchimp-Konten werden dadurch berührt. Lediglich das Konto, aus dem Sie entfernt wurden, steht Ihnen dann nicht mehr zur Verfügung. Sie erhalten über den »Rauswurf« übrigens keinerlei Benachrichtigung! Das betreffende Konto taucht lediglich nicht mehr in der Liste der Ihnen zugänglichen Konten auf.

4.6.2   Mandantenfähigkeit innerhalb eines Accounts

Der Vollständigkeit halber sei an dieser Stelle erwähnt, dass Mailchimp auch eine grundlegende Mandantenfähigkeit innerhalb eines einzelnen Kontos ermöglicht. Hierbei macht man sich zunutze, dass jede Adressliste innerhalb eines Kontos ein eigenes Impressum – also eine eigene Firmierung und verantwortliche Person – haben kann. Für die Empfänger eines Newsletters ist nicht erkennbar, wer der eigentliche Inhaber des Mailchimp-Accounts ist. So können dann innerhalb eines Kontos die Projekte von verschiedenen Kunden oder Organisationen verwaltet werden.

Diese Vorgehensweise hat aber vier Nachteile:

- Mailchimp gegenüber ist ausschließlich der Eigentümer des Kontos – der Owner – verantwortlich. Häufen sich Beschwerden über die Newsletter einer Audience – eines Mandanten in diesem Fall –, wendet sich Mailchimp an den Inhaber des Accounts, nicht an den in der Audience angegebenen Kontakt.

- In einem Mailchimp-Konto können nur ein einziger Rechnungskontakt und ein einziges Zahlungsmittel hinterlegt werden. Kostenpflichtige Leistungen werden pro Konto – nicht pro Audience/Mandant – abgerechnet. Der Konto-Eigentümer zahlt alles und muss dann die Kosten auf die einzelnen Mandanten aufteilen.

- Die im Mailchimp-Konto autorisierten Benutzer können – im Rahmen ihrer Rechte – in allen Audiences arbeiten. Eine granulare Trennung auf einzelne Audiences ist nicht möglich. Auch kann ein Benutzer nicht verschiedene Rechte in verschiedenen Audiences haben.

- Die Zahl der Benutzer in einem Account ist limitiert (1 Benutzer bei »Free«, 3 Benutzer bei »Essential«, 5 Benutzer bei »Standard«). Unbegrenzte Benutzer erlaubt lediglich der »Premium«-Account mit Basiskosten von 275 Euro pro Monat.

- Eine Audience kann nicht ohne Weiteres aus einem Konto herausgelöst und in ein anderes Konto verschoben werden. Soll zu einem späteren Zeitpunkt aus einem »Audience-Mandanten« ein vollwertiges Mailchimp-Konto werden, dann ist dies mit viel Arbeit verbunden, historische Leistungsdaten der Empfänger können gar nicht und die Opt-in-Daten nur teilweise übertragen werden.

Wenn Sie vor der Entscheidung stehen, für einen neuen Kunden oder ein neues Projekt lediglich eine neue Audience anzulegen oder direkt einen neuen Mailchimp-Account zu erstellen, dann überlegen Sie zunächst, ob einer der vorgenannten Punkte ein Problem werden kann. In der Praxis ist es oft sinnvoller, einen neuen Account anzulegen.

Ausführlichere Informationen zu diesem Thema finden Sie in den Kapitel 5 bis 7.

Hinweis

Leider gibt es immer wieder Dienstleister, egal ob Freiberufler oder Agenturen, die versuchen, ihre Kunden in eine Lock-In-Strategie zu pressen und so an sich zu binden. Wenn Sie den Eindruck haben, Ihr potenzieller Dienstleister ziert sich, Ihnen Ihren eigenen Mailchimp-Account anzulegen, dann hinterfragen Sie seine Motivation ganz genau. Ein Dienstleistungsverhältnis ist nicht für die Ewigkeit gedacht. Haben Sie einen eigenen Account, ist eine Trennung – aus welchen Gründen auch immer – einfacher, als wenn der (ehemalige) Dienstleister Ihre Daten in seinem eigenen Account hat. Auch unter dem Gesichtspunkt des Datenschutzes ist es nicht gut, wenn sich Ihre Abonnentendaten im Account des Dienstleisters befinden.

4.7   Integration in externe Anwendungen

Eine der Stärken von Mailchimp ist die einfache Integration in bestehende Umgebungen. Durch eine umfangreiche API (Application Programmer Interface) können nahezu beliebige externe Systeme an Mailchimp angebunden werden – mehr dazu in Abschnitt 15.2 »Mailchimp-API«.

Mailchimp bringt aber von Haus aus Anbindungen (im Mailchimp-Jargon »Integrations« genannt) an zahlreiche Systeme und Umgebungen mit. Über die Facebook-Schnittstelle können sich beispielsweise Interessenten direkt auf Ihrer Facebook-Seite für Ihren Newsletter anmelden. Über die Twitter-Anbindung teilt Mailchimp in Ihrem Namen mit, wenn Sie einen neuen Newsletter versenden.

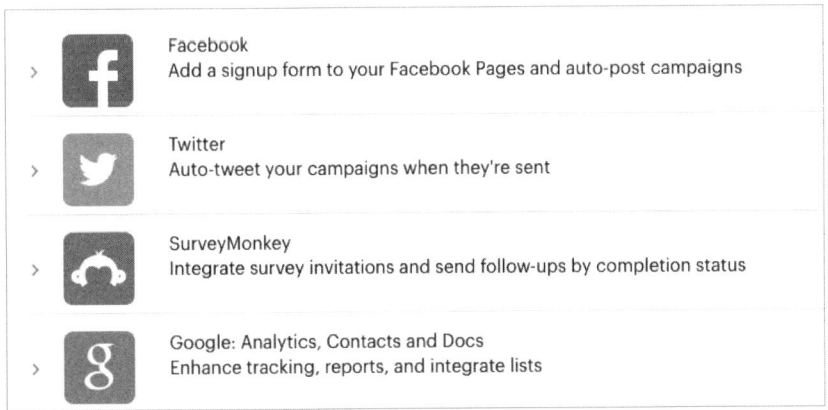

Abb. 4.27: Mailchimp verfügt von Haus aus über eine Reihe von Schnittstellen zu anderen Diensten und Applikationen.

Viele der vorgefertigten Integrations sind für die Anwendung in Deutschland kaum relevant, da sie primär in den USA populäre Dienste wie Freshbooks anbinden. Mit Integrations für CRM-Systeme wie Salesforce oder die Customer-Service-Lösung Zendesk stehen aber auch mächtige Anbindungen an hierzulande häufig eingesetzte Unternehmenssoftware zur Verfügung.

Fast alle Integrations benötigen Zugriffsrechte auf externe Dienste. Diese Zugriffsrechte können mitunter recht umfangreich ausfallen – hier wäre eine etwas feinteiligere Rechtevergabe wünschenswert.

Neben den von Mailchimp selbst bereitgestellten Schnittstellen zu externen Anwendungen gibt es noch das »Mailchimp Integrations Directory« (*https://Mailchimp.com/integrations/*), auf dem ein reichhaltiger Fundus von Anbindungen bereitsteht. Diese Integrations sind aber nicht von Mailchimp selbst, sondern von unabhängigen Dritten entwickelt worden. Hier ist daher bei der Rechtevergabe besondere Vorsicht geboten.

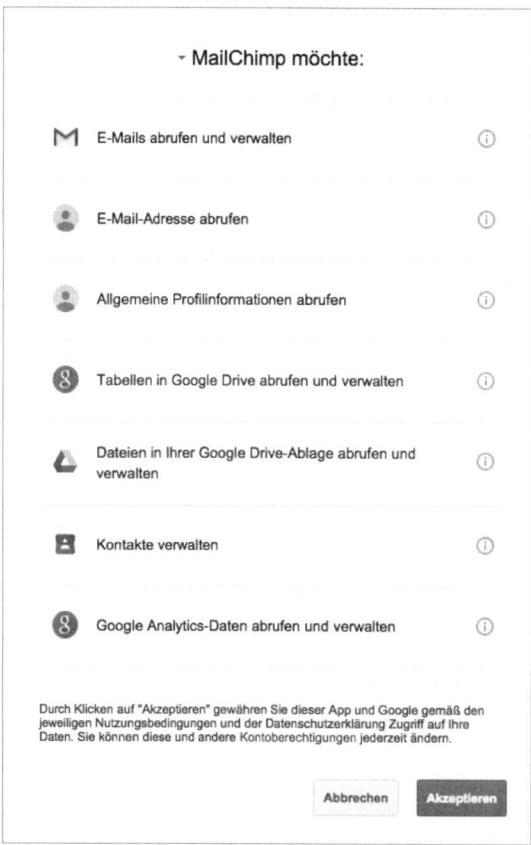

Abb. 4.28: Überprüfung der Mailchimp-Berechtigungen beim Zugriff auf externe Dienste. Hier: das Google-Konto.

Zwar ist auch bei diesem Verzeichnis von Applikationen der Fokus recht US-lastig, bei einigen Hundert angebotenen Schnittstellen findet man aber für die meisten externen Dienste mindestens eine Anbindung. Teilweise werden diese Integrations von Enthusiasten kostenlos zur Verfügung gestellt, teilweise muss man für die Integration oder für den damit angebundenen Dienst zahlen.

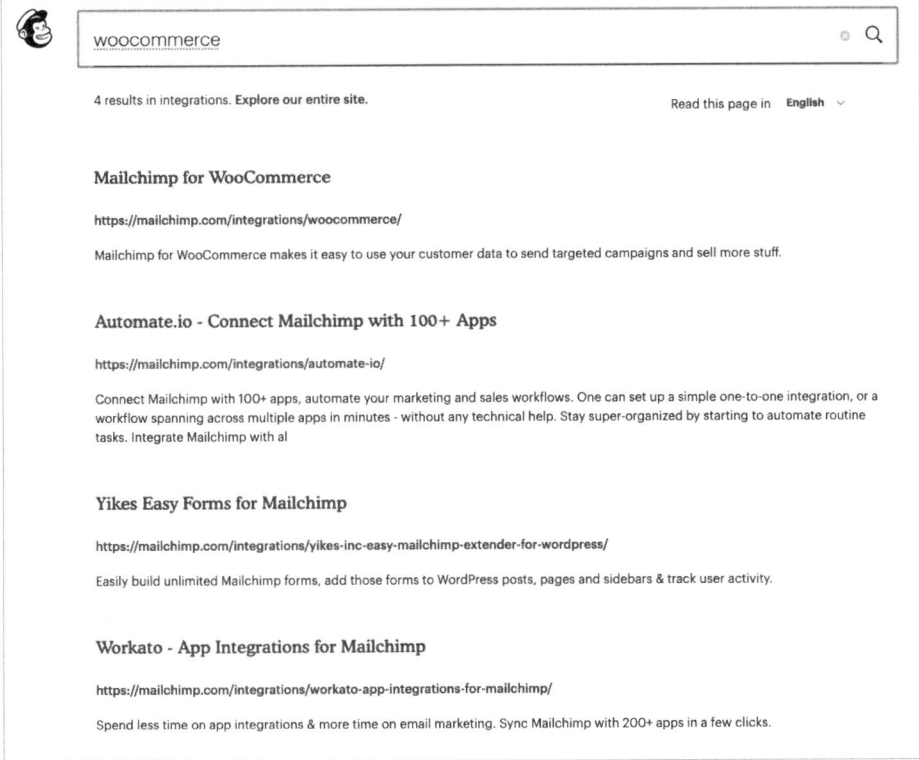

Abb. 4.29: Für einzelne Anwendungen kann es auch mehrere Mailchimp-Schnittstellen geben.

Für populäre Dienste oder Anwendungen gibt es oft mehr als einen Anbieter einer Integration. Für die beliebte E-Commerce-Erweiterung WooCommerce konkurrieren derzeit insgesamt neun Pakete um Ihre Gunst. Das Paket auszuwählen, das Ihren Wünschen am nächsten kommt, wird einige Zeit in Anspruch nehmen.

Bewährt hat sich, Integrations aus dem Integrations Directory nicht in Ihrem produktiven Mailchimp-Konto zu testen, sondern sich für diesen Zweck einen Dummy-Account, also ein komplett leeres Mailchimp mit lediglich ein paar Testadressen, anzulegen. So können Sie in Ruhe testen und es kann auch einmal etwas schiefgehen, bevor Sie die Integration dann in den Produktivbetrieb überführen.

4.8   Customer-Relationship-Management-Systeme

Ein häufiges Szenario ist die Verknüpfung von Mailchimp mit einem Customer-Relationship-Management-(CRM-)System wie »Act!«, »Salesforce« oder »Zoho«. Mailchimp bringt von Haus aus nur einige wenige Integrations für CRM-Systeme, wie das populäre Salesforce, mit. Die überwiegende Zahl der CRM-Hersteller hat aber von sich aus eine Schnittstelle zu Mailchimp entwickelt, da die Popularität von Mailchimp eine Anbindung an das eigene System zu einem wichtigen Marketingfaktor macht.

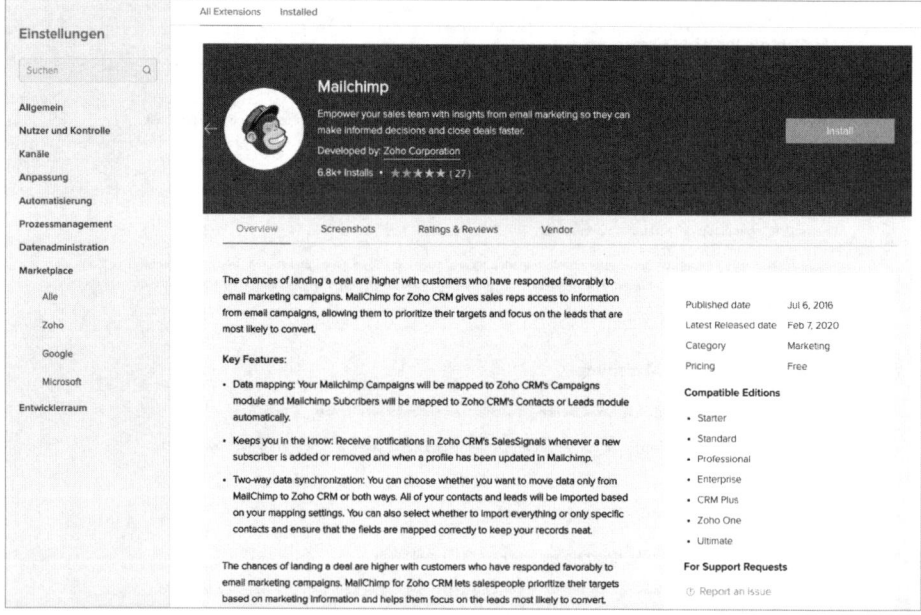

Abb. 4.30: Eine Schnittstelle zu Mailchimp wird meist vom CRM-Hersteller selbst bereitgestellt.

Leider zeigt die Erfahrung, dass viele dieser von CRM-Herstellern entwickelten Schnittstellen für den Praxiseinsatz nur begrenzt geeignet sind. Oft wird nur so viel an Funktionalität implementiert, dass gerade so in der Werbung behauptet werden kann, dass Mailchimp unterstützt wird. Hier muss man dann die Werbetexte ganz genau lesen und auf die Goldwaage legen, damit es hinterher keine Enttäuschung gibt.

So wirbt ein in Deutschland entwickeltes CRM mit der folgenden Aussage für seine Mailchimp-Schnittstelle:

»Datenimport ganz easy: Mithilfe des [...] Datenexports pflegst du deine Kundendaten im Handumdrehen ein.«

Dem flüchtigen Leser wird an diesem Satz nichts Besonderes auffallen, entspricht er doch der (gedanklichen) Erwartungshaltung an eine CRM-Anbindung: Daten zwischen den Systemen werden synchronisiert.

Erst wenn man den Satz auf der Goldwaage seziert, erkennt man die geschickte Aussage der Marketingabteilung des Herstellers. Es wird nämlich nur explizit der Daten-*Export* erwähnt und dass die Daten in Mailchimp *eingepflegt* werden können. Was die Werbeaussage dezent verschweigt, ist der Umstand, dass es sich um eine Einbahnstraße handelt. Die Daten aus dem CRM fließen an Mailchimp – was aber noch lange nicht heißt, dass auch Daten wieder zurückfließen. Im konkreten Fall war das tatsächlich eine Quelle großen Frustes und wird mittelfristig zur Ablösung dieses CRM beim Kunden führen.

Ein anderer Quell von Ärger bei CRM-Schnittstellen ist, wenn die Anbindung nicht aktiv gepflegt wird. Mailchimp entwickelt seine Programmierschnittstelle (API) kontinuierlich weiter. Wenn sich der Entwickler einer CRM-Anbindung auf dem einmal erreichten Stand ausruht und nicht die jeweiligen Weiterentwicklungen der API mitmacht, dann fallen oft auch Verbesserungen und neue Funktionalitäten unter den Tisch.

Beachten Sie bei der Verknüpfung von Mailchimp mit einem CRM, dass hier immer *drei* Parteien involviert sind: Sie als Anwender, Mailchimp als Anbieter der API und der jeweilige Hersteller des CRM, der die Schnittstelle auf seiner Seite implementiert. Oftmals sind es sogar *vier* Parteien, sollte die CRM-Schnittstelle von einem Drittanbieter stammen. Wenn wir in unserem Agenturgeschäft dann noch als Berater hinzugezogen werden, dann sind es schon *fünf* Parteien. Die bequemste Rolle hat dabei Mailchimp, denn sie stellen lediglich die API unter dem Motto »friss oder stirb« zur Verfügung. Unterstützung bei der Nutzung der API gibt es vonseiten Mailchimps nicht – was aber auch verständlich ist, denn das würde immensen Personalaufwand bedeuten, der nicht bezahlt würde.

Es ist daher unbedingt vonnöten, dass bei diesem Projekt jemand hinzugezogen wird, der sich sehr gut mit dem jeweiligen CRM auskennt. Das kann ein Mitarbeiter sein, wird aber in der Regel ein Mitarbeiter Ihres Systemhauses oder IT-Dienstleisters, möglicherweise auch ein Betreuer des CRM-Anbieters selbst sein. Diese Person bringt das Know-how zum Datenfluss im CRM mit und kennt idealerweise auch die Funktion der Schnittstelle.

Weiterhin benötigen Sie jemanden, der Mailchimp gut kennt und einen Einblick in Ihre Marketingplanung hat. Das können Spezialisten wie wir sein oder ein Vertreter Ihrer Onlinemarketing-Agentur oder ein entsprechend geschulter eigener Mitarbeiter. Dieser Person kommt nun, im Verein mit dem CRM-Spezialisten, die Übersetzerrolle zu, um das, was der Kunde wünscht, was Mailchimp erwartet und was das CRM zur Verfügung stellen kann, unter einen Hut zu bekommen. *Keine* dieser Personen wird alleine Erfolg haben. Die zufriedenstellende Anbindung eines CRM ist immer eine Teamarbeit. Kalkulieren Sie entsprechende Zeit und Budgets für diese Aufgabe ein.

4.9 Integration mithilfe von Middleware

Mitunter steht für eine spezifische Anwendung keine – oder nur eine unzureichende – Mailchimp-Integration zur Verfügung und das Entwickeln einer eigenen Integration mithilfe der Mailchimp-API ist zu aufwendig. In dieser Situation ist der Einsatz einer »Middleware« ein möglicher Weg.

Als Middleware bezeichnet man ein Stück Software, das die Verbindung zwischen zwei (oder mehreren) anderen Programmen herstellt. Im einfachsten Fall werden dabei lediglich Daten eins zu eins vom einen Programm in das andere Programm übertragen. Meist erfüllen Middlewares aber noch andere Aufgaben wie die Datenkonvertierung und -konsolidierung oder das Reagieren auf bestimmte Ereignisse.

Eine beliebte Middleware ist »If This Then That«, kurz IFTTT (*https://ifttt.com/mailchimp*), die eine Schnittstelle zu Mailchimp bietet und weitestgehend kostenlos genutzt werden kann.

Der De-facto-Standard unter den Middlewares ist jedoch die Software Zapier (*www.zapier.com*), die nach eigenen Angaben über 2.000 verschiedene Programme verbinden kann. Zapier unterscheidet dabei zwischen »Triggern«, die einen Vorgang auslösen können, und »Actions«, bei denen mit den Daten etwas gemacht wird.

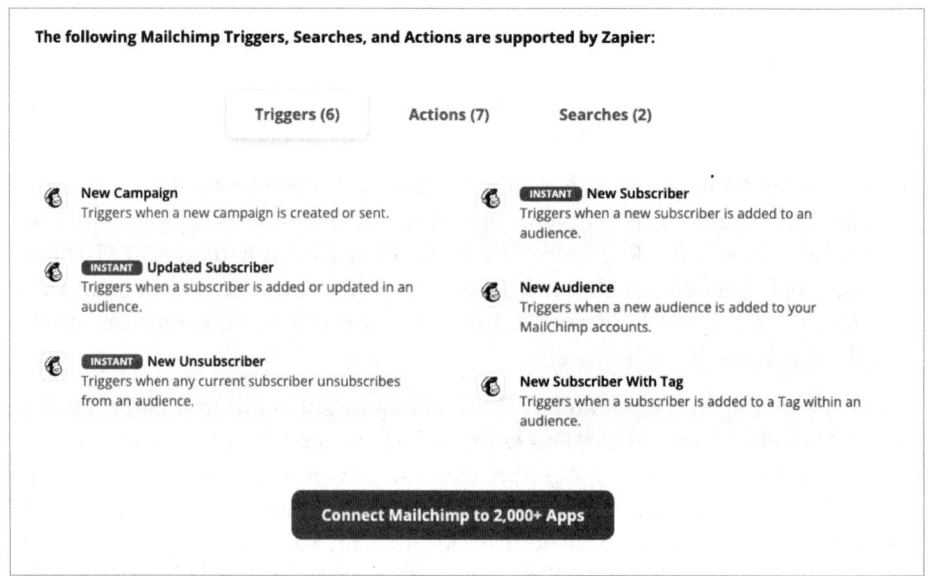

Abb. 4.31: Sechs Trigger und sieben Actions erlauben Zapier, Mailchimp mit zahllosen Programmen zu verbinden.

Die Trigger für Mailchimp beziehen sich hauptsächlich auf Abonnenten und sind oft sogenannte »Instant«-Trigger, die sofort ausgeführt werden, sobald ein Umstand – zum Beispiel ein neuer Abonnent auf einer Audience – eintritt.

Zapier verknüpft dabei einen beliebigen Trigger mit einer beliebigen Aktion. So könnte zum Beispiel eine Abmeldung eines Abonnenten in Mailchimp einen »keine E-Mail mehr« in einem Customer-Relationship-Management-System (CRM) nach sich ziehen.

Es müssen nicht zwangsläufig zwei *unterschiedliche* Programme miteinander verknüpft werden! So können Sie auch Mailchimp mit Mailchimp verknüpfen, um so Funktionalitäten zu erreichen, die mit Bordmitteln nicht möglich wären. Mailchimp erlaubt beispielsweise nicht das Verschieben von Abonnenten zwischen Listen – was etwas ist, das mit Zapier sehr einfach geht.

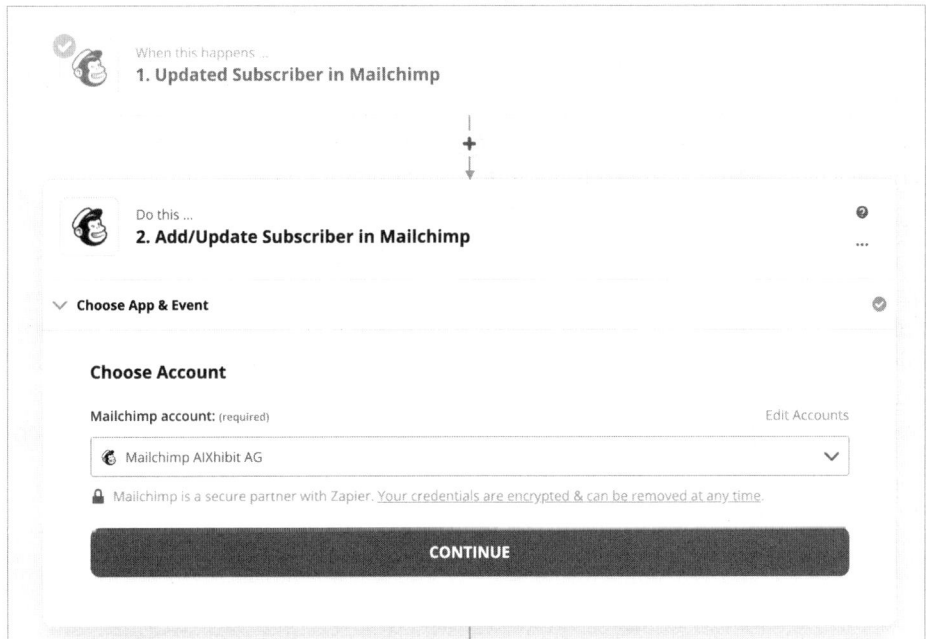

Abb. 4.32: Quelle und Ziel müssen nicht immer verschiedene Programme sein.

Hierzu wählt man einfach einen der verfügbaren Mailchimp-Trigger in Zapier, zum Beispiel das Update der Benutzerdaten oder das Setzen eines Tags, und wählt dann als Aktion das Eintragen des Abonnenten auf einer anderen Liste aus. Da der Trigger »Instant« ist, findet die Aktion nahezu sofort statt.

Ein anderes Einsatzszenario ist, eine Anmeldung oder auch eine Abmeldung auf einer Mailchimp-Audience als »Event« an Google Analytics zu senden. So kann das Wachstum einer Audience mit anderen Marketingmaßnahmen in Relation gesetzt werden.

Dem Einsatz von Zapier sind nur durch Ihre Fantasie Grenzen gesetzt. Bei 2.000 Apps und Programmen, die über Zapier mit Mailchimp verbunden werden können, gibt es mit Sicherheit auch Kombinationen, die für Sie interessant sind. In unserem Agenturalltag kommt Zapier in zahlreichen Projekten zum Einsatz und hat sich zu einem nahezu unentbehrlichen Helfer entwickelt.

4.10 Die manuelle Schnittstelle

Mailchimp stellt zahlreiche Integrations zur Verfügung und über die extrem gut dokumentierte API gibt es zahllose Programme, die direkt oder über eine Middleware angebunden werden können. Über die Mailchimp-API kann jeder mit Programmierkenntnissen beliebige Anwendungen an Mailchimp anschließen. Allen diesen Wegen ist gemein, dass sie mindestens Zeit, meistens aber auch Geld kosten. Eine Middleware wie Zapier kostet um die 250 Euro pro Jahr, zusätzlich zum Zeitaufwand der Implementierung. Ein Beratertag eines Salesforce-Spezialisten wird locker 1.000 Euro kosten. Die Programmierung einer eigenen Schnittstelle kann leicht mehrere Tausend Euro an Kosten verursachen.

Bevor Sie solche Projekte angehen, überlegen Sie sich, ob die »manuelle Schnittstelle«, also das Erledigen des Datenabgleichs durch eine Person, nicht deutlich günstiger ist. Wenn Sie die Prozesse, welche Daten wie abgeglichen werden, genau dokumentieren, dann kann – die nötige Sorgfalt vorausgesetzt – eine Mitarbeiterin oder ein Mitarbeiter einen wöchentlichen Abgleich in wenigen Minuten erledigen. Wie viele wöchentliche 15-Minuten-Abgleiche können Sie für den Preis von zwei Spezialisten-Tagen durchführen? Vermutlich die Abgleiche von zwei bis drei Jahren.

Die »manuelle Schnittstelle« sollte in allen Kosten-Nutzen-Rechnungen eine ernst zu nehmende Alternative sein.

Kapitel 5

Adresslisten und Audiences

Eine Kern-Komponente der Arbeit mit Mailchimp sind die Adresslisten – im Mailchimp-Sprachgebrauch Audiences genannt –, in denen Sie die Abonnenten Ihres Newsletters verwalten. Jeder Mailchimp-Account benötigt mindestens eine dieser Listen, kann aber auch – je nach gewähltem Preismodell (siehe Kapitel 4) – mehrere Audiences enthalten. Mir ist keine Limitierung bei der Anzahl bekannt – bei zu vielen Audiences wird die Arbeit mit Mailchimp aber unübersichtlich. Aus meiner Erfahrung lassen sich bis zu 20 Audiences noch einigermaßen gut handhaben.

Ein einzelner Eintrag in einer Audience entspricht exakt einem Abonnenten. Der Abonnent muss innerhalb einer Audience eindeutig sein – kann also nicht mehrfach auf der gleichen Audience auftauchen. Auf verschiedenen Audiences innerhalb des gleichen Mailchimp-Kontos kann ein einzelner Abonnent aber mehrfach eingetragen sein, denn die Audiences sind völlig unabhängig voneinander.

> **Hinweis**
>
> Im März 2019 hat Mailchimp das Wort »Liste« komplett durch den Begriff der »Audience«, also der »Zielgruppe« ersetzt. Das wird dem Anspruch gerecht, in weiteren Bereichen des Online-Marketings aktiv zu werden. Des einfachen Verständnisses halber wird im Weiteren aber immer mal wieder auf den Begriff der (Adress-)Liste zurückgegriffen.

5.1   E-Mail-Adressen in Audiences

Die E-Mail-Adresse des Abonnenten ist das unterscheidende Kriterium innerhalb der Audience. Jede E-Mail-Adresse kann innerhalb einer Liste nur ein einziges Mal vorkommen. Dies hat praktische Relevanz, wie die folgenden Beispiele zeigen:

Beispiel 1: Gleiche Adresse für verschiedene Empfänger

Frau Krüger und Herr Teck sollen auf den Newsletter eingetragen werden. Beide wurden auch bisher schon mit Informationen versorgt, allerdings teilen sich die beiden die E-Mail-Adresse *vertrieb@xyz-gmbh.de*. Diese Adresse kann in einer Mailchimp-Audience nicht zweimal hinterlegt werden, sodass auch Frau Krüger und Herr Teck nicht einzeln personalisiert angeschrieben werden können. Dies ist aber auch kein Nachteil – die beiden Personen werden in Zukunft die Mail nur noch einmal erhalten, während sie sie vorher zweimal an dieselbe Adresse bekommen haben.

Beispiel 2: Verschiedene Adressen für denselben Empfänger

Gerade beim Start mit Mailchimp und dem Aufbau der Adressliste passiert es oft, dass Personen unbeabsichtigt mehrfach auf einer Audience landen. Grund ist meistens, dass die Person im Laufe der Zeit die E-Mail-Adresse gewechselt hat – die alte Adresse aber noch existiert. Ein »Klassiker« sind geschäftliche Adressen bei T-Online, GMX oder Googlemail.

So ist es nicht unüblich, dass kleine Firmen zunächst Adressen im Stile von *stefanteck@gmx.de* für ihre Mitarbeiter einrichten. Wächst die Firma, dann wird meist irgendwann der Mail-Auftritt vereinheitlicht und Herr Teck nutzt als neue Adresse *s.teck@xyz-gmbh.de*. Wenn Sie in Ihren Unterlagen beide Adressen haben, dann befindet sich beim unbedachten Hinzufügen der neuen Adresse Herr Teck zweimal in der Audience, was nicht nur Ihre Liste aufbläht (und möglicherweise für zusätzliche Kosten sorgt – siehe Abschnitt 3.1 »Mailchimp-Preismodell«) –, sondern möglicherweise auch Herrn Teck nervt, der Ihre Newsletter fortan doppelt bekommt.

5.2 Die erste Audience aufsetzen

Das Einrichten einer Audience geht relativ einfach vonstatten, jedoch gibt es einige Dinge zu beachten, die nicht offensichtlich sind. Die gute Nachricht ist: Sie können keine gravierenden Fehler begehen – nahezu alles innerhalb von Mailchimp kann auch nachträglich noch geändert werden. Es hat sich aber bewährt, bei der Listeneinrichtung sehr sorgfältig vorzugehen, um so spätere Mehrarbeit zu verhindern.

Wählen Sie aus dem horizontalen Hauptmenü den Punkt AUDIENCE aus.

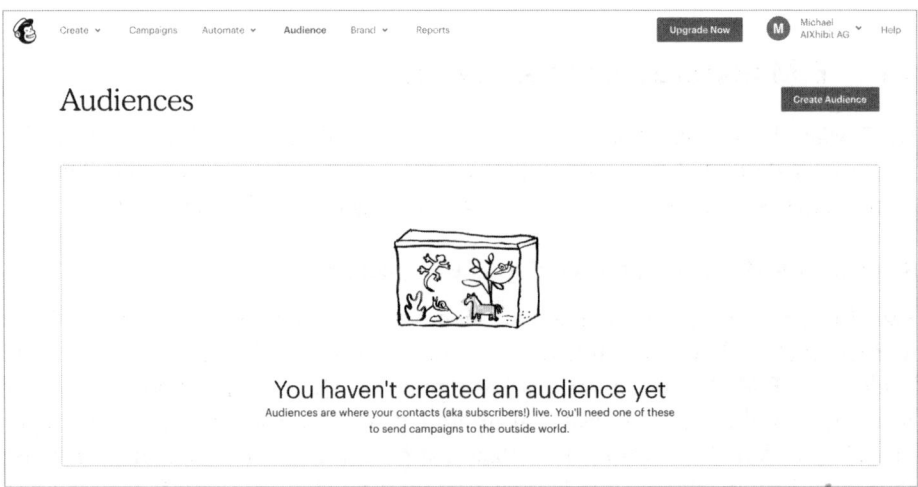

Abb. 5.1: Hier fehlt ganz dringend eine Audience.

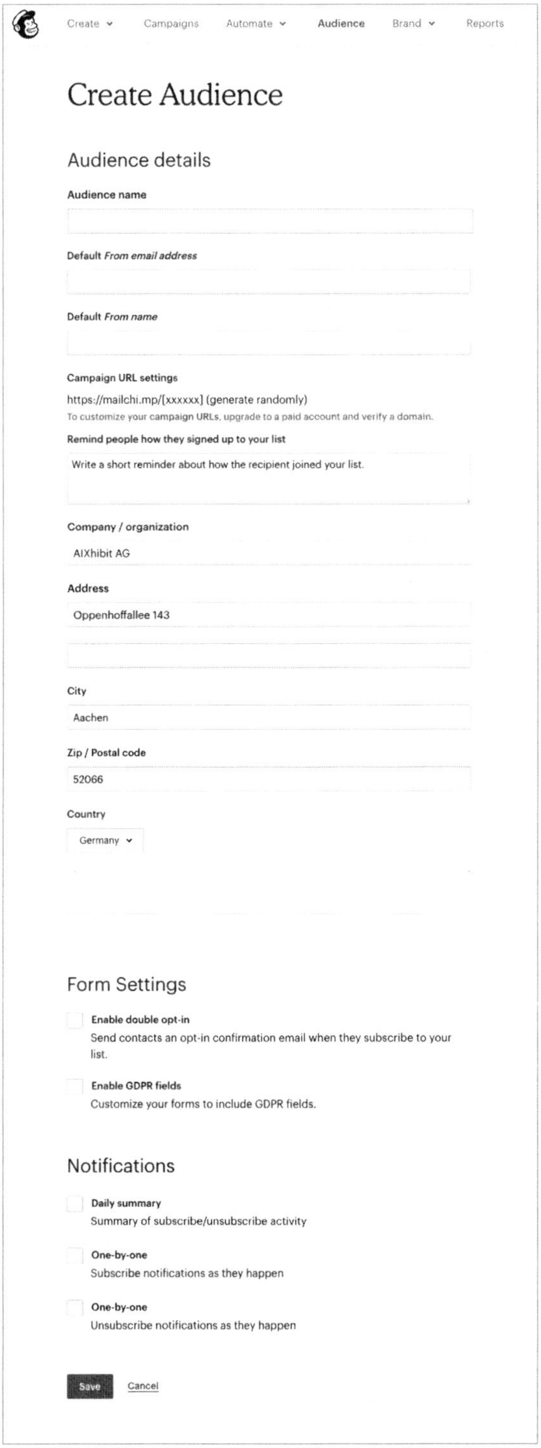
Create
Campaigns
Automate
Audience
Brand
Reports
Create Audience
Audience details
Audience name
Default From email address
Default From name
Campaign URL settings
https://mailchi.mp/[xxxxxx] (generate randomly)
To customize your campaign URLs, upgrade to a paid account and verify a domain.
Remind people how they signed up to your list
Write a short reminder about how the recipient joined your list.
Company / organization
AIXhibit AG
Address
Oppenhoffallee 143
City
Aachen
Zip / Postal code
52066
Country
Germany
Form Settings
Enable double opt-in
Send contacts an opt-in confirmation email when they subscribe to your list.
Enable GDPR fields
Customize your forms to include GDPR fields.
Notifications
Daily summary
Summary of subscribe/unsubscribe activity
One-by-one
Subscribe notifications as they happen
One-by-one
Unsubscribe notifications as they happen
Save
Cancel

Abb. 5.2: Diese Informationen bilden das Impressum der Audience.

Mailchimp führt seit 2018 verstärkt Experimente an der Benutzeroberfläche durch, um neuen Benutzern den Einstieg zu erleichtern. Möglicherweise finden Sie hier also einige Angebote, die anders aussehen als in den Screenshots. Zum Anlegen einer neuen Audience sollten Sie aber die Schaltfläche CREATE AUDIENCE finden und anklicken.

Sollten Sie bereits eine Audience in Ihrem Mailchimp-Account haben, dann fragt das System, ob Sie wirklich eine neue anlegen möchten oder nicht lieber eine bestehende mithilfe von Tags segmentieren möchten. Segmentierung ist ein mächtiges Werkzeug, auf das ich später in diesem Kapitel noch eingehe.

Im nächsten Schritt müssen Sie die Stammdaten für die Audience angeben. Einige Felder sind vorausgefüllt – diese Information stammt aus den Daten, die Sie bei der Account-Einrichtung eingegeben haben. Die Felder im Einzelnen:

5.2.1 Audience-Namen

Jede Audience muss einen individuellen Namen haben, mit dem sie innerhalb von Mailchimp angezeigt wird. Aber Achtung! Es handelt sich hier keinesfalls um einen internen Namen! Der Name der Audience ist für jeden Abonnenten einsehbar. Von Audience-Namen wie »Faule Kunden« oder »Presseheinis« ist daher abzuraten.

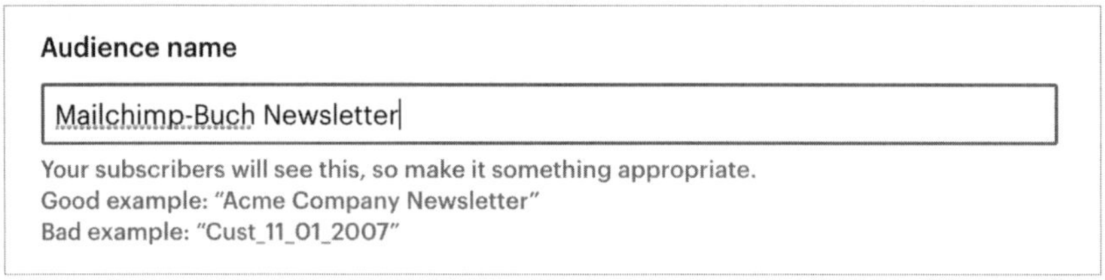

Audience name

Mailchimp-Buch Newsletter

Your subscribers will see this, so make it something appropriate.
Good example: "Acme Company Newsletter"
Bad example: "Cust_11_01_2007"

Abb. 5.3: Vergeben Sie einen eindeutigen Listennamen. Wichtig: Der Name der Audience ist auch für Abonnenten sichtbar!

Ebenso sollten zu allgemeine Namen wie »Newsletter« oder »Audience« vermieden werden. Vergeben Sie Namen, mit denen Sie die Audiences sinnvoll auseinanderhalten können, die nicht peinlich oder beleidigend sind und die Ihren Abonnenten ebenfalls etwas sagen. Bewährt hat sich eine Kombination aus Herausgeber und Verwendungszweck, also zum Beispiel »AIXhibit Kundennewsletter«. Gerade wenn Sie Newsletter für verschiedene Organisationen, Fachbereiche oder Abteilungen machen, ist eine sprechende Benennung wichtig. »Newsletter 4« ist weder für Sie noch für den Empfänger aufschlussreich.

5.2.2 Default »From email address« / Default »From name«

Hier geben Sie an, unter welcher Absender-Mail-Adresse Sie den Newsletter üblicherweise versenden möchten. Im Mailprogramm des Empfängers, also zum Beispiel Outlook, Thunderbird oder auch Googlemail, wird diese Adresse als Absender angezeigt.

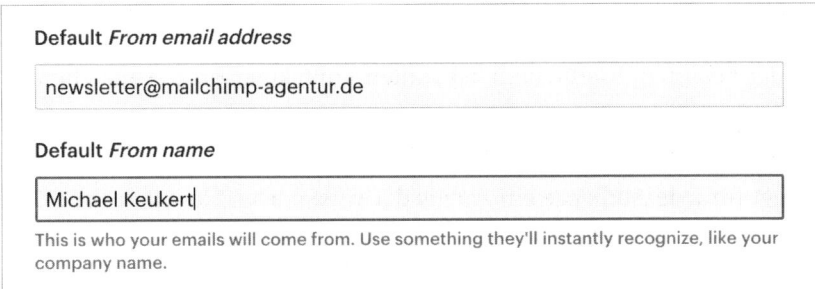

Abb. 5.4: DEFAULT "FROM EMAIL ADDRESS" enthält, ähnlich einem Briefumschlag, den Absender, den der Empfänger der Mail in seinem Mailprogramm sieht.

Auch wenn Mailchimp es nicht prüft, sollte diese Adresse existieren und regelmäßig abgerufen werden, denn Newsletter-Abonnenten antworten unter Umständen auf einen Ihrer Newsletter. Diese Antworten gehen dann an die hier hinterlegte Adresse.

Die hinterlegte Adresse muss nicht exklusiv für diese Audience eingerichtet werden. Mehrere Audiences können die gleiche Absenderadresse nutzen. Sie können übrigens bei jedem einzelnen Newsletter eine vom Standard abweichende Adresse eingeben.

Im nächsten Feld wird dann der passende Absendername hinterlegt. Auch dieser Name wird im Mailprogramm des Empfängers angezeigt. Er sollte daher für den Empfänger eindeutig zuzuordnen sein. Oft sehen wir in Accounts, die wir prüfen, dass dort lediglich »Newsletter« hinterlegt ist. Das ist die denkbar schlechteste Wahl – hier gehört zumindest noch der Firmen- oder Organisationsname hin.

Mit Kunden führen wir mitunter leidenschaftliche Debatten darüber, welche Adresse und welcher Name hier hinterlegt werden soll. Kunden möchten meist info@… oder newsletter@… benutzen.

Ich empfehle immer, die E-Mail-Adresse einer den Empfängern bekannten Person zu hinterlegen: bei kleineren Firmen die des Geschäftsführers, bei größeren Unternehmen die des Vertriebsleiters oder Kundenbetreuers. Tatsächlich ist es so, dass persönlichere Absenderinformationen zu besseren Resultaten führen, da für die Empfänger der Identifikationswert höher ist. Überlegen Sie einfach, welche Mail Sie eher anspricht: eine, die von einem anonymen Newsletter-System versendet wird, oder eine, die vom Geschäftsführer Ihrer Partnerfirma versendet wird?

Oft befürchten die derart exponierten Personen eine Flut an Mails als Reaktion auf den Newsletter. Dies ist nur selten der Fall. Mailchimp ist auch sehr gut darin, typische Fehlermeldungen wie »Adresse existiert nicht« oder »Mailbox voll« heraus-zufiltern und gar nicht erst an den Absender zu übermitteln. Urlaubsmitteilungen und Abwesenheitsmeldungen kommen aber tatsächlich weiterhin durch und lan-den dann unter Umständen beim Geschäftsführer. Trotzdem ermutigen wir unsere Kunden, es einmal mit der echten Adresse des Verantwortlichen bezie-hungsweise der bei ihren Abonnenten bekannten Kontaktperson zu versuchen!

5.2.3 Campaign URL settings / Kampagnenarchiveinstellungen

Mailchimp legt für jede Audience ein Archiv der versendeten Newsletter an. Dies ist ganz praktisch, denn so bietet man Interessenten – zum Beispiel auf der eige-nen Website – Zugang zu den bisher versendeten Mails an. Hat man einen bezahl-ten Mailchimp-Account, dann kann man hier eine eigene »sprechende« Adresse einstellen.

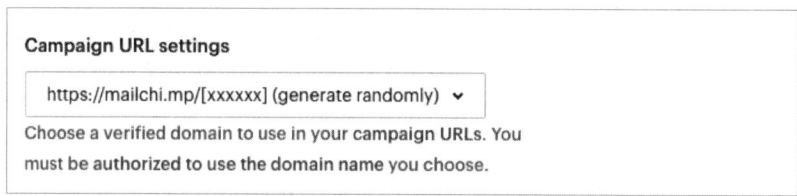

Abb. 5.5: Hier wird die Adresse des Listenarchivs eingestellt.

5.2.4 Remind people how they got on your list

Die Geschichte dieser Angabe ist eine Geschichte voller Missverständnisse ☺. Unter diesem Eintrag müssen Sie einen kurzen Hinweis geben, wie der jeweilige Abonnent eigentlich auf diese Audience gekommen ist. Machen wir uns nichts vor – früher oder später wird einer Ihrer Abonnenten sauer sein und sich beschweren, warum er den Newsletter bekommt. Dann hilft es, an dieser Stelle möglichst umfassend zu berichten, wie er denn auf die Audience gekommen sein kann.

Der Inhalt dieses Feldes wird standardmäßig über ein »Merge-Tag« unter jedem einzelnen Newsletter eingeblendet. Lügen Sie Ihren Abonnenten daher nicht ins Gesicht! Wenn Sie Adressbestände von Altkunden importiert haben, dann sagen Sie das auch. Zu behaupten, man habe sich über ein Formular angemeldet, hinter-lässt bei dem Empfänger, der genau weiß, dass er das nicht getan hat, einen üblen Beigeschmack.

Auch Mailchimp selbst zieht im Konfliktfall dieses Feld zurate (auch wenn Sie das Merge-Tag im Mailfooter entfernt haben) und stellt unter Umständen unange-nehme Fragen. In einem Fall behauptete ein Kunde, die Anmeldungen seien über ein Formular erfolgt. Mehrere Empfänger beschwerten sich direkt bei Mailchimp, die wiederum den Kunden mit der Frage konfrontierten, wo denn das Formular sei, das in diesem Text erwähnt wurde. Es gab keines.

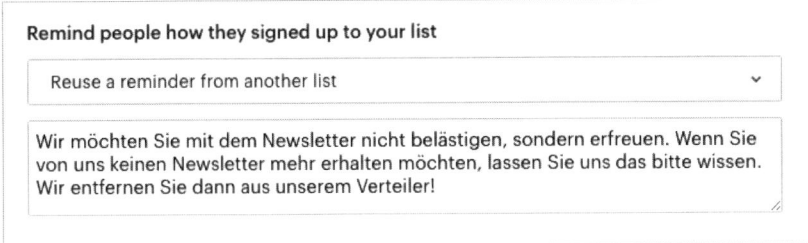

Abb. 5.6: Erläutern Sie kurz, wann und wo sich Abonnenten auf Ihrer Audience eingetragen haben. Eine nette Erklärung hat schon so manche Abmeldung verhindert.

Seien Sie nicht zu knauserig mit dem, was Sie schreiben. Wie das Bild oben zeigt, kann man ruhig etwas ausführlicheren Text hinterlegen. Seien Sie höflich, nehmen Sie die Angst des Kunden vor Spam ernst und zeigen Sie dem Abonnenten auf, wie er sich wieder von der Audience löschen kann. Keine Sorge, der große Exodus bleibt aus – Ihre Abonnenten werden vielmehr die Offenheit zu schätzen wissen. Wer sich die Arbeit erleichtern möchte und bereits einen Text für eine Audience erstellt hat, kann diesen über die Auswahlbox einfach kopieren.

5.2.5 Geschäftliche Angaben

Die folgenden sieben Felder sind selbsterklärend. Hier hinterlegen Sie die Kontaktinformationen für Ihre Audience. Mailchimp hat hier bereits die Daten aus dem Account selbst übernommen – diese können Sie hier aber ändern beziehungsweise überschreiben.

Halt! Wieso sollen die Angaben aus dem Account überschrieben werden? Es hieß doch eingangs, das sind die für Mailchimp verbindlichen Daten über den Inhaber des Accounts?

Das ist natürlich richtig – der Account-Eigentümer hat aber nur eine Verantwortung gegenüber Mailchimp beziehungsweise The Rocket Science Group. Der Account-Eigentümer ist für einen Newsletter-Abonnenten nicht ersichtlich. Die Adresse, die Sie in der Audience hinterlegen, wird aber unter jedem einzelnen Newsletter als Impressum angezeigt. Sie gilt gegenüber den Abonnenten als verbindlicher Ansprechpartner.

Die Angabe dieser Informationen ist für jede einzelne Audience notwendig. Sie kann auch bei jeder einzelnen Audience abweichen! Daher können innerhalb eines einzigen Mailchimp-Accounts auch Audiences für völlig verschiedene Organisationen verwaltet werden. Man spricht hierbei von Mandantenfähigkeit – die Vor- und Nachteile wurden ausführlich in Kapitel 4 »Mailchimp-Account-Setup« erläutert.

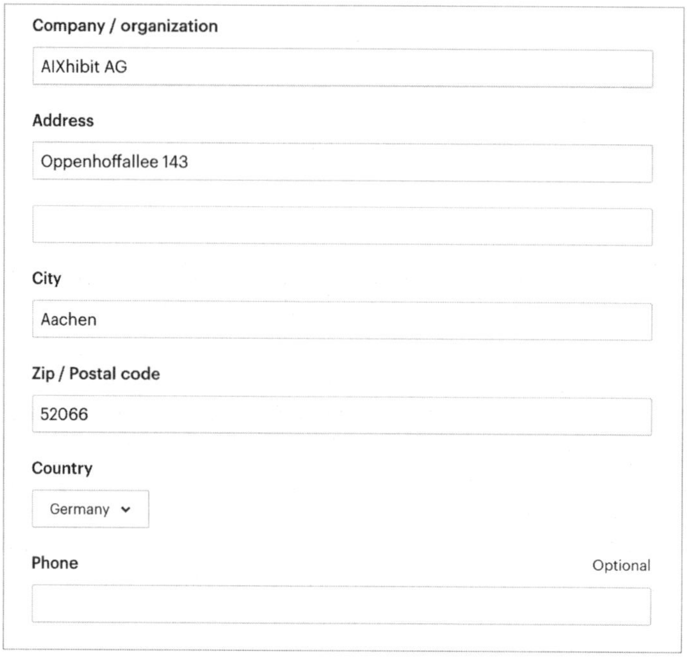

Abb. 5.7: Diese Angaben entsprechen dem Newsletter-Äquivalent eines Webseiten-Impressums.

In § 5 des deutschen Telemediengesetzes ist die sogenannte Impressumspflicht geregelt. Diese gilt für »geschäftsmäßige Teledienste«, zu denen nach gängiger Rechtsauffassung auch Newsletter zählen. Das Wort »geschäftsmäßig« beschäftigt immer wieder Gerichte. Unter dem Strich kann man sagen, dass auch Internet-Aktivitäten von Privatpersonen recht schnell unter den Begriff »geschäftsmäßig« fallen können und die Impressumspflicht gilt.

Ist ein Newsletter-Impressum für geschäftliche Newsletter definitiv verpflichtend, so sind auch Privatanwender gut beraten, ein Impressum hinzuzufügen. Mailchimp selbst setzt die Angaben im Newsletter auch zwingend voraus. Lässt man sie weg, fügt Mailchimp sie automatisch hinzu. Privatanwender sollten im Feld COMPANY / ORGANIZATION ihren eigenen Namen angeben, denn dieses Feld ist bei Mailchimp verpflichtend.

Geschäftliche Mailchimp-Nutzer müssen beachten, dass die hier erfassten Daten alleine der Impressumspflicht nicht genügen. Sie müssen im Fußbereich des Newsletters manuell weitere Angaben ergänzen.

5.2.6   Form Settings / Formulareinstellungen

Im Oktober 2017 hat Mailchimp etwas sehr Untypisches gemacht, das sämtlichen Erfahrungen, die ich in über 10 Jahren Arbeit mit Mailchimp gemacht habe, widerspricht: Es wurde eine sehr tief greifende Änderung sehr kurzfristig umgesetzt. Konkret ging es um die Notwendigkeit des »Double Opt-in« (vergleiche Abschnitt 2.5.1), den Mailchimp bislang immer als den Normalfall propagiert hat. Für viele Anwender – besonders in Europa – überraschend hat das Unternehmen einen 180-Grad-Schwenk gemacht und nunmehr den »Single Opt-in« zum Standard erhoben. Das wäre weiter noch nicht schlimm gewesen, wenn es nur für neue Audiences gegolten hätte. Unverständlicherweise hat Mailchimp alle Audiences in allen Accounts auf »Single Opt-in« umgestellt.

Die Änderung wurde am 24.10.2017 angekündigt und die Umsetzung sollte zum 1.11.2017 in Kraft treten. Das Timing hätte in Deutschland nicht ungünstiger sein können: Der 24. November war ein Dienstag, Mittwoch der 1.11. ein Feiertag in überwiegend katholischen Bundesländern, Dienstag der 31.10.2017 aus Anlass des Lutherjahrs ausnahmsweise ein bundesweiter Feiertag. Zudem waren in zahlreichen Bundesländern auch noch Herbstferien. Letztendlich, sofern man die Änderung überhaupt rechtzeitig erfahren hat, blieben einem nur drei Arbeitstage Zeit, seinen Mailchimp-Account an die Änderung anzupassen.

Zur Ehrenrettung Mailchimps sollte ich erwähnen, dass man in Atlanta sehr schnell reagiert hat. Aufgrund des zahlreichen Feedbacks – unter anderem auch von mir (siehe *https://www.mailchimp-agentur.de/blog/Mailchimp-wechselt-zu-single-opt-in-als-default/*) – ruderte man bereits zwei Tage später und damit noch rechtzeitig vor dem Wochenende und der darauf folgenden Brückentagswoche zurück und setzte bei allen europäischen Mailchimp-Accounts den Standard wieder auf »Double Opt-in«.

Mittlerweile ist diese Einstellmöglichkeit direkt in die Erstellung einer Audience integriert. Über ENABLE DOUBLE OPT-IN kann man individuell pro Audience einstellen, welche Art des Opt-ins gewählt werden soll. Als Unternehmen aus Deutschland oder Österreich wählt man hier in der Regel den »Double Opt-in« aus.

Passend dazu findet man an dieser Stelle auch die Einstellung, ob diese Audience den Anforderungen der Datenschutz-Grundverordnung (DSGVO) gerecht werden soll. Auch dies sollten Listenbetreiber, unter deren Abonnenten Bürger von EU-Staaten sind, in aller Regel ankreuzen. Dies betrifft auch Mailchimp-Anwender aus der Schweiz, wenn auf deren Audiences EU-Bürger sind.

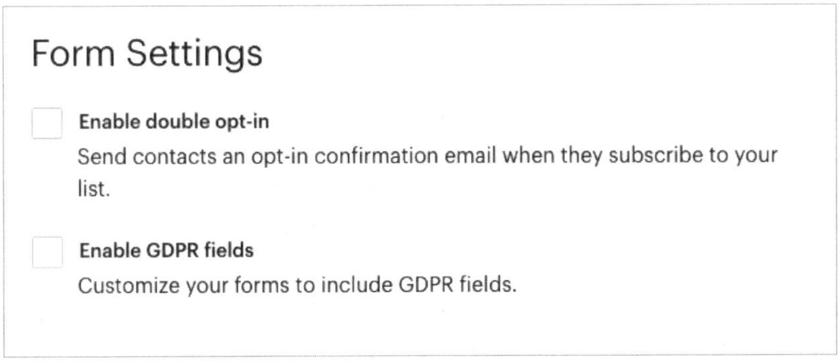

Form Settings

Enable double opt-in
Send contacts an opt-in confirmation email when they subscribe to your list.

Enable GDPR fields
Customize your forms to include GDPR fields.

Abb. 5.8: Beide Felder sollten in der Regel angekreuzt sein.

> **Hinweis**
>
> Mailchimp war eines der ersten Unternehmen im Bereich des Onlinemarketings, das die Anforderungen der DSGVO umsetzte. Bereits im Sommer 2017 – knapp 9 Monate vor dem Stichtag 25. Mai 2018 – hat Mailchimp die Benutzer über die kommenden Änderungen informiert. In der Folgezeit kamen zahlreiche weitere Informationen, Nachschlage-Artikel und Hilfestellungen, bis man Anfang 2018 Vollzug meldete und mitteilte, die Vorbereitungen auf die DSGVO wären abgeschlossen. Im März und April kamen dann noch Detailänderungen hinzu, als sich im Zuge der öffentlichen Diskussion noch einige Aspekte der Umsetzung der DSGVO klärten. Ab Ende April 2018 – einen ganzen Monat vor dem Stichtag – konnte jeder Mailchimp-Anwender seinen Account ohne zusätzliche Kosten schon vollständig auf die Anforderungen der DSGVO umstellen. Wenn man bedenkt, dass so manches andere Onlinemarketingsystem zu diesem Zeitpunkt gerade einmal anfing, das Thema überhaupt anzugehen, kann man das nur als vorbildlich bezeichnen.

5.2.7 Notifications / Benachrichtigungen

In diesem letzten Bereich können Sie entscheiden, ob Mailchimp Ihnen Benachrichtigungen zusendet, wenn sich neue Abonnenten anmelden oder bestehende Abonnenten den Newsletter abbestellen.

Notifications

Daily summary
Summary of subscribe/unsubscribe activity

One-by-one
Subscribe notifications as they happen

One-by-one
Unsubscribe notifications as they happen

Abb. 5.9: Lassen Sie sich von Mailchimp über neue Abonnenten und Abmeldungen informieren.

Sie haben die Wahl zwischen sofortiger Einzelbenachrichtigung ONE-BY-ONE oder einer DAILY SUMMARY – einer täglichen Benachrichtigung über die An- und Abmeldungen.

Frischgebackene Newsletter-Versender wählen meist die Einzelbenachrichtigungen. Je besser sich der Newsletter entwickelt und je mehr An- und Abmeldungen

Sie bekommen, desto eher wird dann meist auf die tägliche Zusammenfassung umgestellt. Und bei richtig gut funktionierenden Newslettern werden die Benachrichtigungen meist gar nicht mehr genutzt.

Über den EDIT-Link können Sie eine eigene Adresse für die An- und Abmeldebenachrichtigungen hinterlegen. Diese Adresse muss nicht über ein eigenes Mailchimp-Login verfügen.

5.2.8 Listenfelder

Ihre frisch angelegte Audience ist nun zur Benutzung bereit, so scheint es. Vor dem Hintergrund, es für den Benutzer so einfach wie möglich zu machen, übergeht Mailchimp an dieser Stelle ganz lässig zwei Bereiche, die für Ihren Newsletter sehr wesentlich sind.

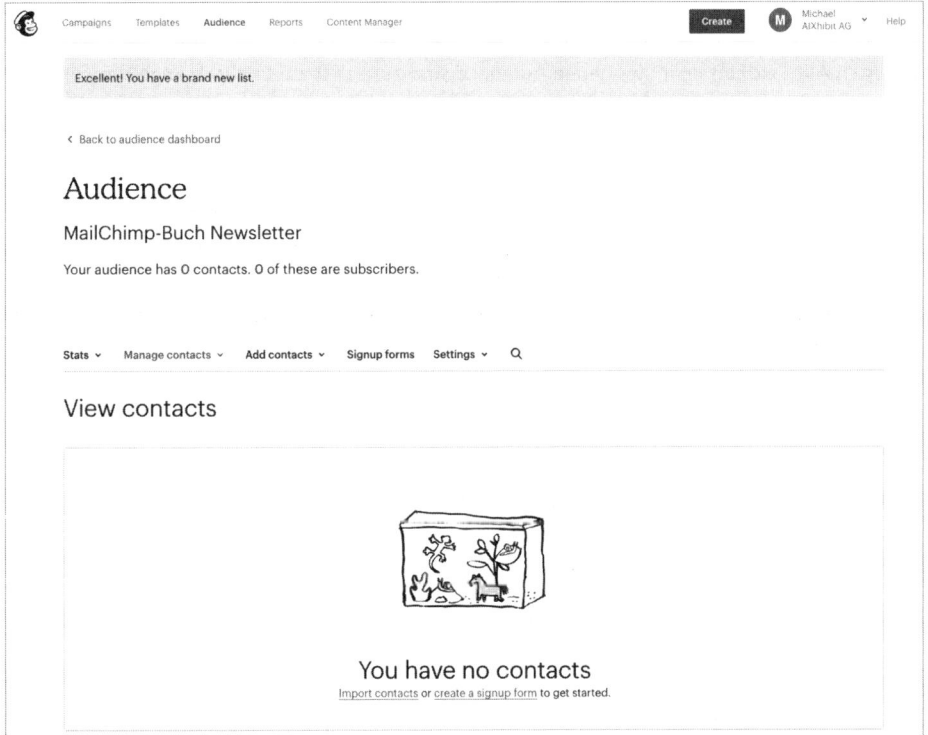

Abb. 5.10: Die neu angelegte Audience enthält noch keine Abonnentendaten.

Dem Bereich der Audiences-Formulare widme ich mich im nächsten Abschnitt, jetzt gilt unser Blick aber den Audience-Feldern. Klicken Sie daher zunächst auf SETTINGS und im herunterklappenden Menü auf LIST FIELDS AND *|MERGE|* TAGS.

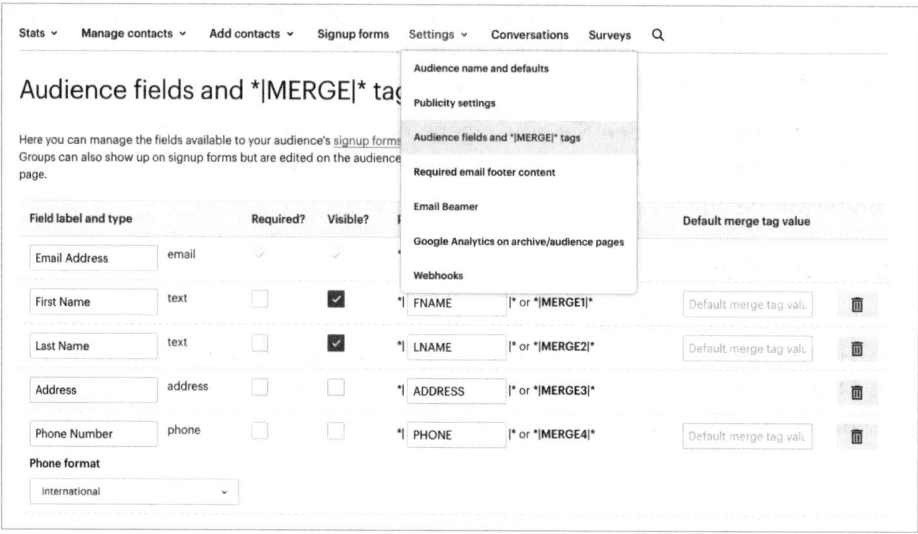

Abb. 5.11: Alle Feldnamen in der neuen Audience sind zunächst auf Englisch angelegt worden.

Hier sehen Sie, dass Mailchimp für Ihre frische Audience bereits fünf Felder angelegt hat. Ohne E-Mail-Adresse kein Listeneintrag! Neben der Adresse können Sie aber noch weitere Informationen in eigenen Feldern bereitstellen. Mailchimp hat hierzu bereits die Felder FIRST NAME für den Vornamen und LAST NAME für den Nachnamen angelegt. Die Felder »Address« und »Phone Number« gehören erst seit Kurzem zur Basisbefüllung einer neuen Audience – was ich durchaus kritisch sehe, da sie meiner Meinung nach nichts bei einer E-Mail-Audience zu suchen haben. Sie ergeben aber unter den Expansionsbemühungen von Mailchimp in andere Bereiche des Onlinemarketings wieder Sinn (siehe Kapitel 12).

Der Blick auf Abbildung 5.11 zeigt bereits, warum es wichtig ist, vor dem Start des Newsletter-Versands zunächst die Listenfelder auf Vordermann zu bringen, denn die Feldnamen sind alle in Englisch – und würden so auch Ihren Abonnenten angezeigt.

Jedes Feld hat bis zu sechs Parameter:

- FIELD LABEL: Der Name des Feldes. Er sollte innerhalb einer Audience nur einmal vergeben werden und ist für den Abonnenten zu sehen, sofern es sich um ein sichtbares Feld handelt.

- FIELD TYPE: Der Typ des Feldes. Neben dem verpflichtenden Feld vom Typ EMAIL gibt es Textfelder, Zahlenfelder (NUMBER), Optionsfelder als Radiobutton oder als ausklappbares Menü (DROP DOWN), Datumsfelder für Tag/Monat/Jahr (DATE), Jahrestagfelder lediglich mit Tag/Monat (BIRTHDAY), Adressfelder, Postleitzahlfelder mit Eingabeüberprüfung – leider nur für die USA, Felder für

Telefonnummer (PHONE), Website-Adresse und für Grafiken beziehungsweise Bilder (IMAGE).

- REQUIRED: Hier wählt man aus, ob das Feld ein Pflichtfeld ist oder leer gelassen werden kann.

- VISIBLE: Diese Auswahl legt fest, ob das Feld für den Abonnenten sichtbar ist und damit auch verändert werden kann oder ob es ein internes Feld ist. Unsichtbare Felder können Sie für verschiedenste Zwecke nutzen. Sie müssen die Information in diesen Feldern jedoch manuell oder über die Programmierschnittstelle (API) einfügen beziehungsweise verändern.

- MERGE-TAGS: Sie können den Inhalt jedes Feldes im Newsletter-Text selbst ausgeben lassen. Hierfür sind entsprechende Platzhalter oder Variablen vorgegeben, die Sie beim Erstellen des Newsletters verwenden können. Fügen Sie im Newsletter-Text beispielsweise die Zeichenkette *|EMAIL|* ein, dann fügt Mailchimp beim Versenden des Newsletters für jeden Empfänger individuell dessen E-Mail-Adresse anstelle der Zeichenkette ein. Diese Merge-Tags sind durchnummeriert, Sie können jedoch alternativ eigene Namen definieren. Wenn Sie den Newsletter an sich bearbeiten, ist die Zeichenfolge *|KAUFDA-TUM|* einfacher zu verstehen als *|MERGE7|*.

- DEFAULT MERGE TAG VALUE: Hier können Sie eine Vorgabe machen, welchen Wert das Feld haben soll, wenn der Abonnent keine Eingabe macht oder wenn über die Programmierschnittstelle keine Werte erfasst wurden.

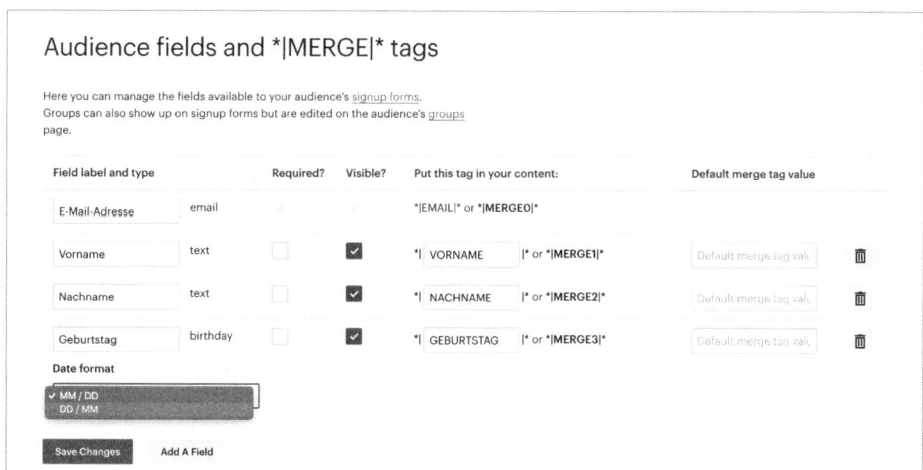

Abb. 5.12: Achten Sie bei Datumsfeldern auf die in Deutschland gebräuchliche Reihenfolge von Tag und Monat (DD/MM).

Im Folgenden habe ich zunächst einmal die überflüssigen Felder für Telefonnummer und Adresse über das Mülleimer-Symbol gelöscht, die übrigen Listenfelder übersetzt und – zur Vereinfachung – auch den Merge-Tags sprechende Namen gegeben. Über ADD A FIELD habe ich noch ein weiteres Feld für das Geburtsdatum hinzugefügt. Dieses Feld bringt als zusätzliche Auswahlmöglichkeit die Art des Datumsformats mit. Standardmäßig ist hier das US-Format Monat/Tag (MM/DD) hinterlegt. Für deutsche Newsletter-Empfänger sollte dies auf Tag/Monat (DD/MM) gewechselt werden. Ein Klick auf SAVE CHANGES speichert diese neue Listenfeld-Definition.

> **Hinweis**
>
> Seit einiger Zeit bietet Mailchimp auch die Möglichkeit, dass statt E-Mails Postkarten versendet werden. Dazu benötigt Mailchimp ein Feld vom Typ ADDRESS. Wir haben im Agenturalltag diese Funktion noch nicht häufig genutzt, aber es scheint so zu sein, dass Mailchimp dafür nur das bei der Listeneinrichtung angelegte Feld akzeptiert und kein nachträglich angelegtes. Wenn Sie also planen, möglicherweise auch Postkarten zu nutzen, löschen Sie das Feld nicht.

Sie können jederzeit – auch bei einer Audience mit vielen Abonnenten – weitere Felder hinzufügen. Sofern Sie keine Wertvorgabe machen, ist das Feld für alle Abonnenten leer. Ebenso können Sie jederzeit Felder wieder löschen (bis auf das Feld E-MAIL natürlich) – die in diesen Feldern gespeicherten Informationen sind aber danach komplett gelöscht! Seien Sie mit dieser Funktion daher vorsichtig.

5.3 Datensparsamkeit und Psychologie – oder: Mailchimp ist kein CRM

Wir haben wirklich versucht, es ihnen auszureden. Insgesamt drei Meetings hatten wir zum Thema der Listenstruktur, in denen zäh verhandelt wurde, Vorschläge und Gegenvorschläge unterbreitet wurden. Letztendlich hat der Kunde einen Großteil seiner Wünsche durchgesetzt und eine Audience mit insgesamt zwölf Feldern – allesamt sichtbar und für die Abonnenten veränderbar – wurde erstellt.

Die Argumentation des Kunden war ebenso bestechend einfach wie falsch: »Wenn wir uns schon die Arbeit machen, alle unsere Adressbestände zu konsolidieren, dann soll Mailchimp in Zukunft der zentrale Speicherort für alle unsere Adressen sein.«

Das Zusammentragen von Adressen und das Vorbereiten für den Import in Mailchimp kann ein ziemlicher Aufwand werden, wie Sie später in Abschnitt 8.1 »Adressen importieren« sehen werden. Mailchimp als Customer-Relationship-Management-System (CRM), also als Adress- und Kundenkontakt-Datenbank zu benutzen, ist aus mehrfacher Sicht der falsche Ansatz:

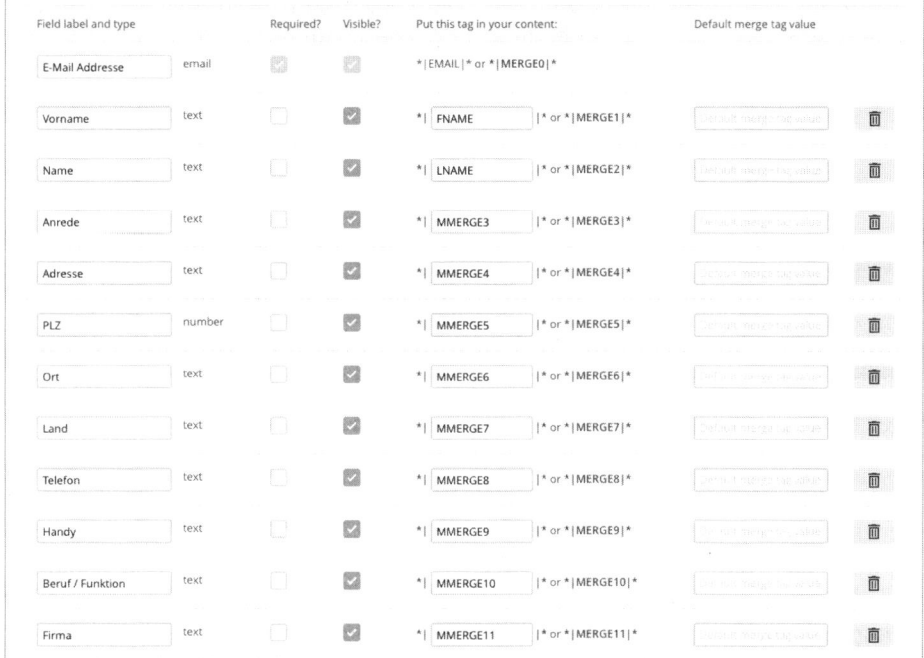

Field label and type		Required?	Visible?	Put this tag in your content:	Default merge tag value	
E-Mail Addresse	email	☑	☑	*|EMAIL|* or *|MERGE0|*		
Vorname	text	☐	☑	*| FNAME |* or *|MERGE1|*		🗑
Name	text	☐	☑	*| LNAME |* or *|MERGE2|*		🗑
Anrede	text	☐	☑	*| MMERGE3 |* or *|MERGE3|*		🗑
Adresse	text	☐	☑	*| MMERGE4 |* or *|MERGE4|*		🗑
PLZ	number	☐	☑	*| MMERGE5 |* or *|MERGE5|*		🗑
Ort	text	☐	☑	*| MMERGE6 |* or *|MERGE6|*		🗑
Land	text	☐	☑	*| MMERGE7 |* or *|MERGE7|*		🗑
Telefon	text	☐	☑	*| MMERGE8 |* or *|MERGE8|*		🗑
Handy	text	☐	☑	*| MMERGE9 |* or *|MERGE9|*		🗑
Beruf / Funktion	text	☐	☑	*| MMERGE10 |* or *|MERGE10|*		🗑
Firma	text	☐	☑	*| MMERGE11 |* or *|MERGE11|*		🗑

Abb. 5.13: Mailchimp ist kein CRM! (Screenshot aus einem Kundenaccount)

Bei Mailchimp handelt es sich um ein Newsletter-System. Das bedeutet, dass sich Abonnenten jederzeit wieder vom Newsletter abmelden können. Die Daten werden dann zwar nicht von der Audience gelöscht – sie können aber weder vom Abonnenten noch von Ihnen weiterhin gepflegt werden.

Die Datenpflege dem Abonnenten zu überlassen, klingt zwar nach einer großen Vereinfachung, geht aber von der Kooperationsbereitschaft der Abonnenten aus. Selbst wenn diese gegeben sein sollte, kennen die Abonnenten aber noch lange nicht Ihre internen Vorgaben zur Adresskonsolidierung. Sie werden einen Mischmasch aus »Bahnhofstr.«, »Bahnhofstrasse« und »Bahnhofstraße« oder »(0241) 53807130«, »+49-241-538071-30«, »024153807130« und Ähnlichem finden.

Einigen Abonnenten dürfte auch die Menge der über sie gespeicherten Daten nicht gefallen und sie könnten versucht sein, Angaben aus der Audience zu löschen oder falsche Angaben zu hinterlassen. Wenn Sie sich auf Mailchimp als zentrale Datenbank verlassen, haben Sie keinerlei Möglichkeit, korrumpierte oder gelöschte Daten zu erkennen.

Dazu kommt der Punkt der Benutzerpsychologie: Nicht erst seit den Datenskandalen der jüngsten Zeit und der öffentlichen Diskussion im Rahmen der DSGVO stellt man eine direkte Relation zwischen der Zahl der Neuanmeldungen und der Zahl der auszufüllenden Felder fest. Je weniger Daten Sie abfragen, desto mehr

Anmeldungen werden Sie bekommen. Die ideale Mailchimp-Audience hat also die Felddefinition, die Sie in Abbildung 5.14 sehen können.

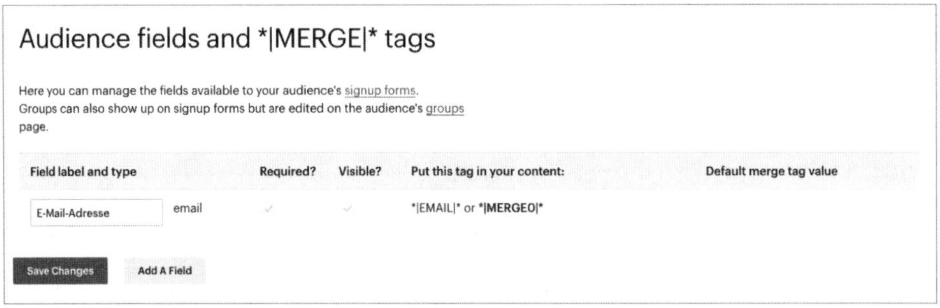

Abb. 5.14: Weniger Felder sorgen für mehr Newsletter-Anmeldungen!

Machen Sie sich ernsthaft zum Thema Datensparsamkeit Gedanken! Brauchen Sie wirklich mehr Felder als die bloße E-Mail-Adresse? Wenn ja, wofür? Werden Sie Ihren Newsletter wirklich personalisieren, sodass Sie den vollständigen Namen und das Geschlecht abfragen müssen? Und wenn ja, können Sie dabei nicht wenigstens auf den Vornamen verzichten?

Jeder potenzielle Abonnent wird verstehen, dass Sie die E-Mail-Adresse benötigen. Doch schon bei der Abfrage des Namens werden Sie auf zögernde Abwägung treffen, ob denn der Newsletter wirklich so wichtig ist – wenn der Abonnent nicht von vornherein falsche Angaben einträgt.

Überlegen Sie sich bei jedem zusätzlichen Feld eine Begründung, die auch einem skeptischen potenziellen Abonnenten standhält. Möchten Sie das Geburtsdatum, um einen Geschenkgutschein für einen Onlineshop zu versenden? Dann sagen Sie das dem potenziellen Abonnenten (und machen Sie sich darauf gefasst, dass dieser – was für ein Zufall – innerhalb der nächsten zehn Tage Geburtstag hat).

Zusätzlich gilt es, eine rechtliche Komponente zu beachten. Nach § 3a des deutschen Bundesdatenschutzgesetzes (BDSG) dürfen nur die Daten erhoben werden, die zum Erbringen einer Leistung unbedingt erforderlich sind. Das Erbringen der Leistung »Newsletter« benötigt lediglich eine E-Mail-Adresse. Mehr nicht.

Viele Newsletter-Einsteiger verwechseln die Newsletter-Anmeldung leider immer noch mit einer vermeintlich einfachen und billigen Methode der Marktforschung. Das ist sie aber keinesfalls. Wollen Sie viele Anmeldungen, dann erfassen Sie so wenige Daten wie möglich.

Kapitel 6

Newsletter-Anmeldungen

Ohne Anmeldungen zu Ihrem Newsletter gibt es auch keine Abonnenten. Den verschiedenen Anmeldemöglichkeiten kommt eine besondere Bedeutung zu. Sie müssen den Interessenten dazu verlocken, seine E-Mail-Adresse zu hinterlassen.

Obligatorisch ist inzwischen der Hinweis, dass Sie als Anbieter die vom Interessenten hinterlassenen Daten niemals weitergeben würden.

Darüber hinaus ist aber auch die Gestaltung des Formulars, die Anzahl der Felder und die Nutzbarkeit auf den verschiedenen Endgeräten für eine hohe (oder eben niedrige) Anzahl von Neuanmeldungen mitverantwortlich.

6.1 Anmeldeformulare

Das klassische Anmeldeformular, das von Mailchimp angeboten wird, ist in seiner Urform stark verbesserungswürdig – alle notwendigen Tools und Schritte finden Sie im kommenden Abschnitt.

6.1.1 Formulare

Im Rahmen unseres offenen Mailchimp-Supportangebots haben wir oft mit neuen Mailchimp-Accounts zu tun, bei denen wir um Hilfe gebeten werden. Ein Aspekt zieht sich wie ein roter Faden durch diese Accounts: Niemand hat die Anmeldeformulare überarbeitet.

Zahllose Newsletter-Anmeldungen sehen daher aus wie die in Abbildung 6.1. Ein lustloses Design und englische Feldnamen machen wenig Appetit auf die Anmeldung, zumal man keinerlei Angaben bekommt, wofür man sich anmeldet und worauf man sich einlässt.

Schlimmer wird es dann eigentlich nur noch, wenn der frischgebackene Mailchimp-Administrator die Formularfunktion tatsächlich findet, es aber dabei belässt, die Sprache auf Deutsch umzustellen. Perlen wie in Abbildung 6.2 sind nicht gerade geeignet, einem Abonnenten Vertrauen einzuflößen, und erinnern eher an zwielichtige Websites aus der Schmuddelecke des Webs. Der Screenshot stammt aus der ersten Auflage des Buches. Mittlerweile sind die Übersetzungen ein wenig besser geworden, wirken aber immer noch ungelenk.

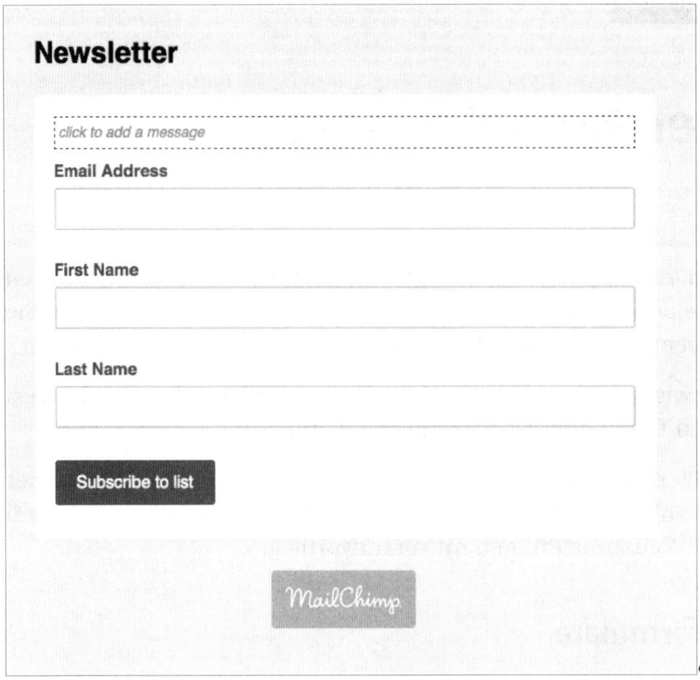

Abb. 6.1: Das nackte Anmeldeformular sieht schmucklos aus.

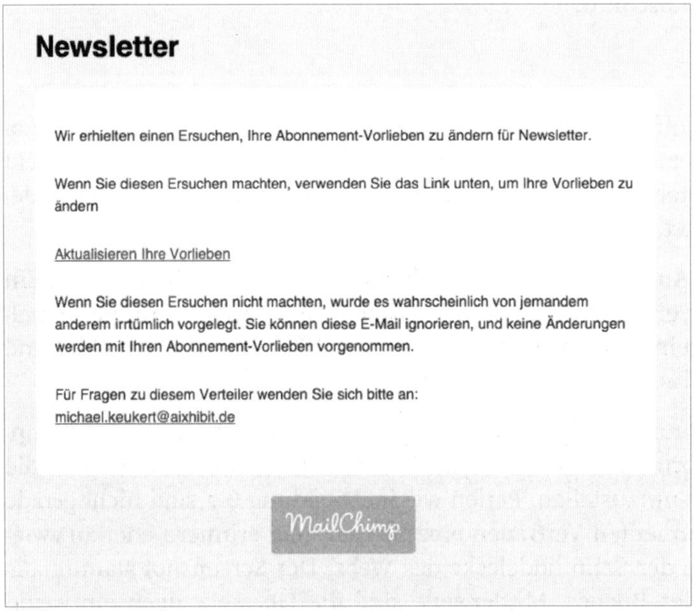

Abb. 6.2: Die Standardübersetzungen sind oftmals gruselig. Hier im Beispiel: Standardmail für die Änderungen der Abo-Einstellungen.

Oft zeigen sich Kunden schockiert, wenn wir sie auf diese Formulare hinweisen, denn teilweise werden die Newsletter schon seit Jahren versendet, ohne dass jemals jemand nach den Formularen geschaut hätte. Dieses Versäumnis passiert sogar ganz großen Marken und Firmen.

6.1.2   Formular-Editor

Damit Ihnen dieser Fehler nicht passiert, schauen wir uns jetzt die verschiedenen Formulare der Reihe nach an.

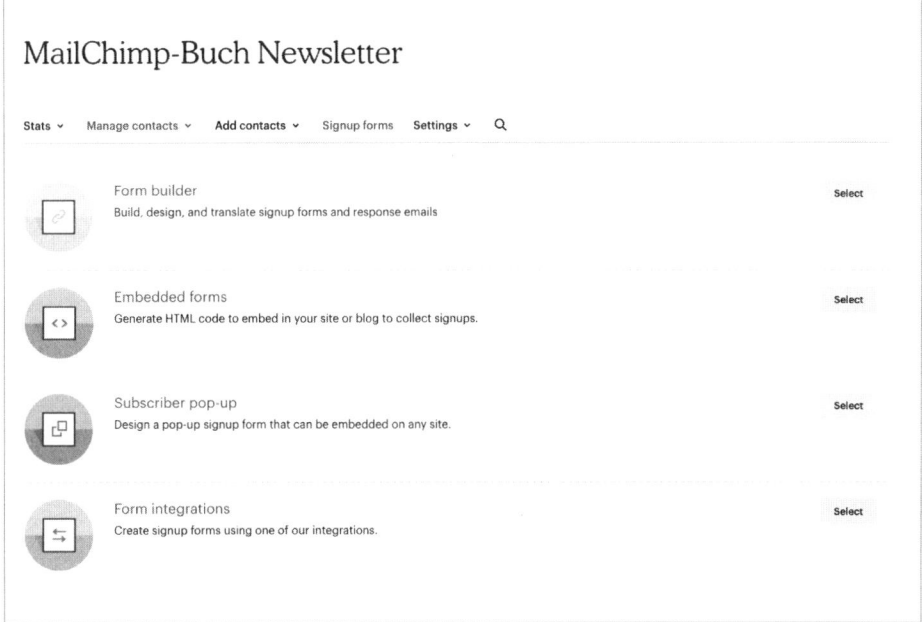

Abb. 6.3: Die hier gezeigten Formulare finden Sie unter GENERAL FORMS.

Sie finden die Formulare, indem Sie unter dem Hauptmenüpunkt AUDIENCE Ihre Liste auswählen und dort den Unterpunkt SIGNUP FORMS – Anmeldeformulare – auswählen. Von den insgesamt vier zur Verfügung stehenden Formulararten interessiert uns zunächst der FORM BUILDER, denn hier finden Sie die allgemeinen Anmeldeformulare. Ein Klick auf FORM BUILDER oder auf die Schaltfläche SELECT rechts daneben befördert uns in den Editor.

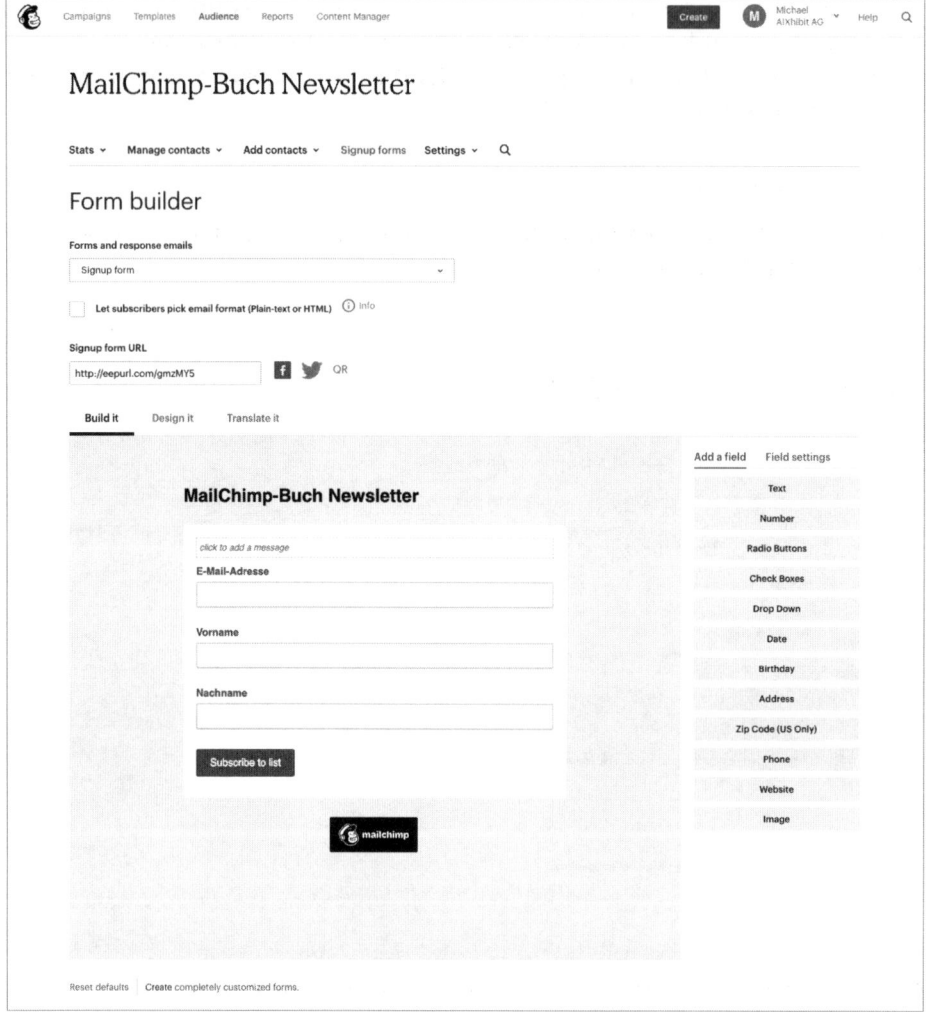

Abb. 6.4: Erschrecken Sie nicht über die Unübersichtlichkeit dieser Seite, es ist alles logisch aufgebaut.

Vermutlich ist die Komplexität dieser Maske mit dafür verantwortlich, dass so viele Mailchimp-Newsletter keine vernünftigen Formulare besitzen. Tatsächlich stößt die um Einfachheit bemühte Mailchimp-Oberfläche hier an ihre Usability-Grenzen. Um die Bedeutung der einzelnen Formulare zu verstehen, ist einiges an Erfahrung und Abstraktionsvermögen nötig. Schade, dass Mailchimp von Haus aus keine etwas besseren Formulare bereitstellt (Stand: April 2019).

Der Formular-Editor ist grob in zwei Bereiche unterteilt. Im oberen Bereich wählen Sie unter FORMS AND RESPONSE EMAILS das jeweilige Formular aus. Es gibt derzeit insgesamt 21 verschiedene Formulare, von denen Sie aber zunächst nur 19 sehen. Gehen Sie daher zunächst auf SETTINGS und dort auf AUDIENCE NAME AND DEFAULTS. Navigieren Sie dann zum Bereich FORM SETTINGS und kreuzen Sie alle drei Checkboxen an.

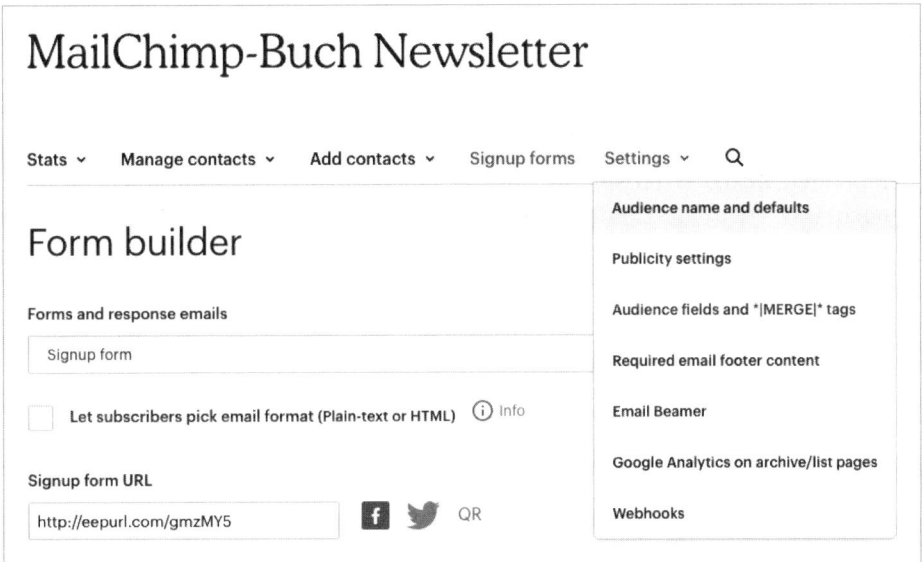

Abb. 6.5: Um die fehlenden Formulare zu sehen, müssen erst Einstellungen geändert werden.

Audience name and campaign defaults

Audience name

MailChimp-Buch Newsletter

Want to change your signup form title?
The signup forms and confirmation emails for your audience use the original audience name as a title. You can update this text (or replace it with an image) in the signup form editor.

Audience ID

Some plugins and integrations may request your Audience ID.

Typically, this is what they want: ba0b91d639.

Form settings

☑ **Enable double opt-in**
Send contacts an opt-in confirmation email when they subscribe to your audience.

☑ **Enable GDPR fields**
Customize your forms to include GDPR fields.

☑ **Enable reCAPTCHA**
This helps prevent spambots from adding emails to your audience.

Abb. 6.6: Um alle Formulare zu sehen, müssen Sie unter FORM SETTINGS alle Häkchen setzen.

Nun sehen Sie im FORM BUILDER alle 21 Formulare, und leider müssen diese alle bearbeitet werden! Gelegentlich (zuletzt im März 2015) kommt ein neues Formular hinzu. Zum Glück passiert das eher selten, denn in diesem Fall müssen Sie für alle Ihre Listen erneut Hand anlegen.

Der untere Bereich ist der eigentliche Editor. Hier gestalten Sie die Formulare und fügen Texte hinzu beziehungsweise verändern bestehende Texte. Der Editorbereich ist in die drei Aufgabenbereiche BUILD IT, DESIGN IT und TRANSLATE IT unterteilt, also in Formular erstellen, Formular gestalten und Formular übersetzen.

6.1.3 Build it / Formular erstellen

Der Bereich BUILD IT entspricht von der Funktionalität her weitestgehend dem Bereich LIST FIELDS AND *|MERGE|* TAGS, den Sie in Kapitel 5 kennengelernt haben. Jedoch ist er hier etwas visueller und intuitiver aufgebaut.

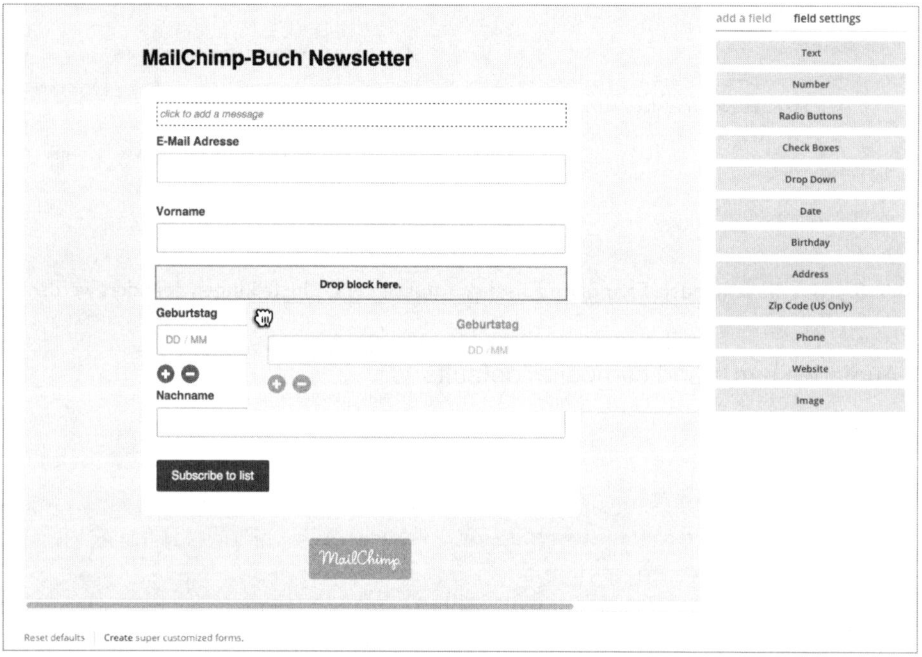

Abb. 6.7: Sie können die Felder per Drag&Drop umsortieren.

Ein wesentlicher Vorteil ist, dass Sie Felder per Drag&Drop beliebig in der Reihenfolge verschieben können. Das aktive Feld wird dabei hellgelb hinterlegt, potenzielle Ablageorte erscheinen mit dem Hinweis DROP BLOCK HERE. – also Feld hier ablegen.

Ebenso einfach können Sie über die »+«- und »-«-Schaltflächen neue Felder hinzufügen oder bestehende Felder löschen. Beim Hinzufügen wird das aktuelle Feld samt Namen und Feldtyp dupliziert. Wenn Sie ein gänzlich neues Feld hinzufügen möchten, dann wählen Sie aus der Liste rechts den jeweiligen Feldtyp aus.

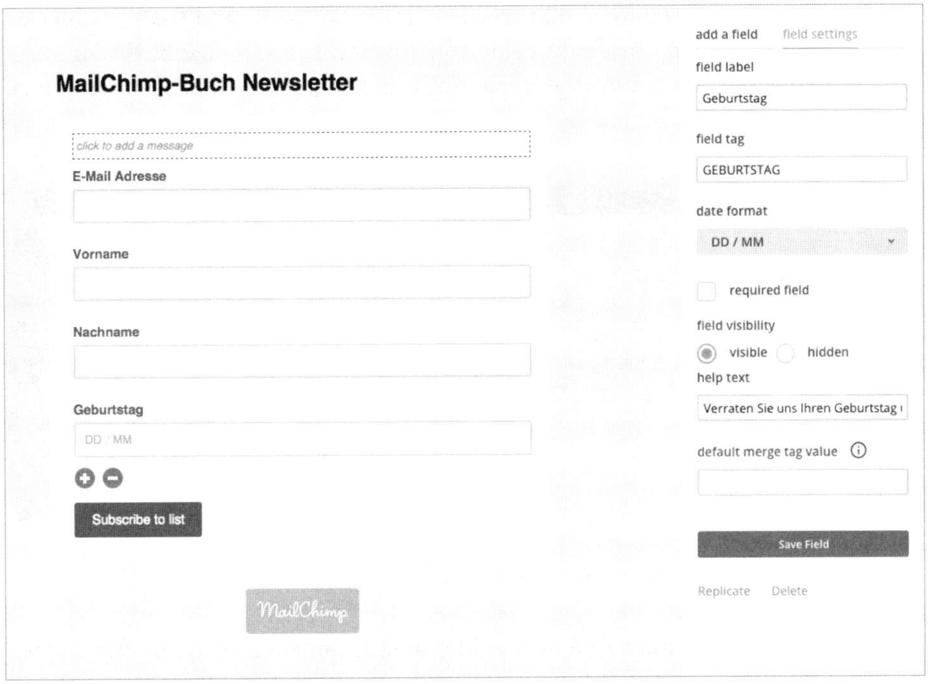

Abb. 6.8: Für jedes Feld können Sie unterschiedliche Angaben zur Sichtbarkeit, zur Beschriftung und zum Default-Wert machen.

Klicken Sie auf ein Feld, dann können Sie rechts unter FIELD SETTINGS die einzelnen Vorgaben nochmals kontrollieren oder verändern.

Leider haben sich hier ein paar Inkonsistenzen eingeschlichen, die Einsteiger verwirren können. Die Merge-Tags aus den Listeneinstellungen heißen in dieser Maske auf einmal FIELD TAG. Zudem ist ein neues Element namens HELP TEXT hinzugekommen. Dieses hat es aber in sich, denn darüber können Sie einen kleinen Text pro Feld hinterlegen, in dem Sie zusätzliche Erklärungen geben können.

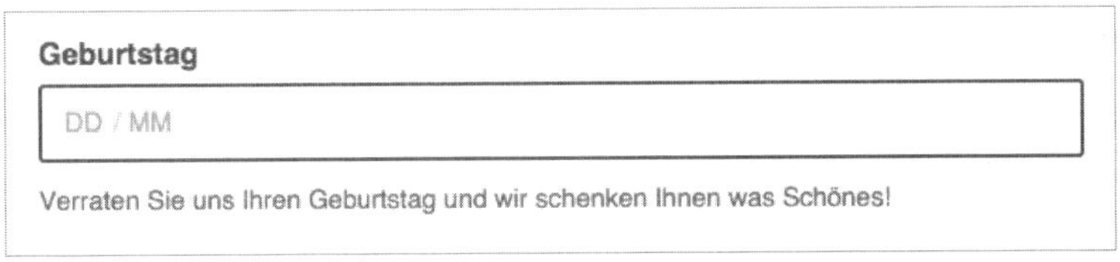

Abb. 6.9: Selten genutzt und unterschätzt: der erklärende Hilfetext zum Formularfeld.

Dieser Zusatztext eignet sich zum Beispiel hervorragend dafür, um zu begründen, warum Sie bestimmte Daten abfragen möchten. Leider wird er erst angezeigt, wenn das Feld ausgewählt wird. Ein komplexes Formular mit vielen Feldern wirkt daher nach wie vor abschreckend, bis man die einzelnen Felder anklickt.

Was ich im Formular-Editor schon häufiger vermisst habe, sind freie Textblöcke, die man zwischen den einzelnen Feldern platzieren kann. So bleibt Ihnen lediglich der Bereich im Kopf, um eine kurze Notiz an den potenziellen Abonnenten zu hinterlassen.

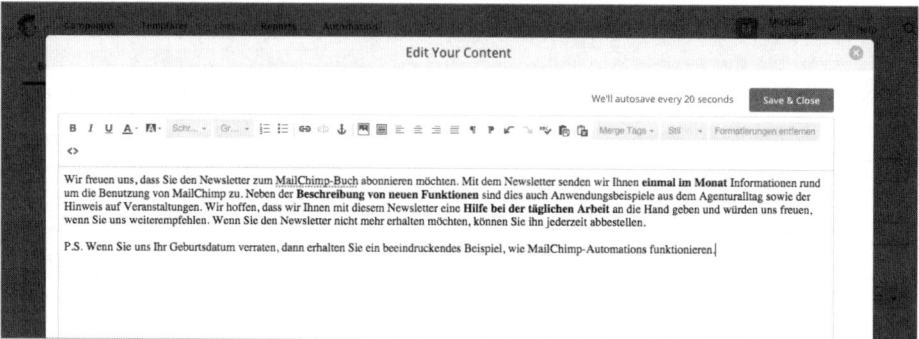

Abb. 6.10: Scheuen Sie sich nicht vor längeren Erklärungstexten in den Formularen; Ihre Abonnenten werden es zu schätzen wissen.

Nutzen Sie die Möglichkeiten dieses Feldes aus! Je genauer Sie dem potenziellen Abonnenten verraten, was ihn erwartet, und vor allem, wie oft er mit Post von Ihnen rechnen muss, desto mehr Anmeldungen werden Sie erhalten. Sagen Sie offen, welche Art von Informationen Sie versenden möchten. So schaffen Sie klare Verhältnisse und vermeiden Enttäuschungen.

6.1.4 Design it / Formular gestalten

Nachdem die Struktur des Anmeldeformulars steht, ist es jetzt an der Zeit, der optischen Erscheinung etwas Liebe angedeihen zu lassen. Wechseln Sie dazu auf den Reiter DESIGN IT.

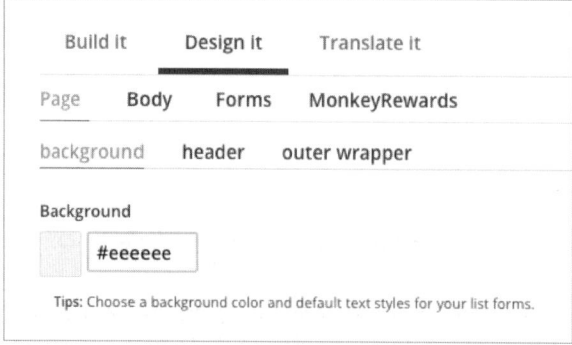

Abb. 6.11: Farbwerte werden über Hexadezimal-Angaben eingestellt, können aber auch über die Farbpalette ausgewählt werden.

Die rechte Seitenleiste verschwindet, stattdessen erscheinen zwei neue Menüzeilen über der Newsletter-Vorschau. Es handelt sich dabei um ein verschachteltes Menü. Die obere Zeile gibt die Hauptebene an, die untere Zeile die jeweiligen Unterpunkte zum ausgewählten Haupteintrag.

6.1.5 Page

Hier legen Sie die generelle Gestaltung des Anmeldeformulars fest. Unter BACKGROUND stellen Sie die Hintergrundfarbe ein. Die Farbangabe geschieht entweder über HTML-Farbcodes, RGB-Farbwerte oder über eine Palettenauswahl. Um den Farbwert zu ändern, klicken Sie auf den angezeigten Farbwert #EEEEEE und wählen Sie hier zunächst ein reines Weiß aus.

Über den Unterpunkt HEADER können Sie jetzt die Größe und die Abstände der Überschrift festlegen. In aller Regel verwenden wir aber ein Bild für den Headerbereich, sodass wir diese Einstellung zunächst ignorieren können.

Der OUTER WRAPPER bezieht sich ebenfalls auf die Überschrift und ermöglicht, diesem Bereich eine andere Farbe zu geben. Wählt man hier einen beliebigen Farbton aus, dann sieht man, dass der Bereich der Überschrift abgerundete Ecken zum eigentlichen Formular hin hat. Leider spiegelt sich das am unteren Ende nicht wider, sodass dieses Gestaltungselement ebenfalls von begrenztem Nutzen ist. Wir belassen es daher ebenfalls auf Weiß.

6.1.6 Body

Diese Einstellungen beziehen sich auf den eigentlichen Formularbereich. Unter FOREGROUND stellen Sie den Farbwert des Formulars ein. Auf dem weißen Hintergrund hebt sich ein sehr heller Grauton elegant ab, ohne die Lesbarkeit des Textes zu gefährden.

Unter DEFAULT TEXT stellen Sie ein, wie Texte im Formular angezeigt werden. Hier sollten Sie auf ausreichend Kontrast zur Hintergrundfarbe achten. Wenn Ihnen ein reines Schwarz zu knallig erscheint, versuchen Sie es mit einem sehr dunklen Grau. Die Vorauswahl #333333 ist schon eine recht gute Wahl. Die LINE HEIGHT gibt den Zeilenabstand der Texte vor. Unter der FONT FAMILY suchen Sie sich die Schriftart aus, mit der die Formulare dargestellt werden. FONT SIZE legt die Textgröße fest. Wählen Sie hier keine zu kleine Schriftgröße aus. Gerade ältere Menschen und Brillenträger werden Ihnen eine ausreichend große Schrift danken. Unter PADDING stellen Sie dann den Abstand zwischen dem Rand des Formulars und dem Formularinhalt ein.

Unter LINK STYLE können Sie nun eine weitere Farbe definieren, mit denen im Formularprozess Links dargestellt werden. Erfahrungsgemäß funktioniert ein Blauton dafür sehr gut, da er dem gewohnten Verhalten im Web entgegenkommt.

Letztendlich müssen Sie aber für alle Farbwerte Einstellungen finden, die dem Design Ihrer Website entsprechen und miteinander harmonieren.

MailChimp-Buch Newsletter

Wir freuen uns, dass Sie den Newsletter zum MailChimp-Buch abonnieren möchten. Mit dem Newsletter senden wir Ihnen **einmal im Monat** Informationen rund um die Benutzung von MailChimp zu. Neben der **Beschreibung von neuen Funktionen** sind dies auch Anwendungs-beispiele aus dem Agenturalltag sowie der Hinweis auf Veranstaltungen. Wir hoffen, dass wir Ihnen mit diesem Newsletter eine **Hilfe bei der täglichen Arbeit** an die Hand geben und würden uns freuen, wenn Sie uns weiterempfehlen. Wenn Sie den Newsletter nicht mehr erhalten möchten, können Sie ihn jederzeit abbestellen.

P.S. Wenn Sie uns Ihr Geburtsdatum verraten, dann erhalten Sie ein beeindruckendes Beispiel, wie MailChimp-Automations funktionieren.

E-Mail Adresse

Vorname

Nachname

Geburtstag

DD / MM

Subscribe to list

MailChimp

Abb. 6.12: Die Anmeldemaske kann mit wenigen Handgriffen deutlich verbessert werden.

Sieht doch schon mal gar nicht so schlecht aus, im Vergleich zum ursprünglichen Formular, oder? Im oberen Bereich des Formular-Editors finden Sie unter SIGNUP FORM URL eine Webadresse, ähnlich dieser: *http://eepurl.com/bexYSX*. Es handelt sich dabei um die eindeutige Adresse Ihres Anmeldeformulars. Über diesen Link kann jederzeit das Formular aufgerufen werden. Änderungen, die Sie am Design vornehmen, spiegeln sich unmittelbar unter dieser Adresse wider.

6.1.7 Gestaltung von Formularen / Forms

Weiter geht es mit der Gestaltung der eigentlichen Formularelemente. Unter BUTTONS und BUTTONS HOVERED legen Sie die Farbe und Schriftfarbe des Anmelden-Knopfes fest. Unter BUTTONS HOVERED kann ein alternativer Farbton hinterlegt werden, mit dem der Knopf eingefärbt wird, wenn die Maus darüber schwebt. Um etwas Farbe in das Formular zu bringen, wähle ich hier einen Blauton aus.

Die FIELD LABELS sind die Überschriften über den einzelnen Formularfeldern. Hier sollte möglichst der gleiche Farbton wie für den einleitenden Text gewählt werden, damit die Kontraste stimmen; also hier wieder »#333333« eintragen. Auch sollten Sie darauf achten, dass Sie die gleiche Schriftart wie bei den anderen Texten auswählen.

Beim FIELD TEXT handelt es sich um die Daten, die der Benutzer in die Formularfelder eingibt. Ich empfehle, hier eine stark kontrastierende Farbe zu nehmen. Tatsächlich eignet sich Füllfeder-Blau recht gut. Widerstehen Sie aber bitte der Versuchung, als Schriftart COMIC SANS auszuwählen, auch wenn Sie die noch so sehr an Schreibschrift erinnert.

Unter REQUIRED und REQUIRED LEGEND legen Sie fest, wie Pflichtfelder gekennzeichnet werden. Zur Kennzeichnung dient hier ein kleines Sternchen. In der Voreinstellung wird es knallrot angezeigt – was etwas übertrieben ist, da die Farbe Rot als Warnfarbe immer einer Fehlermeldung vorbehalten sein sollte.

Am besten legen Sie die Farbe des Sternchens auf den gleichen Wert wie den Text. Das Feld VISIBILITY sagt dann, ob das Sternchen beziehungsweise der Hinweistext unter REQUIRED LEGEND überhaupt angezeigt werden soll. Wenn Sie mehrere Felder haben, ist die Kennzeichnung von Pflichtfeldern durchaus sinnvoll. Also hier beide Male unter VISIBILITY den Wert SHOW auswählen. Wundern Sie sich nicht, dass der Text INDICATES REQUIRED noch auf Englisch ist – dazu komme ich in Kürze.

Beim HELP TEXT schließlich handelt es sich um den Erklärungstext, den Sie einzelnen Feldern zuweisen können und der eingeblendet wird, wenn das Feld ausgefüllt wird. Um nicht von der Feldbeschriftung abzulenken, empfiehlt sich hier ein hellerer Farbton der Schriftfarbe.

Sollten Fehlermeldungen ausgegeben werden, zum Beispiel weil ein Pflichtfeld nicht ausgefüllt wurde, dann werden diese in dem Farbton angezeigt, der unter ERRORS angegeben wird. Ein Rot passt hier sehr gut, es sollte aber harmonisch zu den anderen Farben passen.

6.1.8   MonkeyRewards

In Kapitel 3 »Preismodell und Compliance« habe ich beschrieben, dass Mailchimp bis zu einer Listengröße von 2.000 Empfängern kostenlos ist. Teil dieses Angebots ist aber, dass Mailchimp in Ihren Newslettern eine kleine Eigenwerbung in Form des Mailchimp-Logos oder des Affen unterbringt.

Mit diesem Menüpunkt können Sie einstellen, auf welcher Position das Mailchimp-Logo angezeigt wird. Zudem können Sie aus einer Reihe von verschiedenen Logos auswählen. Sobald Sie einen bezahlten Account haben, kann das Logo aber auch komplett ausgeblendet werden.

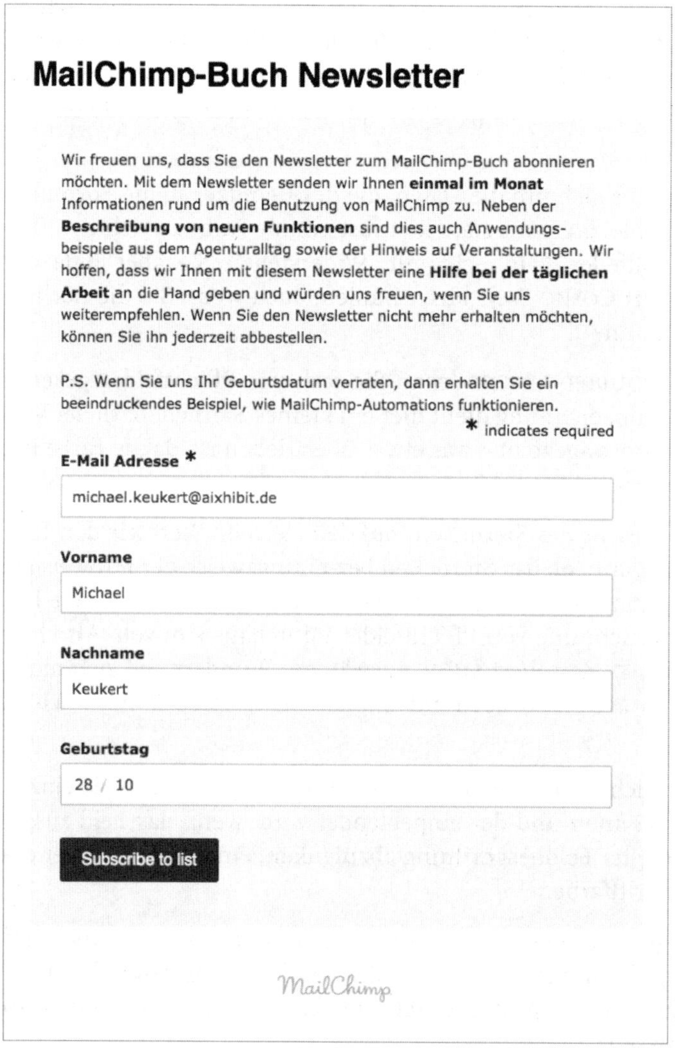

Abb. 6.13: Durch Einfärbung können die MonkeyRewards etwas dezenter dargestellt werden.

6.1.9 Headergrafik

Nach dieser Gestaltungsrunde sieht das Formular nochmals besser aus. Dennoch fehlt der letzte Pfiff. Den erreichen Sie, indem Sie eine gestaltete Headergrafik einfügen.

Abb. 6.14: Statt eines langweiligen Textes können Sie an dieser Stelle auch eine Grafik, zum Beispiel mit Ihrem Logo, einfügen.

Bewegen Sie dazu die Maus über die Überschrift. Rechts erscheinen drei Schaltflächen, von denen USE IMAGE die Auswahl eines Headerbildes erlaubt.

Headerbilder sollten eine Größe von 600 Pixeln in der Breite nicht überschreiten. Als Höhe haben sich 200 Pixel oder weniger bewährt. Nach dem Klick auf USE IMAGE landen Sie im sogenannten CONTENT STUDIO, in dem alle Grafiken und Dateien, die Sie zur Benutzung mit Mailchimp jemals ausgewählt haben, zu finden sind.

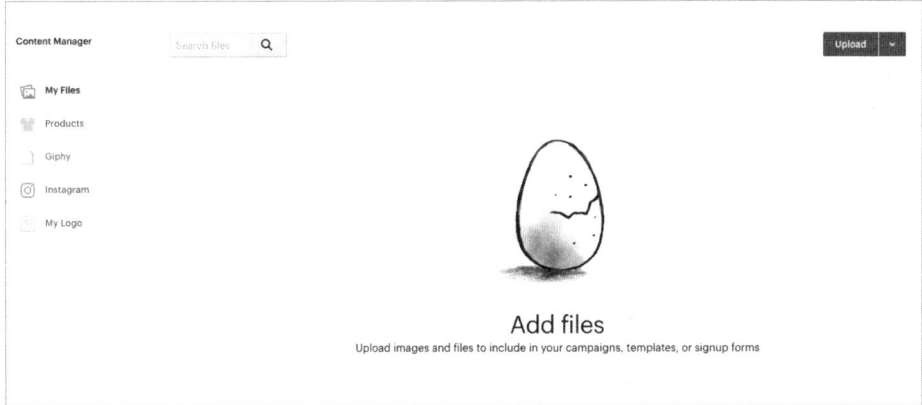

Abb. 6.15: Im CONTENT MANAGER verwaltet Mailchimp alle von Ihnen hochgeladenen und importierten Grafiken.

Hier können Sie Ihr Headerbild nun über UPLOAD hochladen oder über IMPORT FROM URL (nach Klick auf den Pfeil nach unten neben UPLOAD) von einer Website herunterladen. Sie können auch Dateien per Drag&Drop auf dieses Fenster ziehen.

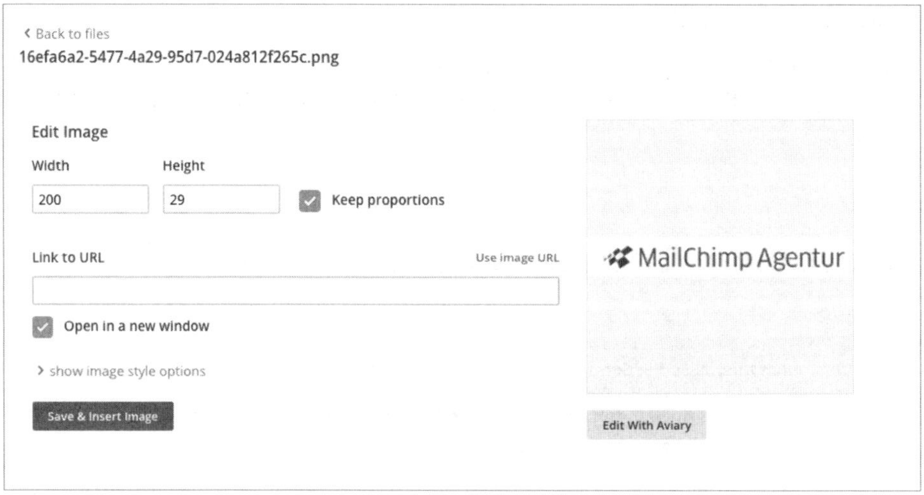

Abb. 6.16: Die Bild-Eigenschaften können für die Header-Grafik gesondert angepasst werden.

Nachdem Sie die Datei hinzugefügt haben, können Sie noch weitere Einstellungen tätigen. Unter WIDTH und HEIGHT können Sie die Breite und Höhe der Grafik eingeben. Die vorgegebenen Werte entsprechen den tatsächlichen Abmessungen des Bildes. Über die Angabe eigener Werte können Sie das Bild vergrößern, verkleinern oder – wenn Sie KEEP PROPORTIONS abschalten – auch verzerren. Ich kann jedoch keines davon empfehlen – am besten bereiten Sie die Grafik von vornherein passend auf.

Unter LINK TO URL kann die Grafik mit einem Link versehen werden. Dies wird üblicherweise der Link zu Ihrer Website sein. Diesen sollten Sie – wie es die Voreinstellung bereits vorschlägt – in einem neuen Fenster (OPEN IN A NEW WINDOW) öffnen lassen.

Einige wichtige Einstellungen zeigen sich erst, nachdem Sie auf SHOW IMAGE STYLE OPTIONS geklickt haben. Hier können Sie unter IMAGE BORDER definieren, ob die Headergrafik einen Rahmen haben soll und wie dieser aussieht.

ALIGN legt fest, wie die Grafik ausgerichtet wird. Hier ist meist CENTER, also zentriert, eine gute Wahl. Der ALT TEXT legt fest, welcher Text angeschaltet wird, wenn der Webbrowser Ihres potenziellen Abonnenten keine Bilder anzeigt. Hier sollten Sie auf jeden Fall den Namen Ihres Newsletters eintragen.

Unter MARGIN können dann noch Randabstände rund um das Headerbild hinzugefügt werden. So kann das Bild zum Beispiel über die Eingabe eines BOTTOM-Werts noch einen Abstand zum Text verpasst bekommen.

Ist alles fertig, dann können Sie über SAVE & INSERT IMAGE das Headerbild in das Formular einfügen. Das fertige Ergebnis können Sie unter der Webadresse im Feld SIGNUP FORM URL überprüfen.

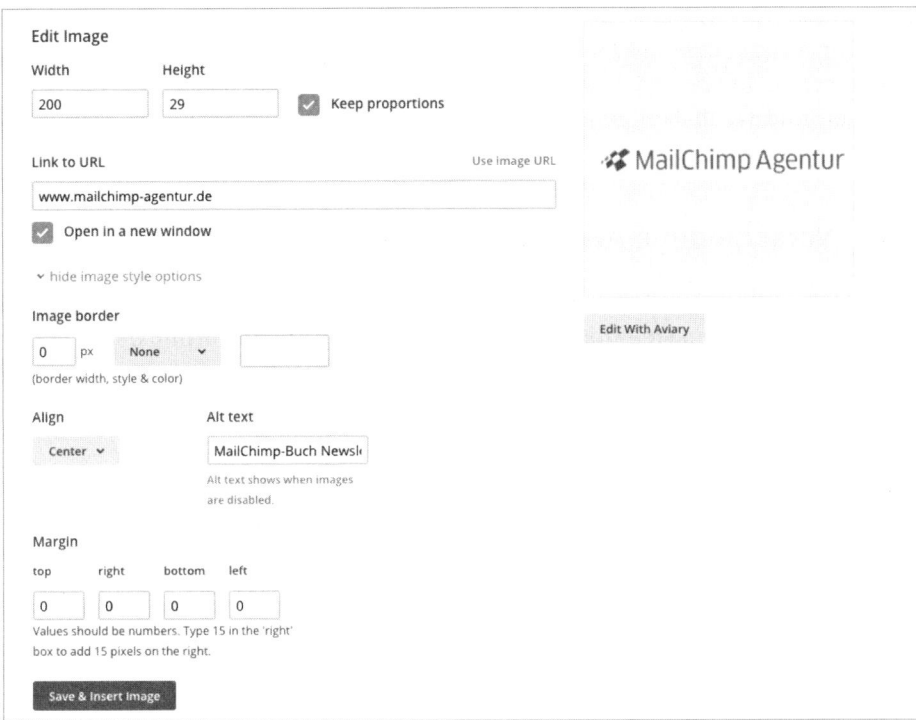

Abb. 6.17: Abstände der Grafiken zu den übrigen Elementen können Sie ebenfalls angeben.

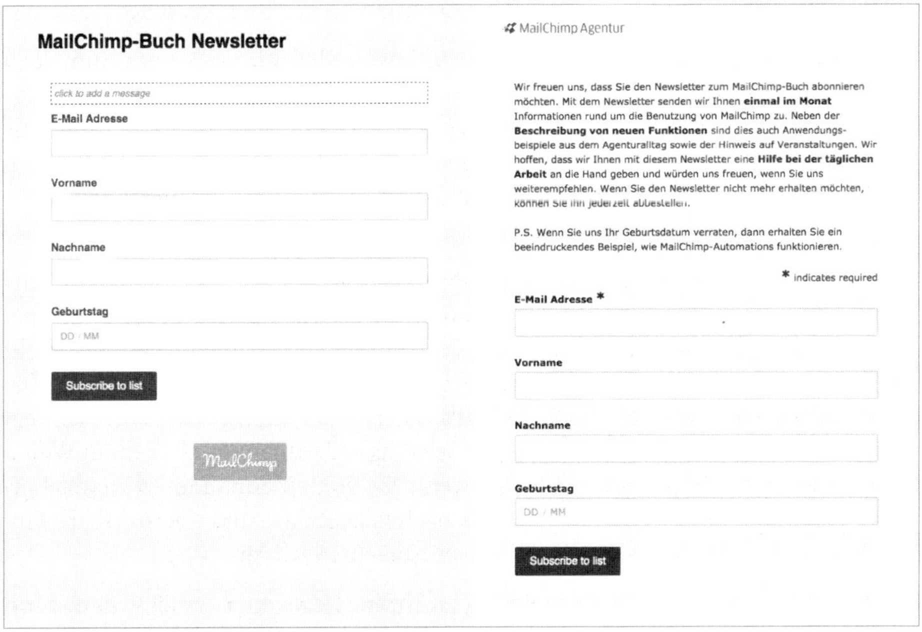

Abb. 6.18: Das neue Formular (rechts) wirkt deutlich professioneller und gefälliger.

Das fertige Ergebnis sieht deutlich angenehmer, professioneller und vertrauenswürdiger aus als das »nackte« Formular am Anfang. Doch leider ist die Arbeit damit noch nicht erledigt. Es sind immer noch einige englischsprachige Elemente zu sehen und wir haben gerade einmal an einem einzigen Formular gearbeitet. Diesen weiteren Übersetzungen und Anpassungen widmen wir uns in Kapitel 7.

6.2 Verschiedene Anmeldemöglichkeiten

Anmeldeformulare, in Webseiten eingebettete Anmeldeformulare, Apps, Anmeldelinks ... Mailchimp stellt nicht nur das klassische Anmeldeformular zur Verfügung.

6.2.1 Anmeldeformulare

Personen, die Ihren Newsletter beziehen, werden Abonnenten genannt. Die Abonnenten werden in Audiences verwaltet und es muss mindestens die E-Mail-Adresse bekannt und in der Audience gespeichert sein. In einer Audience kann jede E-Mail-Adresse nur ein einziges Mal vorkommen. Wenn Sie mehr als eine Audience anlegen – Ihr Mailchimp-Account unterstützt je nach Preismodell eine, drei, fünf oder beliebig viele Audiences –, kann eine Adresse aber natürlich auf mehreren Audiences auftauchen.

Wie eine Audience eingerichtet ist, wie man Audience-Felder anlegt und wie man die Audience-Formulare vorbereitet, habe ich in den vorherigen Abschnitten beschrieben. Wie kommen aber nun die Abonnenten auf Ihre Audience?

Der Normalfall – zumindest aus offizieller Sicht von Mailchimp – ist das Anmelden durch den Abonnenten selbst über ein vom Newsletter-Betreiber bereitgestelltes Anmeldeformular. Dieser Weg hat den Vorteil, dass der Vorgang des Anmeldens vom zukünftigen Abonnenten selbst angestoßen wird und es nach erfolgreichem Double Opt-in, also der doppelten Anmeldungsbestätigung, keinen Zweifel mehr über den Wunsch und das Einverständnis zum Newsletter-Bezug mehr gibt.

Von Mailchimp als kritische Ausnahme angesehen ist der zweite Weg in der Praxis nahezu ebenso weit verbreitet: der Import von existierenden Adressen in eine Audience. Es gibt kaum ein Newsletter-Projekt in unserer Praxis, bei dem nicht zumindest zum Start eine vorhandene Adressatenliste importiert wurde. Die Besonderheit bei dieser Methode ist, dass die Einverständniskette nicht vorliegt und man davon ausgehen sollte, dass der jeweilige Abonnent gegen seinen Willen auf der Liste eingetragen wurde. Selbst wenn Sie von einem anderen Newsletter-System zu Mailchimp wechseln, geht das nachvollziehbare und überprüfbare Einverständnis der Abonnenten beim Wechsel zunächst verloren.

Möchten Sie jedermann die Anmeldung zu Ihrem Newsletter ermöglichen, dann müssen Sie ein Anmeldeformular bereitstellen. Üblicherweise wird das Anmeldeformular auf Ihrer Website eingebettet, doch es gibt auch andere Wege, auf die ich hier kurz eingehen werde.

Abb. 6.19: Anmeldeformulare können auch direkt in Ihre Webseite integriert werden. Hier im Beispiel *www.aixhibit.de*.

Anmeldeformulare für Ihre Webseite können Sie beliebig gestalten. Ob Sie die Anmeldung dezent im Fußbereich (Footer) unterbringen oder plakativ und Bildschirm füllend, ist ganz Ihrem Geschmack und den Möglichkeiten Ihres Webdesigns überlassen. Mailchimp gibt da keinerlei Einschränkungen vor und stellt Ihnen zahlreiche Hilfsmittel zur Verfügung.

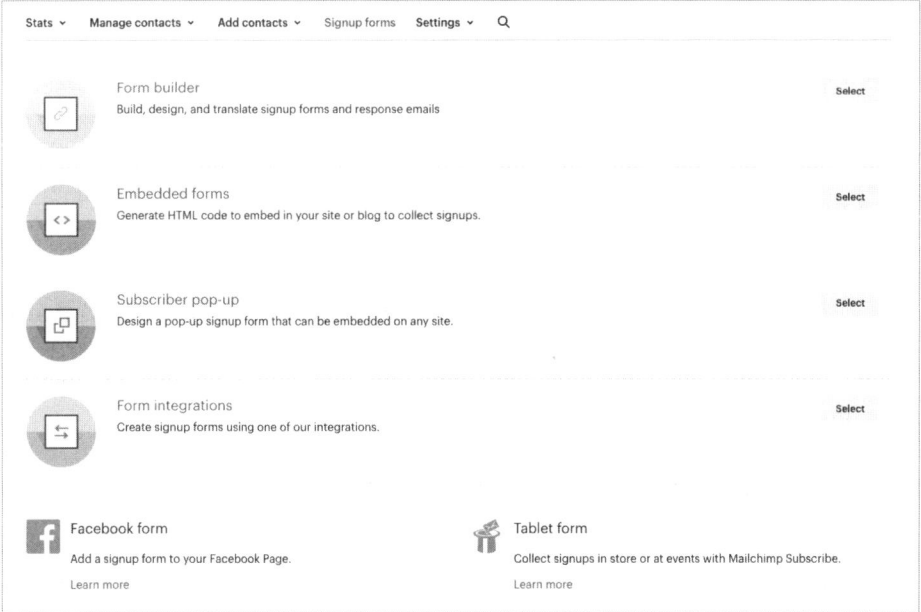

Abb. 6.20: Anmeldeformulare finden Sie unter Embedded forms.

Beachten Sie, dass ein Anmeldeformular – egal welches – immer nur für eine einzige Audience gilt! Wenn Sie also beispielsweise zwei Audiences eingerichtet haben und für beide eine Anmeldung über die Website möglich sein soll, dann benötigen Sie auch zwei Anmeldeformulare!

Der Einstieg zur Auswahl des Anmeldeformulars führt daher über die Audience-Auswahl. Selektieren Sie die Audience, für die Sie ein Anmeldeformular erstellen wollen, und wählen Sie dann das Menü SIGNUP FORMS – Anmeldeformulare – aus.

6.2.2 Anmeldung per Link

Zu Anfang des Kapitels haben wir uns mit dem Bereich der allgemeinen Formulare (GENERAL FORMS) intensiv beschäftigt. Diese Formulare helfen dem Abonnenten beim An- und Abmelden, stellen das Double Opt-in bereit und ermöglichen das Bearbeiten von Newsletter-Einstellungen.

Tatsächlich befindet sich dort aber auch die einfachste Möglichkeit, wie Sie potenziellen Abonnenten die Anmeldung ermöglichen können: per Link!

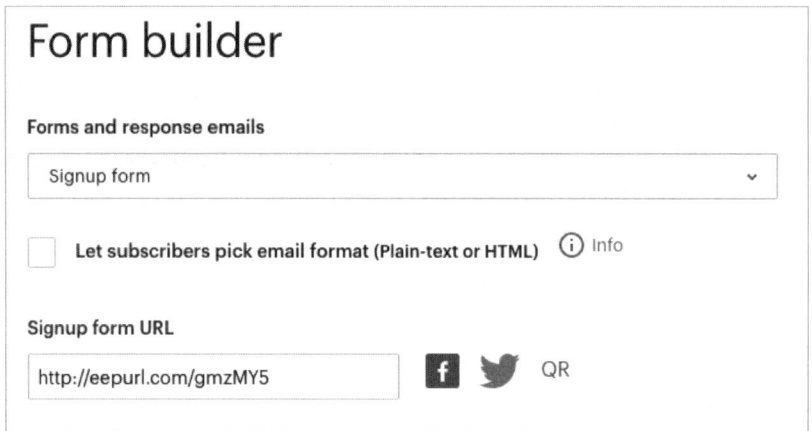

Abb. 6.21: Jedes Anmeldeformular hat seine individuelle eepurl-Adresse

Jede Liste hat einen individuellen Link zum generellen Anmeldeformular. Diesen Link finden Sie im Feld SIGNUP FORM URL. Solange die Liste existiert, wird sich der Link nicht ändern – Sie können die Adresse also bedenkenlos auf Ihrer Website einbetten oder auch im Footer Ihrer E-Mails unterbringen. Eine Verlinkung sieht im einfachsten Fall so aus:

```
<a href=«http://eepurl.com/bexYSX«>zum Newsletter anmelden</a>
```

Klickt ein Interessent auf diesen Link, dann wird er zum allgemeinen Anmeldeformular geleitet und muss dort mindestens seine E-Mail-Adresse hinterlegen und anschließend das Double Opt-in durchlaufen, bevor er zu Ihrem Newsletter angemeldet ist.

6.2.3 Anmeldeformular auf Website

Etwas mehr Komfort und mehr gestalterische Kontrolle erhalten Sie über ein in Ihre Website eingebettetes Formular. Wählen Sie dazu bei den SIGNUP FORMS den zweiten Punkt EMBEDDED FORMS aus.

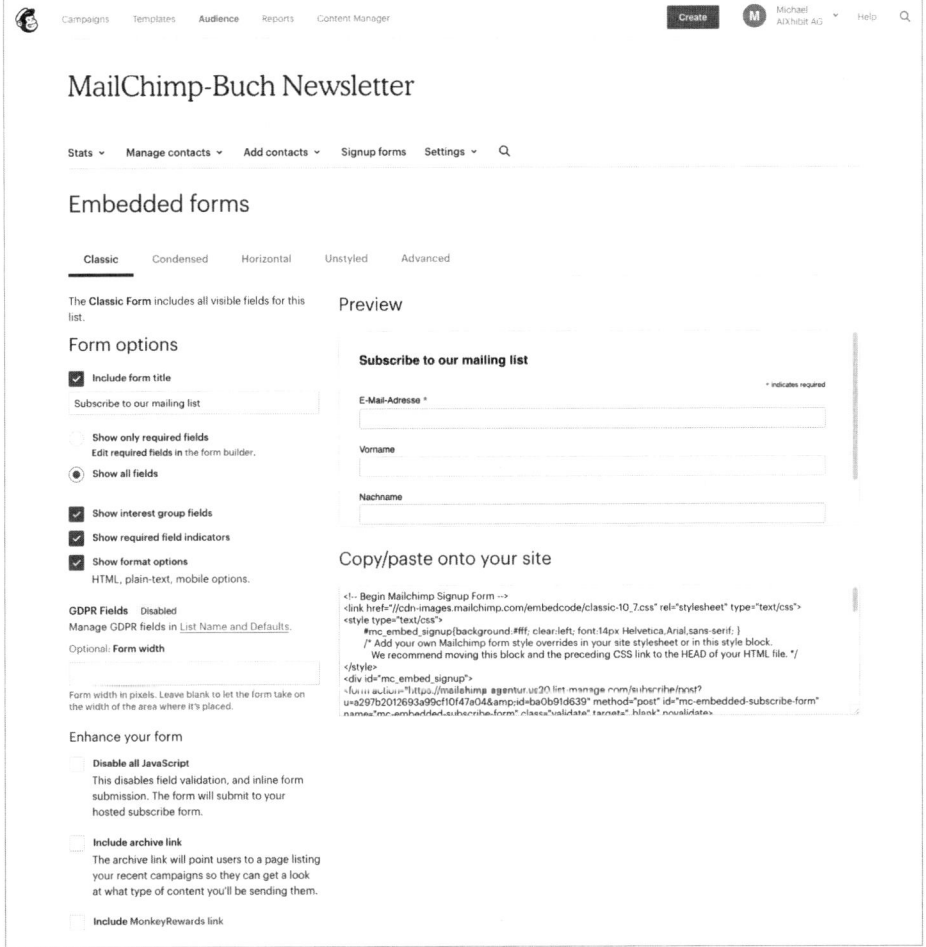

Abb. 6.22: Erstellen Sie Ihr individuelles Anmeldeformular zum Einbetten in Ihrer Webseite.

Mit seinen zahlreichen Feldern erschlägt diese Seite zunächst etwas. Anwender mit zumindest grundlegenden HTML-Kenntnissen finden sich meist schneller zurecht. Aber keine Sorge, die Funktionen sind recht logisch und gut nachvollziehbar aufgebaut und helfen Ihnen bei der Gestaltung Ihres Anmeldeformulars.

Richten Sie Ihr Augenmerk zunächst auf die obere Zeile mit den Optionen CLASSIC, CONDENSED, HORIZONTAL, UNSTYLED und ADVANCED. Hier können Sie zwischen vier Varianten (ADVANCED beinhaltet lediglich Hilfstexte zu den Formularen) auswählen:

- CLASSIC: Ein umfangreich gestaltetes Anmeldeformular, das auf Wunsch alle Listenfelder enthält und optisch sehr stark angepasst werden kann.

- CONDENSED: Hier wird lediglich die E-Mail-Adresse abgefragt, das Formular kann aber auch individuell gestaltet werden.

- HORIZONTAL: Hierbei handelt es sich um eine Variante des Super-Slim-Formulars, das horizontal zentriert eingeblendet wird.

- UNSTYLED: Dieses Formular enthält keinerlei Gestaltungen, sondern lediglich die gewünschten Felder. Es eignet sich gut für fortgeschrittene Webdesigner, da diese ihre eigene Gestaltung hinterlegen können.

Jedes dieser Formulare hat seine Vor- und Nachteile. Der Anwendungszweck richtet sich dabei primär nach Ihren Kenntnissen in Sachen Webentwicklung und nach der Zeit, die Sie investieren wollen.

6.2.4 Classic-Anmeldeformular

Das »klassische« Formular hat den Vorteil, dass es fix und fertig gestaltet ist. Sie können also den HTML-Codeschnipsel aus dem Feld COPY/PASTE ONTO YOUR SITE unmittelbar in Ihre Webseite übernehmen und haben sofort ein ordentlich formatiertes und ansprechend gestaltetes Anmeldeformular.

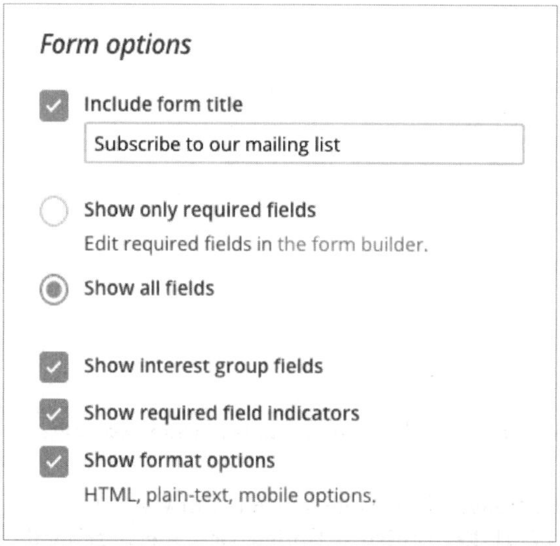

Abb. 6.23: Legen Sie eine individuelle Überschrift für das Anmeldeformular fest.

Dieses Formular können Sie in gewissen Grenzen noch zusätzlich konfektionieren:

- INCLUDE FORM TITLE / Formularüberschrift hinzufügen: Hier können Sie eine Überschrift für das Formular definieren. Da die Formulare Audience-spezifisch sind, sollten Sie jetzt auch noch mal kurz erwähnen, für welche Audience man sich anmeldet.

- SHOW ONLY REQUIRED FIELDS / Nur Pflichtfelder anzeigen: Eine große Anzahl von Feldern senkt oft die Anmeldequote. Wenn Sie diese Option setzen, werden im Formular lediglich die Pflichtfelder berücksichtigt.

- SHOW ALL FIELDS / Alle Felder anzeigen: Analog können über diesen Radiobutton wieder alle Felder ins Formular übernommen werden. Eine gezielte Auswahl, welche Felder gezeigt werden sollen und welche nicht, ist beim Classic-Formular ohne Eingriff in den HTML-Code nicht möglich.

- SHOW INTEREST GROUP FIELDS / Interessenfelder anzeigen: Haben Sie in der Audience-Definition zur Segmentierung Gruppen eingesetzt und sind diese Gruppen für die Abonnenten sichtbar, dann kann über diese Checkbox festgelegt werden, ob diese Gruppen auch ins Formular übernommen werden. Auch hier gilt aber wieder, dass zu viele Felder im Formular die Zahl der Neuanmeldungen eher senkt.

- SHOW REQUIRED FIELD INDICATORS / Pflichtfelder markieren: Über diese Checkbox bestimmen Sie, ob der kleine Stern, der ein Pflichtfeld markiert, inklusive eines Erklärungstextes angezeigt wird. Leider ist diese Stelle auch eine der wenigen Funktionen, bei denen der Übersetzungsprozess nicht vollständig ist. Der Erklärungstext INDICATES REQUIRED erscheint immer in Englisch, egal welche Sprache bei der Audience-Definition ausgewählt wurde. Den entsprechenden Text können Sie aber einfach im HTML-Code korrigieren. Finden Sie dazu die Zeile

```
<div class="indicates-required"><span class="asterisk">*</span> indicates required</div>
```

und ersetzen Sie das zweite (!) Auftreten von `indicates required` durch einen deutschen Text.

- SHOW FORMAT OPTIONS / Newsletter-Formate anzeigen: Diese Einstellung hat sich etwas überlebt, denn heutzutage werden nahezu alle Newsletter im HTML-Format übertragen. Wenn Sie in der Listendefinition aber noch die Auswahl zwischen Text- und HTML-Newslettern erlauben, dann würde bei gesetzter Checkbox auch diese Auswahl im Formular auftauchen – und es nochmals länger machen.

Über diese Optionen können Sie das Formular schon in weiten Bereichen anpassen. Die folgenden Optionen sind eher für spezielle Anwendungen gedacht und können das Aussehen und das Verhalten der Formulare nachhaltig beeinflussen.

- FORM WIDTH / Formularbreite: Im Normalfall nimmt das Classic-Anmeldeformular die gesamte Breite des Bereichs ein, in dem der Code platziert ist. Dies kann bei einer einfachen Seite auch die gesamte Breite des Browserfensters sein. Wenn Sie die Größe des Formulars limitieren wollen, geben Sie hier die maximale Breite in Pixel an, also zum Beispiel »400«, wenn Sie das Formular nur 400 Pixel breit werden lassen wollen.

- DISABLE ALL JAVASCRIPT / JavaScript deaktivieren: Das Classic-Anmeldeformular nutzt die Programmiersprache JavaScript einerseits, um Fehleingaben – zum Beispiel ein fehlendes @-Zeichen bei der E-Mail-Adresse – direkt bei der Eingabe zu erkennen und den Benutzer entsprechend zu warnen. Andererseits wird JavaScript dafür benötigt, die Formulareingaben direkt an Mailchimp weiterzureichen. Auf manchen Websites ist es aber nicht gewünscht, den Java-Script-Code von Mailchimp auszuführen. Anstatt ihn mühsam aus dem HTML-Code des Formulars zu entfernen, kann man ihn daher über diese Checkbox abschalten. Neue Benutzer müssen so aber einen zusätzlichen Schritt machen, da sie nach dem Absenden der Anmeldung diese noch mal auf dem Audience-spezifischen Basisformular bestätigen müssen.

- INCLUDE ARCHIVE LINK / Archivlink hinzufügen: Ihre bisherigen Newsletter sind die beste Referenz, um neue Abonnenten zu werben. Ist diese Box gesetzt, dann wird ein Link zum Newsletter-Archiv hinzugefügt, das die letzten 20 Newsletter anzeigt. Leider ist der Link-Text nicht übersetzt, weshalb Sie die Zeile View previous campaigns im HTML-Code ändern müssen.

- INCLUDE MONKEY REWARDS LINK / Mailchimp-Werbung anzeigen: Wollen Sie andere auf Mailchimp aufmerksam machen? Ein Klick auf die Checkbox setzt ein »Powered by Mailchimp« unter Ihr Formular. Da dies Besucher aber von Ihrer Seite weglockt, ist das nicht zu empfehlen.

Fertig! Sie haben Ihr Anmeldeformular nun konfiguriert. In der Vorschau im oberen rechten Feld können Sie die Anpassungen live sehen. Dort können Sie auch schon Testdaten eintragen und zum Beispiel Warnungen und Fehler einsehen. Wenn alles okay ist, kopieren Sie den HTML-Code im unteren rechten Fenster auf Ihre Website. Ab sofort kann dann die Anmeldung zu Ihrem Newsletter stattfinden.

Condensed- und Horizontal-Anmeldeformular

Auch bei diesen Formularen handelt es sich um komplett gestaltete Formulare. Es wird aber lediglich die E-Mail-Adresse des Abonnenten abgefragt. Die Beschränkung auf die Mail-Adresse hat den Vorteil, dass die Zahl der Anmeldungen in der Regel spürbar steigt, wenn Sie so wenige Felder wie möglich abfragen. Vergleichen Sie hierzu auch Abschnitt 5.3 »Datensparsamkeit und Psychologie – oder: Mailchimp ist kein CRM«.

Auch diese Formulare verfügen über Fehlerbehandlung und Datenübermittlung per JavaScript; das ist für den Benutzer sehr bequem. Als Konfektionierung steht nur eine (optionale) Überschrift zur Verfügung sowie die Möglichkeit, die Breite zu verändern. Leider liegt hier auch wieder ein kleines Übersetzungsproblem vor, da der Hinweistext *email address* nicht übersetzt ist. Um diesen Text einzudeutschen, müssen Sie im HTML-Code des Formulars die Zeile

```
<input type="email" value="" name="EMAIL" class="email" id="mce-EMAIL"
placeholder="email address" required>
```

finden und den Text hinter der Variablen placeholder verändern.

Unstyled-Anmeldeformular

Das »unstyled« Formular wird von den meisten Webdesignern bevorzugt, da es auf sämtliche Gestaltung verzichtet und dem Designer so alle Freiräume lässt, das Formular selbst nach Belieben anzupassen.

Die Einstellmöglichkeiten entsprechen dabei weitestgehend dem Classic-Anmeldeformular. Lediglich auf JavaScript wurde hier von vornherein verzichtet.

Der generierte HTML-Code enthält Platzhalter für Formatierungen, die der Webdesigner übernehmen oder durch eigene Gestaltungen ersetzen kann.

Advanced – Weiterführende Anmeldeformularoptionen

Auch das Classic- oder Super-Slim-Anmeldeformular kann stärker verändert werden, wenn man entsprechende Gestaltungsmöglichkeiten über die Web-Technik CSS hinterlegt. In diesem Bereich findet der Webdesigner dafür eine komplette Dokumentation, wie man eigene CSS-Formatierungen hinterlegt.

Darüber hinaus gibt es Erklärungen, wie man individuelle Felder ausblendet beziehungsweise versteckte Felder an Mailchimp übergibt. Wenn Sie mit einem Webdesigner zusammenarbeiten oder selbst über die nötigen Fähigkeiten verfügen, dann ist dieser Bereich für Sie sicherlich interessant.

Kapitel 7

Weitere Mailchimp-Formulare

Das Anmeldeformular gehört naturgemäß zu den am häufigsten genutzten. Darüber hinaus gibt es aber noch jede Menge weitere Formulare, die für einen professionellen Auftritt und Eindruck angepasst werden sollten.

> **Hinweis**
>
> In Schulungen und Workshops höre ich oft, dass die Formulare eigentlich gar nicht gebraucht werden, weil man ja – bei geschäftlich genutzten Mailchimp-Konten nicht unüblich – gar keine offene Anmeldung habe. Bedenken Sie hierbei, dass ein Großteil der Formulare auch über andere Wege – zum Beispiel die verpflichtende Abmeldemöglichkeit – erreicht werden kann.

7.1 Translate it / Formular übersetzen

Sah der Formular-Editor vorher schon unübersichtlich aus, dann wird es jetzt – mit zahllosen zusätzlichen Feldern – nicht besser. In den folgenden Schritten übersetzen wir die englischen Texte der Mailchimp-Formulare auf Deutsch. Der erste Schritt sollte also sein, unter SET DEFAULT LANGUAGE auf GERMAN, also Deutsch, umzustellen. Mailchimp hält für viele Sprachen Übersetzungen bereit, doch bereits der erste deutsche Text ernüchtert in Bezug auf das Arbeitspensum.

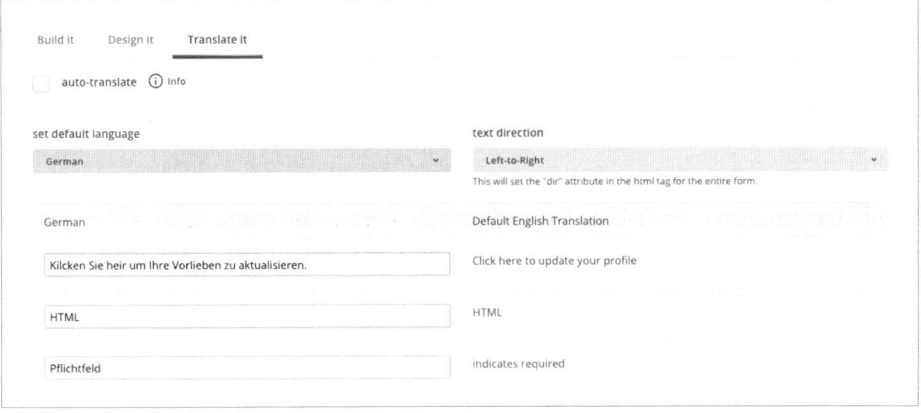

Abb. 7.1: Die deutschen Standardtexte regen eher zum Kichern als zum Anmelden an.

KILCKEN SIE HEIR UM IHRE VORLIEBEN ZU AKTUALISIEREN – eine Perle der Übersetzungskunst. Abgesehen von den zwei Tippfehlern KILCKEN und HEIR und dem fehlenden Komma ist das Wort VORLIEBEN viel zu mehrdeutig, um einen sinnvollen Kontext für die Newsletter-Abonnenten zu bieten.

Es ist also Handarbeit angesagt, um die Texte in allen 21 Formularen anzupassen. Ich bin ehrlich mit Ihnen: Da kommt einiges an Arbeit auf Sie zu! Planen Sie also ausreichend Zeit ein. Am Ende dieses Kapitels verrate ich Ihnen aber einen Trick, damit Sie sich diese Arbeit nur einmal machen müssen.

7.1.1 Mehrsprachige Formulare

Bevor Sie loslegen, noch ein paar Worte zu der Funktion AUTO-TRANSLATE, die Sie die ganze Zeit oben links schon so verlockend anlächelt und die Sie vielleicht schon hoffnungsvoll angeklickt haben.

Der Name »automatische Übersetzung« ist etwas irreführend. Übersetzt sind die Formulare nämlich bereits – mit dem mäßigen Erfolg, wie er in Abbildung 7.1 zu sehen ist. Die AUTO-TRANSLATE-Funktion ist vielmehr für mehrsprachige Listen gedacht.

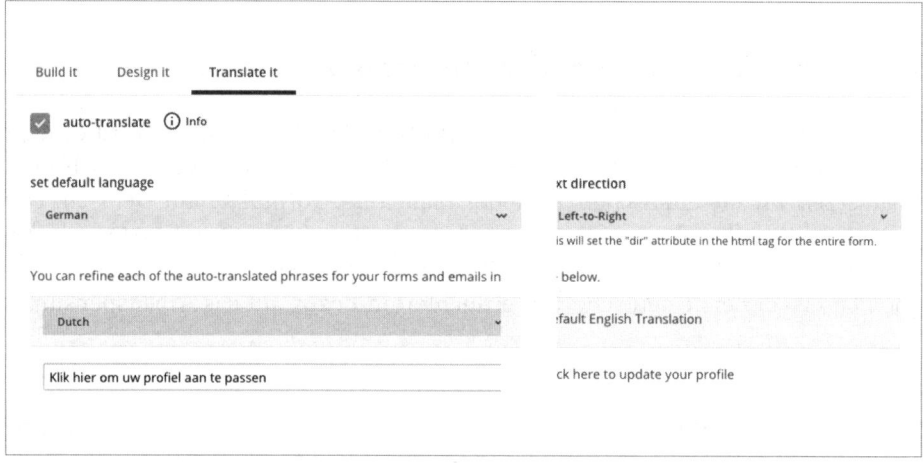

Abb. 7.2: Die AUTO-TRANSLATE-Funktion ist verlockend, funktioniert aber leider nicht richtig.

Wenn Sie die Mehrsprachen-Option einschalten, dann versucht Mailchimp anhand der eingestellten Webbrowser-Sprache herauszufinden, woher der potenzielle Abonnent kommt. Die Formulare werden dann in der jeweiligen Landessprache angezeigt.

Was wie ein toller Service klingt, macht aber gleichzeitig auch Probleme ungeahnten Ausmaßes. Mailchimp unterstützt derzeit über 50 Sprachen. Da Sie bei AUTO-TRANSLATE nicht limitieren können, für welche Sprachen die Mehrsprachigkeit gilt, müssten Sie im Prinzip für alle diese Sprachen die Übersetzung anpassen – denn wenn schon die deutsche Übersetzung so fragwürdig ist, wieso sollte dann Türkisch, Koreanisch oder Slowakisch besser sein?

Ein weiteres Problem besteht darin, dass nur die von Mailchimp vorgegebenen Texte, also zum Beispiel der Text auf dem Anmelde-Button, übersetzt werden. Der Einleitungstext oder die Feldnamen werden nicht automatisch übersetzt. In einem thailändischen Webbrowser würde dann zwar der Anmelde-Button mit thailändischen Schriftzeichen beschriftet sein, das Feld für das Geburtsdatum wäre aber nach wie vor mit GEBURTSDATUM gekennzeichnet. Von daher ist von der Nutzung der AUTO-TRANSLATE-Funktion eher abzuraten.

7.1.2 Vorgehen beim Übersetzen

Wie eingangs erwähnt, gibt es derzeit bei Mailchimp 21 verschiedene Formulare. Ein Großteil dieser Formulare ist für die Nutzung von Mailchimp zwingend erforderlich, vier Formulare können durch eigene Webseiten ersetzt werden, sechs Formulare sind optional.

Über die Auswahl FORMS UND RESPONSE EMAILS wählen Sie das jeweilige Formular aus. Der untere Bereich zeigt dann eine Vorschau des entsprechenden Formulars an und beinhaltet alle Texte in einer Tabelle. Auf der rechten Seite der Tabelle steht der englische Originaltext, auf der linken Seite können Sie die gewünschte Übersetzung eintragen. Ein Klick auf SAVE TRANSLATION SETTINGS speichert die Übersetzungen für das ausgewählte Formular ab und Sie können sich dem nächsten Formular widmen.

Es empfiehlt sich, die Liste der Formulare der Reihe nach abzuarbeiten und jedes Formular vollständig zu übersetzen und anzupassen. So verzetteln Sie sich nicht und haben sprachlich alles auf dem gleichen Niveau.

Nehmen Sie *übersetzen* nicht zu wörtlich. Sie müssen sich nicht sklavisch an die Vorgabe halten, sondern können auch frei übersetzen und sogar den Sinn abwandeln. Wenn Sie in Ihrer Liste lediglich die E-Mail-Adresse der Abonnenten speichern, dann brauchen Sie nicht zum Aktualisieren des »Newsletter-Profils« oder der »Newsletter-Einstellungen« aufzufordern. Viel sinnvoller ist es, direkt die Möglichkeit »E-Mail-Adresse ändern« anzubieten.

Abb. 7.3: Der Formular-Editor zeigt für jedes der 21 Formulare die editierbaren Felder an.

7.2 Die Formulare im Einzelnen

Im Folgenden stelle ich die Formulare im Einzelnen vor und gebe Empfehlungen zur Übersetzung ab. Ich möchte Sie aber ermutigen, Ihren eigenen Stil zu finden. Manche Newsletter sprechen die Abonnenten formell an, andere wieder informell. Für einen privaten Newsletter können Sie einen anderen Tonfall verwenden als für einen geschäftlichen. Diese unterschiedlichen Stile sollten sich auch in den Formularen niederschlagen.

7.2.1 Signup form / Anmeldeformular

Über dieses Formular melden sich neue Abonnenten auf dem Newsletter an. Das Formular kann über SIGNUP FORM URL von überall her verlinkt sein und es ist in der Regel das Allererste, das Ihre potenziellen Abonnenten zu sehen bekommen.

Behandeln Sie das Formular daher wie Ihr Aushängeschild. Erklären Sie den zukünftigen Abonnenten, was Sie bei Ihrem Newsletter erwartet. Bauen Sie Vertrauen auf, indem Sie einen Ausblick auf die Inhalte und die Versandfrequenz geben. Wenn Sie ungewöhnliche Daten abfragen, dann erklären Sie den Interessenten, wofür diese genutzt werden.

Bedenken Sie, dass diese Seite nicht nur aus dem Kontext Ihrer Website abgerufen werden kann, sondern auch vollkommen alleine stehen kann. Sie können diesen Link zum Beispiel twittern oder via Facebook verbreiten.

Die Anmeldemaske unterliegt daher auch der Impressumspflicht und muss – bei geschäftsmäßiger Nutzung – Ihre Anbieterkennzeichnung enthalten. Diese kann aber auch durch einen Link auf das Impressum Ihrer Website erfolgen.

Bei der Übersetzung dieser Seite stoßen Sie direkt auf zwei Begriffe, die sich in den kommenden Formularen häufig wiederholen und bei denen eine abweichende Übersetzung sinnvoll erscheint:

Mit »Vorlieben« beziehungsweise dem englischen Wort »Profile« werden die Einstellungen für jeden einzelnen Abonnenten bezeichnet. Dazu gehören die E-Mail-Adresse und alle anderen sichtbaren Felder, die der Abonnent selbst ändern kann. Wenn ich Newsletter für Kunden einrichte, dann benutze ich in der Regel den Begriff »Newsletter-Einstellungen«, da er genauer beschreibt, worum es geht.

In der deutschen Standard-Übersetzung wird abwechselnd von »Liste« oder »Verteiler« gesprochen, wenn die Audiences gemeint sind. Beide Begriffe sind eher technisch und neigen dazu, weniger technikaffine Newsletter-Bezieher zu verwirren. Hier rate ich zu eher freien Übersetzungen. Statt »… ist schon zur Liste abonniert« (was sowieso grammatikalisch falsch ist) klingt »… bezieht diesen Newsletter bereits« sehr viel eindeutiger und gefälliger.

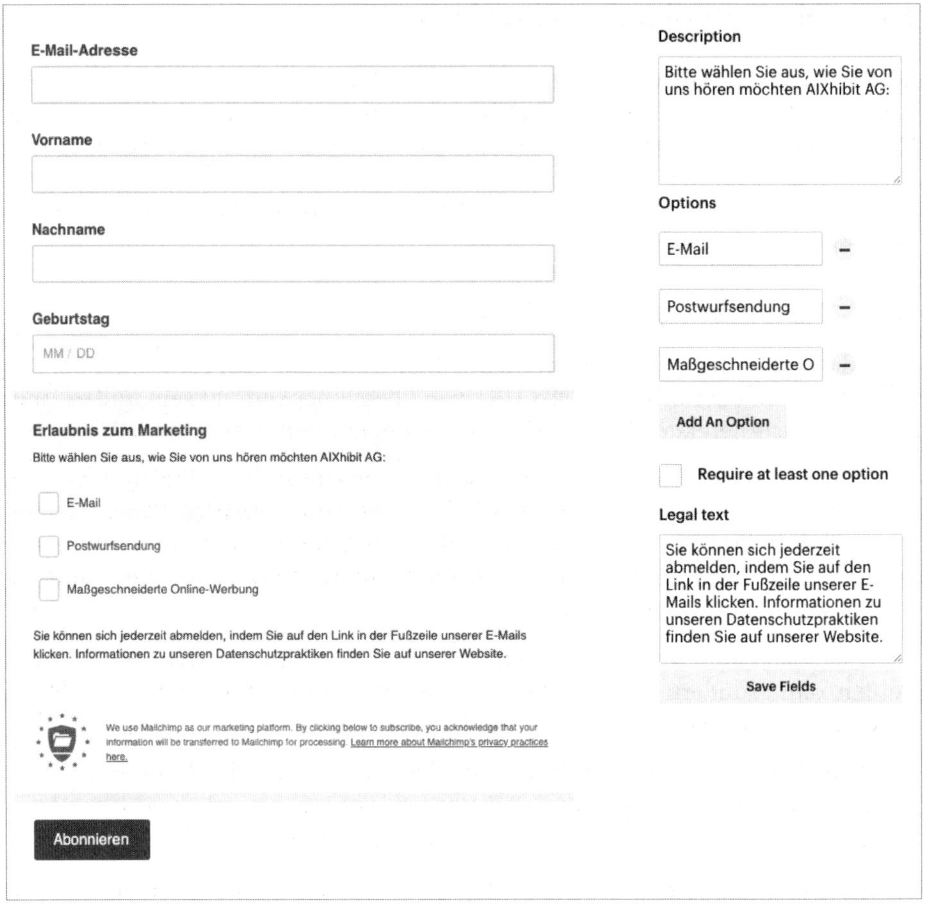

Abb. 7.4: Die Texte zur DSGVO lassen sich anpassen.

Wenn Sie Ihre Audience als DSGVO-konforme Liste angelegt haben, dann erscheinen auf dem Anmeldeformular auch die Felder und Texte zur Einverständniserklärung. Die Texte können – und sollten – Sie ändern. Je klarer Sie hier kommunizieren, was Ihr Ansinnen ist und wofür Sie die Adressdaten benutzen, desto weniger Rückfragen gibt es. Es hilft auch, möglichst wenige Erlaubnisse einzuholen. Wenn Sie keine Postaussendungen nutzen wollen und noch nicht mal ein Feld dafür haben, dann weg mit der Rückfrage!

7.2.2 Signup form with alerts / Anmeldeformular mit Fehlermeldungen

Wenn sich eine Person zum Newsletter anmeldet, dann führt Mailchimp im Anmeldeformular eine Reihe von Plausibilitätsprüfungen durch. Wird beispielsweise eine fehlerhafte Mail-Adresse angegeben, dann erscheint eine entsprechende Fehlermeldung.

Mit stolzen 27 Texten ist dieses Formular eines der umfangreichsten, was die Übersetzungsarbeit angeht. Die gute Nachricht ist: Vermutlich müssen Sie nur einen Bruchteil wirklich anfassen.

Einerseits sind die deutschen Übersetzungen in diesem Formular größtenteils ganz akzeptabel. Andererseits müssen Sie nur Fehlermeldungen für die Felder übersetzen, die Sie in Ihrer Liste überhaupt verwenden. Wenn Sie keine Telefonnummer abfragen, dann brauchen Sie auch nicht den Fehlerhinweis zu übersetzen oder anzupassen, der sich mit dem (US-amerikanischen) 10-stelligen Nummernformat befasst.

Zwei Texte sollten Sie aber auf jeden Fall anpassen: »Bitte geben Sie einen Wert ein.« Diese Meldung wird ausgegeben, wenn ein Pflichtfeld nicht ausgefüllt wird. Die Formulierung ist an technischer Kühle kaum zu überbieten. Daher schreibe ich meist: »Bitte füllen Sie dieses Feld vollständig aus.«

Den Hinweis »Es sind leider Fehler aufgetreten« können Sie ebenfalls etwas deutlicher fassen und dem Abonnenten einen konkreten Hinweis geben, was er tun muss. Meine Empfehlung ist, auch hier sehr frei zu übersetzen und zu schreiben: »Bitte korrigieren Sie die rot markierten Felder im Formular.« Das setzt natürlich voraus, dass Sie bei der Formulargestaltung tatsächlich Rot verwendet haben.

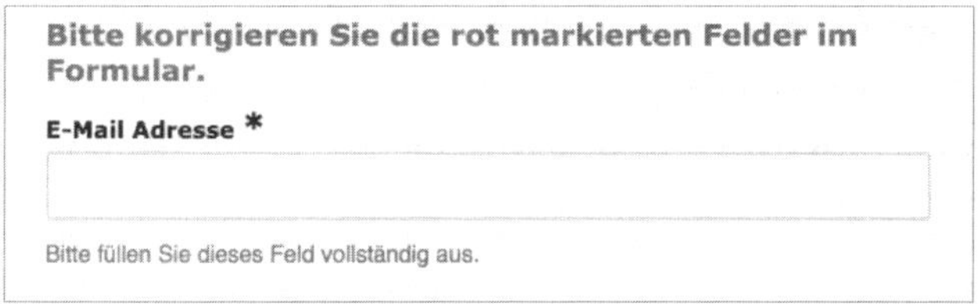

Bitte korrigieren Sie die rot markierten Felder im Formular.

E-Mail Adresse *

Bitte füllen Sie dieses Feld vollständig aus.

Abb. 7.5: Generell schließe ich die Fehlermeldungen gerne mit einem Punkt ab, da sie ja vollständige Sätze darstellen.

Tipp

Wenn Sie die Zeit haben, prüfen Sie auch die derzeit nicht relevanten Meldungen. Warum, erkläre ich am Ende des Kapitels.

7.2.3 Signup »thank you« page / Anmelde-Abschluss Teil 1

Die Anmeldung zu einem Newsletter ist ein zweistufiger Prozess, Double Opt-in genannt. Nach der Anmeldung erhält der neue Abonnent an die E-Mail-Adresse, mit der er sich angemeldet hat, eine E-Mail mit einem Bestätigungslink. Erst wenn dieser Link angeklickt wird, ist die Anmeldung erfolgreich vollzogen.

Aus diesem Grund gibt es im Anmeldevorgang auch zwei Danke-Seiten. In diesem Formular bedanken Sie sich zunächst einmal dafür, dass sich der potenzielle

Abonnent überhaupt anmeldet. Der vorgefertigte Text ist etwas spröde und kurz gehalten. Hier können Sie ruhig etwas weiter ausholen und den Double-Opt-in-Prozess erklären.

Dieses Formular ist in mehrfacher Hinsicht bemerkenswert. Zum einen wiederholen sich die Texte in den Eingabezeilen auch im großen Freitextfeld. Zum anderen sieht man anhand dieses Formulars, dass man in den Freitextfeldern (und nur dort) auch Merge-Tags benutzen kann.

Die größte Besonderheit ist jedoch, dass Sie dieses Formular komplett durch eine externe Website ersetzen können! Über dem Formular sehen Sie eine Eingabezeile mit dem langen Text »Instead of showing this thank you page, send subscribers to another URL« – also statt dieses Formular anzuzeigen, sollen Abonnenten auf eine externe Webadresse umgeleitet werden.

Wenn Sie die Möglichkeit haben, auf Ihrer Website beliebige Unterseiten anzulegen, dann sollten Sie diese Möglichkeit unbedingt nutzen, denn sie birgt zahlreiche Vorteile:

- Der Abonnent findet sich im vertrauten Kontext Ihrer Website wieder, sieht das gleiche Design und die gleichen Navigationsebenen wie vor der Anmeldung.
- Sie haben größere gestalterische Möglichkeiten, als die eher begrenzten Formulare von Mailchimp bieten.
- Sie können den Abonnenten »abholen« und ihm sinnvolle, weiterführende Links oder interessante Angebote machen.
- Wenn Sie eine Web-Analysesoftware wie Google Analytics einsetzen, dann können Sie diese Bestätigungsseite als einen Interaktionsschritt auswerten.

Tipp

Die Danke-Seite sollte in der Navigation und in der Sitemap Ihrer Website nicht auftauchen, da sie nur während des Prozesses der Anmeldung sinnvoll ist.

Zudem sollte sie auch von der Indexierung durch Suchmaschinen ausgeschlossen werden.

Sollten Sie diese Möglichkeit nicht haben, dann können Sie natürlich auch das vorgefertigte Formular nutzen. Hier empfiehlt es sich wieder, dem Nutzer ausreichende Informationen zu geben und den vorhandenen Platz sinnvoll auszunutzen. Auch individuelle Anpassungen wie die Beschriftung auf dem Button im Beispiel oben können Sie so geben. Wie beim Anmeldeformular ist ein Link auf das Impressum Ihrer Website auch an dieser Stelle durchaus sinnvoll.

Abb. 7.6: Die *Sign up-Thank you*-Page bildet den ersten Schritt des Double-Opt-in-Prozesses.

7.2.4 Opt-in confirmation email / Opt-in-Bestätigungsmail

Wie oben bereits beschrieben, ist die Anmeldung ein zweistufiger Schritt, bei dem nach Eingabe der E-Mail-Adresse eine Bestätigungsmail an den potenziellen Abonnenten gesendet wird. Diese E-Mail erfüllt zwei Zwecke: Zum einen stellt sie sicher, dass die eingegebene E-Mail-Adresse auch tatsächlich richtig ist. Wer sich vertippt – was häufiger passiert, als man denken sollte – bekommt keine E-Mails. Zum anderen muss der potenzielle Abonnent explizit noch mal dem Bezug zustimmen. Das verhindert einerseits Missbrauch durch Spaßvögel, die fremde Mail-Adressen eingeben, und andererseits dokumentiert es die Einwilligung des Empfängers.

Beim vorliegenden Formular handelt es sich demnach nicht um ein Formular, sondern um eben diese E-Mail mit der Bitte um Bestätigung. Da diese Mail aber in den Zyklus der diversen Formulare gehört, nenne ich sie im Folgenden auch manchmal Mail-Formulare.

Abb. 7.7: Der Buttontext ist deutlich zu lang und sollte noch gekürzt werden.

Ich bin generell mit den Mails, die Mailchimp im An- und Abmeldeprozess versendet, nicht besonders glücklich. Zwar sind die vorgefertigten deutschen Texte gar nicht mal so übel, aber die Gestaltungsmöglichkeiten sind arg eingeschränkt. So auch bei dieser Mail (siehe Abbildung 7.7), die von einem großen Bestätigungs-Button an ungewöhnlicher Stelle (unter der Überschrift, über dem Text) dominiert wird. Nun gut, machen wir das Beste daraus.

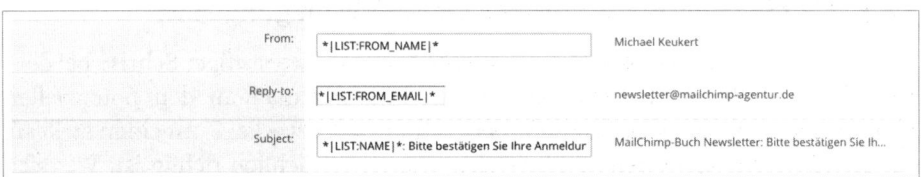

Abb. 7.8: Nutzen Sie die Gelegenheit, auch die Betreffzeilen der Anmeldemails zu individualisieren.

Bei den Mail-Formularen sehen Sie nun erstmals Einstellmöglichkeiten für die Absenderangaben. Im Einzelnen sind dies:

- FROM: Der Name – nicht die E-Mail-Adresse – der Person oder Organisation, von der die Bestätigung (und später der Newsletter) versendet wird. Vorbelegt ist dieses Feld mit dem Namen des Verantwortlichen für die Liste – es schadet aber nicht, hier für den Empfänger noch etwas mehr Kontext hinzuzufügen und neben dem Namen einer Person noch die Organisation zu nennen.

- REPLY-TO: Die E-Mail-Adresse, an die mögliche Antworten auf die Opt-in-Bestätigungsmail gehen sollen. Dies sollte die E-Mail-Adresse einer Person sein, die auch weiß, was es mit dem Newsletter und dem Anmeldeprozess auf sich hat. Es ist aber auch sinnvoll, die Adresse zu nehmen, unter der später der Newsletter versendet wird. Im Idealfall steht aber die gleiche Person dahinter.

- SUBJECT: Der Betreff der Bestätigungsmail. Hier sollte ein Bezug zum Newsletter selbst hergestellt werden, damit Personen auch nach Stunden oder gar Tagen noch wissen, zu welchem Newsletter sie sich jetzt angemeldet haben.

Grundsätzlich sind die Voreinstellungen von Mailchimp an dieser Stelle recht sinnvoll, ich ergänze nur meist noch den Firmennamen hinter der From-Adresse.

Im Mail-Formular gibt es zwei Textfelder. Obwohl beide im oberen Bereich der Übersetzungsliste auftauchen, können Sie die Felder auch im unteren Bereich des Formular-Editors ändern. Das können Sie sich zunutze machen, indem Sie das Verhältnis Überschrift–Button–Text etwas verschieben. Dazu sind grundlegende HTML-Kenntnisse hilfreich.

Abb. 7.9: Bewegen Sie die Maus über die Überschrift, bis der EDIT-Button erscheint.

Zunächst einmal müssen Sie das Editor-Fenster für die Überschriftenzeile öffnen. Dazu bewegen Sie die Maus zur rechten, oberen Ecke des Textfeldes, bis ein Knopf mit der Aufschrift EDIT erscheint. Klicken Sie auf den Knopf.

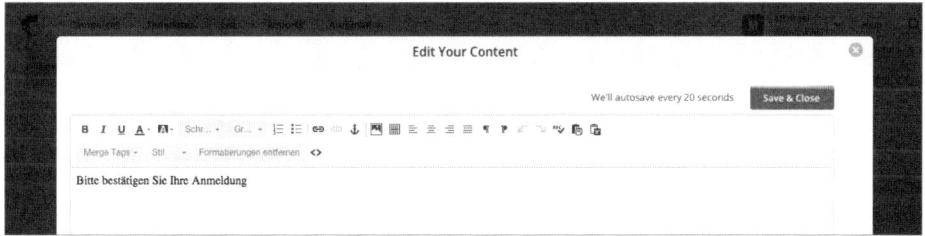

Abb. 7.10: Die Größe des Editor-Bereichs zeigt schon: Hier kann mehr Text hin als eine bloße Überschrift!

Daraufhin öffnet sich ein Editor-Fenster, in dem Sie den gewünschten Text eingeben können. Die Standardtexte sind etwas allgemein gehalten – ich hinterlege an dieser Stelle gerne etwas konkretere Texte. An dieser Stelle ist es auch sinnvoll, noch einmal kurz auf den Double-Opt-in-Prozess hinzuweisen.

Abb. 7.11: Der Standardschriftart ist viel zu groß und fett.

Das Resultat ist aber nicht wirklich zufriedenstellend, denn das Mail-Formular interpretiert jetzt alles als Überschrift. Klicken Sie daher erneut auf den EDIT-Knopf. Finden Sie nun die Schaltfläche mit dem »< >«-Symbol und klicken Sie darauf. Sie haben jetzt den Editor vom Textmodus in den HTML-Modus geschaltet.

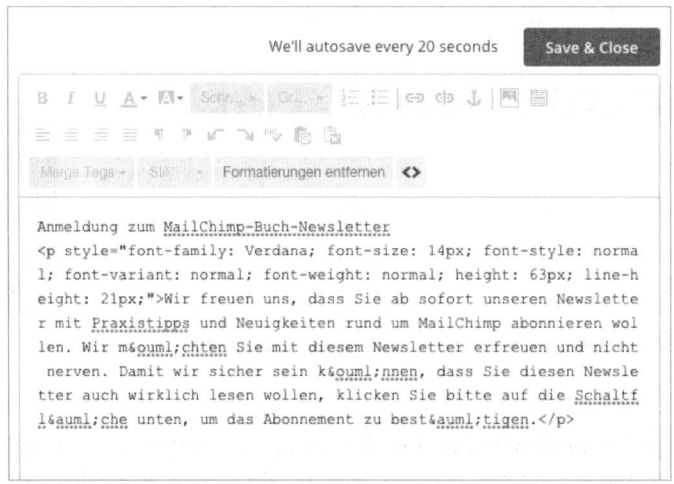

Abb. 7.12: Der HTML-Formular-Editior: Bereits wenige HTML-Anweisungen verbessern die Lesbarkeit des Formulars.

In diesem Modus können Sie nun Formatierungsanweisungen im HTML-Format über sogenanntes »Inline-CSS« einfügen. Fassen Sie dazu den Textblock – nicht die Überschrift – zunächst zwischen den HTML-Anweisungen <p> und </p> ein. Das definiert einen Textabschnitt – im Englischen *Paragraph* genannt.

In diesem Textabschnitt können Sie nun die Formatierungsinformation hinterlegen. Im Beispiel durch die folgende Anweisung

```
style="font-family: Verdana; font-size: 14px; font-style: normal; font-variant:
normal; font-weight: normal; height: 63px; line-height: 21px;"
```

Diese Anweisung zwingt den zwischen den <p></p> eingeschlossenen Text in ein ganz spezielles Format und eine ganz spezielle Größe. Übernehmen Sie einfach mein Beispiel – es gleicht den Text oben und unten an.

Abb. 7.13: Der Anmelde-Button benötigt ebenfalls einen neuen Text.

Für den Anmeldeknopf überlegen Sie sich jetzt etwas Kurzes wie »Anmeldung bestätigen«. Den unteren Text können Sie ganz normal editieren – hier gehört dann der Hinweis auf das Ignorieren hin und natürlich das vollständige Impressum. Achten Sie darauf, die Zeile mit dem Platzhalter *|LIST:ABUSE_EMAIL|* im Impressum zu behalten – Mailchimp prüft auf das Vorhandensein dieser Adresse und fügt sie ansonsten noch mal extra hinzu.

Das war jetzt ein ganzes Stück Arbeit, aber das Ergebnis kann sich nicht nur sehen lassen, sondern erfüllt auch die gesetzlichen Anforderungen und bietet dem potenziellen Abonnenten einiges an Mehrwert.

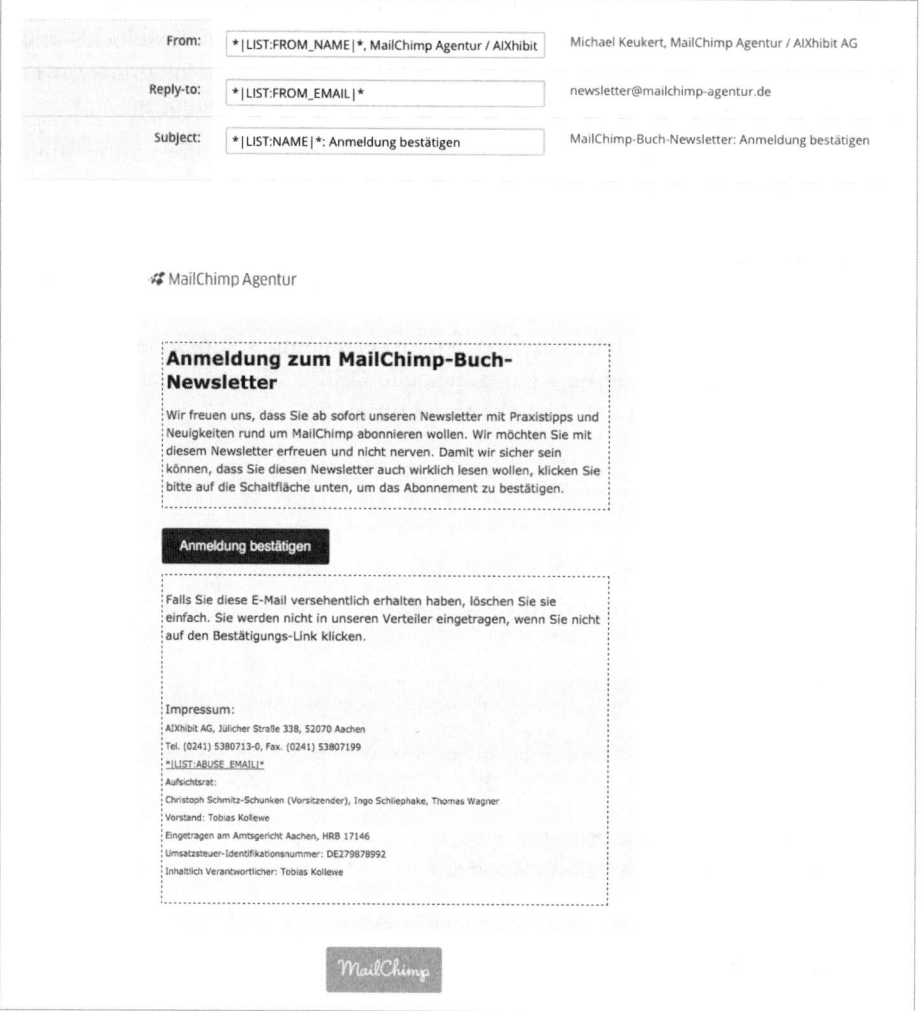

Abb. 7.14: Das fertige Formular enthält alle nötigen Angaben.

7.2.5 Opt-in confirmation reCAPTCHA / Opt-in-Bestätigungs-Captcha

»Die Menschheit Bestätigen« – mit dieser geradezu philosophischen Aussage begrüßt uns die deutsche Übersetzung für dieses Formular, seit 2017 noch lustiger als »Die Menschlichkeit bestätigen«. Es handelt sich hier um ein optionales Formular, das nur aktiv wird, wenn Sie die Verwendung in den Audience-Einstellungen ausgewählt haben.

Audience name and campaign defaults

Audience name

MailChimp-Buch Newsletter

Audience ID

Some plugins and integrations may request your Audience ID.

Typically, this is what they want: `ba0b91d639`.

Want to change your signup form title?
The signup forms and confirmation emails for your audience use the original audience name as a title. You can update this text (or replace it with an image) in the signup form editor.

Form settings

☑ **Enable double opt-in**
Send contacts an opt-in confirmation email when they subscribe to your audience.

☑ **Enable reCAPTCHA**
This helps prevent spambots from adding emails to your audience.

☑ **Enable GDPR fields**
Customize your forms to include GDPR fields.

Abb. 7.15: Die Benutzung eines reCAPTCHA muss explizit in den Audience-Einstellungen eingeschaltet werden.

Bei reCAPTCHA handelt es sich um einen Service von Google, der ein Teil der Sicherheitsinitiative des Konzerns ist (siehe *https://www.google.com/recaptcha/*). Die Abkürzung CAPTCHA steht für »Completely Automated Public Turing test to tell Computers and Humans Apart« – ein automatisches Verfahren, mit dem Menschen von Computern unterschieden werden können. Hierbei wird eine Aufgabe gestellt, die ein Mensch intuitiv lösen kann, an der ein Computer aber (vermutlich) verzweifelt.

Abb. 7.16: »Die Menschheit Bestätigen« – das kommt davon, wenn man Google Translate benutzt.

Im konkreten Fall werden zufällig ausgewählte Fotos von Hausnummern angezeigt. Die Fotos sind schief, verwaschen und von schlechter Qualität – trotzdem kann ein Mensch ohne große Schwierigkeiten die Nummer erkennen und in das Feld eintippen. Für einen Computer ist diese Aufgabe derzeit noch zu schwierig.

Warum das Ganze? Nun, Sie möchten sicherlich nur echte Menschen als Abonnenten Ihres Newsletters haben und nicht automatische Programme, die ferngesteuert Informationen sammeln wollen. Auch wenn das potenzielle Missbrauchsszenario in diesem Fall eher gering erscheint, ist das Absichern der Anmeldung keine schlechte Idee und vermittelt auch Ihren Abonnenten ein gutes Gefühl. Nur nicht mit den Standard-Übersetzungen. Lassen Sie also diesem Formular etwas Liebe angedeihen und klären Sie die Abonnenten auf, was es mit dem reCAPTCHA auf sich hat.

Abb. 7.17: Der korrigierte Text im Formular erläutert den Hintergrund der CAPTCHA-Abfrage.

Mit etwas Humor kann nun kein potenzieller Abonnent mehr etwas gegen diesen zusätzlichen Schritt haben. Bei der Gelegenheit haben wir dann auch den Anmelde-Knopf noch mal etwas treffender beschriftet – vorher stand dort das dröge »In den Verteiler eintragen«.

7.2.6 Confirmation »thank you« page / Anmeldebestätigungsseite Teil 2

Eine Anmeldebestätigung hatten wir schon weiter oben – diese Bestätigung ist die zweite ihrer Art und markiert nun tatsächlich den Abschluss der Anmeldung, nachdem das Double Opt-in erfolgreich durchgeführt wurde.

Auch dieses Formular kann wieder durch eine externe Seite ersetzt werden und ich empfehle dringend, dies auch zu tun!

Sie haben den Abonnenten jetzt »gesichert« – er hat Ihnen sein Vertrauen ausgesprochen und den Anmeldeprozess komplett abgeschlossen. Lassen Sie ihn jetzt nicht gegen eine Wand laufen und lassen Sie ihn auch nicht mit dem hässlichen Mailchimp-Formular alleine.

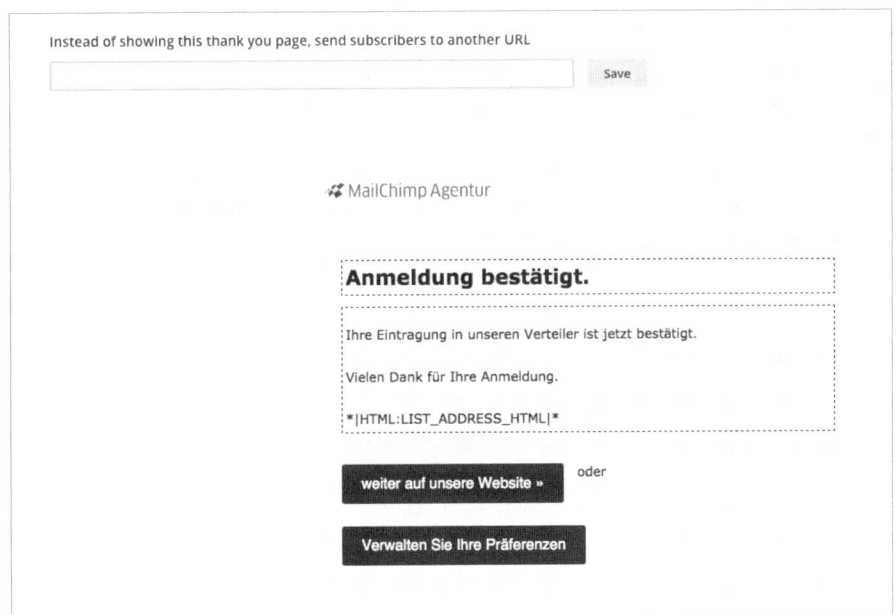

Abb. 7.18: Manche Formulare können durch externe Webseiten ersetzt werden.

Selbst wenn man das Formular sprachlich überarbeitet, bietet es lange nicht die Flexibilität, wie sie eine eigene Seite bietet. Zudem hat hier Mailchimp seit der ersten Auflage dieses Buches eine »Verschlimmbesserung« vorgenommen: Die Wörter auf der oberen Schaltfläche beginnen nun zwangsweise alle mit Großbuchstaben. Nehmen Sie hier Ihren neuen Abonnenten an die Hand und zeigen Sie ihm, dass es sich gelohnt hat, den Newsletter zu abonnieren.

Einige Möglichkeiten sind:

- Anzeige eines Rabattgutscheins für einen Onlineshop
- Download eines E-Books

- Persönliche Dankesbotschaft
- Verweise zu weiteren Informationsquellen auf der Website

Einige dieser Ideen werden wir später noch über sogenannte Automations abbilden – die Abonnement-Dankesseite ist aber für den Anfang ein guter Platz dafür.

Sollten Sie die Möglichkeit zur Erstellung einer externen Seite für dieses Formular nicht haben, dann gilt hier sinngemäß das, was weiter oben in Bezug auf die »Signup thank you page« geschrieben steht.

7.2.7 Final »welcome« email / Anmeldebestätigungs-E-Mail

Dieses Mail-Formular sendet Ihrem neuen Abonnenten nochmals eine E-Mail, in der die Anmeldung bestätigt wird. Der Nutzwert dieser Mail ist ebenso gering wie die Möglichkeit, sie zu gestalten.

Lediglich ein einziges Freitextfeld ermöglicht die Eingabe von etwas ausführlicherem Text – der Rest der Mail ist starr. Am unverständlichsten ist die Tatsache, dass dem frischgebackenen Abonnenten direkt die Möglichkeit geboten wird, sich wieder abzumelden. Das kann als Service für einen zukünftigen Abmeldewunsch verstanden werden, ist in der Praxis aber eher sinnlos, da sich unter jedem Newsletter ein individueller Abmelde-Link befindet.

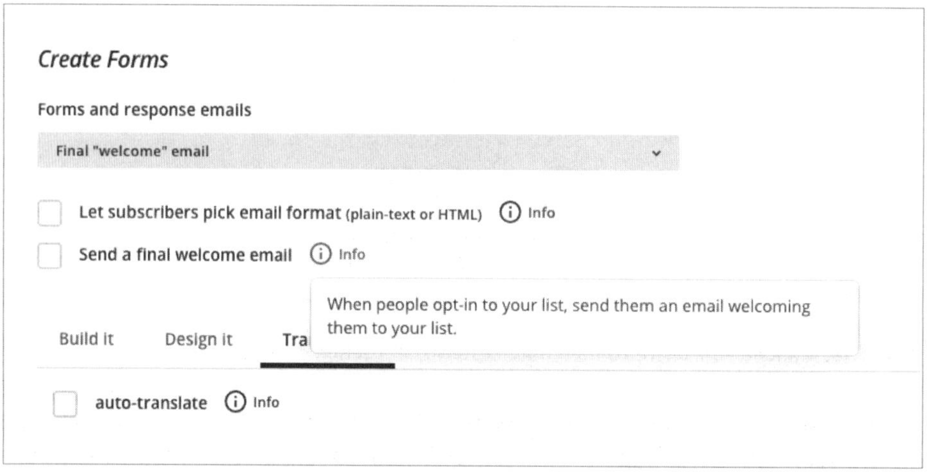

Abb. 7.19: Die Anmeldebestätigungs-E-Mail sollte ausgeschaltet bleiben.

Meine Empfehlung ist daher, dieses Mail-Formular nicht zu benutzen – was im Übrigen auch der Voreinstellung entspricht. Um es zu benutzen, müssten Sie oberhalb des Formular-Editors explizit SEND A FINAL WELCOME EMAIL einschalten.

7.2.8 Unsubscribe Form / Abmeldeformular

Genau so, wie sich Personen zu Ihrem Newsletter anmelden können, müssen sie sich jederzeit wieder abmelden können. Auch wenn Sie als Newsletter-Versender die Abmeldung am liebsten vermeiden möchten, sollten Sie den damit verbundenen Formularen genau so viel Aufmerksamkeit zukommen lassen wie der Anmeldung. Die Abmeldung kann ja auch ganz harmlose Gründe haben, wie der Versuch, das Postfach während eines Urlaubs nicht überquellen zu lassen oder die E-Mail-Adresse zu ändern (des Nutzers Klickwege sind mitunter unergründbar!). Gehen Sie daher beim Abmelden mit Ihren Abonnenten genau so höflich um wie bei der Anmeldung.

Normalerweise geschieht das Abmelden vom Newsletter direkt über den Abmelde-Link aus dem Newsletter heraus. Die Abmeldung ist dabei unmittelbar – es wird nicht noch eine zusätzliche Sicherheitsabfrage dazwischengeschaltet. Dieses Abmeldeformular hier wird nur benutzt, wenn Sie jemandem explizit einen Abmelde-Link zukommen lassen wollen. Der individuelle Abmelde-Link steht im Feld UNSUBSCRIBE FORM URL über dem Formular-Editor.

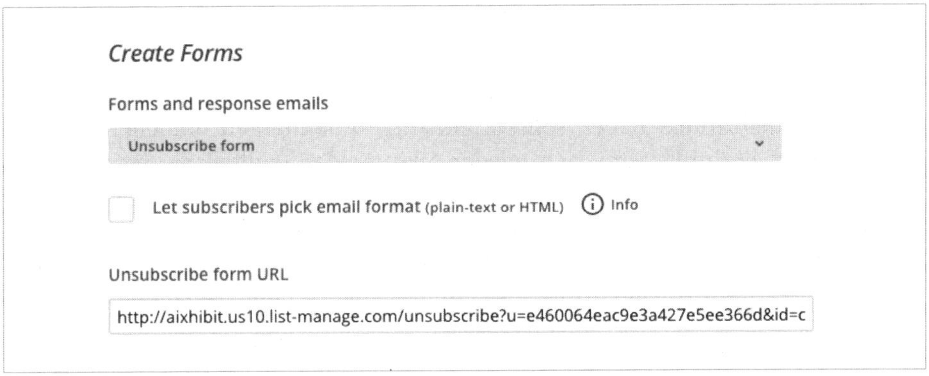

Abb. 7.20: Die Unsubscribe-URL könnten Sie kopieren und auch manuell weitergeben – aus welchem Grund auch immer.

Es gibt verschiedene Anwendungsszenarien für diesen Link und das damit aufrufbare Abmeldeformular:

■ Sie möchten selbst jemanden abmelden und möchten, dass dieser Abonnent eine Abmeldebestätigung bekommt.

■ In Ihrem Unternehmen sollen Personen Abmeldungen vornehmen können, ohne dass sie Zugriff auf die Mailchimp-Audience bekommen sollen.

■ Ihr Newsletter erscheint selten und jemand bittet per E-Mail oder Telefon darum, abgemeldet zu werden.

■ Sie möchten die Abmeldemöglichkeit auf Ihrer Website verlinken.

Bitte beachten Sie, dass alle diese Szenarien eher ungewöhnlich sind. Den Standardfall stellt die Abmeldung direkt aus dem Newsletter heraus dar.

Tatsächlich ist dieses Formular aber nicht nur überflüssig, sondern geradezu schädlich! Es erlaubt einem bösartigen Menschen nämlich nicht nur, über das Durchprobieren von verschiedenen E-Mail-Adressen zu ermitteln, wer auf Ihrem Newsletter angemeldet ist (und wer nicht), sondern darüber hinaus auch noch, wahllos Personen abzumelden! Die ganz klare Empfehlung für dieses Formular ist daher, es nicht zu verlinken!

7.2.9 Unsubscribe success page / Abmeldebestätigungsseite

Wie oben schon beschrieben, passiert die Abmeldung üblicherweise über einen Link direkt aus einem Newsletter heraus. Dieser Link ist personalisiert und für jeden Abonnenten individuell.

Daher reicht ein einziger Klick, um sofort und unmittelbar abgemeldet zu sein! Sie haben also keine Chance, den Abonnenten vor dem Abmelden noch einmal zum Innehalten zu bewegen. Sie können lediglich nach erfolgreichem Abmelden nochmals auf eine Neuanmeldung hinweisen.

Das ist übrigens auch der Grund, warum auch geschlossene Audiences – also Newsletter ohne öffentliche Anmeldemöglichkeit – dennoch ein vernünftig gestaltetes Anmeldeformular haben sollten. Flüchtige Abonnenten brauchen nämlich genau dieses Formular, um sich wieder anzumelden, sollten sie es sich doch anders überlegen. Auch Personen, die nur ihre Mail-Adresse ändern wollen und dafür den umständlichen Abmelde-/Anmelde-Weg wählen, benötigen ein Anmeldeformular, das nicht direkt abschreckt. Spätestens jetzt sollten Sie also nach oben springen und das Anmeldeformular schön und ansprechend gestalten.

Ganz wichtig: Klären Sie den Abonnenten darüber auf, welchen Newsletter er eigentlich abbestellt. Nutzen Sie die »letzte Chance«, um vielleicht doch noch ein Umdenken herbeizuführen, indem Sie nochmals erwähnen, was das Ziel des Newsletters ist. Bedenken Sie aber: Wer nicht mehr Ihren Newsletter beziehen möchte, der sollte dies auch problemlos tun können.

Ich beobachte oft, dass Personen, die ihre Mail-Adresse ändern wollen, sich vom Newsletter abmelden und sich dann mit einer neuen Adresse wieder anmelden. Dieser Zwischenschritt ist ungünstig, denn er kann möglicherweise zur dauerhaften Abmeldung führen, wenn die Person beispielsweise im Vorgang gestört wird und es hinterher vergessen hat. Aus diesem Grund haben wir den Text um einen Link zur Newsletter-Verwaltung ergänzt. Dies geht bequem über das Merge-Tag *|UPDATE_PROFILE|*.

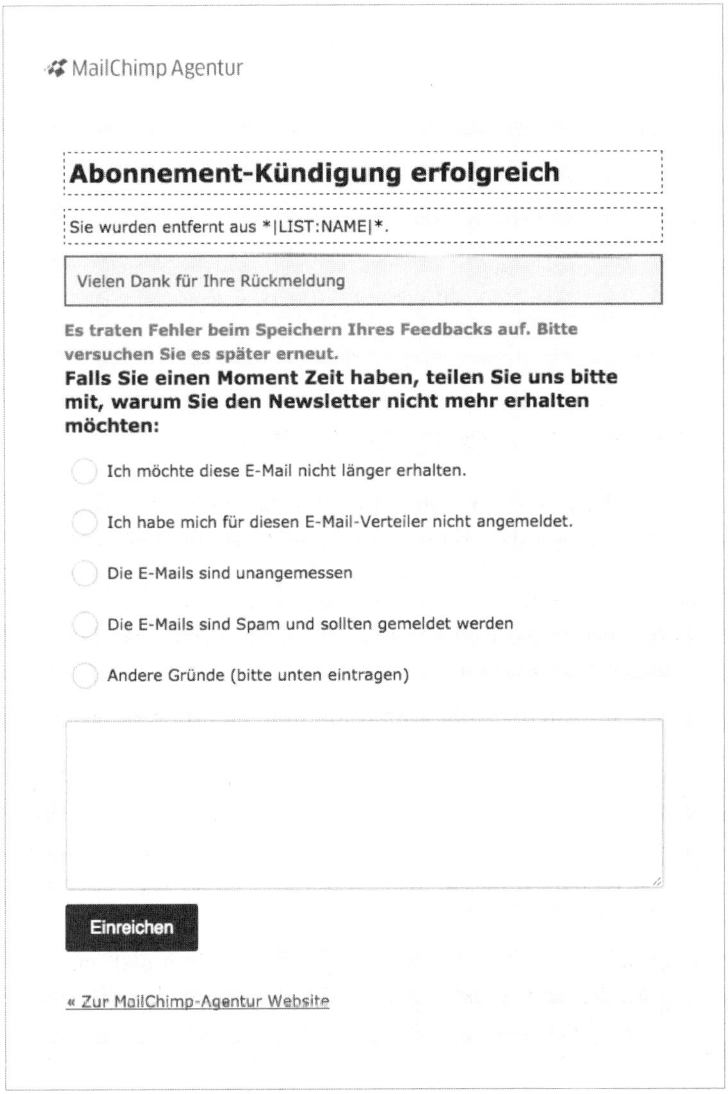

Abb. 7.21: Nach erfolgter Abmeldung können Ex-Abonnenten noch einen Grund angeben, warum sie nichts mehr von Ihnen lesen möchten.

Ich bin bei diesem Formular hin- und hergerissen. Die Möglichkeiten, es ansprechend zu gestalten, sind äußerst gering. Im Agenturalltag neigen wir dazu, dieses Formular ebenfalls durch eine externe Website zu ersetzen, denn diese bietet die größere Flexibilität, gerade wenn man Anreize schaffen möchte, den Abmelder doch noch einmal zurückzugewinnen.

E-Mail		Member Rating	Last Changed	Reason	Description
	>	★★★☆☆	10/4/15 10:51AM	No longer interested	n/a
	>	★★★☆☆	10/4/15 5:56PM	Other	Ich habe inzwisschen das Alter von 78 Jahre erreicht und nicht mehr tätich im V
	>	★★★☆☆	10/4/15 9:57PM	Other	Bekomme den Newsletter doppelt zugeschickt, da bei Ihnen zwei E-Mail-Adress
	>	★★★☆☆	14/4/15 1:22PM	No longer interested	n/a
	>	★★☆☆☆	11/4/15 9:00PM	No longer interested	n/a
	>	★★☆☆☆	10/4/15 10:40AM	No longer interested	n/a
	>	★★★★☆	12/4/15 7:50PM	No longer interested	n/a

Abb. 7.22: Die Abmeldegründe werden im Kampagnen-Report hinterlegt.

Die Kurzumfrage nach den Gründen der Abmeldung ist aber sehr interessant, insbesondere da die Erfahrung zeigt, dass dieses Formular tatsächlich genutzt wird und man über die Antworten tatsächlich wichtiges Feedback bekommt. Dieses über eine spezielle Webseite abzubilden geht natürlich, macht es aber wiederum recht aufwendig. Zudem würden die Ergebnisse nicht in Mailchimp landen, sondern müssten extern ausgewertet werden.

Möchten Sie die Umfrage nutzen, dann beachten Sie bitte eine Besonderheit bei der Übersetzung. Im Formular hat man unter anderem die Möglichkeit, den Newsletter als »unangemessen« zu melden. Im Deutschen hört sich das wie eine konstruktive, inhaltliche Kritik an. Das zugrunde liegende englische Wort »inappropriate« hat aber eine eindeutige Bedeutung im Bereich von rassistischen, gotteslästerlichen oder sexuellen Inhalten und sollte viel eher mit »anstößig« übersetzt werden.

Achten Sie ebenfalls darauf, die Fragen des Fragebogens nicht komplett sinnentstellend zu übersetzen. Mailchimp selbst sammelt die Antworten für die einzelnen Kategorien und nutzt diese zur Qualitätseinschätzung Ihres Newsletters. Wenn Sie nun die Umfrage zweckentfremden und die Antwort »Die E-Mails sind Spam und sollten gemeldet werden« auf einmal lautet »Der Newsletter wurde zu häufig versendet«, dann könnte dies unangenehme Nachfragen von Mailchimp nach sich ziehen, wenn auf einmal überraschend viele Antworten in der eigentlichen Spam-Kategorie landen.

Auch bei diesem Formular gilt wieder, vorhandene Felder möglichst sinnvoll und gerne etwas ausführlicher nutzen sowie hölzerne Formulierungen wie »Einreichen« etwas gefälliger zu beschriften.

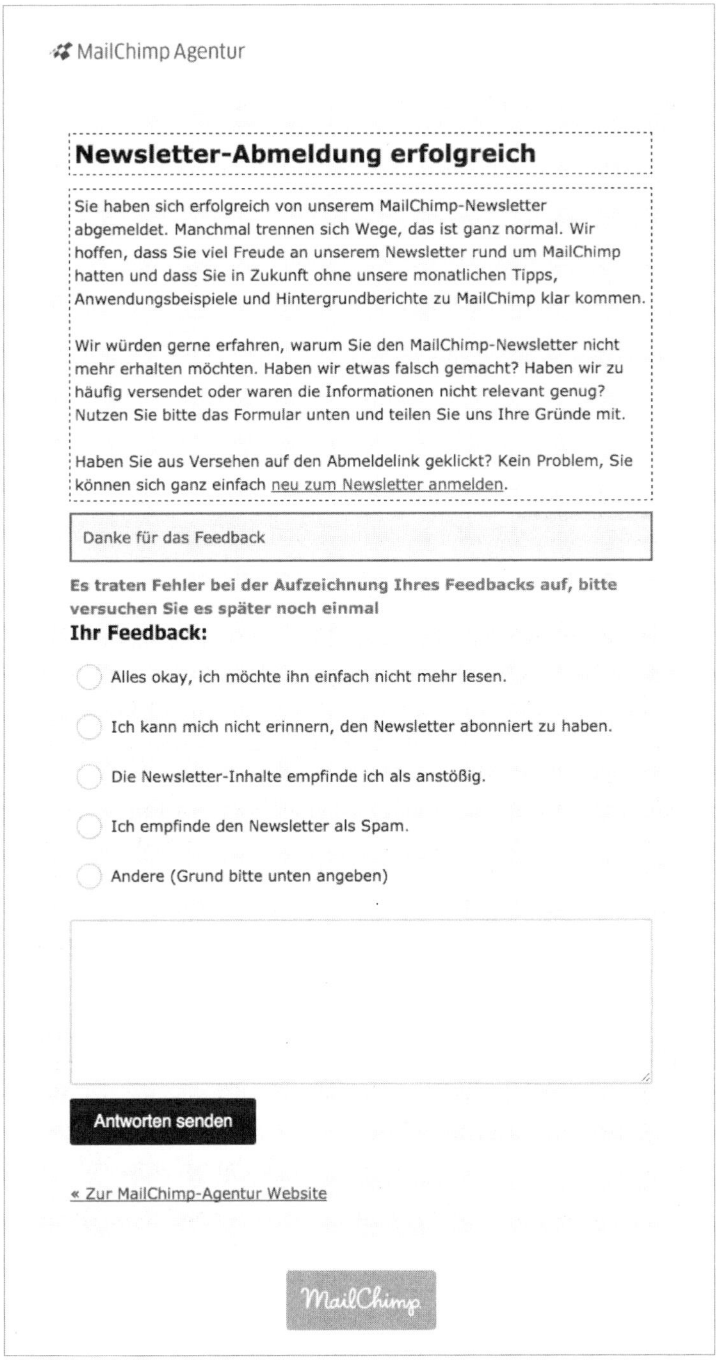

MailChimp Agentur

Newsletter-Abmeldung erfolgreich

Sie haben sich erfolgreich von unserem MailChimp-Newsletter abgemeldet. Manchmal trennen sich Wege, das ist ganz normal. Wir hoffen, dass Sie viel Freude an unserem Newsletter rund um MailChimp hatten und dass Sie in Zukunft ohne unsere monatlichen Tipps, Anwendungsbeispiele und Hintergrundberichte zu MailChimp klar kommen.

Wir würden gerne erfahren, warum Sie den MailChimp-Newsletter nicht mehr erhalten möchten. Haben wir etwas falsch gemacht? Haben wir zu häufig versendet oder waren die Informationen nicht relevant genug? Nutzen Sie bitte das Formular unten und teilen Sie uns Ihre Gründe mit.

Haben Sie aus Versehen auf den Abmeldelink geklickt? Kein Problem, Sie können sich ganz einfach neu zum Newsletter anmelden.

Danke für das Feedback

Es traten Fehler bei der Aufzeichnung Ihres Feedbacks auf, bitte versuchen Sie es später noch einmal

Ihr Feedback:

○ Alles okay, ich möchte ihn einfach nicht mehr lesen.

○ Ich kann mich nicht erinnern, den Newsletter abonniert zu haben.

○ Die Newsletter-Inhalte empfinde ich als anstößig.

○ Ich empfinde den Newsletter als Spam.

○ Andere (Grund bitte unten angeben)

Antworten senden

« Zur MailChimp-Agentur Website

MailChimp

Abb. 7.23: Auf der Bestätigungsseite zur Abmeldung können die Nutzer Feedback abgeben – oder sich wieder zum Newsletter anmelden.

7.2.10 Goodbye email / Abschiedsmail

Die Schaltfläche SEND A GOODBYE EMAIL ist zum Glück standardmäßig ausgeschaltet. Belassen Sie es dabei – diese Mail kann nur Ärger verursachen!

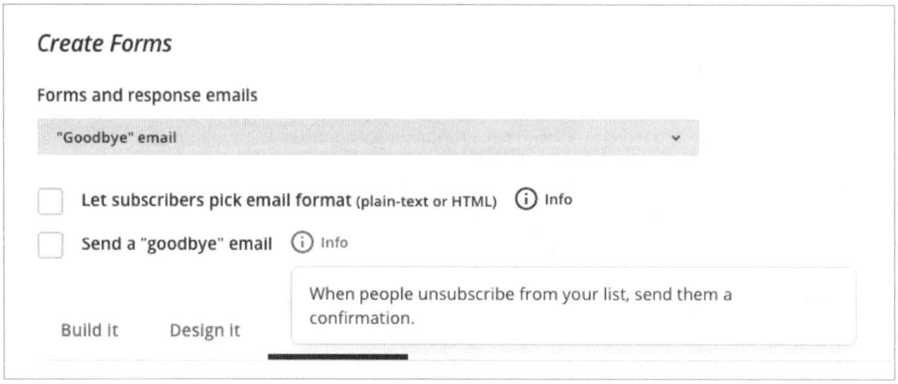

Create Forms

Forms and response emails

"Goodbye" email

Let subscribers pick email format (plain-text or HTML) ⓘ Info

Send a "goodbye" email ⓘ Info

When people unsubscribe from your list, send them a confirmation.

Build It   Design It

Abb. 7.24: Diese E-Mail ist per default deaktiviert – und das ist auch gut so!

Ihr ehemaliger Abonnent hat sich gerade von Ihrem Newsletter abgemeldet. Dafür gibt es einen Grund und die Wahrscheinlichkeit ist groß, dass dieser nicht besonders positiv für Sie ist. Ihr Newsletter kam zu häufig oder war nicht (mehr) relevant für den Abonnenten. Vielleicht hat sich Ihr ehemaliger Abonnent auch so richtig heftig über Ihren Newsletter geärgert. Und jetzt, wo er ihn – endlich (aus seiner Sicht) – abbestellt hat, kommt doch noch mal eine Mail von Ihnen. So eine Frechheit! Tatsächlich hat die Abbestell-Bestätigungsmail schon die Gerichte beschäftigt. Hat doch der ehemalige Abonnent mit der Abmeldung eindeutig zu verstehen gegeben, dass er keine E-Mails von Ihnen mehr erhalten möchte. Die Bestätigungsmail kann daher als unverlangt und gegen einen anderslautenden, dokumentierten Wunsch zugesandte E-Mail verstanden werden.

Dass diese Mail die – im Übrigen nicht entfernbare – prominente Aufforderung enthält, sich erneut anzumelden, macht die Sache nicht besser, sondern ordnet diese Mail sogar in den Bereich der unverlangt zugesandten Werbung ein. Wenn es hart auf hart kommt, haben Sie damit vor Gericht eher schlechte Karten. Daher achten Sie darauf, dass dieses Mail-Formular auf jeden Fall abgeschaltet ist!

Können Sie noch? Wir sind jetzt zur Hälfte durch mit den Formularen. Die gute Nachricht ist, dass die nächsten zehn Formulare größtenteils verzichtbar sind. Das Gröbste haben Sie also geschafft.

7.2.11 Profile update email / E-Mail zu den Newsletter-Einstellungen

Der Datensatz jedes einzelnen Newsletter-Abonnenten wird im Mailchimp-Jargon »Profil« genannt. Dieses Profil besteht mindestens aus der E-Mail-Adresse, kann aber durch weitere Audience-Felder wie zum Beispiel Vor- und Nachname oder Interessenkategorien ergänzt sein. Alle diese Angaben – sofern sie in öffentlichen Feldern stehen und nicht in versteckten, nur für den Newsletter-Betreiber sichtbaren Feldern – können vom Abonnenten selbst geändert werden.

Es gibt verschiedene Wege, wie Abonnenten ihre hinterlegten Daten ändern können. Der einfachste Weg ist sicherlich ein im jeweiligen Newsletter hinterlegter Link. Mailchimp sieht einen solchen Link standardmäßig vor – er ist aber nicht verpflichtend und fehlt tatsächlich in vielen Mailchimp-Newslettern.

Abb. 7.25: Manche Formulare kommen nur extrem selten zum Einsatz. Trotzdem lohnt sich auch hier eine Anpassung für den professionellen Auftritt.

Der etwas kompliziertere Weg geht über das Anmeldeformular (Signup Form). Gibt man hier eine bereits existierende Mail-Adresse an, dann kann man über den eingeblendeten Link ebenfalls die Newsletter-Einstellungen ändern. Spätestens jetzt sollten Sie übrigens die Übersetzungs-Perle KILCKEN SIE HEIR ... im Anmeldeformular durch einen vernünftigen Text ersetzen – dies ist nämlich die Stelle, an der dieser Satz angezeigt wird.

Damit aber nicht jeder einfach so die Einstellungen anderer Abonnenten verändern kann, ist der Vorgang zweistufig (ähnlich dem Double Opt-in): Nach dem Klick auf den Änderungslink erhält man zunächst eine E-Mail an die hinterlegte Adresse gesendet. Erst dort findet man dann einen Link zu den Newsletter-Einstellungen.

Mailchimp benutzt die Worte »Profile« und »Preferences« – im Englischen passt das gut, die deutsche Übersetzung »Profil« und »Vorlieben« treffen das Thema aber kaum. Bei unseren Kunden verwenden wir stattdessen meist den Begriff »Newsletter-Einstellungen«, da er wenig missverständlich ist.

Leider kann das Mail-Formular überhaupt nicht individuell gestaltet werden. Es besteht aus fünf Textfeldern begrenzter Länge und in strikter Reihenfolge – manche davon werden am Ende automatisch um zusätzliche Variablen ergänzt. Die Aufgabe besteht hier also darin, die schlimmsten Übersetzungssünden zu beseitigen. Ein weiteres Problem besteht darin, dass Sie hier – im Unterschied zu den vorherigen Mail-Formularen – kein vollständiges Impressum unterbringen können. Auch dafür muss eine Lösung gefunden werden.

> MailChimp Agentur
>
> Wir erhielten einen Ersuchen, Ihre Abonnement-Vorlieben zu ändern für
> MailChimp-Buch Newsletter.
>
> Wenn Sie diesen Ersuchen machten, verwenden Sie das Link unten, um
> Ihre Vorlieben zu ändern
>
> Aktualisieren Ihre Vorlieben
>
> Wenn Sie diesen Ersuchen nicht machten, wurde es wahrscheinlich von
> jemandem anderem irrtümlich vorgelegt. Sie können diese E-Mail
> ignorieren, und keine Änderungen werden mit Ihren Abonnement-Vorlieben
> vorgenommen.
>
> Für Fragen zu diesem Verteiler wenden Sie sich bitte an:
> michael.keukert@aixhibit.de
>
> MailChimp

Abb. 7.26: Wir erhielten einen Ersuchen ... – auch dieser Texte sollte angepasst werden.

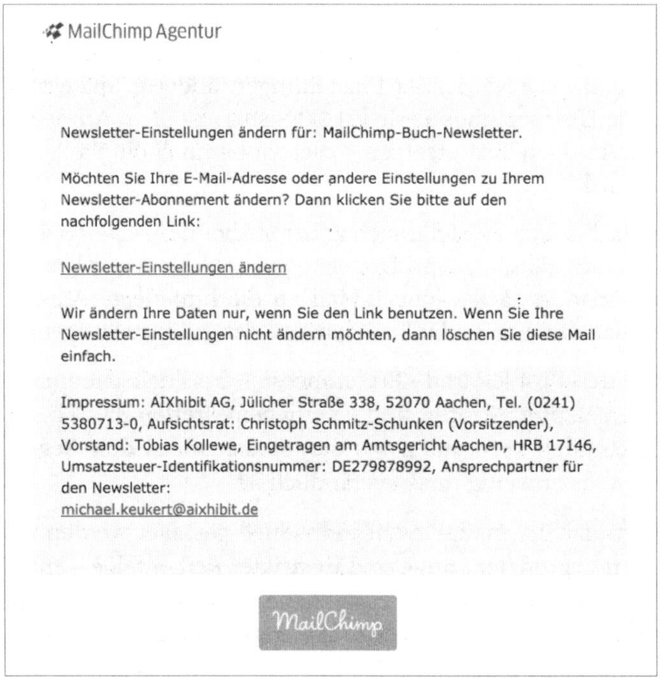

> MailChimp Agentur
>
> Newsletter-Einstellungen ändern für: MailChimp-Buch-Newsletter.
>
> Möchten Sie Ihre E-Mail-Adresse oder andere Einstellungen zu Ihrem
> Newsletter-Abonnement ändern? Dann klicken Sie bitte auf den
> nachfolgenden Link:
>
> Newsletter-Einstellungen ändern
>
> Wir ändern Ihre Daten nur, wenn Sie den Link benutzen. Wenn Sie Ihre
> Newsletter-Einstellungen nicht ändern möchten, dann löschen Sie diese Mail
> einfach.
>
> Impressum: AIXhibit AG, Jülicher Straße 338, 52070 Aachen, Tel. (0241)
> 5380713-0, Aufsichtsrat: Christoph Schmitz-Schunken (Vorsitzender),
> Vorstand: Tobias Kollewe, Eingetragen am Amtsgericht Aachen, HRB 17146,
> Umsatzsteuer-Identifikationsnummer: DE279878992, Ansprechpartner für
> den Newsletter:
> michael.keukert@aixhibit.de
>
> MailChimp

Abb. 7.27: Ein Impressum ist auch in dieser E-Mail erforderlich.

Einen Schönheitspreis gewinnt das überarbeitete Formular nach wie vor nicht, dafür sind jetzt alle wesentlichen Informationen enthalten. Beachten Sie, dass ich in diesem Beispiel die Felder wieder sehr frei interpretiert habe und beispielsweise das oberste Feld als eine Art Überschrift zweckentfremdet habe, bei der Mail-chimp dann den Namen der Audience automatisch hinten anfügt.

Im zweiten Feld sind konkrete Beispiele aufgezählt, was der Abonnent ändern können wollte. Wenn Sie in Ihrer Audience ausschließlich die E-Mail-Adresse als sichtbares Feld nutzen, dann können Sie diesen Passus noch expliziter ausschließlich auf das Ändern der Mail-Adresse ausrichten.

Als problematisch erwies sich das Impressum, das aus Vorsichtsgründen in das Mail-Formular eingefügt werden sollte. Weder konnte es halbwegs ansprechend gestaltet werden, noch in irgendeiner Weise verlinkt werden. Den einzigen Link – die Kontaktadresse für die Audience – fügt Mailchimp automatisch am Ende hinzu. Insofern stellt dieses Impressum einen Kompromiss dar, zulasten der optischen Aufmachung.

7.2.12 Profile update email sent / E-Mail-Versandbestätigung für die Newsletter-Einstellungen

Bei diesem Formular handelt es sich lediglich um eine Bestätigung und Erinnerung, dass eine E-Mail mit einem Link versendet wurde. Die Gestaltungsmöglichkeiten sind hier wiederum extrem eingeschränkt – dafür sieht Mailchimp selbst jetzt aber ein Impressum vor. Ein paar ungelenke Formulierungen sind schnell korrigiert.

Abb. 7.28: Die amerikanische Darstellung der Adresse (Ort, Postleitzahl) lässt sich natürlich auch ändern.

Auch hier ermutige ich wieder zu einer eher liberalen Auslegung der vorhandenen Textfelder, um die Übersichtlichkeit zu erhöhen. Schreiben Sie ruhig etwas ausführlicher – Ihre Abonnenten werden es Ihnen danken. Die Daten des Impressums stammen aus den Audience-Einstellungen. Sollte etwas nicht stimmen, dann können Sie es dort korrigieren. Leider gibt es keinen Weg, an dieser Stelle das Impressum zu vervollständigen oder einen Abstand zwischen Text und Impressum zu setzen.

Interessant ist an dieser Stelle der letzte Link. Die originale Übersetzung »Zu Kontakte hinzufügen« ist nicht nur grammatikalisch falsch, sondern auch verwirrend. Ich empfehle daher den Text »Newsletter zu Ihrem Adressbuch hinzufügen«. Aber was hat es damit auf sich?

Klickt man auf den Link, dann lädt man eine sogenannte vCard herunter. Es handelt sich dabei um ein standardisiertes Format für den Austausch von Adressen – eine elektronische Visitenkarte. Mittels eines Doppelklicks auf die vCard-Datei können Ihre Abonnenten die Absenderadresse des Newsletters in das Adressbuch ihres Mailprogramms einfügen. Dies soll verhindern, dass das Mailprogramm den Newsletter in den Spam-Ordner verschiebt. Das vCard-Format wird mehr oder minder gut von den meisten Mailprogrammen unterstützt. Die von Mailchimp generierten vCards entsprechen einem eher konservativen Format und sollten wenig Probleme machen. Ob das Feature wirklich nützlich ist, kann ich weder bestätigen noch widerlegen. Da man es aber nicht abschalten kann, erübrigt sich jede Diskussion.

7.2.13 Update profile form / Newsletter-Einstellungen ändern

Dieses Formular dient dem tatsächlichen Ändern der hinterlegten Daten in den sichtbaren Listenfeldern durch den Abonnenten. Unsichtbare Listenfelder können vom Abonnenten nicht geändert werden. Das Formular ist klar und übersichtlich aufgebaut. Mailchimp hat sogar zwei frei editierbare Textfelder vorgesehen, obwohl diese streng genommen gar nicht nötig wären.

Auch wenn ich ansonsten ein Freund ausführlicherer Formulartexte bin, fällt es an dieser Stelle schwer, mehr zu schreiben. Eine Ausnahme stellen jedoch erklärungsbedürftige Felder, wie beispielsweise das Geburtsdatum des Abonnenten oder eine Kundennummer dar.

In diesem Fall sollten Sie nochmals erwähnen, wofür diese Felder wichtig sind, und insbesondere, was der Abonnement davon hat, wenn er diese Felder ausfüllt. Bedenken Sie, dass dieses Formular nicht nur dafür geeignet ist, dass Abonnenten ihre Daten berichtigen und ergänzen, sondern dass ebenso leicht mitgeteilte Daten auch wieder gelöscht oder verfälscht werden können.

Die »GDPR«-Felder, also die durch die DSGVO notwendig gewordenen Einverständnis-Erklärungen können Sie an dieser Stelle nicht ändern. Diese Einstellungen werden beim »Signup Form« getätigt.

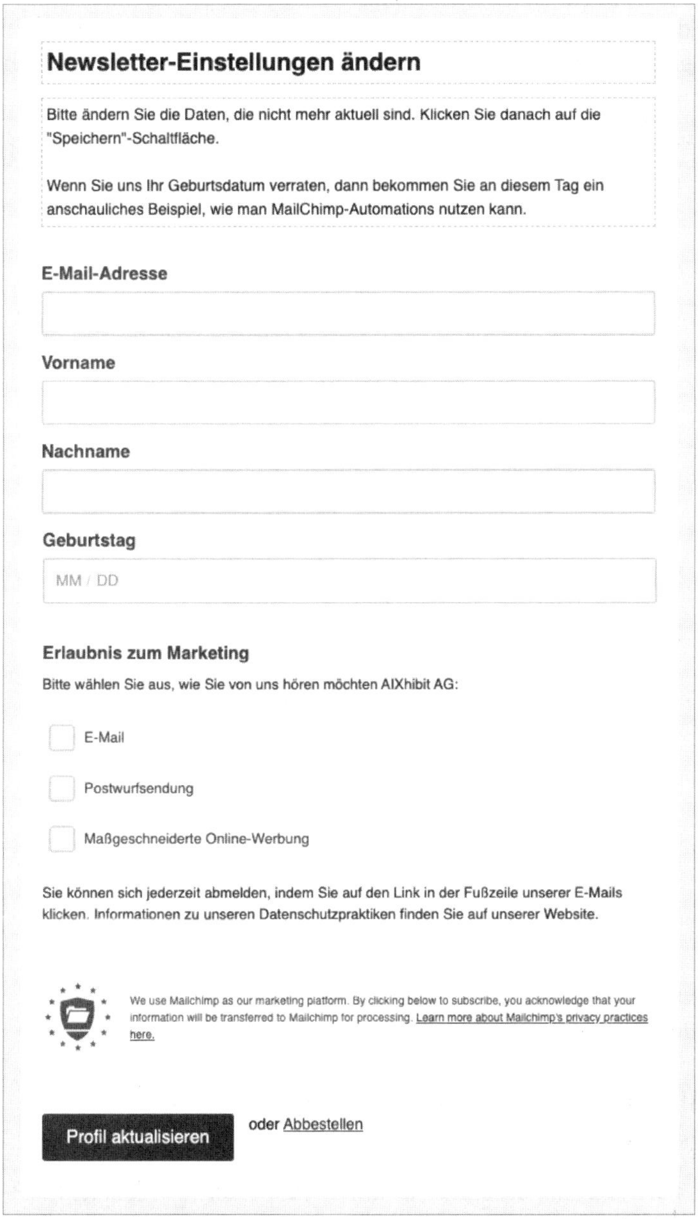

Newsletter-Einstellungen ändern

Bitte ändern Sie die Daten, die nicht mehr aktuell sind. Klicken Sie danach auf die "Speichern"-Schaltfläche.

Wenn Sie uns Ihr Geburtsdatum verraten, dann bekommen Sie an diesem Tag ein anschauliches Beispiel, wie man MailChimp-Automations nutzen kann.

E-Mail-Adresse

Vorname

Nachname

Geburtstag

MM / DD

Erlaubnis zum Marketing

Bitte wählen Sie aus, wie Sie von uns hören möchten AIXhibit AG:

☐ E-Mail

☐ Postwurfsendung

☐ Maßgeschneiderte Online-Werbung

Sie können sich jederzeit abmelden, indem Sie auf den Link in der Fußzeile unserer E-Mails klicken. Informationen zu unseren Datenschutzpraktiken finden Sie auf unserer Website.

We use Mailchimp as our marketing platform. By clicking below to subscribe, you acknowledge that your information will be transferred to Mailchimp for processing. Learn more about Mailchimp's privacy practices here.

Profil aktualisieren oder Abbestellen

Abb. 7.29: Leider kann der Abmelde-Link an dieser Stelle nicht entfernt werden.

7.2.14 Update profile sample form / Newsletter-Einstellungen-Beispielformular

Dieses Formular wird angezeigt, wenn Sie – als Newsletter-Ersteller – während der Arbeit an einem neuen Newsletter auf den Profil-Update-Link klicken oder wenn der Link aus dem Newsletter-Archiv heraus aufgerufen wird. Beide Fälle sind eher selten – den zweiten Fall kann man sogar mit einigen Tricks gänzlich ausschließen.

Die Arbeit hier beschränkt sich demnach auf das Korrigieren der Übersetzung und das Anpassen der Überschrift.

Abb. 7.30: Den oberen Text dieses Formulars bekommt nur der Mailchimp-Admin, nicht der Abonnent zu sehen.

7.2.15 Update profile »thank you« page / Bestätigung nach Einstellungsänderung

Das Beste an diesem Formular ist, dass man es durch eine externe Webseite ersetzen kann. Wie früher bereits erwähnt, hat dies diverse Vorteile, da man eine bessere Kontrolle über die Darstellung hat. Vor allem kann man den Abonnenten auf der eigenen Webseite auch weiterführende Links oder Angebote unterbreiten. Daher empfehlen wir unseren Kunden, diese Möglichkeit zu nutzen.

Sollten Sie das nicht können oder wollen, dann ist in diesem Formular weiter nicht mehr zu tun, als die holperige Übersetzung wieder etwas zu glätten und für eine einheitliche Terminologie zu sorgen.

Dies schließt den Block der Formulare rund um das Ändern des Abonnenten-Profils ab. Die weiteren Formulare werden von Mailchimp schon salopp als »Other Bits« – restlicher Krams – bezeichnet. Die Relevanz der nun folgenden fünf Formulare ist in der Tat gering – mit zwei Ausnahmen.

Abb. 7.31: Statt dieses Formulars sollten Sie besser eine eigene Webseite benutzen. Dort können Sie dem Benutzer weitere Angebote machen.

7.2.16 Forward to a friend form / Newsletter-Empfehlungsformular

Die Vorstellung ist so schön: Jemand ist von Ihrem Newsletter so begeistert, dass er all seinen Freunden davon erzählen muss! Die FORWARD TO A FRIEND-Funktion soll den Vorgang vereinfachen und zum Weiterverteilen von Newslettern animieren. Tolle Sache, sollte man denken.

In einem anderen Zusammenhang (Onlineshops) sieht der Bundesgerichtshof dies leider anders. Zwar liegt dem Urteil ein extremer Fall zugrunde, der mit der hier vorgestellten Mailchimp-Funktion eher wenig zu tun hat, das Urteil hat aber dennoch für nicht wenig Aufruhr gesorgt.

Es zeigt zumindest die aktuell angespannte Lage, wenn es in Deutschland um die Thematik Datenschutz und Wettbewerbsrecht geht.

✍ MailChimp Agentur

Möchten Sie unseren Newsletter weiterempfehlen?

Wir freuen uns, dass Sie unseren Newsletter weiterempfehlen wollen. Nicht jeder findet solche Empfehlungen jedoch nützlich. Wir bitten Sie daher, unseren Newsletter nur solchen Personen weiterzuempfehlen, die Sie gut kennen und bei denen Sie sicher davon ausgehen können, dass Sie sich für diesen Newsletter interessieren könnten: MailChimp-Buch Newsletter.

|HTML:FTFSTATUS|

* Bitte füllen Sie alle Felder aus.

Der Name Ihres Freundes: *

|FRIEND_NAME|

Die E-Mail-Adresse Ihres Freundes: *

|FRIEND_EMAIL|

Ihr Name: *

|YOUR_NAME|

Ihre E-Mail-Adresse: *

|YOUR_EMAIL|

Schreiben Sie Ihrem Freund, warum dieser Newsletter für ihn interessant ist: *

|MESSAGE|

E-Mail senden

Hinweise
Keine der von Ihnen auf dieser Seite eingegebenen Informationen werden gespeichert. Wir erfahren nicht den Namen Ihres Freundes oder seine E-Mail-Adresse, solange er sich nicht anmeldet. Bitte gehen Sie it diesen Empfehlungen sparsam um und leiten Sie sie nur an Personen weiter, die Sie gut kennen und von denen Sie sicher sind, dass unser Newsletter Ihnen gefallen würde.
Mehr Informationen über diesen Newsletter.

Abb. 7.32: Wenn Sie diese Funktion nutzen wollen, sollten Sie sehr ausführlich die Hintergründe erläutern.

Da Sie die Funktion, wie Mailchimp sie anbietet, nicht in dem Sinne absichern können, wie sie beispielsweise der bekannte IT-Rechtsanwalt Thomas Schwenke in *http://rechtsanwalt-schwenke.de/abmahnungsrisiko-tell-a-friend-empfehlungsemails-checkliste/* empfiehlt, würde ich von der Verwendung dieser Funktion abraten.

Unabhängig davon zeigt meine Erfahrung, dass diese Funktion sowieso ausgesprochen selten genutzt wird.

Sollten Sie das Formular dennoch einsetzen wollen, dann sollten Sie einige Klarstellungen in den Text einfügen – was aufgrund des nur rudimentär zu gestaltenden Formulars leider schwierig ist. So sind zum Beispiel Hervorhebungen durch Farbe oder Fettschrift nicht möglich.

In dem Beispiel in Abbildung 7.32 habe ich den Hinweis, dass man den Newsletter nur an einen echten Bekannten weitersenden soll, zweimal aufgeführt. Dies ist aus einer »doppelt genäht hält besser«-Haltung entstanden, da ich bei diesem sensiblen Thema selbst kein Risiko eingehen will.

Wo im Beispiel am Ende lediglich »Hinweise« steht, stand in der Originalübersetzung »Datenschutz«. Das ist vonseiten Mailchimp gut gemeint, für einen arglosen deutschen Newsletter-Versender aber eine böse Falle. Hinweise zum Datenschutz sind in Deutschland rechtlich genau geregelt. Es bei der vorgefertigten, knappen Aussage zu belassen, erscheint vor einem potenziell kritischen Hintergrund als eher fahrlässig. Aus diesem Grund habe ich den Passus, dass Ihnen als Newsletter-Betreiber der Name des Freundes nicht mitgeteilt wird, ergänzt.

7.2.17 Forward to a friend email / Newsletter-Empfehlungsmail

Geradezu katastrophal in der Aufmachung und damit ein weiterer Grund, die Weiterempfehlen-Funktion nicht zu benutzen, ist die tatsächliche E-Mail, die an den Freund weitergesendet wird. Der nichts ahnende Empfänger bekommt drei monströs aussehende Links um die Ohren gehauen, durchsetzt von einem Mischmasch aus vorgefertigten Texten und den Texten, die der wohlmeinende Empfehlende verfasst hat. Zu allem Überfluss geschieht das Ganze dann in Ihrem Namen und unter Ihrem Branding, mit Logo und Absenderadresse Ihres Newsletters.

Möchten Sie die Funktion immer noch benutzen? Dann lösen Sie sich völlig von den Vorgaben in den Textfeldern und deuten Sie die einzelnen Elemente kreativ um. Zwar arbeitet Mailchimp hier sehr viel mit Merge-Tag-Variablen – leider ist deren Position aber vorgegeben, sodass nicht sehr viel Spielraum für Umformulierungen bleibt.

MailChimp Agentur

Hi *|FRIEND_NAME|*,

|YOUR_NAME| Wir glauben, auch dies könnte für Sie von Interesse sein:
http://us10.forward-to-friend.com/forward/show?
u=e460064eac9e3a427e5ee366d&id=*|CAMPAIGN_UID|*

|YOUR_NAME| hat auch diese persönliche Botschaft an Sie beigefügt:

|MESSAGE|

Finden Sie den Link interessant?

Sie können es auch an Ihre Freunde weiterleiten:
http://us10.forward-to-friend.com/forward?
u=e460064eac9e3a427e5ee366d&id=*|CAMPAIGN_UID|*

Sie können sich hier für mehr E-Mails anmelden:
http://aixhibit.us10.list-manage.com/subscribe?
u=e460064eac9e3a427e5ee366d&id=ca700ddcce

* Hinweis: wenn eine der URLs oben nicht anklickbar ist, können Sie sie in
Ihren Web-Browser kopieren/einfügen.

Abb. 7.33: Die Original-Mail kann keinesfalls so bestehen bleiben.

Hallo *|FRIEND_NAME|*,

|YOUR_NAME| , einer Ihrer Bekannten, ist Abonnement unseres
Newsletters und glaubt, dass dieser für Sie interessant sein könnte. Darum
wurde unser Newsletter durch Ihren Bekannten an Sie weitergeleitet. Sie
finden unseren Newsletter hier:
http://us10.forward-to-friend.com/forward/show?
u=e460064eac9e3a427e5ee366d&id=*|CAMPAIGN_UID|*

|YOUR_NAME| hat kurz zusammengefasst, warum unser Newsletter für
Sie interessant sein dürfte:

|MESSAGE|

Abb. 7.34: Erklären Sie ausführlich, warum der Empfänger diese E-Mail von Ihnen bekommt.

Zunächst räumen Sie die Einleitung auf und machen sie etwas ausführlicher. Sowohl das *|FRIEND_NAME|*- als auch das *|YOUR_NAME|*-Merge-Tag sind in der Position festgelegt, sodass Sie kreativ darum herum formulieren müssen. Den Zeichensetzungsfehler (Leerzeichen vor Komma) im ersten Absatz nehmen Sie dabei billigend in Kauf. Alle Formulierungen stellen klar, dass alle Aktionen vom Abonnenten ausgehen und Sie, als Newsletter-Betreiber, nur das Werkzeug zur Verfügung stellen.

Wir würden uns freuen, wenn Ihnen die Empfehlung Ihres Bekannten zusagt und unser Newsletter tatsächlich für Sie interessant ist. Wir entschuldigen uns, wenn Sie über diese Empfehlung verärgert sind. Ihr Bekannter hat es sicher nur gut gemeint und beantwortet Ihnen sicher gerne Rückfragen, wie es zu dieser Empfehlung kam.

Kennen Sie andere Personen, für die unser Newsletter interessant sein könnte? Wenn Sie sicher sind, dass die Empfehlung willkommen ist und Sie die Personen gut kennen, dann können Sie uns über diesen Link ebenfalls weiterempfehlen:
http://us10.forward-to-friend2.com/forward?
u=e460064eac9e3a427e5ee366d&id=*|CAMPAIGN_UID|*

Besonders toll wäre es natürlich, wenn Sie selbst unseren Newsletter abonnieren wollen. Nutzen Sie dazu das Anmeldeformular hinter folgendem Link. Wir freuen uns auf Sie!
http://aixhibit.us10.list-manage2.com/subscribe?
u=e460064eac9e3a427e5ee366d&id=68144b5230

Impressum: AIXhibit AG, Jülicher Straße 338, 52070 Aachen, Tel. (0241) 5380713-0, Aufsichtsrat: Christoph Schmitz-Schunken (Vorsitzender), Vorstand: Tobias Kollewe, Eingetragen am Amtsgericht Aachen, HRB 17146, Umsatzsteuer-Identifikationsnummer: DE279878992

Abb. 7.35: Ausführliche Erklärungen machen den Sachverhalt nachvollziehbar.

Im unteren Teil der Mail kommen Sie dann selbst zu Wort. Hier nutzen Sie die Textfelder, um eine ausführliche Erklärung zu geben und nochmals aufzuzeigen, dass der Absender der Mail der eigentliche Verursacher ist.

Kritisch wird es beim ersten Link im unteren Absatz, den man leider nicht weglassen kann. Mit diesem Link fordern Sie, der Newsletter-Betreiber, den Freund Ihres Abonnenten – also jemand, der kein Abonnent Ihres Newsletters ist und mit dem Sie weiter nichts zu tun haben – auf, den Newsletter seinerseits an weitere Personen zu empfehlen. Hier sollte daher die Einschränkung wie im vorherigen Formular erneut wiederholt werden.

Ganz wichtig ist wieder das Impressum! Diese E-Mail wird in Ihrem Namen an eine fremde Person versendet. Hier müssen Sie Ihre Anbieterkennzeichnung unbedingt hinterlegen. Leider geht das auch nur wieder ungestaltet und unter Missbrauch eines Textfeldes – das Weglassen wäre aber ebenso fahrlässig.

Im Zweifel sollten Sie Ihren eigenen Anwalt fragen – der Ihnen höchstwahrscheinlich das Benutzen dieser Funktion komplett ausreden wird. Im Rahmen der beschränkten Möglichkeiten zur Anpassung der Formulare ist der Vorgang jetzt für den Auslösenden und den Empfänger deutlich klarer geworden. Am sichersten fahren Sie jedoch, wenn Sie diese Funktion nicht nutzen!

7.2.18 About your list / Über diesen Newsletter

Dieses Formular hat nahezu keine Relevanz, da es nirgendwo automatisch verlinkt ist. Das ist auch gut so, da die eingeschränkten Formatierungsmöglichkeiten kein vollständiges Impressum zulassen, wie man es auf dieser Seite erwarten dürfte. Lediglich wenn Sie diese Seite über das Merge-Tag *|ABOUT_LIST|* im Newsletter verlinken, wird es angezeigt. Da sich die Texte des Formulars aus vorher bereits angepassten Texten zusammensetzen, ist hier auch keine Arbeit nötig.

7.2.19 Campaign archive page / Newsletter-Archiv

Als *Campaign* – Kampagne – bezeichnet Mailchimp einen einzelnen, versendeten Newsletter. Diese Newsletter archiviert Mailchimp automatisch – Sie können aber entscheiden, ob dieses Kampagnenarchiv öffentlich zugänglich ist oder nicht.

Bitte beachten Sie, dass im Newsletter-Archiv nur die letzten 20 Newsletter angezeigt werden. Die Texte stammen fast komplett aus den Betreffs der jeweiligen Newsletter. Die wenigen Texte der Archivseite selbst sind schnell übersetzt und angepasst.

Abb. 7.36: Im Archiv werden die letzten 20 Newsletter mit Versanddatum und Betreffzeile angezeigt. Hier das Archiv von *www.stricken.de*.

Abb. 7.37: Über das Archiv können auch neue Abonnenten gewonnen werden.

Wie üblich nutzen wir die Felder gerne etwas »freier« und lösen uns von der Vorgabe. Das im Original vorhandene Merge-Tag `*|LIST:COMPANY|*` ist an dieser Stelle nicht zwingend notwendig und kann getrost weggelassen werden.

7.2.20 Survey landing page / Umfrageergebnisseite

Mailchimp hat einige rudimentäre Funktionen zum Durchführen von Umfragen und Abstimmungen an Bord. Über das POLL- und SURVEY-Merge-Tag können innerhalb des Newsletters bestimmte Fragen gestellt und auf einer Skala von 1 bis 10 oder per individueller Kategorien abgefragt werden.

Um die Abstimmungsergebnisse zu zählen, muss jedes Mal auf eine externe Seite umgeleitet werden – die Umfrageergebnisseite. Den Hauptteil der Seite nimmt das Merge-Tag `*|SURVEY_VOTE_RESPONSE|*` ein, das einen Standardtext zur Abstimmung ausgibt. Das ist üblicherweise der »Danke für die Abstimmung«-Text – ich bevorzuge »Danke, Ihre Stimme wurde gezählt« – oder eine der Fehlermeldungen.

Abb. 7.38: Diese Seite dient dem Zählen von Abstimmungsergebnissen.

Unterhalb von SURVEY VOTE RESPONSE gibt es noch ein freies Textfeld, in dem Sie weitere Erklärungen geben können. Beachten Sie jedoch, dass die Umfrageergebnisseite für alle Umfragen in allen Newslettern dieser Liste genutzt wird.

7.2.21 Automation landing page / Marketingautomationsergebnisseite

Mit dem weiteren Ausbau der Mailchimp-E-Mail-Marketingautomationen ist dieses Formular in 2017 neu hinzugekommen. Ähnlich wie die Umfrageergebnisseite dient sie als Zwischen-Seite, um Verzweigungen in einer Automation zu erfassen.

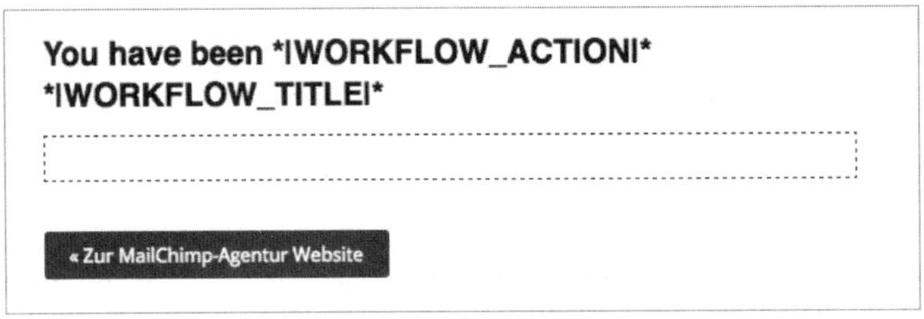

You have been *|WORKFLOW_ACTION|*
|WORKFLOW_TITLE|

« Zur MailChimp-Agentur Website

Abb. 7.39: Leider können nicht alle Texte übersetzt werden.

Wie so oft bei *sehr* neuen Funktionen in Mailchimp hinken die Übersetzungen hinterher. Der Text in der Überschrift kann nicht übersetzt werden und bleibt zwangsweise auf Englisch. Von daher müssen Sie im Freitextfeld eine entsprechende Erklärung vorsehen, die Sie natürlich wieder mit Merge-Tags versehen können. Welcher Text hier sinnvoll ist, hängt von der Automation ab, die Sie verwenden. Daher kann leider kein Mustertext vorgegeben werden.

7.3 Sonstige Übersetzungen und neue Texte

Mailchimp stellt ein sehr mächtiges, umfangreiches und einigermaßen bequem zu bedienendes System zum Übersetzen aller Formulare bereit. Leider gibt es immer mal wieder Stellen, die vom Newsletter-Betreiber nicht übersetzt werden können.

* Pflichtfeld

Bitte korrigieren Sie die rot markierten Felder im Formular.

E-Mail Adresse *

michael.keukert@aixhibit.de

Too many subscribe attempts for this email address. Please try again in about 5 minutes. (#6592)

Abb. 7.40: Leider findet man ab und zu Texte, die (bisher) nicht übersetzt werden können – zum Beispiel diese Fehlermeldung.

Die Fehlermeldung in Abbildung 7.40 kommt beispielsweise, wenn man zu oft versucht, die gleiche Adresse zum Newsletter anzumelden. Es handelt sich um eine Sicherheitsmaßnahme – der englische Text ist aber nirgendwo in den Formularen zu finden und kann daher auch nicht angepasst werden.

Ein weiterer Fall ist die Skala für das POLL-Merge-Tag, bei dem die Wörter »lowest« und »highest« nicht übersetzt werden können. Das macht das Poll-Feature für deutsche Newsletter nahezu unbenutzbar.

Erfreulicherweise haben wir in den letzten Jahren aber zunehmend weniger solcher Überbleibsel gefunden. Die, die noch verblieben sind, fallen in der täglichen Praxis fast nie auf.

Anders hingegen neu hinzugekommene Funktionen. Hier sollte man regelmäßig die Ankündigungen von Mailchimp lesen, um zu sehen, ob irgendeine neue Funktionalität möglicherweise bestehende Formulare oder Eingabemasken verändert. Zwar geht Mailchimp bei Upgrades ausgesprochen behutsam vor – sich über das System auf dem Laufenden zu halten, ist aber kein Fehler.

7.4 Formularübersicht

Hier noch mal zusammengefasst die Übersicht über alle Formulare und Mail-Formulare.

		MailChimp Formularübersicht				
Formular	Name	Funktion	Typ	Verpflichtend	Ersetzbar durch	Eigene URL
1	Signup form	Generelles Anmeldeformular	Webseite	Nein	API-Anmeldung	Ja
2	Signup form with alerts	Anmeldeformular mit Fehlermeldungen	Webseite	Nein		
3	Signup "thank you" page	Danke für die Anmeldung (Teil 1 vor Opt-in)	Webseite	Ja	Externe Seite	Externe URL
4	Opt-in confirmation email	E-Mail mit Double-Opt-In Link	E-Mail	Ja		
5	Opt-in confirmation captcha	Sicherheitsabfrage nach Opt-In	Webseite	Nein	Weglassen	
6	Confirmation "thank you" page	Danke für die Anmeldung (Teil 2, alles fertig)	Webseite	Ja	Externe Seite	Externe URL
7	Final "welcome" email	E-Mail Bestätigung über die Anmeldung	E-Mail	Nein	Weglassen	
8	Unsubscribe form	Abmeldeformular	Webseite	Nein	Abmeldelink	Ja
9	Unsubscribe success page	Bestätigung der Abmeldung und Umfrage	Webseite	Ja	Externe Seite	Externe URL
10	"Goodbye" email	E-Mail-Bestätigung der Abmeldung	E-Mail	Nein	Weglassen	
11	Profile update email	E-Mail mit Link zur Profiländerung	E-Mail	Nein	Merge-Tag weglassen	
12	Profile update email sent	Bestätigung über den Versand der Profiländerungs-E-Mail	Webseite	Nein		
13	Update profile form	Formular zum Ändern der Newsletter-Einstellungen	Webseite	Nein		
14	Update profile sample form	Fehlermeldungen zu den Newsletter-Einstellungen	Webseite	Nein		
15	Update profile "thank you" page	Änderung der Einstellungen bestätigen	Webseite	Nein	Externe Seite	Externe URL
16	Forward to a friend form	Newsletter weiterleiten	Webseite	Nein	Merge-Tag weglassen	
17	Forward to a friend email	Weiterempfehlungs-E-Mail	E-Mail	Nein	Merge-Tag weglassen	
18	About your list	Kurzinfo zur Liste	Webseite	Nein	Merge-Tag weglassen	Ja
19	Campaign archive page	Archiv der 20 letzten Newsletter	Webseite	Nein	Weglassen	Ja
20	Survey landing page	Bestätigen eines Abstimmungsklicks	Webseite	Nein	Merge-Tag weglassen	

Abb. 7.41: Diese Tabelle gibt Ihnen den Überblick über alle derzeitigen Formulare pro Liste.

7.5   Das Azubi-Szenario

Stellen Sie sich folgende Situation vor: Sie haben dieses Buch durchgelesen und Ihren Mailchimp-Account perfekt eingerichtet. Alle Formulare sind tipptopp, alle »gefährlichen« Funktionen abgeschaltet, alle Texte angepasst. Es könnte alles so schön sein ...

... aber dann fängt ein Jahr später ein Azubi (Praktikant, Neffe, BFDler ...) an und arbeitet in Ihrem Auftrag ebenfalls mit Mailchimp. Und diese Person entdeckt jetzt die ein oder andere Mailchimp-Funktion wie zum Beispiel »Forward to a friend« und baut diese – in bester Absicht – in den Newsletter ein. Vielleicht wurden Sie sogar gefragt und haben sich nicht mehr an die entsprechenden Warnungen in diesem Buch erinnert. Das Resultat ist das gleiche: Sie benutzen auf einmal in Ihrem Mailchimp-Account Funktionen, die ein gewisses Risiko für Sie enthalten.

Von daher nochmals die dringende Bitte, alle (!) Mailchimp-Formulare ordentlich zu bearbeiten und vor allem die Texte anzupassen. Sie können sich dabei gerne an den Texten in diesem Buch orientieren (ohne dass diese jetzt juristisch »wasserdicht« wären – das kann Ihnen nur Ihr Anwalt erstellen).

7.6   Übersetzungsarbeit sparen

In Abschnitt 7.1 habe ich Ihnen einen Trick versprochen, mit dem Sie sich die mühsame Arbeit des gesamten Kapitels 7 beim Anlegen einer neuen Liste sparen können. Voraussetzung ist, dass Sie bereits eine Liste haben, die von A bis Z gestaltet und optimiert ist, wie ich es exemplarisch vorgemacht habe.

Statt bei einer neuen Liste wieder von vorne anzufangen, nutzen Sie einfach die REPLICATE-Funktion in der Listenübersicht. Diese finden Sie hinter dem Pfeil-nach-unten in der Schaltfläche rechts neben jeder Liste. Durch diese Funktion wird eine neue Liste angelegt, die zwar keinen einzigen Abonnenten hat, dafür aber alle Listenfelder, Gestaltungen und Übersetzungen der Ursprungsliste enthält. Da Sie jetzt nur noch Details ändern müssen, haben Sie massiv Arbeit gespart.

Kapitel 8

Import und Export von Audiences

Newsletter-Projekte starten häufig nicht bei null, sondern mit einem bestehenden Datenbestand. Seien es Listen von Vereinsmitgliedern oder Bestandskunden. Diese Daten müssen importiert werden. Wenn die Daten einmal im System sind, dann gibt es auch vielerlei Gründe, diese wieder zu extrahieren.

In diesem Kapitel zeige ich Ihnen, wie Sie E-Mail-Adressen (und alle anderen relevanten Daten) in Mailchimp hinein- und auch wieder herausbekommen.

8.1   Adressen importieren

Gerade, wenn Sie das Thema E-Mail-Marketing neu angehen, haben Sie oft bereits eine ganze Reihe E-Mail-Adressen, die Sie in Ihre Audiences (ehemals: Listen) importieren möchten. Kein Problem, Mailchimp bietet dafür umfangreiche Unterstützung an.

Beachten Sie hierbei jedoch, dass Sie nicht beliebig Personen zu Ihren Audiences hinzufügen dürfen. Sie müssen entweder die explizite Zustimmung haben – spätestens seit Inkrafttreten der DSGVO in irgendeiner Form schriftlich oder digital dokumentiert – oder Sie müssen die implizite Zustimmung berechtigt annehmen können, zum Beispiel, wenn es sich um die Adressen von Mitarbeitern, Bestandskunden oder registrierten Fachhändlern handelt.

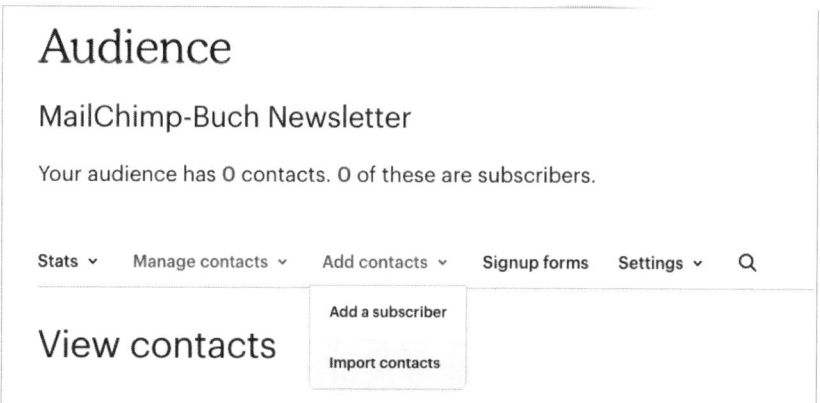

Abb. 8.1: Über den Menüpunkt IMPORT CONTACTS können Sie selbst weitere Abonnenten hinzufügen.

Die Optionen zum Importieren von Abonnenten finden Sie in den Einstellungen zu jeder Audience unter dem Punkt ADD CONTACTS – also Abonnenten hinzufügen. Dort haben Sie die Möglichkeit, einen einzelnen Abonnenten oder eine komplette externe Liste hinzuzufügen.

8.1.1 Einzelne Abonnenten hinzufügen

Mitunter möchte man nur eine einzelne Person zur Audience hinzufügen, etwa wenn man nach einer telefonischen Bestellannahme den Kunden fragt: »Möchten Sie unseren Newsletter erhalten?« In diesem Fall kann man unter ADD A SUBSCRIBER einen einzelnen, neuen Abonnenten anlegen. Beachten Sie hierbei jedoch, dass Sie diese Einwilligung idealerweise in irgendeiner Form dokumentieren – was bei einem Telefonat eher schwierig sein wird.

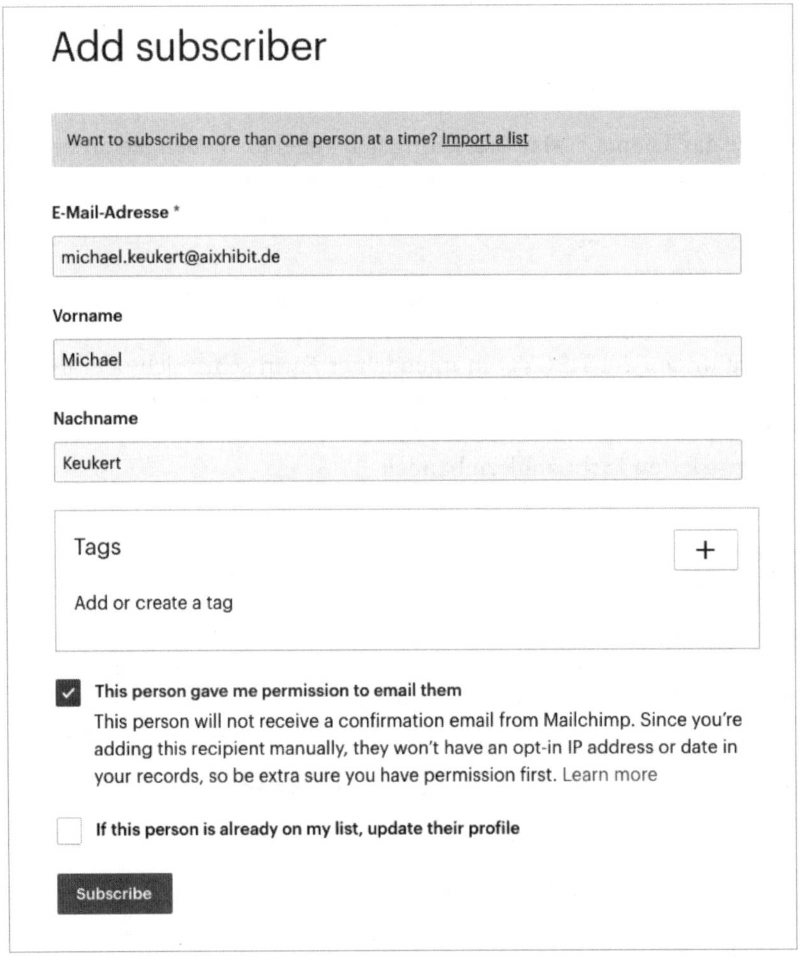

Abb. 8.2: Über dieses Formular fügen Sie einen einzelnen Abonnenten hinzu.

In der folgenden Eingabemaske werden Ihnen alle Felder Ihrer Audience angezeigt und Sie können die Daten des neuen Abonnenten eintragen. Pflichtfelder sind auch in dieser Eingabemaske verpflichtend und können nicht übersprungen werden. Hier können Sie ebenfalls für den Abonnenten ein »Tag« vergeben. Auf die Tags gehe ich in Kapitel 9 ausführlich ein.

Am Ende stellt Mailchimp nochmals klar, dass Sie die Person nur importieren dürfen, wenn Sie über deren Einverständnis verfügen. Diesen Hinweis lässt sich Mailchimp extra über ein Häkchen quittieren. Ohne das Häkchen zu setzen, können Sie die Adresse nicht zur Audience hinzufügen.

Wenn sich ein Abonnent regulär über ein Anmeldeformular einträgt, dann speichert Mailchimp die IP-Adresse des Computers zusammen mit Datum und Uhrzeit der Anmeldung. Kommt es zu Beschwerden über unverlangt zugesandte Werbung, dann dient die IP-Adresse mit dem Zeitstempel als Nachweis, dass sich die Person selbst eingetragen hat. Dieser Nachweis fehlt, wenn Sie die Person selbst eintragen. Mailchimp vermerkt dann »Admin add« – also Hinzufügung durch den Administrator. Kommt es dann zu Streitereien, müssen Sie unter Umständen nachweisen, dass die Einverständniserklärung zum Beispiel telefonisch gegeben wurde.

Einen Sonderfall stellen Personen dar, die schon auf der Audience eingetragen sind. Wenn deren Daten aktualisiert werden sollen, also zum Beispiel das Geburtsdatum neu hinzugefügt werden soll, dann setzen Sie ein Häkchen neben IF THIS PERSON IS ALREADY ON MY LIST, UPDATE THEIR PROFILE.

Personen, die Sie so hinzufügen, durchlaufen den Double-Opt-in-Prozess nicht. Sobald Sie auf SUBSCRIBE klicken, ist die Person zur Liste hinzugefügt. Wenn Sie eine Person anmelden möchten, sodass sie den Double-Opt-in-Prozess aber dennoch durchläuft, senden Sie ihr einfach die »Signup form URL«, wie in Abschnitt 6.2.2 »Anmeldung per Link« beschrieben.

Hinweis

Im Frühjahr 2019 hat Mailchimp begonnen, das Wort »Liste« nach und nach durch das Wort »Audience« zu ersetzen. Vereinzelt wird noch der Begriff »Listen« benutzt, wie auf den Abbildungen in diesem Abschnitt. Es ist aber zu vermuten, dass der Begriff Liste zunehmend verschwinden und durch Audience ersetzt wird.

8.1.2 Mehrere Abonnenten importieren

Die oben beschriebene Methode eignet sich nur für gelegentliche Hinzufügungen einzelner Adressen. Schon bei wenigen Adressen, die Sie importieren möchten, wird das Eintragen über das Formular mühsam; spätestens bei zweistelligen Mengen an Adressen ist das kaum noch sinnvoll zu machen. Unter IMPORT CONTACTS finden Sie daher Möglichkeiten, wie größere Mengen an Abonnenten importiert werden können.

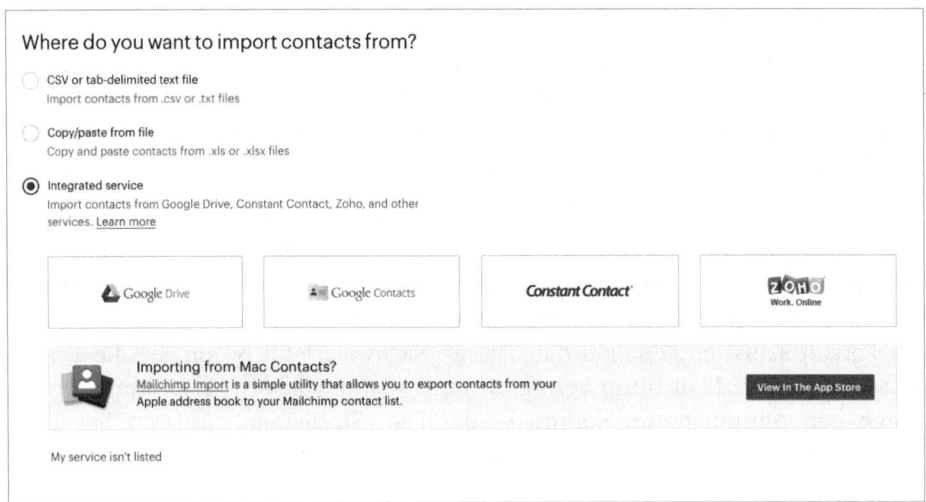

Abb. 8.3: Abonnenten können Sie von verschiedenen externen Diensten importieren oder eigene Adresslisten hochladen.

Vor dem Import muss man zunächst angeben, auf welchem Weg man die Adresslisten importieren möchte. Hier steht der Upload über eine standardisierte Datei (CSV oder TXT), das bequeme Einfügen über Copy/Paste sowie der Upload über »Integrated Service« zur Verfügung. Bei diesen unterscheidet man zwischen verschiedenen Kategorien:

- Customer Relationship Management Systeme (CRM) wie Capsule, Highrise und Salesforce
- Spezialsoftware wie Freshbooks (Buchhaltung), Eventbrite (Veranstaltungsmanagement) und Zendesk (Kundendienstlösung)
- Office-Hilfsprogramme wie Google Contacts und Mac Contacts (Adressbücher) sowie Google Drive und ZOHO (Cloud-Officelösungen)

Neben diesen Importmöglichkeiten können über MY SERVICE ISN'T LISTED noch Hunderte weitere automatische Importschnittstellen ausgewählt werden. Diese zeichnen sich aber alle durch absolute Spezialanwendungsfälle aus, die hier nicht weiter relevant sind. Tatsächlich werde ich in den folgenden Abschnitten nur vier Lösungen berücksichtigen: Dateiimport über TXT oder CSV, Copy/Paste von Excel, Google Drive sowie Google Contacts Import.

8.1.3 CSV- oder TXT-Import

Die Abkürzung CSV steht für Comma Seperated Values, also durch Kommata getrennte Werte. Dieses Format können die meisten Tabellenprogramme, Adressverwaltungen und sonstige Datenbanken exportieren. Eine Datei mit Abonnentendaten könnte so aussehen:

```
michael.keukert@aixhibit.de,Michael,Keukert
tobias.kollewe@aixhibit.de,Tobias,Kollewe
```

Neben diesem Dateiformat akzeptiert Mailchimp die Adressen auch in einer Textdatei. Statt eines Kommas müssen die einzelnen Werte hier mit einem Tabulator getrennt sein.

Abb. 8.4: Wählen Sie zunächst eine CSV- oder TXT-Datei aus.

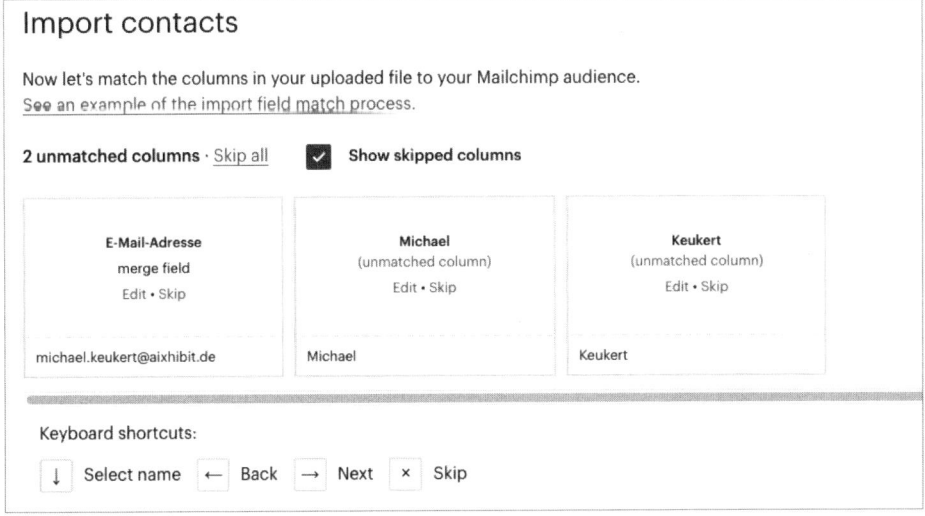

Abb. 8.5: Weisen Sie jeder Spalte das entsprechende Listenfeld zu.

Wählt man eine solche Datei aus, dann präsentiert Mailchimp als Nächstes den Spaltenimport-Editor. Hier kann man jeder Spalte ein Listenfeld zuweisen. Die Spalte mit der E-Mail-Adresse wurde im Beispiel in Abbildung 8.6 bereits erkannt.

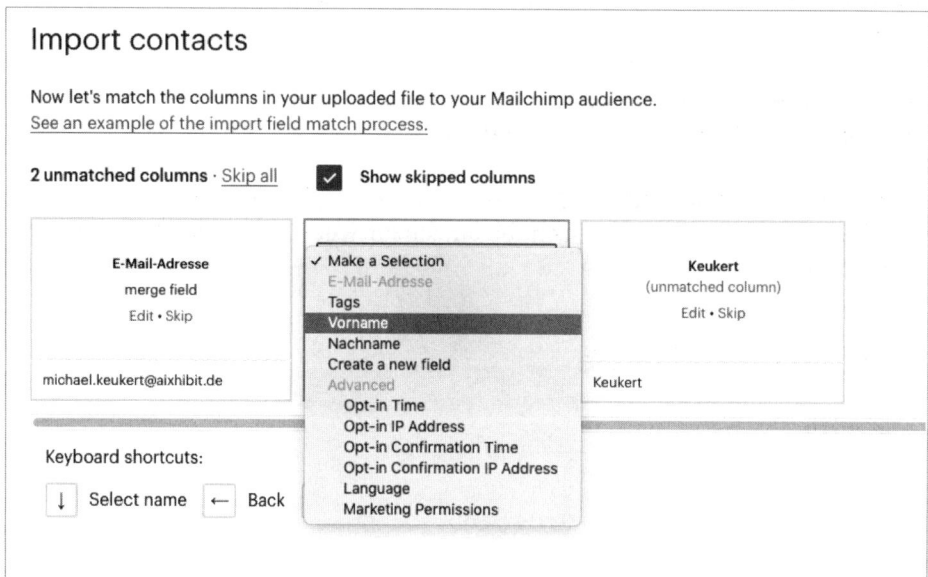

Abb. 8.6: Mailchimp listet alle zur Verfügung stehenden Listenfelder auf.

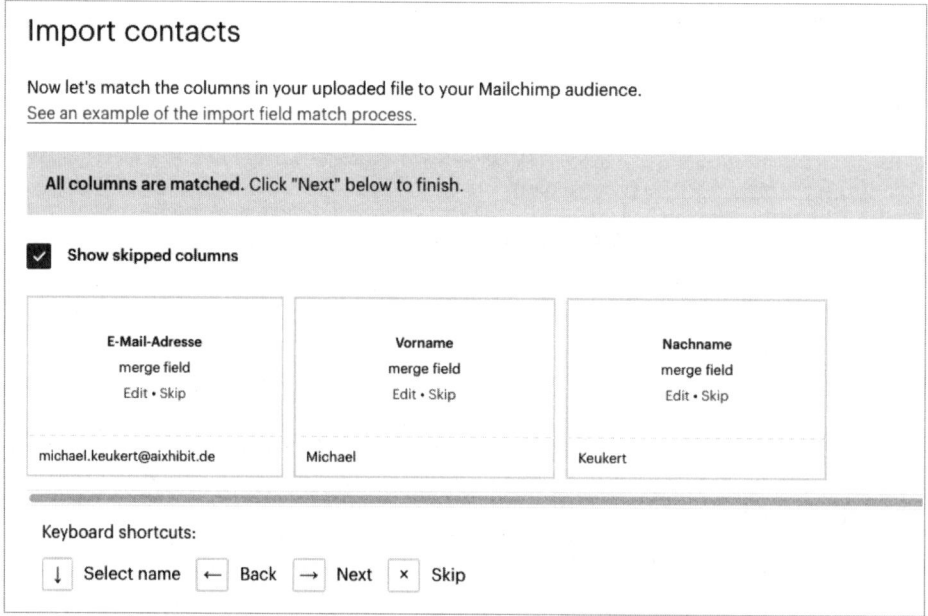

Abb. 8.7: Sind alle Spalten zugewiesen, können Sie den Import abschließen.

Bei Feldern, die Mailchimp nicht eindeutig zuordnen kann, befindet sich hinter der Fläche MAKE A SELECTION eine Liste aller verfügbaren Felder. Im Beispiel wählen wir für die zweite Spalte das Feld VORNAME und für die dritte Spalte dann NACHNAME. Sollten in Ihrer Datei überzählige Felder enthalten sein, können diese mit SKIP ganz einfach übersprungen werden.

Nachdem alle Spalten zugewiesen wurden, kann der Import jetzt über COMPLETE IMPORT abgeschlossen werden.

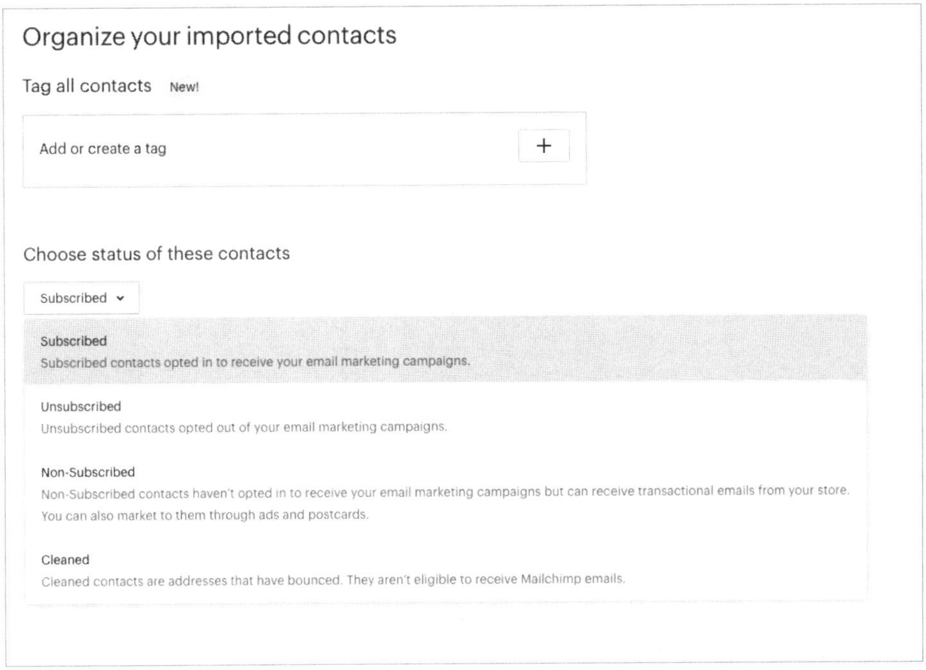

Abb. 8.8: Praktisch ist die Option, Abonnenten auch zu den UNSUBSCRIBED hinzuzufügen.

Seit einiger Zeit bietet Mailchimp nun noch zwei spannende weitere Möglichkeiten an. Neben den Tags, die ausführlich in Kapitel 9 erläutert werden, können an dieser Stelle Abonnenten nicht nur zu den »subscribed« – also den regulären Empfängern – hinzugefügt werden. Mittlerweile kann man auch gezielt zu den abgemeldeten Empfängern, den »unsubscribed«, hinzugefügt werden. Über diese Funktion kann man eine Art »Blacklist« erstellen von Empfängern, die keinesfalls Mails bekommen sollen. Dies könnten Personen sein, die auf anderem Wege bereits klargestellt haben, dass sie keine Mails erhalten möchten.

Wenig halte ich von der Idee, seine eigenen Mitbewerber auf die Blacklist zu setzen. Ein Mitbewerber wird immer einen Weg finden, Ihre Newsletter zu beziehen.

So einfach dieses Vorgehen auch ist, so zeigt schon dieses kurze Beispiel ein massives Problem: Umlaute können über den CSV- oder TXT-Import leider nicht übernommen werden. Tatsächlich wird von Herrn Müller im Beispiel lediglich das »M« als Nachname übernommen – der Rest fällt weg.

Wenn Sie Sonderzeichen in der Datei nutzen möchten, dann muss diese im Unicode-UTF-8-Format codiert sein (siehe *https://de.wikipedia.org/wiki/UTF-8*). Viele Programme können Daten in diesem Format exportieren – oft sind die Einstellungen aber gut versteckt, so zum Beispiel unter FILTEREINSTELLUNGEN BEARBEITEN beim Speichern aus LibreOffice oder unter WEBOPTIONEN bei Excel.

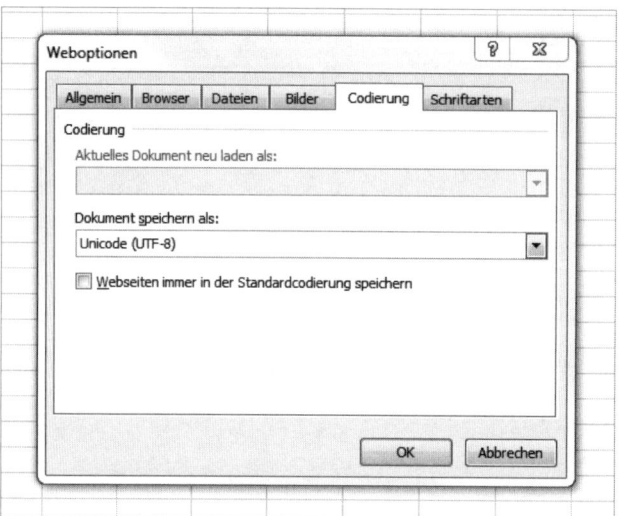

Abb. 8.9: Beim Export aus Excel müssen Sie die Codierung UTF-8 einstellen, um Fehler beim Import von Umlauten und Sonderzeichen zu verhindern.

8.1.4 Copy/Paste aus Excel

Meine bevorzugte Methode des Adressimports in Mailchimp ist das Einfügen aus Microsoft Excel. Nichts ist einfacher, als sowohl die Tabelle mit den Adressen als auch das Mailchimp-Importfenster gleichzeitig offen zu halten, die zu importierenden Adressen auszuwählen und dann mit einem flotten Strg+C in Excel und Strg+V in Mailchimp die Auswahl zu kopieren.

Abb. 8.10: Trotz des Namens steht diese Funktion auch für Adresslisten aus anderen Programmen als Excel zur Verfügung.

Selbstverständlich kann man über Copy/Paste auch mehrere Spalten aus Excel oder einer anderen Tabellenkalkulation übernehmen. Dazu markiert man diese Spalten ebenfalls, kopiert sie und fügt sie dann im Mailchimp-Importfenster hinzu.

Anschließend präsentiert Mailchimp wieder den Import-Dialog, mit dem die einzelnen Spalten den jeweiligen Listenfeldern zugeordnet werden können.

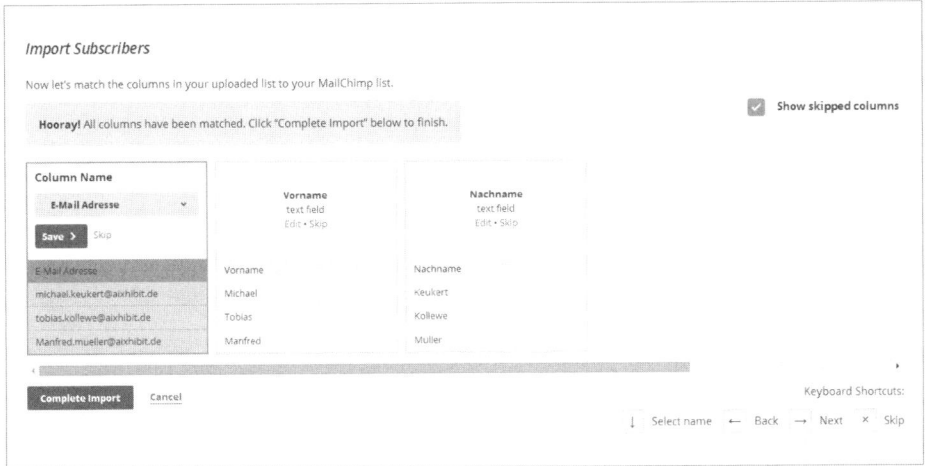

Abb. 8.11: Sind alle Spalten von vornherein richtig benannt, sparen Sie sich einen Arbeitsschritt (Einzelzuweisung von Feldern).

Diesen Vorgang können Sie vereinfachen, indem Sie die einzelnen Spalten in Ihrer Tabelle exakt so benennen, wie Ihre Listenfelder heißen. Wenn Sie diese Tabellenüberschriften dann ebenfalls mit importieren, erkennt Mailchimp die Listenfelder unmittelbar und Sie können direkt auf COMPLETE IMPORT klicken. Diese Vereinfachung funktioniert aber nur, wenn wirklich alle Spalten und Listenfelder identisch benannt sind – weicht nur eine einzige Bezeichnung ab, müssen Sie das Feld wieder manuell zuweisen.

Die Copy/Paste-Methode funktioniert erfolgreich auch mit Listen mit mehreren Zehntausend Adressen, wird aber dann entsprechend langsam. Eine Liste mit über 80.000 Adressen war bislang die erste, bei der der Import über Copy/Paste nicht funktionierte.

Als Datenquelle ist man übrigens nicht auf Excel festgelegt – das Kopieren und Einfügen funktioniert auch aus jeder anderen Anwendung! Der große Vorteil dieser Methode ist, dass alle Buchstaben und Sonderzeichen genau so übernommen werden, wie sie in der Vorlage sind. Man muss also nicht mehr – wie beim TXT- oder CSV-Import – erst in den UTF-8-Zeichensatz umwandeln, um die Adressen dann zu importieren.

8.1.5   Adressen aus Google Drive

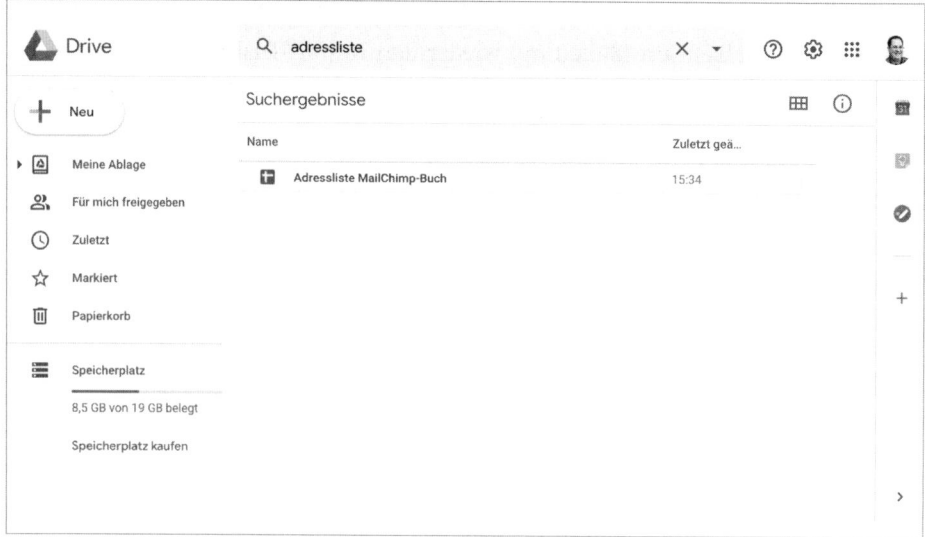

Abb. 8.12: Sie benötigen mindestens eine Adressliste innerhalb Ihres Google Drives, um sie importieren zu können.

Bei Google Drive handelt es sich um Cloud-Speicherplatz für beliebige Dokumente, den Google jedem Benutzer mit einem Google-Account kostenlos zur Verfügung stellt. Besonders beliebt ist Google Drive wegen der integrierten, webbasierten Office-Lösung. So kann man Texte, Tabellen und Präsentationen online und mit mehreren Personen gleichzeitig bearbeiten. Der Funktionsumfang kann dabei mit den Basisfunktionen von Microsoft Office locker mithalten. Um Google Drive nutzen zu können, müssen Sie sich zunächst unter *https://accounts.google.com/* einen Google-Account anlegen, soweit noch nicht vorhanden. Danach können Sie auf Google Drive unter der Adresse *https://www.google.com/drive/* zugreifen.

Innerhalb von Google Drive benötigen Sie mindestens eine Tabelle, in der sich Adressdaten befinden. Diese Tabelle können Sie entweder direkt in Google Drive erstellen oder eine bestehende Tabelle, zum Beispiel aus Microsoft Office, Libre Office oder Apple Pages importieren.

Den Import von Google Drive lösen Sie innerhalb von Mailchimp ebenfalls über IMPORT CONTACTS aus. Mailchimp prüft zunächst, ob auf Ihren Google-Account zugegriffen werden kann. Falls nicht, müssen Sie sich in Ihren Google-Account erst einloggen.

Sobald Mailchimp auf Ihr Google Drive zugreifen kann, ermittelt es automatisch eine Liste aller infrage kommenden Dateien. Diese werden Ihnen im Drop-down SPREADSHEETS IN YOUR GOOGLE DRIVE ACCOUNT – also Tabellen in Ihrem Google

Drive – angezeigt. Wählen Sie hier die Datei aus, die Ihre Adressdaten enthält. Wenn die Datei mehr als ein Arbeitsblatt hat, dann können Sie unter SELECT A WORKSHEET das passende Blatt auswählen.

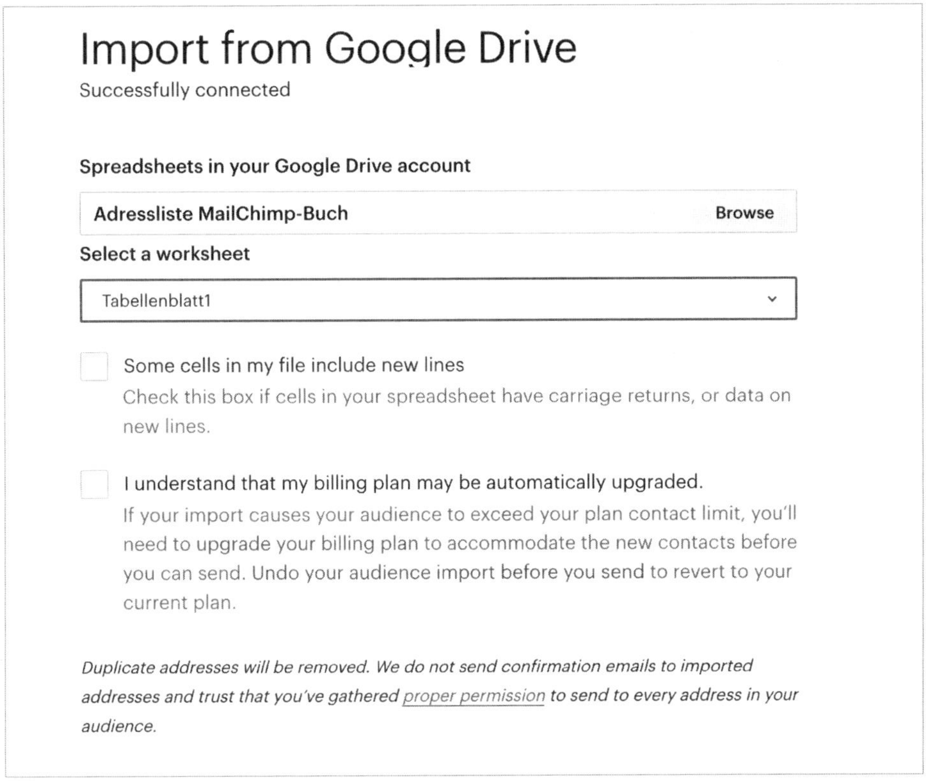

Import from Google Drive
Successfully connected

Spreadsheets in your Google Drive account

| Adressliste MailChimp-Buch | Browse |

Select a worksheet

Tabellenblatt1 ⌄

☐ Some cells in my file include new lines
Check this box if cells in your spreadsheet have carriage returns, or data on new lines.

☐ I understand that my billing plan may be automatically upgraded.
If your import causes your audience to exceed your plan contact limit, you'll need to upgrade your billing plan to accommodate the new contacts before you can send. Undo your audience import before you send to revert to your current plan.

Duplicate addresses will be removed. We do not send confirmation emails to imported addresses and trust that you've gathered proper permission to send to every address in your audience.

Abb. 8.13: Wählen Sie die Datei und das Arbeitsblatt, die importiert werden sollen.

Eine Besonderheit gilt es zu beachten, wenn in Ihrer Tabelle Zeilenumbrüche innerhalb der Zelle sind. In diesem Fall müssen Sie die Checkbox SOME CELLS IN MY FILE INCLUDE NEW LINES anklicken. Der Import dauert dadurch deutlich länger, außerdem können dann nur circa 1.000 Zeilen importiert werden. Sie sollten daher möglichst nur Tabellen ohne Zeilenumbrüche importieren, da diese quasi keiner Längenbeschränkung unterliegen.

Da Mailchimp nicht weiß, wie viele Adressen im Arbeitsblatt sind, müssen Sie jetzt noch den Hinweis bestätigen, dass durch den Import möglicherweise zusätzliche Kosten anfallen. Erst danach können Sie weitermachen.

Ein Klick auf CONTINUE TO MATCH löst wieder die Spaltenzuordnung aus, bei der Sie die Spalten Ihrer Tabelle den entsprechenden Feldern Ihrer Mailchimp-Liste zuordnen müssen. Auf diese Zuordnung bin ich weiter oben mehrfach eingegangen.

8.1.6 Adressen aus Google Contacts

Benutzen Sie ein Android-Smartphone oder Google Mail? In diesem Fall sind die Informationen Ihrer Kontakte in einem elektronischen Adressbuch gespeichert, auf das Sie unter *https://contacts.google.com* online zugreifen können. Auch hierfür ist wieder ein Google-Account, wie im vorherigen Abschnitt beschrieben, nötig. Sind Sie in Ihren Google-Account eingeloggt, dann kann Mailchimp Ihr persönliches Adressbuch als Liste importieren. Auch diese Importmöglichkeit finden Sie in den jeweiligen Listeneinstellungen unter ADD CONTACTS und danach IMPORT CONTACTS.

Wählen Sie nun alle Felder aus, die von Google Contacts zu Mailchimp übertragen werden sollen. Die E-Mail-Adresse wird immer übertragen, sie muss also nicht explizit ausgewählt werden. Weitere Felder wie Vorname oder Nachname klicken Sie einfach über die Schaltflächen nach rechts. Wenn Sie fertig sind, klicken Sie unten auf IMPORT LIST und die Adressdaten werden zu Mailchimp übertragen.

Import from Google Contacts
Successfully connected to michael.keukert@gmail.com

Import the following fields from Google Contacts:
Add all • Remove all

☑ Email Address (Imported by default)

☑ First Name

☑ Last Name

☐ Title

☐ Organization

☐ Address (Work)

☐ Address (Home)

☐ Address (Other)

☐ I understand that my billing plan may be automatically upgraded.
If your import causes your audience to exceed your plan contact limit, you'll need to upgrade your billing plan to accommodate the new contacts before you can send. Undo your audience import before you send to revert to your current plan.

Duplicate addresses will be removed. We do not send confirmation emails to imported addresses and trust that you've gathered proper permission to send to every address in your audience.

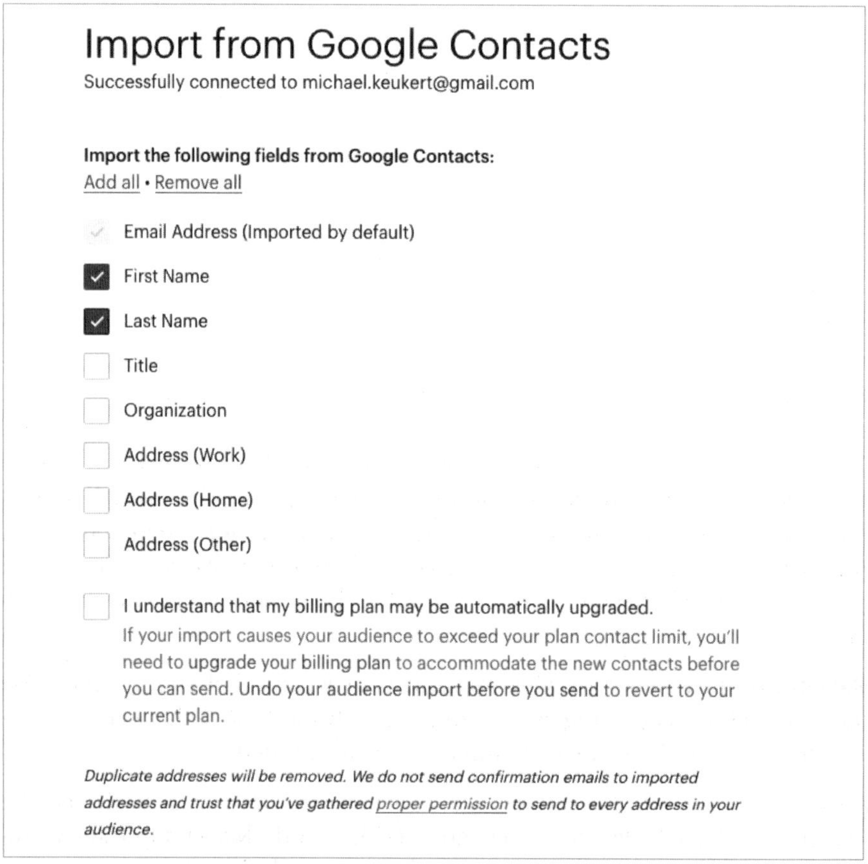

Abb. 8.14: Wählen Sie alle Felder aus, die Sie importieren möchten.

Ein Nachteil der Übernahme aus Google Contacts besteht darin, dass Sie immer sämtliche Einträge Ihres Adressbuchs zu Mailchimp exportieren müssen. Eine gezielte Auswahl oder die Übertragung nur bestimmter Gruppen ist leider nicht möglich. Unerwünschte Kontakte müssen Sie daher nachträglich aus der Liste entfernen.

8.2   Importe rückgängig machen

Beim Einlesen externer Adressen kann immer mal ein Fehler passieren. Die Hitliste der möglichen Versehen führt das Importieren in die falsche Mailchimp-Audience an, aber oft stellt man auch nach dem Import fest, dass die importierten Daten fehlerhaft waren. Es wäre sehr mühsam, diese Einträge alle manuell wieder zu löschen. Oft wird das Löschen aller Abonnenten und das Importieren einer vorab exportierten Liste als Lösung herangezogen – es geht aber auch deutlich einfacher über die Import history.

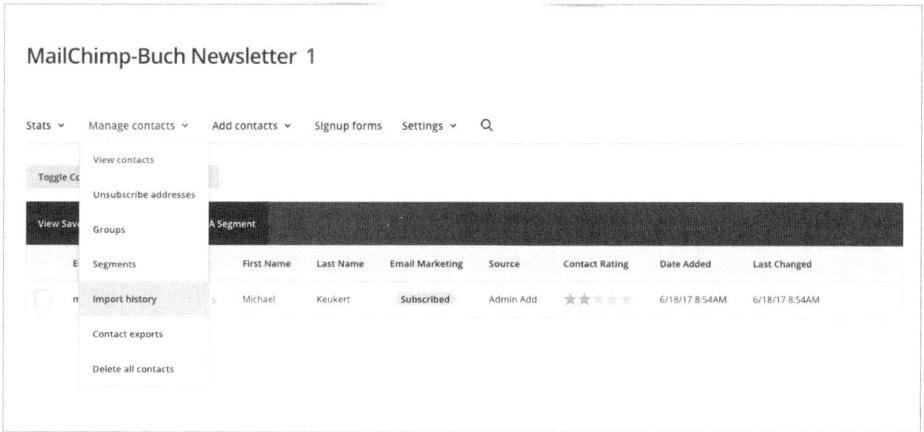

Abb. 8.15: Importe können einzeln rückgängig gemacht werden, wenn einmal etwas schiefgelaufen ist.

Zugegeben, das Feature ist recht gut versteckt: Sie müssen in der Listenansicht auf MANAGE CONTACTS gehen und dann IMPORT HISTORY auswählen.

In der Tabelle erscheinen die letzten Listenimporte, zusammen mit der Möglichkeit, die entsprechenden Adressen zu sehen (sofern sie noch in der Liste sind), und vor allem, den Import rückgängig zu machen. Ebenfalls können eventuelle Fehler beim Import an dieser Stelle nochmals eingesehen werden.

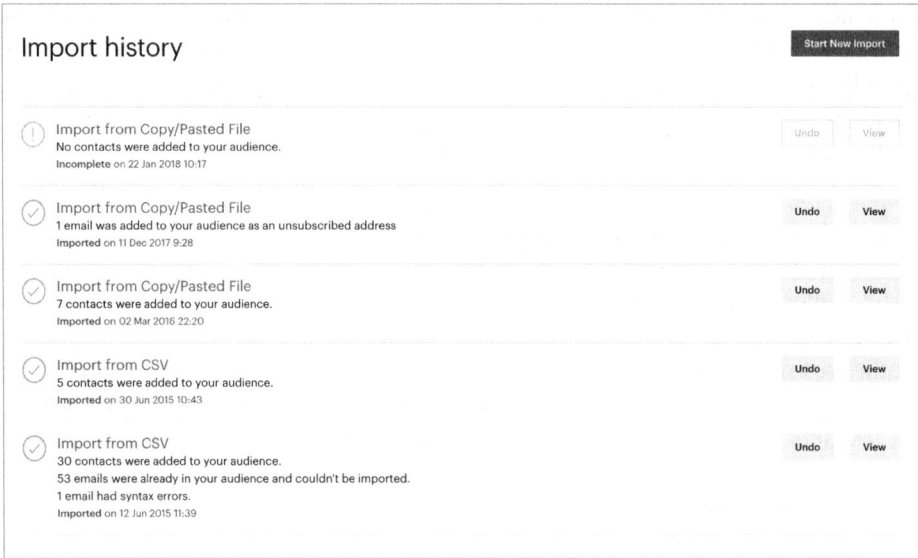

Abb. 8.16: Wählen Sie aus, welchen Import Sie ungeschehen machen möchten. Dies können auch mehrere in Folge sein.

8.3 Adressen exportieren

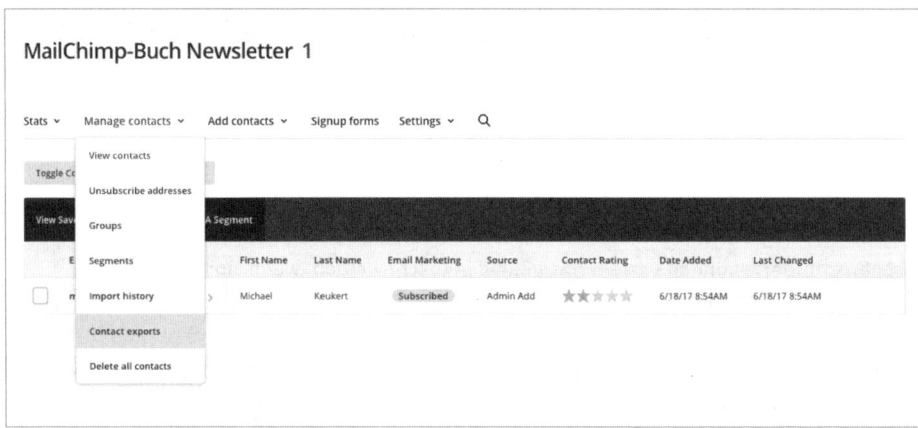

Abb. 8.17: Exporte können nur von Administratoren durchgeführt werden.

Es gibt verschiedene Gründe, warum man in Mailchimp eingerichtete Listen exportieren möchte. Sehr häufig höre ich, dass Mailchimp-Nutzer froh sind, einen zentralen Ort zu haben, an dem »saubere« Adressen liegen, da Mailchimp Doubletten automatisch entfernt. Auch das Hinzufügen von Informationen oder das großflächige Ändern von Spaltendaten ist in einer Tabellenkalkulation schneller gemacht als innerhalb von Mailchimp.

Ein sehr interessantes Beispiel ist das Ergänzen von Informationen zum Geschlecht, um eine spätere Personalisierung zu ermöglichen. Sortiert man eine Adressliste in Excel nach der Spalte »Vorname«, dann kann man beim überwiegenden Teil der Einträge das Geschlecht direkt zuordnen. Wenn dann 15 »Paul« untereinander stehen, kann man sehr einfach in eine freie Spalte die entsprechende Anzahl »Mann« oder »Herr« einfügen. Selbst sehr große Listen lassen sich so vergleichsweise schnell ergänzen.

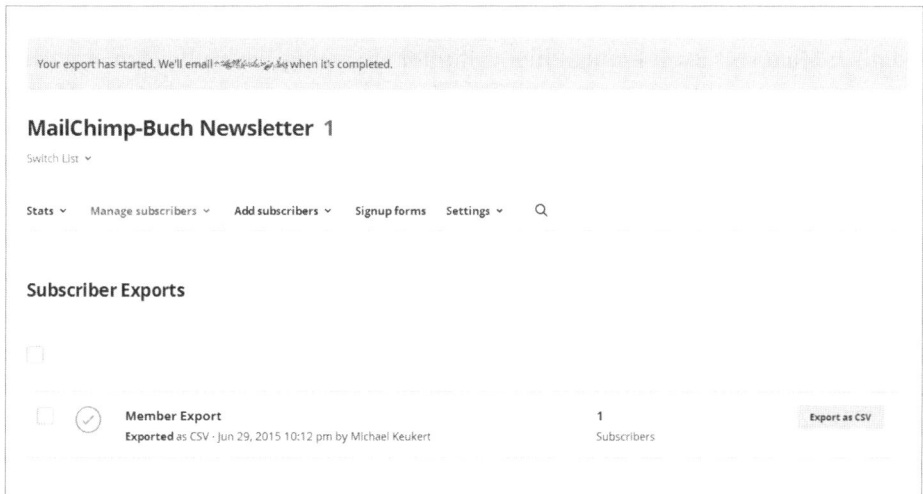

Abb. 8.18: Bei größeren Listen kann der Export einige Zeit in Anspruch nehmen – Mailchimp informiert Sie per E-Mail über den abgeschlossenen Exportvorgang,

Die Möglichkeit, eine Liste zu exportieren, finden Sie unter dem Menüpunkt MANAGE CONTACTS. Wählen Sie dort den Unterpunkt VIEW CONTACTS aus, um die gesamte Liste anzeigen zu lassen. Oberhalb der Liste sehen Sie rechts die Schaltfläche EXPORT AUDIENCE.

Je nach Größe der Audience kann ein Export eine ganze Weile dauern. Aus diesem Grunde geht nicht direkt ein Download-Fenster auf. Stattdessen erhalten Sie per E-Mail eine Benachrichtigung, wenn der Export zur Verfügung steht. In der E-Mail ist ein Link enthalten, über den Sie die exportierte Audience einfach laden können. Alternativ wird der Download-Link auch im Notification-Bereich ganz oben rechts angezeigt.

Beachten Sie bitte, dass der Download-Link nur so lange funktioniert, wie die Audience innerhalb von Mailchimp existiert. Wenn Sie eine Audience löschen möchten, dann warten Sie erst den Export ab und laden Sie die Datei herunter, bevor Sie die Audience endgültig löschen!

Ihr Listenexport ist in einer ZIP-komprimierten Datei mit einem Namen ähnlich wie »members_export_62ccebc945.zip« enthalten. Die lange Zahlen- und Buchstabenkombination vor dem ».zip« ist bei jedem Listenexport unterschiedlich. Wenn Sie diese Datei entpacken (unter Windows mit einem rechten Mausklick und der Auswahl HIERHER ENTPACKEN aus dem Kontextmenü – unter Mac OS mittels Doppelklick), dann finden Sie die Datei »members_export_62ccebc945.csv« (auch hier ist die Zahlen-Buchstaben-Kombination wieder unterschiedlich).

Diese CSV-Datei können Sie nun in Ihre Tabellenkalkulation importieren. Bei Numbers für Mac und Libre- oder Open Office funktioniert das auf Anhieb – lediglich Microsoft Excel braucht hier mitunter ein wenig Nachhilfe. Am einfachsten geht es, wenn Sie ein leeres Arbeitsblatt erstellen und dann über den Menüpunkt DATEN das Untermenü EXTERNE DATEN IMPORTIEREN auswählen. In jedem Fall müssen Sie als Trennzeichen das Komma auswählen – die Listenfelder werden dann in Spalten angeordnet.

	A	B	C	D
1	E-Mail-Adresse	Vorname	Nachname	Geburtstag
2	xxxxxxx@web.de	Xxxxxxx	Yyyyyyy	12/08
3	xxxx.yyyyyyyyy@gmail.com	Xxxx	Yyyyy	03/18
4	xxxxxx.yyyyy@t-online.de			
5	xxxxxxxxxx@gmx.net			
6	xxx_yyyyyy@web.de			
7				

Abb. 8.19: Die CSV-Datei enthält alle von Ihnen angelegten Listenfelder.

Nachdem die Datei in Ihrer Tabellenkalkulation geöffnet ist, sehen Sie zunächst die von Ihnen definierten Listenfelder, wie im (anonymisierten) Beispiel in Abbildung 8.19. Das Feld mit der E-Mail-Adresse ist immer vorhanden, danach kommen dann die Felder in der von Ihnen definierten Reihenfolge.

Bei Datumsfeldern kann es vorkommen, dass die amerikanische Schreibweise mit MM/DD, also Monat/Tag, hinterlegt ist. Wenn Sie Änderungen oder Ergänzungen vornehmen möchten, sollten Sie dies beachten.

	E	F	G	H	I	J	K	L	M	N	O	P	Q
1	MEMBER_RATING	OPTIN_TIME	OPTIN_IP	CONFIRM_TIME	CONFIRM_IP	LATITUDE	LONGITUDE	GMTOFF	DSTOFF	TIMEZONE	CC	REGION	LAST_CHANGED
2		3 2015-04-27 18:50:33	91.55.69.xxx	2015-04-27 18:51:16	91.55.69.xxx	52.5010000	13.4930000	1	2 Europe/Berlin	DE	BE	2015-04-27 18:51:16	
3		3 2015-04-27 16:50:58	188.104.12.xxx	2015-04-27 16:40:46	188.104.12.xxx	47.8812000	10.6246000	1	2 Europe/Berlin	DE	BY	2015-04-27 16:40:46	
4		3 2015-04-27 13:35:28	80.81.3.xxx	2015-04-27 13:37:33	80.81.3.xxx	48.1665000	11.5904000	1	2 Europe/Berlin	DE	BY	2015-04-27 13:37:33	
5		4 2015-04-26 17:39:44	54.82.76.xxx	2015-04-27 10:27:09	93.233.96.xxx	48.1326000	11.5913000	1	2 Europe/Berlin	DE	BY	2015-04-27 10:27:09	
6		2 2015-04-26 12:05:45	54.82.76.xxx	2015-04-27 08:33:51	178.10.85.xxx	49.5097000	11.4325000	1	2 Europe/Berlin	DE	BY	2015-04-27 08:33:51	

Abb. 8.20: Darüber hinaus finden sich im CSV-Export weitere technische Angaben.

Eine Übersicht über die bisherigen Listenexporte finden Sie übrigens jederzeit unter dem Menüpunkt MANAGE CONTACTS. Wählen Sie dort den Unterpunkt CONTACT EXPORTS.

8.4 Weitere Export-Felder

Der Export enthält darüber hinaus aber noch eine ganze Reihe anderer Felder, die ebenfalls sehr nützlich sind und deren Bedeutung Sie kennen sollten.

8.4.1 Member Rating

Jeder Abonnent Ihres Newsletters bekommt von Mailchimp eine Art Wertung in Form von maximal fünf Sternen verpasst, je nachdem, wie regelmäßig der entsprechende Abonnent Ihre Newsletter liest und wie häufig er darin enthaltene Links anklickt. Jeder Abonnent startet zunächst mit zwei Sternen. Interagiert er gut mit dem Newsletter, kann die Wertung nach einigen Aussendungen auf fünf Sterne klettern. Ist es ein »fauler« Abonnent, dann kann die Wertung bis auf einen Stern absinken. Das »Member Rating« kann zur Segmentierung herangezogen werden, sodass Sie zum Beispiel einen Newsletter nur an 4- oder 5-Sterne-Abonnenten senden.

8.4.2 Optin Time

Datum und Uhrzeit, zu der der Abonnent die Anmeldung zum Newsletter ausgefüllt hat. Bei importierten Abonnenten handelt es sich um Datum und Uhrzeit des Listenimports.

8.4.3 Optin IP

Die IP-Adresse des Computers, Smartphones oder Tablets, von dem aus sich der Abonnent angemeldet hat. Wenn die Anmeldung nicht über ein reguläres Anmeldeformular stattgefunden hat, sondern über eine Programmierschnittstelle (API-Call) durchgeführt wurde, dann steht dort die IP-Adresse des Computers, der den API-Aufruf ausgeführt hat. Die beiden letzten Einträge in der Beispielliste in Abbildung 8.20 sind über einen API-Call eingetragen worden. Bei Adressimporten wird die IP-Adresse des Computers angezeigt, von dem aus der Import erfolgte.

8.4.4 Confirm Time

Eine reguläre Anmeldung zum Newsletter besteht aus zwei Schritten: Anmeldung und Bestätigung. In dieser Spalte finden sich Datum und Uhrzeit der Bestätigung. Im Beispiel sehen Sie, dass diese Zeiten durchaus bis zu mehreren Tagen abweichen können.

8.4.5 Confirm IP

Analog zur Optin IP handelt es sich hier um die IP-Adresse des Computers, von dem aus der zweite Schritt der Anmeldung – die Bestätigung – ausgeführt wurde.

Meist ist es das gleiche Gerät, die Adresse kann aber auch abweichen, wenn zum Beispiel vom Tablet aus die Anmeldung erfolgte, später aber vom PC aus bestätigt wurde. Im Falle der Anmeldungen über eine API-Programmierung sehen Sie in dieser Spalte dann die tatsächliche IP-Adresse der Bestätigung.

Die Werte in diesen vier Spalten zusammen sind für Sie der Nachweis, dass sich der Abonnent angemeldet hat und diese Anmeldung auch im Double-Opt-in-Verfahren bestätigt hat.

8.4.6 Latitude / Longitude

Über eine Technik mit dem Namen Geotargeting (*https://de.wikipedia.org/wiki/ Geotargeting*) kann die IP-Adresse eines Smartphones, Tablets oder Computers heutzutage recht genau geografisch lokalisiert werden (wenn der Nutzer nicht aktiv Gegenmaßnahmen ergreift). Das Land, in dem sich der Nutzer aufhält, kann nahezu 100% exakt lokalisiert werden, in der Regel wird sogar die Stadt exakt ermittelt. Wenn Sie an einen Empfänger mindestens einen Newsletter versendet haben und dieser die erhaltene E-Mail einmal öffnet, hat Mailchimp mit einer recht guten Genauigkeit dessen Position ermittelt. In diesen beiden Spalten findet sich diese Position in Längen- und Breitengrad. Auch diese Information kann zur Segmentierung genutzt werden. Beachten Sie aber bitte, dass Newsletter-Empfänger, die sich zum Beispiel auf Dienstreise befinden, ihre Angabe verfälschen können, wenn sie am Reiseort den aktuellen Newsletter öffnen.

8.4.7 GMToff / DSToff / Timezone

In diesen Feldern findet sich die Zeitzonen-Abweichung des Empfängers im Vergleich zur Greenwich-Standardzeit (GMT – Greenwich Mean Time) und zur Sommerzeit (DST – Daylight Saving Time). Diese Angaben sind wichtig, wenn man Newsletter zur jeweiligen Ortszeit der Empfänger versenden will. In Deutschland ist der Abstand zur Standardzeit 1 Stunde (GMT+1) und während der Sommerzeit 2 Stunden (GMT+2).

8.4.8 CC / Region

Der Country Code (CC) gibt das vermutliche Land des Newsletter-Empfängers im ISO-3166-1-Format an. Deutschland ist zum Beispiel DE, die Schweiz CH, Österreich AT und so weiter.

Das zweite Feld ist für die »subnationale Einheit« – oder umgangssprachlich das Bundesland – zuständig. Die Codierung erfolgt nach ISO-3166-2. Nach diesem System hat Bayern die Kombination »BY«, der Schweizer Kanton Jura wäre »JU« und die Steiermark in Österreich hätte in dieser Spalte den Wert »6« stehen – was zugegebenermaßen nicht sehr intuitiv ist.

8.4.9 Last Changed

Dieses Feld enthält Datum und Uhrzeit der letzten Änderung eines Abonnenten-Eintrags. Dies kann zum Beispiel die Änderung der E-Mail-Adresse oder eines anderen Feldes sein.

8.4.10 LEID / EUID

Die LIST EMAIL ID und die EMAIL UNIQUE ID sind interne Angaben von Mailchimp, an denen Sie nach Möglichkeit nichts ändern sollten.

8.4.11 Notes

Wenn Sie zu einem Abonnenten im jeweiligen Profil Notizen hinterlegt haben, dann tauchen diese hier auf.

8.4.12 Spalten für den Re-Import

Leider können Sie nicht alle diese Spalten erneut importieren. Wie schön wäre es doch, zum Beispiel das Land oder die Zeitzone korrigieren zu können, wenn Mailchimp sie falsch ermittelt hat. Leider sind aber alle diese Felder für den Import gesperrt.

Auch das Member Rating können Sie nicht verändern und dann wieder importieren – es wird von Mailchimp kontinuierlich bei jeder Aussendung erneut ermittelt.

Dafür können Sie aber Optin und Confirm IP sowie die zugehörigen Datums- und Zeitangaben beim Listenimport übermitteln. Wenn Sie also von einem anderen Newsletter-System zu Mailchimp wechseln, dann können Sie die wichtigen Daten über die Erteilung des Double Opt-ins auch übernehmen.

Kapitel 9

Gruppen, Segmente und Tags

Zu den Königsdisziplinen der Informationstechnik gehört der Umgang mit Bestandsdaten. Die richtige Aufteilung, Gruppierung oder die Extraktion von Teildatenbeständen hilft Ihnen bei der täglichen Arbeit und der exakten Ansprache Ihrer Zielgruppe. Bei Mailchimp heißen diese Features Gruppen, Segmente und Tags.

Mailchimp erlaubt es, eine Audience nach verschiedenen Kriterien aufzuteilen, sodass ein Newsletter gezielt an einzelne Personengruppen gesendet werden kann. Hierfür stellt Mailchimp zwei Werkzeuge zur Verfügung, die leider gerne verwechselt werden: Gruppen und Segmente. Die Verwechslung rührt daher, dass beide Wege im Endeffekt das gleiche Ziel haben, nämlich den Adressbestand zu unterteilen.

Ein Segment ist dabei eine passive Unterteilung: Anhand eines oder mehrerer Kriterien, die in den Adresslisten bereits enthalten sind, wird eine Unterteilung erreicht. So könnte man beispielsweise ein Segment bilden, in dem alle Abonnenten enthalten sind, deren E-Mail-Adresse bei T-Online liegt.

Eine Gruppe hingegen ist eine aktive Unterteilung: In den einzelnen Listeneintrag werden zusätzliche Informationen eingebracht und in Feldern hinterlegt. Diese Informationen können vom einzelnen Abonnenten gepflegt werden oder für ihn komplett unsichtbar sein.

Eine Gruppe allein stellt keine Segmentierung dar – es handelt sich lediglich um Zusatzinformationen. Das Segment wiederum kann aufgrund von Gruppen-Informationen gebildet werden – kann aber auch andere Audience-Felder und sogar das Verhalten des Abonnenten als Grundlage haben.

Um die Verwirrung komplett zu machen, hat Mailchimp im Sommer 2018 noch die »Tags« eingeführt. Tags – im Deutschen wohl am besten mit »Schildchen« (wie »Preisschild«) übersetzt – sind beliebige Klassifizierungsinformationen, die Sie an einzelne Einträge einer Audience anhängen können. Sie sind für die Abonnenten komplett unsichtbar und können auch im Mail-Text nicht angefragt werden.

9.1   Anlegen von Gruppen

Eine Gruppe ist eine besondere Form eines Audience-Feldes, das nur eine bestimmte, vorab definierte Menge von Einträgen aufnehmen kann. Der Klassiker unter den Gruppen ist das Geschlecht des Abonnenten. Das Erstellen einer personalisierten Anrede – egal ob »Sehr geehrte Frau Prof. Müller« oder »Sehr geehrter Herr Maier« – gelingt nur mit einem eindeutig hinterlegten Geschlecht. Ein freies Feld, das die Hälfte der Abonnenten nicht ausfüllt und in das die andere Hälfte mal »Frau«, mal »weiblich«, mal »w« und mal »female« schreibt, hilft nicht weiter. Eine Vorauswahl mit den festen Werten »Frau« oder »Mann« ist da besser. Legen wir also eine solche Gruppe an.

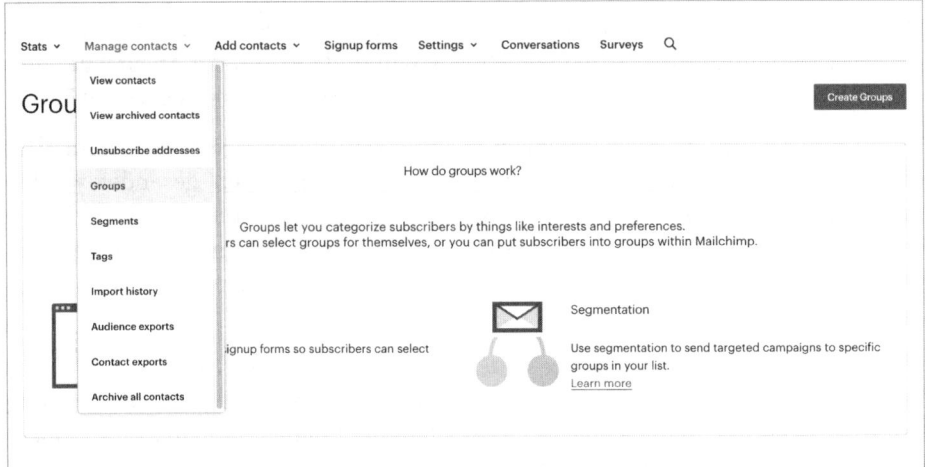

Abb. 9.1: Das Anlegen von Gruppen finden Sie unter MANAGE CONTACTS.

Hinweis

Ein binäres Geschlechterfeld entspricht nicht mehr der aktuellen Lebenswirklichkeit und kann durchaus in Zukunft auch rechtlich problematisch werden. Wichtig ist in diesem Zusammenhang, dass es durchaus einen Unterschied gibt, wie Sie die entsprechende Information *speichern* und wie Sie sie im Rahmen einer Newsletter-Personalisierung *anzeigen*. Für die Speicherung hat sich die schlichte Auflistung mit »f«, »m« und dem neuen »d« für »divers« etabliert. Basierend auf solchen Angaben können Sie in der Personalisierung dann entsprechende Anreden kombinieren. Leider hat sich noch kein gesellschaftlicher Konsens zur Anrede von Personen mit Divers-Identifikation entwickelt. Für die Beispiele auf diesen Seiten bleibe ich aber zunächst bei der binären Auswahl, da es ja nur um die Demonstration der Funktionalität geht.

Das Erstellen von Gruppen finden Sie bei der jeweiligen Audience unter MANAGE CONTACTS und dann im Untermenü GROUPS. Sie können Gruppen jederzeit zu einer Audience hinzufügen, also auch nachträglich. Bei solchen grundlegenden Gruppenfeldern empfiehlt es sich aber, dies direkt bei der Erstellung der Audience zu konzipieren und anzulegen.

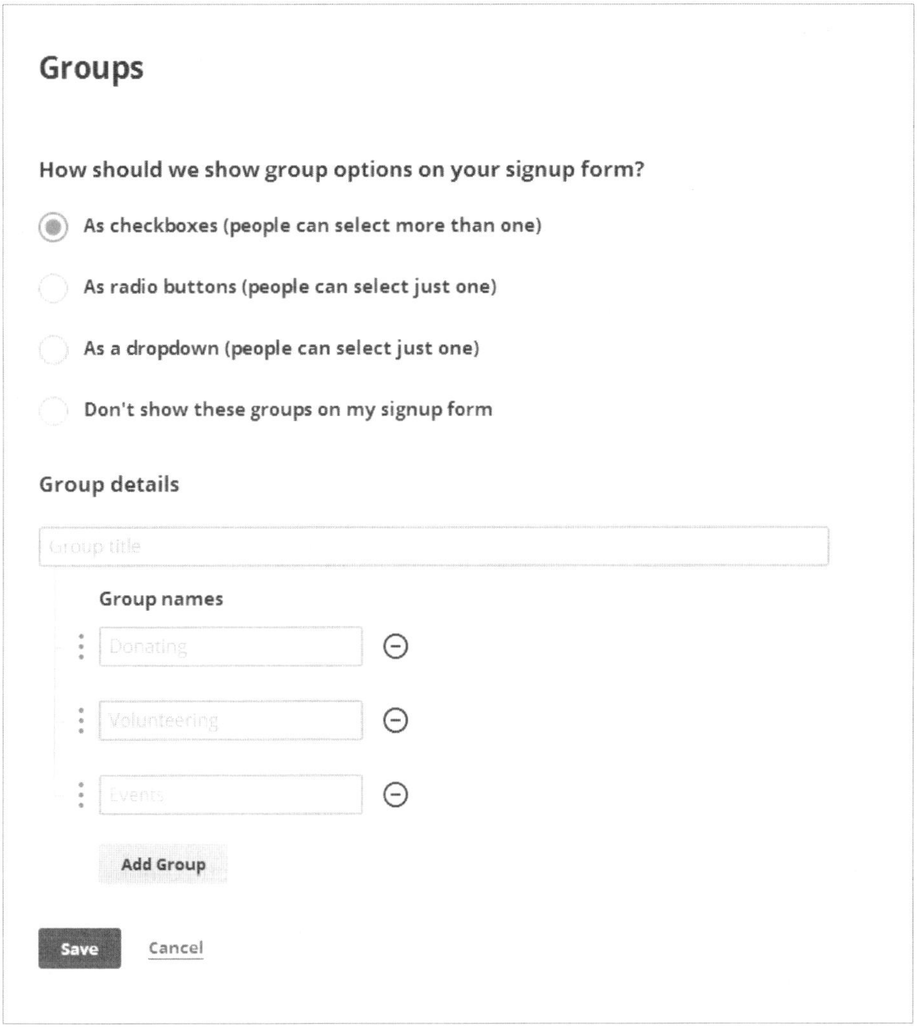

Abb. 9.2: Gruppen können für die Abonnenten sichtbar sein oder vor diesen versteckt werden.

Bei der Definition einer Gruppe müssen Sie auswählen, wie der Abonnent die Gruppe zu sehen bekommt. Achtung! Diese Auswahl können Sie nachträglich nicht mehr ändern! Seien Sie also sehr vorsichtig und überlegen Sie genau, was für ein Gruppenverhalten Sie benötigen. Folgende Optionen stehen zur Auswahl:

9.1.1 Checkboxen

Die Gruppenauswahl wird auf den Anmeldeformularen und den Formularen zur Profiländerung als ankreuzbare Checkbox dargestellt. Der Abonnent kann so selbst bestimmen, ob er eines, keines oder mehrere der Felder ankreuzen möchte. Auch kann diese Auswahl vom Abonnenten jederzeit selbst wieder verändert werden. Die Darstellung als Checkbox eignet sich hervorragend für das Hinterlegen von Interessen (zum Beispiel Produkte, Anwendungen, Autoren, Musikstile, Automarken), für die dann gezielt Newsletter versendet werden.

9.1.2 Radio-Buttons

Im Unterschied zu den Checkboxen kann hier nur jeweils eine Option ausgewählt werden. Daher eignen sich Radio-Buttons hervorragend für die Auswahl der Anrede oder des Geschlechts – Optionen also, die sich gegenseitig ausschließen. Der Nachteil ist, dass keine Auswahl vorausgewählt ist, Sie also auch den Fall antreffen werden, dass ein Abonnent keine der Optionen anklickt. Auch bei dieser Darstellung kann der Abonnent die Auswahl jederzeit wieder ändern.

9.1.3 Drop-down

Die Drop-down-Auswahl ist vom Prinzip her das Gleiche wie die Darstellung über Radio-Buttons, lediglich platzsparender. Sie bietet sich daher an, wenn viele sich gegenseitig ausschließende Optionen abgefragt werden sollen, zum Beispiel Länder, Bundesländer oder Währungen. Auch hier kann jederzeit vom Abonnenten die Auswahl geändert werden, zudem gibt es auch bei dieser Darstellungsart keine Vorauswahl.

9.1.4 Gruppe nicht anzeigen

Über die letzte Option DON'T SHOW THESE GROUPS ON MY SIGNUP FORM können Sie eine Gruppendefinition hinterlegen, die für den Abonnenten komplett unsichtbar ist. Technisch gesehen handelt es sich um die Auswahlmöglichkeit als Checkbox – es können also mehrere Optionen ausgewählt sein. Diese Art der Darstellung eignet sich für Gruppen-Optionen, die der Abonnent entweder nicht sehen soll (wie zum Beispiel Kunden-Klassifizierungen) oder die er nicht verändern können soll (wie zum Beispiel Zuordnung zu einem Vertriebsmitarbeiter).

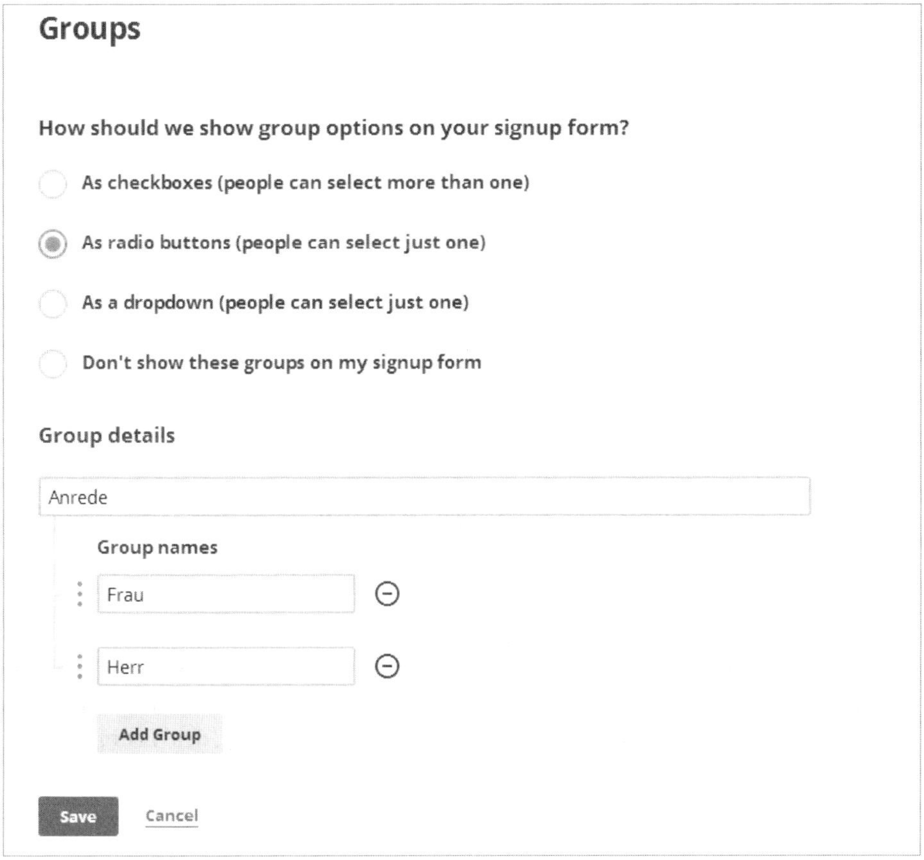

Groups

How should we show group options on your signup form?

○ As checkboxes (people can select more than one)

◉ As radio buttons (people can select just one)

○ As a dropdown (people can select just one)

○ Don't show these groups on my signup form

Group details

Anrede

Group names

⋮ Frau ⊖

⋮ Herr ⊖

Add Group

Save Cancel

Abb. 9.3: Schließen sich Gruppen gegenseitig aus, sollten Sie zur Auswahl Radio-Buttons benutzen.

Um eine Anrede zu hinterlegen, wählen wir also die Option AS RADIO BUTTONS aus. Die Gruppe braucht als Nächstes einen Namen. Beachten Sie, dass dieser Name für die Abonnenten sichtbar ist (außer wenn ausgewählt wurde, dass er nicht angezeigt wird). Für unser Beispiel wählen wir sinnvollerweise »Anrede« als Feldnamen. Sodann müssen wir die beiden möglichen Optionen »Frau« und »Mann« hinterlegen. Das überflüssige dritte Feld, das Mailchimp anbietet, wird durch einen Klick auf das Minus-Symbol gelöscht. Ebenso könnte man über ADD GROUP weitere Felder hinzufügen.

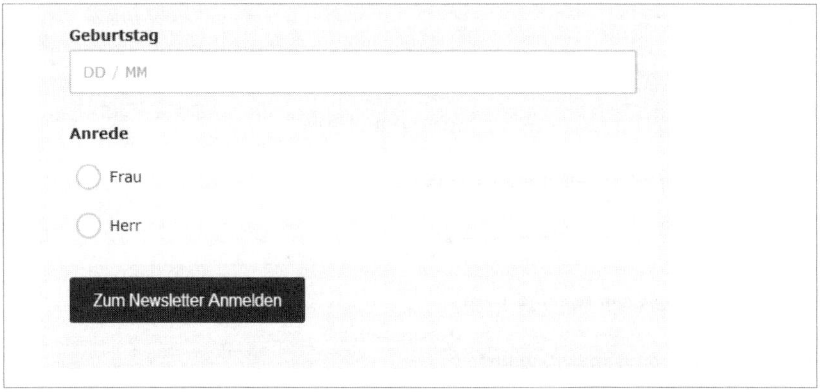

Abb. 9.4: Die neue angelegte Gruppe erscheint als reguläres Audience-Feld im Anmeldeformular (hier: »Anrede«).

Im Formular-Editor taucht die Gruppe jetzt als normales Feld auf und kann dort verschoben werden. Die Beschriftungen und Auswahloptionen können jedoch nur in den Einstellungen oben verändert werden.

Da die Form der Darstellung – Checkbox, Radio-Buttons oder Drop-down sowie unsichtbare Gruppen – nachträglich nicht mehr verändert werden kann, ist es sinnvoll, vorab genau zu überlegen, was man benutzen möchte. Sind erst mal die Felder belegt, geht eine Änderung nur noch über den Weg des Listenexports, gefolgt vom Modifizieren der Felder in einer Tabellenkalkulation und anschließendem Reimport!

9.2 Anlegen von Tags

»Tags«, zu Deutsch am besten mit »Schildchen« übersetzt, sind eine vergleichsweise neue Funktionalität, die erst im Sommer 2018 eingeführt wurde. Ein Tag ist ein beliebiger, kurzer Text, der einem oder mehreren Abonnenten hinzugefügt werden kann. Ebenso kann ein Abonnent mehrere Tags haben.

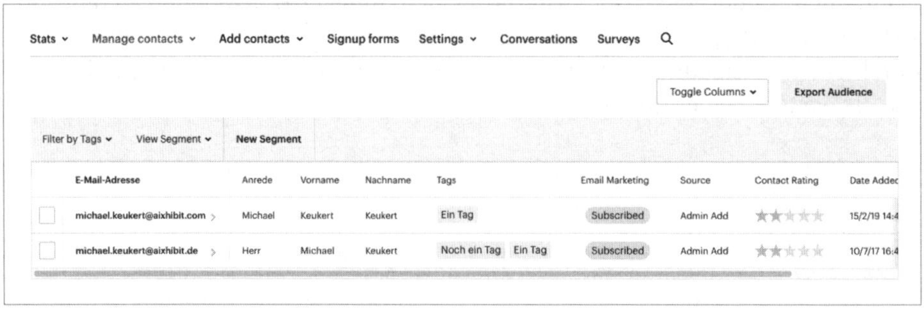

Abb. 9.5: Tags können beliebig vergeben werden.

Im Gegensatz zu Gruppen, die auch innerhalb des Newsletter-Textes abgefragt werden können, sind Tags nur als Ordnungskriterium innerhalb der Audience gedacht. Sie können rein zu Ihrer Information dienen, zum Beispiel wenn Sie bestimmte wichtige Personen kennzeichnen möchten. Viel eher sind sie aber die Grundlage einer Segmentierung. Dabei sind sie deutlich flexibler als Gruppen.

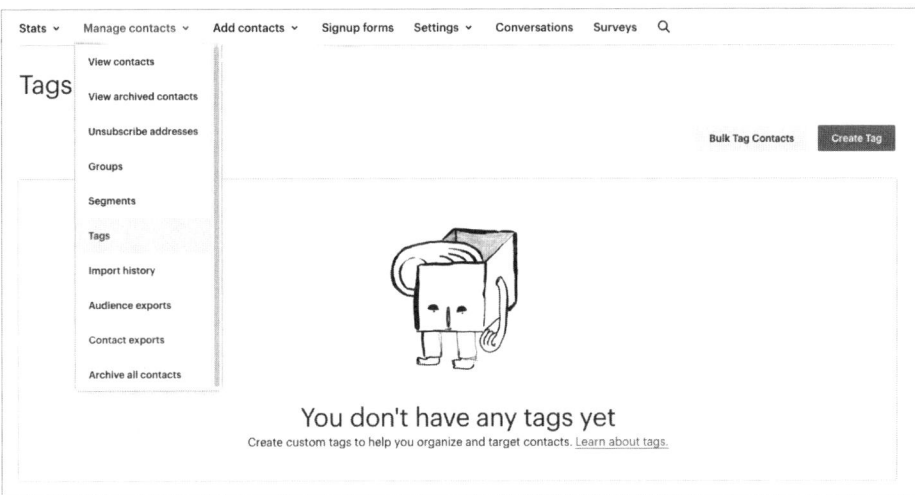

Abb. 9.6: Mailchimp erlaubt eine beliebige Anzahl Tags.

Ebenso wie die Gruppen finden Sie die Tags unter MANAGE CONTACTS und dann im Untermenü TAGS. Sie können Tags jederzeit zu einer Audience hinzufügen, also auch nachträglich.

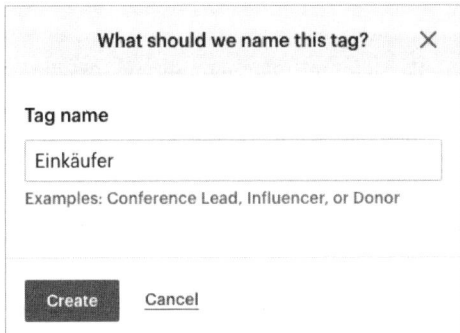

Abb. 9.7: Maximal 100 Zeichen stehen für ein einzelnes Tag zur Verfügung.

Klicken Sie dann auf CREATE TAG, um Ihr erstes Tag anzulegen. Das Limit von 100 Zeichen ist meiner Meinung nach zu üppig bemessen. Die Erfahrung zeigt, dass kurze Tags besser funktionieren.

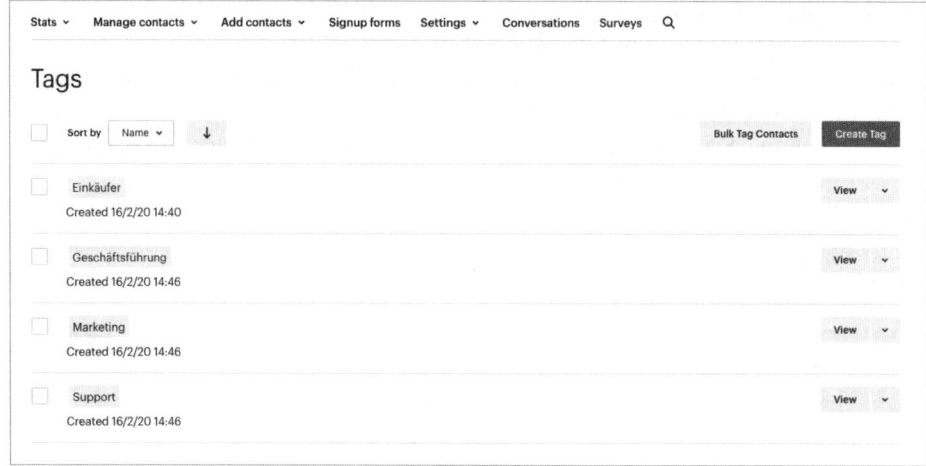

Abb. 9.8: Die Liste der Tags kann jederzeit erweitert werden.

Im Gegensatz zu Gruppen, bei denen die Auswahl in den Anmeldeformularen sichtbar sein kann, sind die Tags ausschließlich in der Audience zu sehen. Sie müssen also einzelnen Abonnenten das jeweilige Tag zuweisen. Gehen Sie dazu wieder auf Manage contacts und dann auf View contacts, um die Kontaktliste anzeigen zu lassen.

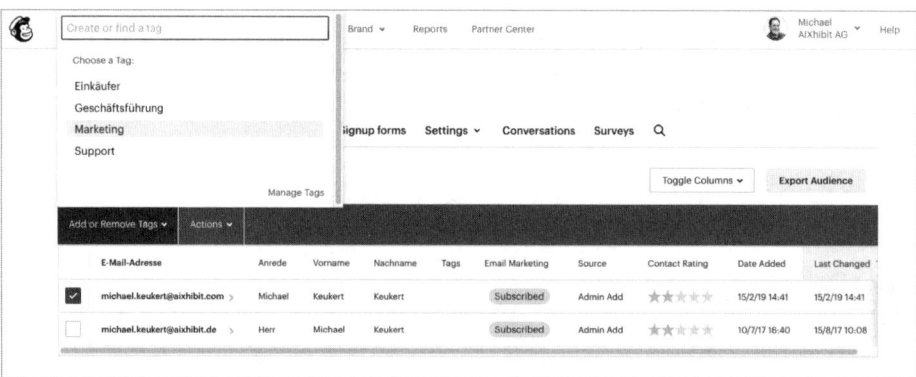

Abb. 9.9: Tags können mehreren Adressen auf einmal zugeordnet werden.

Wählen Sie dann einen oder mehrere Kontakte aus. Der Überschriftenbalken der Tabelle ändert sich von Schwarz zu Grün und ganz links erscheint Add or Remove Tags. Ein Klick darauf bringt die Liste der vorher definierten Tags zutage, sodass Sie eines auswählen können oder bei der Gelegenheit direkt ein neues Tag erstellen.

9.3   Anlegen von Segmenten

Sowohl Gruppen als auch Tags – wie übrigens auch beliebige andere Listenfelder
– können zum Anlegen von Segmenten genutzt werden. Beispielhaft nutze ich
jetzt unsere frisch angelegte Gruppe für die Anrede zur Bildung eines Segments.
Mailchimp erlaubt das Anlegen von Segmenten an zwei Stellen: bei der Kampa-
gnenerstellung und in den Mitgliederoptionen der Audience. Ich bevorzuge das
Erstellen von Segmenten in der Audience selbst, denn es erleichtert die Planung.

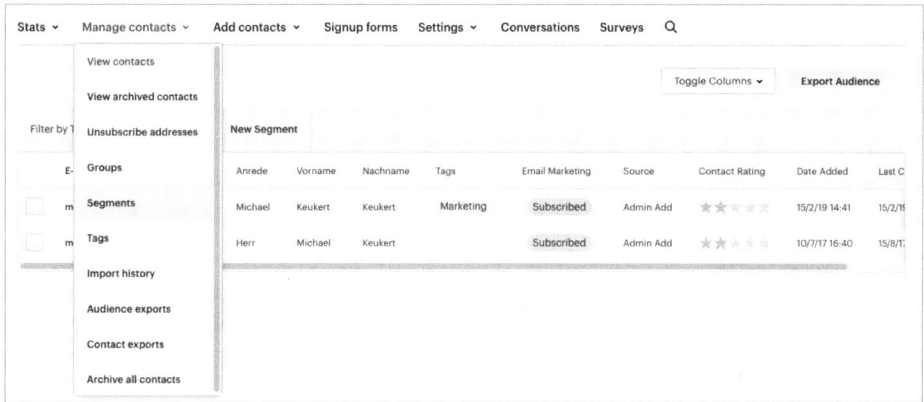

Abb. 9.10: Die Segment-Einrichtung befindet sich ebenfalls unter MANAGE CONTACTS.

Wählen Sie die Audience aus, für die Sie ein Segment bilden wollen, und navigieren Sie dann auf MANAGE CONTACTS und klicken Sie auf den Unterpunkt SEG-
MENTS. Auf der dann erscheinenden Übersicht (die bei Ihnen vermutlich leer sein
wird) klicken Sie dann auf die mit CREATE SEGMENT beschriftete Schaltfläche.

Ein Segment besteht aus mindestens einem Abfragekriterium, kann aber insgesamt fünf weitere Kriterien enthalten. Das Segmentierungskriterium wird im linken Drop-down ausgewählt. Die Vorauswahl liegt auf dem E-Mail-Marketing-
Status, es können aber zahlreiche weitere Kriterien ausgewählt werden. Wenn Sie
auf das Drop-down klicken, erscheint die vollständige Audience. Diese ist in bis zu
acht Hauptbereiche unterteilt:

- SUBSCRIBER DATA erlaubt die Segmentierung nach dem Verhalten der Abon-
  nenten. Es sind Werte, die Mailchimp selbstständig ermittelt oder die mit der
  Aktivität des Abonnenten zusammenhängen, also zum Beispiel, wann er sein
  Profil zuletzt aktualisiert oder ob er eine bestimmte Kampagne geöffnet hat.
- GROUPS beinhaltet alle die Gruppen, die Sie für die Audience angelegt hat. In
  unserem Fall also die Anrede.
- MERGE FIELDS erlaubt es, über die von Ihnen definierten Audience-Felder ein
  Segment zu bilden.

- INTEGRATIONS sind Segmentierungskriterien, die von extern angebundenen Programmen beigesteuert werden. Die zur Verfügung gestellten Optionen hängen dabei von den jeweiligen Integrations ab,

- TAGS sind die von Ihnen definierten »Schildchen«, die einzelne oder mehrere Abonnenten auszeichnen.

- PREDICTED DEMOGRAPHICS stehen als Option nur zur Verfügung, wenn Sie das Preismodell »Premium« gewählt haben.

- EMAIL MARKETING ENGAGEMENT besteht aus vier vorgefertigten Kategorien, in der neue oder besonders aktive Newsletter-Abonnenten einsortiert werden.

- E-COMMERCE bietet Segmentierungskriterien basierend auf dem Kaufverhalten in einem mit Mailchimp verknüpften Onlineshop an.

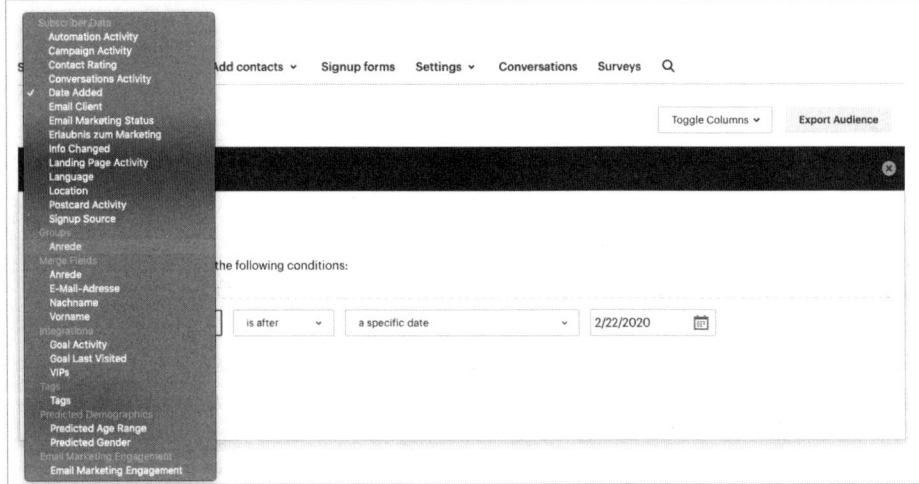

Abb. 9.11: Einem Segment muss mindestens ein Auswahlkriterium zugrunde liegen.

Für unser Beispiel bilden wir ein Segment über alle Männer in unserer Audience. Wählen Sie im Drop-down also die Gruppe ANREDE aus. Im mittleren Feld können Sie dann zwischen ONE OF, ALL OF und NONE OF auswählen. Diese Auswahl bezieht sich auf das rechte Feld, in dem die Optionen der Gruppe ausgewählt werden müssen. Über ONE OF und die Auswahl HERR bekommen Sie das gewünschte Ergebnis – alle Männer der Audience.

Das Zusammenspiel der »... of«-Kriterien lässt sich besser an einem anderen Beispiel erklären. Stellen Sie sich eine Gruppe mit den Ländern Deutschland, Österreich und Schweiz vor. Im rechten Feld markieren Sie nun Österreich und die Schweiz. Bei ONE OF würde das Segment alle Abonnenten enthalten, die entweder Österreich oder Schweiz hinterlegt haben, nicht aber diejenigen, die Deutschland ausgewählt haben. Bei ALL OF würden nur die im Segment landen, die sowohl

Österreich als auch Schweiz ausgewählt haben. Beim Hinterlegen der Gruppenfelder als Radiobutton oder Drop-down wäre das Segment daher leer. Bei der Auswahl NONE OF bildet sich das Segment nur aus denjenigen Abonnenten, die weder Österreich noch Schweiz hinterlegt haben.

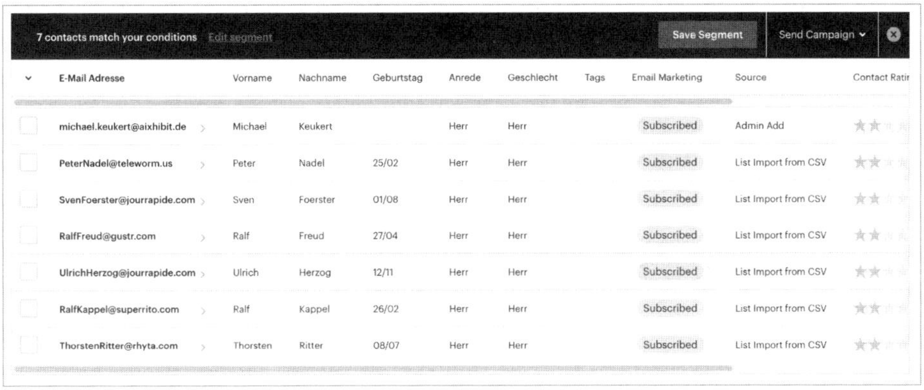

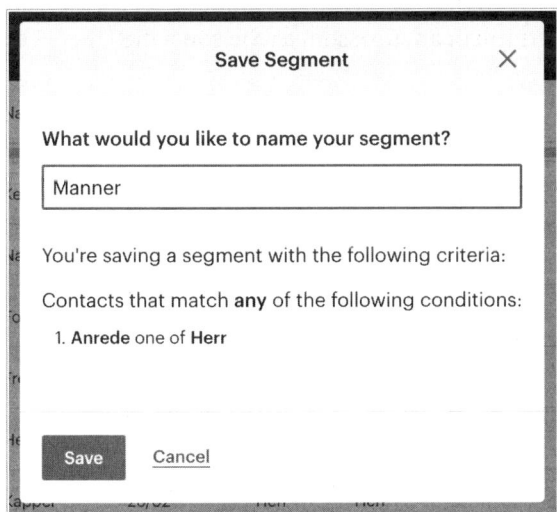

Abb. 9.12: Leider zeigt Mailchimp ein aktives Segment in der Abonnenten-Ansicht nicht mehr ganz so deutlich an wie noch vor einiger Zeit.

Nach einem Klick auf PREVIEW SEGMENT wird das Segmentierungskriterium auf Ihre Audience angewendet. Im Beispiel wurden korrekt alle Abonnenten der Testliste ausgewählt, die bei der Anrede HERR ausgewählt haben.

Abb. 9.13: Sie können Segmente dauerhaft speichern. Vergeben Sie hierzu einen aussagekräftigen Namen.

Über die Schaltfläche SAVE AS SEGMENT können Sie dieses Segment jetzt dauerhaft speichern – es steht dann für den Newsletter-Versand zur Verfügung. Segmente, die Sie auf diese Weise erstellen, aktualisieren sich im Normalfall selbst. Kommt also ein neuer Abonnent hinzu – egal ob über die reguläre Anmeldung oder über den Import –, bei dem die Kriterien übereinstimmen, dann wird er automatisch zum Segment hinzugefügt. Das ist sinnvoll, denn so können Sie vor jedem Versand einfach das gespeicherte Segment auswählen und sicher sein, dass es auf dem aktuellen Stand ist.

Abb. 9.14: Gespeicherte Segmente stehen dauerhaft zur Verfügung.

Das neu eingerichtete Segment ist nun dauerhaft in der Audience gespeichert und kann für den Newsletter-Versand genutzt werden. Die Kriterien der Segmentierung können durch Klick auf EDIT verändert werden – es empfiehlt sich aber, den Namen des Segments jederzeit dem Inhalt anzupassen, da Sie sonst die Übersicht verlieren.

9.3.1 Segmente erweitern

Ein Segment muss mindestens aus einem Kriterium bestehen – es kann aber auch zwei oder mehr Bedingungen enthalten. Hierbei ist es wichtig, festzulegen, wie diese Bedingungen sich zueinander verhalten. Müssen beide Kriterien erfüllt sein oder reicht es, wenn nur ein Kriterium erfüllt ist? Wir erweitern das Beispiel von oben daher um eine Bedingung und möchten nun die Abonnenten selektieren, deren Vorname »Ralf« ist. In der Beispielliste betrifft das zwei Personen.

Die Verknüpfung der beiden Bedingungen finden Sie in der obersten Zeile, wo Sie zwischen CONTACTS MATCH ALL OF THE FOLLOWING CONDITIONS oder CONTACTS MATCH ANY OF THE FOLLOWING CONDITIONS auswählen können. Die Voreinstellung liegt hier bei ANY – das heißt, dass irgendeine der Bedingungen erfüllt sein muss. Im Beispiel wäre dies `Anrede = Herr` ODER `Vorname = Ralf`. Nicht das gewünschte Ergebnis. Wir schalten die Bedingung daher auf ALL um und selektieren so diejenigen Abonnenten, die `Anrede = Herr` UND `Vorname = Ralf` haben.

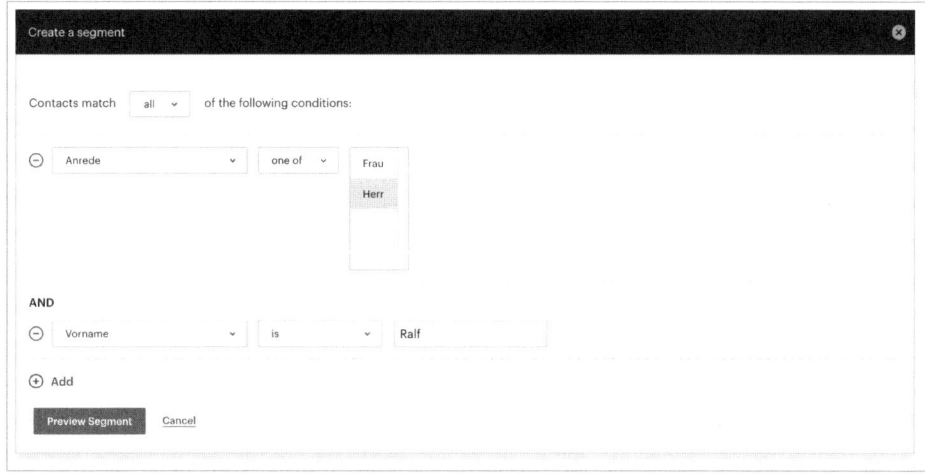

Abb. 9.15: Ein Segment kann auch mithilfe mehrerer Bedingungen gebildet werden.

9.3.2 Segmente basierend auf Abonnentenverhalten

Eine besondere Stärke der Segment-Funktion liegt darin, Segmente basierend auf dem Abonnentenverhalten zu bilden. Dazu bietet Mailchimp 14 verschiedene Kriterien an. Zu den interessantesten gehören:

- CAMPAIGN ACTIVITY: Hier wählen Sie aus, wie der Abonnent mit den letzten Newslettern interagiert hat. Ob er sie geöffnet hat oder darin etwas angeklickt hat beziehungsweise ob er ihn überhaupt bekommen hat. Diese Funktion eignet sich sehr gut für einen Erinnerungs-Newsletter.

- DATE ADDED: Wählen Sie gezielt Abonnenten aus, die nach einem Stichtag oder nach dem Versenden des letzten Newsletters zur Audience hinzugefügt wurden.

- EMAIL CLIENT: Wenn möglich, erkennt Mailchimp das Mailprogramm des Benutzers. Diese Segmentierung können Sie nutzen, um Abonnenten mit problematischen Mail-Clients, zum Beispiel Lotus Notes, alternative Inhalte zu senden. Die Erkennung ist nicht 100%ig genau und bedingt, dass der Empfänger mindestens einen Newsletter geöffnet haben muss.

- INFO CHANGED: Dieses Kriterium erfasst Abonnenten, die ihr Newsletter-Profil aktualisiert haben.

- LANGUAGE: Bei den meisten Abonnenten kann Mailchimp die Sprache des Mailprogramms erkennen. Diese Segmentierung könnte man benutzen, um Inhalte in verschiedenen Sprachen zu versenden. Die Erkennung ist jedoch ungenau. Einige Personen neigen zum Beispiel dazu, Mailprogramm und Webbrowser auf Englisch einzustellen, um nicht mit oftmals gruseligen Eindeutschungen leben zu müssen.

- LOCATION: Auch diese Angabe ist mit Vorsicht zu genießen, da sie nicht 100%ig exakt ist. Die Aufteilung nach dem Land des Abonnenten ist meist noch recht genau – bei der Stadt kommt es je nach Internetprovider des Abonnenten zu größeren Schwankungen. Bedenken Sie auch, dass diese Angaben darauf beruhen, wo der jeweilige Abonnent den letzten Newsletter geöffnet hat. War er da gerade auf Dienstreise in Tokio, dann würde er sich vermutlich wundern, wenn Sie den nächsten Newsletter auf Japanisch versenden.

- CONTACT RATING: Mailchimp hält nach, wie eifrig Ihre Abonnenten Ihre Newsletter lesen, wie oft diese geöffnet werden und ob Links darin angeklickt werden. Bei viel Interaktion steigt das Contact Rating bis auf fünf Sterne. Bei »faulen« Abonnenten sinkt es auf einen Stern. Mittels Segmentierung über das Contact Rating können Sie so Ihre Top-Abonnenten ansprechen oder den weniger Interessierten gezielt Angebote machen.

- SIGNUP SOURCE: Hier können Sie gezielt Abonnenten ansprechen, die über einen Import und nicht über den regulären Anmeldevorgang ausgewählt wurden.

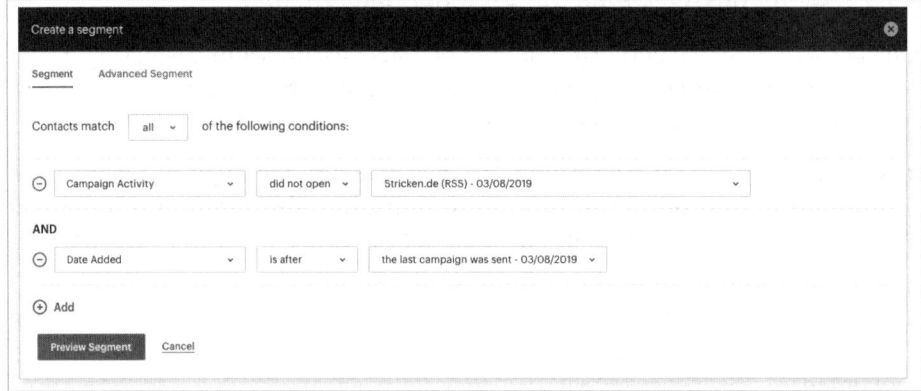

Abb. 9.16: Segmente können auch auf dem Benutzerverhalten basieren.

In Abbildung 9.16 wird die Segmentierung für ein typisches Nachzügler- und Erinnerungsmailing gezeigt. Im E-Commerce haben sich Erinnerungsmailings an die Nicht-Öffner eines Newsletters wenige Tage nach dem Versand bewährt. Wenn Sie also einen Newsletter mit speziellen Angeboten an einem Freitag versenden, um so zu Einkäufen am Wochenende zu motivieren, dann können Sie Montag früh noch mal eine Erinnerung aussenden. Diese geht dann nur an diejenigen Ihrer Abonnenten, die das Mailing vom Freitag nicht geöffnet haben. Zusätzlich nehmen wir noch die mit dazu, die sich über das Wochenende neu angemeldet haben.

9.3.3 Advanced Segments

In den erweiterten Segmenten können bis zu fünf Parameter alle zusammen entweder mit »Any« oder mit »All« verknüpft werden. Das reicht für viele Szenarien aus, scheitert aber an komplexeren Aufgaben wie beispielsweise einem Segment über alle Abonnenten, die den letzten Newsletter erhalten haben *und* nicht geöffnet haben *oder* erst später dazu kamen.

Mailchimp-Anwender, die den »Premium«-Plan gewählt haben oder noch »Mailchimp Pro« im Einsatz haben, kommen in den Genuss der »Advanced Segments«, die genau solche Kombinationen ermöglichen.

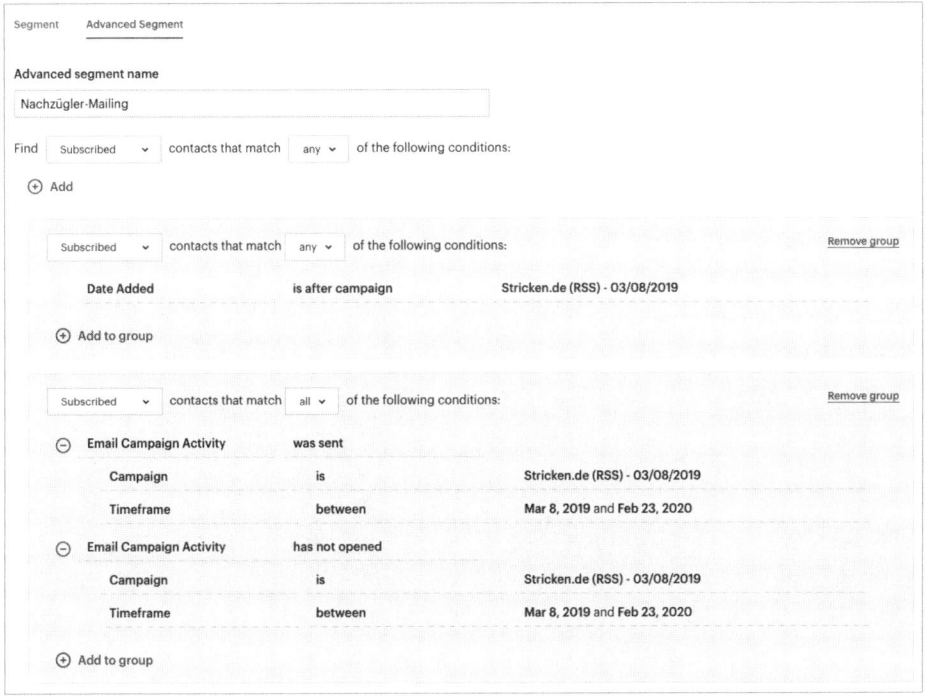

Abb. 9.17: Mittels Gruppen können *und-oder*-Kombinationen realisiert werden.

Mailchimp stellt dazu unter dem Reiter ADVANCED SEGMENTS die Möglichkeit bereit, Gruppen von Segmenten logisch zu verknüpfen. Im Beispiel haben wir eine ODER-Verknüpfung (»Any«) zwischen zwei Blöcken, von denen der obere ein einzelnes Kriterium hat, der untere aber zwei Kriterien mit UND (»All«) verknüpft.

ADVANCED SEGMENTS sind ein sehr leistungsfähiges Werkzeug, mit dem komplexe Segmentierungen erreicht werden können. Zwar kann man sich auch ohne »Mailchimp Premium« in diesem Fall behelfen – und sei es durch das Anlegen der Segmente in Excel und anschließendes Nutzen von TAGS beim Reimport der Adressen. Der Aufwand dafür ist aber ungleich höher. Wer häufig mit vielen komplexen Segmentierungen und mit großen Audiences arbeitet, für den ist das Aufstocken des Mailchimp-Preisplans und das Nutzen der ADVANCED SEGMENTS sicher eine gute Idee.

Kapitel 10

Newsletter-Design

Nachdem der Mailchimp-Account konfiguriert und eine Liste angelegt wurde, folgt nun ein erster kreativer Teil: Wir erstellen das Newsletter-Template.

Als Template wird eine Vorlage bezeichnet, die Sie – einmal erstellt – für jeden neuen Newsletter übernehmen können. Üblicherweise enthält das Template alle Designelemente, die Sie jemals benutzen möchten. Diese sind dann so gestaltet, dass sie zum generellen Erscheinungsbild Ihrer Webseite und Ihrer Organisation passen.

Vor vielen Jahren, als das Web noch jung war, stammte das Gros der Designer aus dem klassischen Print-Umfeld. Das Layout einer Webseite wurde so konzipiert, als wäre es eine Seite in einem Magazin. Frustriert wurde versucht, ein pixelgenaues Layout im Web zu realisieren, doch die unterschiedlichen Computersysteme und die verschiedenen Webbrowser zeigten eine Seite jeweils anders an. Designer waren gezwungen, zahlreiche Sonderbehandlungen in die Webseiten einzubauen, um eine annähernd gleiche Darstellung hinzubekommen.

Mit dem Einzug von Cascading Stylesheets (CSS), einer größeren Angleichung der Webbrowser aneinander und nicht zuletzt von Webfonts – Schriftarten, die von Webseiten geladen werden können – haben sich die technischen Möglichkeiten erweitert. Eine Webseite sieht jetzt auf aktuellen Webbrowsern auf jedem Betriebssystem nahezu gleich aus. Gleichzeitig hat sich aber auch das Gespür für das Medium Web bei den Designern und vor allem in den Chefetagen herausgebildet. Man versucht nicht mehr, Magazin- oder Zeitungsseiten nachzuempfinden. Vielmehr hat sich eine eigene Funktions- und Formensprache für das Web gebildet, die uns hilft, die meisten Webseiten intuitiv zu bedienen.

Ganz anders das Bild im E-Mail-Marketing. Wo im Webbereich die vier großen Webbrowser Chrome, Firefox, Internet Explorer und – recht abgeschlagen – Safari den Markt beherrschen, hat man im E-Mail-Bereich mit zahllosen Mail-Clients zu kämpfen. Je nach Zielgruppe werden heute bereits über 65% aller Newsletter auf Smartphones mit Apples iOS oder Googles Android-Betriebssystem gelesen. Ein weiterer großer Teil der Newsletter wird in Webclients wie Googlemail gelesen – hier sind in Deutschland GMX.de und Web.de nach wie vor sehr beliebt. Bei den klassischen Mailprogrammen liegt Microsoft Outlook vorne, ist aber selbst in fünf verschiedene Versionen zersplittert. Thunderbird, Apple Mail, BlackBerry Mail und sogar Lotus Notes gehören nach wie vor zu den wichtigen Programmen und müssen beim Mail-Design berücksichtigt werden.

Wo moderne Programme wie die Mail-Clients von Apple- oder Android-Smartphones mit der Darstellung schön gestalteter Newsletter keine Probleme haben, sieht es bei den älteren Programmen schon düsterer aus. Neben bekannten »Problemkindern« wie Lotus Notes, das leider im B2B-Bereich noch immer weit verbreitet ist, tut sich besonders Outlook von Microsoft unrühmlich hervor, bei dem oft von Version zu Version die Darstellung unterschiedlich aussieht.

10.1 Grundüberlegungen

Leider wissen Sie auch nicht im Voraus, mit welchem Mailprogramm ein Abonnent Ihre Newsletter liest. Nicht untypisch sind solche Lesegewohnheiten: Am Morgen liest der Empfänger seine E-Mails auf dem Smartphone, tagsüber dann auf einem Desktop-PC, in Pausen wiederum auf dem Smartphone und am Abend auf dem Tablet. Wäre er ein Abonnent Ihres Newsletters, Sie müssten mit – mindestens – drei verschiedenen Mailprogrammen für ihn rechnen.

Als Ausweg bleibt nur, sich auf einen kleinsten, gemeinsamen Nenner zu einigen. Ein Newsletter-Design also, das auf den meisten Mailprogrammen ordentlich dargestellt wird. Das bedeutet Verzicht auf moderne Features und Beschränkung im Design. Weniger ist mehr. Als Belohnung winken Newsletter, die ordentlich bei einer Vielzahl von Empfängern dargestellt werden können.

Diese Beschränkung heißt aber nicht, dass die Newsletter langweilig oder schlecht aussehen müssen. Auch mit einem zurückhaltenden Design und konservativer Nutzung von Gestaltungselementen kann man sehr ansprechende Ergebnisse erzielen.

Paradoxerweise tun sich an dieser Stelle Einzelanwender und kleinere Firmen leichter, bei denen es kein umfangreiches Corporate Design Manual und keine eigene Grafikabteilung gibt. Ich möchte an dieser Stelle nicht alle Designer über einen Kamm scheren, jedoch zeigt die langjährige Agenturerfahrung, je starrer das Corporate Design und je mächtiger die Grafikabteilung, desto schwieriger wird es, ein funktionelles Newsletter-Design umzusetzen. Oft muss dann ein Live-Test zwischen zwei Designs Klarheit schaffen.

Wichtig

Seit Erscheinen des Buches haben wir diese einführenden Bemerkungen einschließlich der Grundüberlegungen zahllose Male an potenzielle Kunden verteilt. Dennoch kam es immer wieder zu Missverständnissen, wenn die (externe) Werbeagentur oder der Haus- und Hofdesigner in bester Kenntnis des Firmendesigns, leider aber auch in völliger Unkenntnis des technisch möglichen, ein Layout vorgibt, das – bitteschön – aber auch genau so umgesetzt werden soll!

Daher an dieser Stelle noch mal die Klarstellung: Ein pixelgenaues Umsetzen eines Layouts geht im E-Mail-Marketing nicht! Die exakte Darstellung – egal auf welchem Mailprogramm – geht im E-Mail-Marketing nicht! Ein E-Mail-Template wird immer ein Kompromiss sein und es hängt von der Fachkenntnis des Erstellers ab, wie gut der Kompromiss wird. Grafik- und Webdesigner sind, bei aller Hochachtung für ihre Fähigkeiten, leider meistens die falschesten Personen, die ein Newsletter-Design erstellen sollten. Idealerweise erstellt der Designer nur einen groben Entwurf und legt die Farben – aber noch nicht einmal die Schriften – fest. Der Newsletter-Entwickler setzt das dann basierend auf seiner Fachkenntnis bestmöglich um.

10.1.1 Newsletter-Breite

Als Standardbreite für einen Newsletter haben sich 600 Pixel etabliert. Diese Breite resultiert aus zwei Faktoren: der durchschnittlichen Bildschirmgröße und dem Nutzbereich der E-Mail-Clients. Als kleinster gemeinsamer Nenner bei den Bildschirmauflösungen gilt traditionell die Auflösung von 1024 × 768 Pixeln.

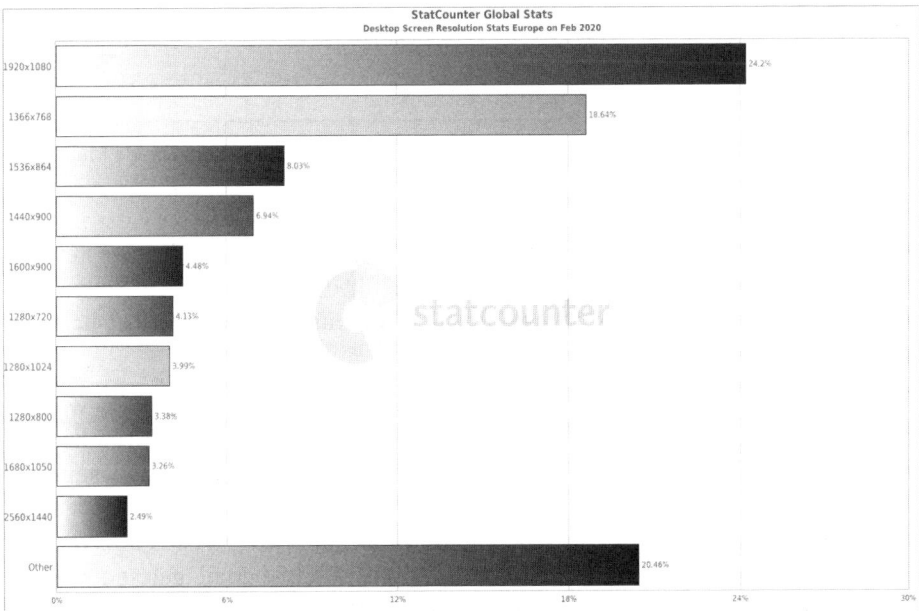

Abb. 10.1: Grafik: *gs.statcounter.com* (CC BY-SA 3.0)

Mit dem Einzug von 16:9-Breitbilddisplays wurde diese ehemals populäre Auflösung mittlerweile durch 1980 × 1080 Pixel abgelöst – im Februar 2020 wurde diese Auflösung von knapp 25% aller Nutzer im Internet eingesetzt.

Als zweiter Faktor spielt die Größe des Mail-Vorschaufensters eine wichtige Rolle. Fast alle Mailprogramme (mit Ausnahme der Programme für Smartphones) folgen einer Dreiteilung der Arbeitsfläche: eine Liste von Mail-Accounts sowie deren Ordnerstruktur, eine Liste aller Mails in einem jeweiligen Account sowie die Vorschau der gerade selektierten Mail.

Abb. 10.2: Google Inbox war ein webbasierter Mail-Client, der mittlerweile in Google Mail aufgegangen ist.

Ausgeprägt ist die Dreiteilung bei Microsoft Outlook, das meist ¼ des Fensters für die Ordner, ¼ für die einzelnen E-Mails und ½ für die Mail-Vorschau verwendet. Aber selbst bei modernen, webbasierten Mail-Clients wie Google Mail ist diese klassische Dreiteilung noch erkennbar.

Damit möglichst viel des Newsletters direkt in der Vorschau angezeigt werden kann, haben sich 600 Pixel für die Breite als kleinster, gemeinsamer Nenner etabliert. Lediglich wenn Sie Ihre Empfänger sehr gut kennen und wissen, auf welchen Geräten und Mail-Clients diese Ihre Newsletter lesen, sollte davon abgewichen werden. So haben die Newsletter von Apple, die zum weitaus überwiegenden Teil mit Apple-Geräten und dem Programm Apple Mail gelesen werden dürften, in der Regel eine Breite von 750 bis 900 Pixel.

10.1.2 Newsletter-Länge

Grundsätzlich sind Newsletter nicht in der Länge begrenzt. Was begrenzt ist, ist aber die Aufmerksamkeit Ihrer Leser. Betrachten wir jetzt die Statcounter-Statistik weiter oben erneut in Bezug auf die vertikale Bildschirmauflösung, dann zeigt sich, dass wir in der Länge auch durch Auflösungen zwischen 600 und 900 Pixel limitiert sind. Bei der Gestaltung des Newsletters ist man also gut beraten, die wichtigsten Informationen in den ersten paar Hundert Pixeln unterzubringen.

Gerade Laien neigen oft dazu, sehr große Grafiken in den oberen Bereich des Newsletters zu packen. Was optisch ansprechend sein mag, verschenkt aber wertvollen Platz, den Sie nutzen können, um Appetit auf das Weiterlesen zu machen.

Auch hier gibt es eine Empfehlung, basierend auf meiner Erfahrung: Gestalten Sie die Titelgrafik für den Newsletter mit einer Höhe von 200 bis maximal 250 Pixel. Das reicht als wieder erkennbares Gestaltungselement und lässt noch genug Platz für eine ansprechende Botschaft an die Abonnenten.

10.1.3 Bildgrößen

Aktuell werden – je nach Branche – bereits deutlich über 50% der Newsletter zuerst auf einem Smartphone geöffnet. Leider sind die Smartphone-Datentarife in Deutschland die teuersten in Europa, wie die Newsseite Politico im April 2015 berichtete (*http://www.politico.eu/article/data-telecoms-europe-divide/*). Für den gleichen Preis, für den ein Finne im Schnitt 50 GB Datenvolumen bekommt, bekommen deutsche Mobilfunknutzer gerade mal ein GB im schnellen LTE-Netz.

Ihre Newsletter-Empfänger werden es Ihnen daher danken, wenn Sie die Größe der Grafiken in Ihrem Newsletter möglichst klein halten. Dazu gehört zunächst, die Abmessungen nicht unnötig groß zu machen. Bei einer maximalen Breite von 600 Pixeln muss kein Bild größere Abmessungen haben. Wenn Sie Spalten im Layout benutzen, dann brauchen die Bilder 300 Pixel bei zweispaltigen und 200 Pixel bei dreispaltigen Layouts nicht zu überschreiten.

Viele Nutzer realisieren nicht, dass, wenn sie größere Bilder in den Newsletter einfügen, diese zwar in das Layout eingepasst werden – die ursprüngliche Größe aber nach wie vor erhalten bleibt. Wenn Sie also ein Bild mit 1200 Pixeln Breite in eine Spalte einfügen, dann wird es zwar auf 300 Pixel skaliert dargestellt – die 1200 Pixel Auflösung müssen aber nach wie vor übertragen werden.

Neben der Abmessung ist auch auf die Dateigröße zu achten. Selbst wenn ein Bild auf 600 Pixel Breite reduziert wurde, kann es trotzdem noch mehrere Megabytes Dateigröße haben und so Mobilfunktarife belasten und lange zur Übertragung benötigen. Bildformate wie JPEG ermöglichen, über einen einstellbaren Qualitätsfaktor die Dateigröße drastisch zu reduzieren, ohne dass es zu sichtbaren Qualitätseinbußen kommt.

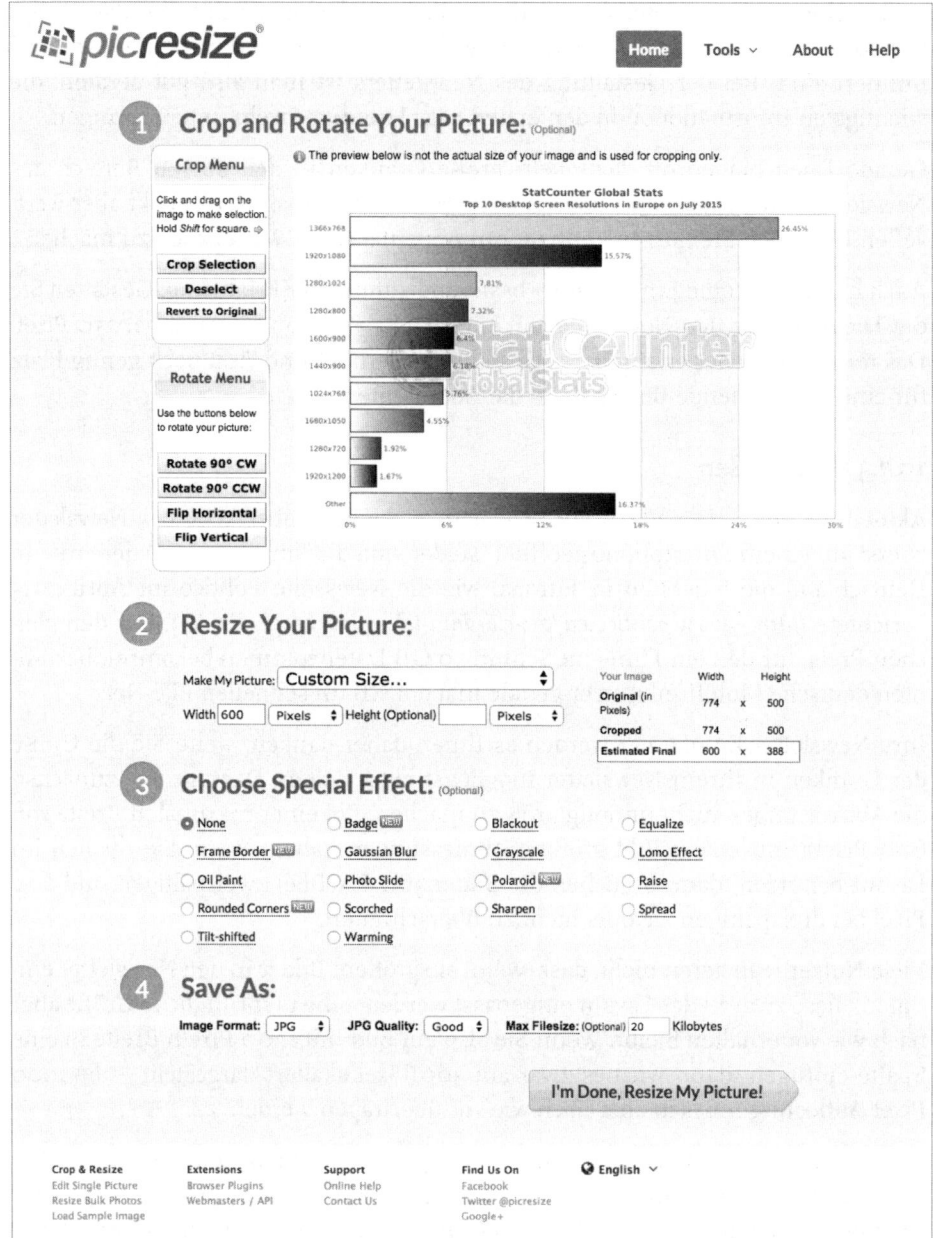

Abb. 10.3: Achten Sie beim Einfügen von Bildern auf geringe Dateigrößen. *www.picresize.com* ist ein nützliches Tool zur automatisierten Nachbearbeitung.

Grafikprogramme wie Adobe Photoshop geben Ihnen umfangreiche Möglichkeiten an die Hand, Ihre Grafiken sowohl von der Abmessung als auch von der Dateigröße her zu optimieren. Wer nur gelegentlich Grafiken bearbeiten möchte, kommt auch gut mit einer der zahlreichen kostenlosen Online-Lösungen klar. In Abbildung 10.3 habe ich exemplarisch *www.picresize.com* herausgegriffen. Dort können Sie neben der Zielgröße (im Beispiel 600 Pixel) auch eine Ziel-Dateigröße angeben (im Beispiel 20 KByte). Mitunter müssen Sie ein bisschen mit den Werten experimentieren, bis Sie ein ideales Ergebnis erhalten.

10.2 Responsives Design

Es sind nur ganz, ganz wenige Szenarien vorstellbar, bei denen responsives Design – also das Anpassen des Newsletters für eine möglichst optimale Darstellung auf mobilen Geräten – keinen Sinn ergeben würde. Je nach Branche verzeichnen wir bei den von uns betreuten Newslettern bereits an die 60% mobile Erstöffnung, Tendenz steigend. Eine mobile Optimierung ist daher nicht mehr Kür, sondern Pflicht.

Sie sollten also bereits bei der Konzeption des Newsletters mobile Leser im Auge haben. Das fängt bereits beim Betreff der jeweiligen Newsletter an. Statt sehr langer Betreffs, wie es für die rein stationären Mail-Clients lange Zeit angesagt war, sollten kurze, knackige Betreffs gewählt werden. Immens wichtig ist, dass Sie einen Preheader-Bereich im Template vorsehen. Und nicht zuletzt ist die Gestaltung der Newsletter-Vorlage – des Templates – für die Mobiloptimierung sehr wichtig. Zum Glück nimmt Ihnen Mailchimp hier viel Arbeit ab – Sie müssen lediglich aus einer Reihe von Vorlagen auswählen, die bereits für die mobile Nutzung optimiert sind.

Generell sind einspaltige Layouts zu empfehlen, da sich diese besser mobil darstellen lassen und man mehr Kontrolle über die Reihenfolge der Elemente auf Smartphone-Displays hat. Das steht leider im Gegensatz zu den Wünschen vieler Marketing- und PR-Leiter, die den Newsletter oft mehr als eine Art elektronische Firmenbroschüre ansehen und mehrspaltige Layouts bevorzugen. Vergegenwärtigen Sie sich bei diesen Überlegungen immer das kleine Display eines Smartphones. Eine Firmenbroschüre oder Kundenzeitschrift würden Sie auf diesen Displays auch nicht in der Gesamtheit lesen, sondern auf die einzelnen Spalten zoomen. Von daher kann man den Newsletter auch direkt einspaltig anlegen und so den Abonnenten entgegenkommen.

10.3 Templates

Der Arbeitsablauf innerhalb von Mailchimp sieht vor, dass Sie für Ihren Newsletter zunächst eine Vorlage beziehungsweise Schablone – im Englischen »Template« genannt – erstellen. Dieses Template beinhaltet alle Designelemente, die Sie in Ihrem Newsletter benutzen wollen, jedoch nicht die jeweiligen tatsächlichen Inhalte. Beim Erstellen eines Newsletters führen Sie dann die jeweilige Empfängerliste mit dem Template zusammen und erstellen so eine »Campaign« – eine Kampagne –, die dann die tatsächlichen Inhalte der Aussendung enthält.

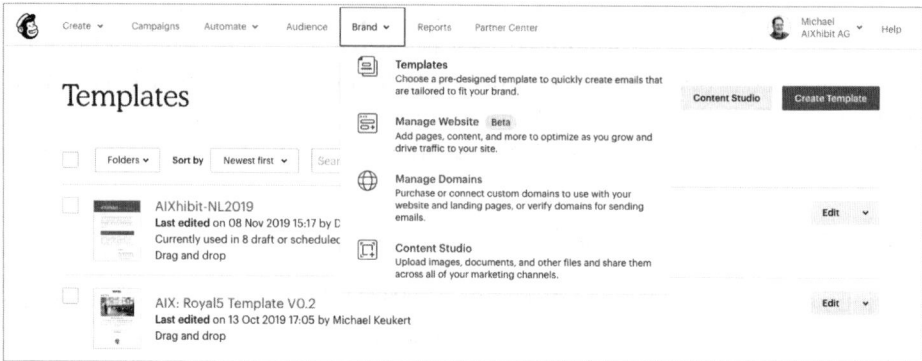

Abb. 10.4: Erstellen Sie ein neues Template über CREATE TEMPLATE.

Zum Erstellen eines Templates wählen Sie in der Haupt-Navigation den Punkt BRAND aus. Unter diesem Menüpunkt finden Sie alle Bereiche, die etwas mit den Inhalten der Newsletter und anderen Marketing-Werkzeugen zu tun haben. Der Punkt TEMPLATES beinhaltet dann alle Tools zum Erstellen und Verwalten von Mailvorlagen. Zum Erstellen eines neuen Templates klicken Sie auf die dunkelgraue Schaltfläche CREATE TEMPLATE.

Mailchimp bietet drei verschiedene Wege, wie Sie ein Template erstellen können:

- LAYOUTS: Hinter dem schlichten Namen versteckt sich der 2013 eingeführte »E-Mail Designer«, der seit März 2014 der Standard zum Erstellen neuer Templates ist. Mit dem E-Mail Designer erstellte Templates sind von vornherein mobil optimiert – man kann aber nicht alle Designwünsche damit erfüllen. Das muss aber kein Nachteil sein.

- THEMES: Hier finden Sie knapp 100 verschiedene gestaltete Vorlagen inklusive grafischer Elemente, die Sie nur noch für Ihre Zwecke anpassen müssen.

- CODE YOUR OWN: Diese Templates erstellen Sie selbst in HTML-Code (oder lassen sie erstellen). Über diese Methode können Sie die individuellsten Templates erstellen, müssen aber auch alle Besonderheiten der mobilen Optimierung oder Darstellung auf verschiedenen Mail-Clients selbst beachten.

Meine Empfehlung geht eindeutig in Richtung des E-Mail Designers und seiner »Basic«-Templates. Die Erstellung von Templates auf diese Weise beschreibe ich weiter unten noch ausführlich – lassen Sie mich zunächst der Vollständigkeit halber die beiden anderen Versionen kurz vorstellen.

10.3.1 Template Themes

Die Anfänge von Mailchimp in den frühen 2000er Jahren liegen in der Erstellung von reinen E-Mail-Templates. Mailchimp hatte noch keine eigene Versand-Infrastruktur, noch kein Kampagnenmanagement und noch keine Audiences – sondern ausschließlich sehr schön designte, anpassbare Mail-Vorlagen.

Dieses Erbe findet sich in den thematischen Mail-Vorlagen wieder, die für jeden bezahlten Account zur Verfügung stehen. In derzeit 9 Kategorien finden Sie knapp 100 verschiedene Vorlagen. Mailchimp hat hier einen gewissen Kahlschlag betrieben, waren es doch bei der letzten Auflage des Buches noch knapp 250 Templates in 25 Kategorien. Dafür sind die Templates aber besser geworden. Ob Einladung oder Sonderverkauf, ob Erinnerungsmail oder Restaurantwerbung – für fast alle Anlässe ist etwas dabei.

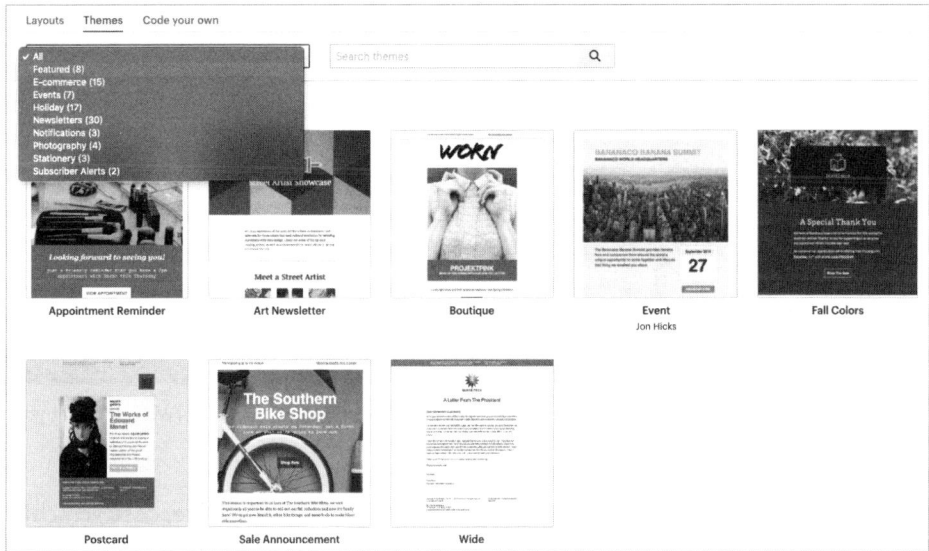

Abb. 10.5: In der Galerie finden Sie kanpp 100 Templates für verschiedene Anlässe.

Zum Benutzen eines Templates stöbern Sie einfach in den Kategorien oder geben einen (englischen) Suchbegriff ein. Viele der Vorlagen sind sehr »amerikanisch« und nur eingeschränkt im deutschsprachigen Raum verwendbar. Dennoch ist die Galerie ein guter Startpunkt, wenn Sie schnelle Ergebnisse oder Inspiration brauchen.

Suchen Sie dazu das Template »Caribou Christmas«. Sie können den Namen entweder in die Suchzeile gehen oder aus den Kategorien HOLIDAYS auswählen. Ein »Holiday« bezeichnet im Englischen einen Feiertag wie Weihnachten. Ein Klick auf das Template öffnet es im Editor.

Das Editor-Fenster ist zweigeteilt. Im linken Bereich sehen Sie eine Vorschau des Newsletters, rechts daneben seine verschiedenen Bereiche. Klicken Sie zum Beispiel auf STYLE, und dann auf PAGE, dann erscheinen verschiedene Einstellmöglichkeiten für Farben und Schriften. Über BACKGROUND COLOR legen Sie zum Beispiel die Hintergrundfarbe für den Newsletter fest und HEADING 1 definiert Schriftart, Schriftgröße und Farbe der ersten Überschriftenebene.

Abb. 10.6: Der WYSIWYG-Editor zeigt die aktuelle Bearbeitungsansicht (WYSIWYG: »What you see is what you get«).

Wenn Sie mit der Maus über den linken Bereich gleiten, sehen Sie, dass verschiedene Bereiche beim Darüberfahren hervorgehoben werden und einen EDIT-Knopf in Form eines Bleistifts bekommen. Diese Bereiche – und nur diese – können von Ihnen bearbeitet werden. Darüber hinaus können Sie über die allgemeinen Einstellungen noch Farben und Schriftgrößen anpassen.

Das Übersetzen des Templates ins Deutsche ist problemlos möglich. Durch geschickte Farb- und Grafikwahl ist sicher auch das Ummünzen auf eine Einladung zur Silvesterparty oder Karnevalsfeier möglich. Aus dieser Vorlage aber zum Beispiel den monatlichen Newsletter einer Anwaltskanzlei abzuleiten, dürfte nahezu unmöglich sein.

Zusätzlich ist zu erwähnen, dass die vorgefertigten Templates einige Möglichkeiten mehr haben als der reguläre Mail-Editor. Das klingt leider besser, als es ist, denn diese Funktionen außerhalb des fertigen Templates zu nutzen, geht nicht. Im Falle des »Caribou Christmas« gibt es beispielsweise keine Möglichkeit, die Grafik des Elches (beziehungsweise Karibus) zu entfernen oder zu wechseln.

Wenn Sie auf einen der Bleistift-Bereiche klicken, dann erscheint auf der rechten Seite ein entsprechendes Feld, in dem Sie den Text verändern können. Sobald Sie dort Texte verändern, wird die Vorschau unmittelbar aktualisiert. So sehen Sie immer direkt, wie der Newsletter – voraussichtlich – im Posteingang des Empfängers aussieht.

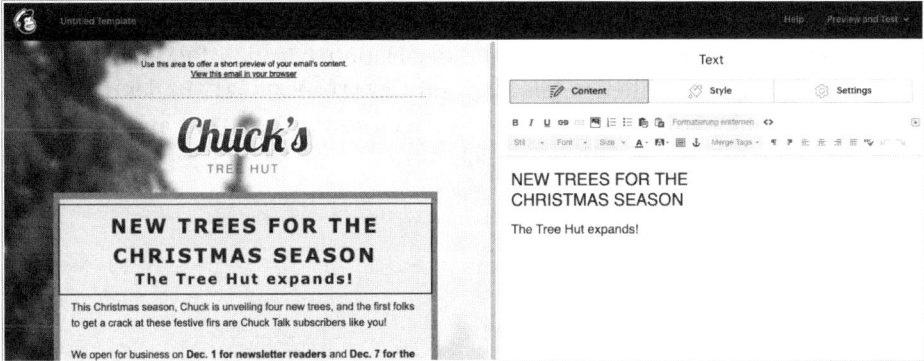

Abb. 10.7: Geänderte Texte werden im WYSIWYG-Editor sofort angezeigt.

Zusammenfassend kann man sagen, dass die vorgefertigten Template-Themes eine akzeptable Lösung sind, wenn es mal schnell gehen muss oder wenn Sie sich Anregungen holen möchten. Warum diese Themes nur den bezahlten Mailchimp-Accounts zur Verfügung stehen, erschließt sich mir jedoch nicht ganz, denn in diesen Accounts werden sie am wenigsten benötigt.

10.4 E-Mail Designer

Es gibt zwei Sachen, die wir an Mailchimp besonders schätzen. Zum einen wird das System in den gut zehn Jahren, seit wir damit arbeiten, beständig weiterentwickelt. Im Schnitt kommen alle sechs bis acht Wochen Updates und kleinere Erweiterungen und im Schnitt alle 18 Monate große Funktionsänderungen. Zum anderen werden aber diese Änderungen nie in einer Art und Weise implementiert, dass bestehende Funktionen verschwinden oder eingeschränkt werden.

Ein sehr gutes Beispiel ist der E-Mail Designer. Erstmalig vorgestellt im November 2012, wurde er als zusätzlicher Weg zur Erstellung von Templates eingeführt. Erst im März 2014, also 18 Monate nach Einführung, wurde der E-Mail Designer zum Standard für die Template-Erstellung erhoben. Dennoch wurde die alte Funktionalität nicht abgeschafft – Templates, die auf bislang herkömmlichem Weg erstellt wurden, konnten durch einen sanften Migrationspfad auch im neuen E-Mail Designer bearbeitet werden.

Mittlerweile realisieren wir in unserer Agentur das Gros der Template-Projekte für unsere Kunden mit dem E-Mail Designer. Nur in ganz speziellen Fällen greifen wir noch zu eigens programmierten Templates. Zwar lassen sich noch nicht alle

Layout-Wünsche mit dem E-Mail Designer verwirklichen, Mailchimp erweitert seine Funktionen aber beständig.

10.4.1 Auswahl der Template-Basis

Sie erreichen den E-Mail Designer unter der Hauptnavigation BRAND, dann TEMPLATES und einem anschließenden Klick auf CREATE TEMPLATE. In der darauf folgenden Auswahl werden Ihnen einige Vorlagen unter FEATURED angeboten, wir schauen aber zunächst nach dem Bereich BASIC.

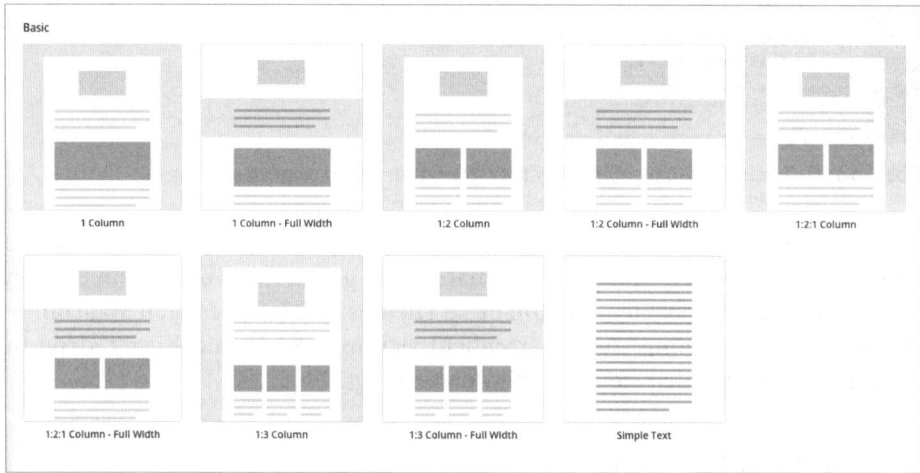

Abb. 10.8: Die Vorlagen aus der Template-Galerie

Zunächst einmal müssen Sie nun die Basis-Vorlage für Ihr neues Template auswählen. Diese Auswahl will gut überlegt sein, denn sie kann später nicht mehr geändert werden. Derzeit stehen fünf Spezial-Vorlagen und neun allgemeine Vorlagen zur Auswahl. Lassen Sie sich von der großen Zahl nicht verwirren – der Aufbau der Basis-Vorlagen ist einfach zu durchschauen, denn es geht im Wesentlichen um zwei Parameter:

- Full Width / Rahmendesign
- Anzahl der Spalten (Columns) und Spaltenabfolge

Überlegen Sie zunächst, ob das Template in Streifen- (Full Width) oder Rahmenform gestaltet sein soll. Die verschiedenen Teile wie der Kopf- und Fußbereich sowie der eigentliche Inhalt können farblich hinterlegt werden. Bei einem Streifen-Template ist diese farbliche Hinterlegung in der Form von horizontalen Streifen angelegt, die sich immer über die komplette Breite des Mail-Fensters erstrecken. Die Kopfzeile kann dann zum Beispiel dunkel hinterlegt sein, der Nachrichtenbereich hell und die Fußzeile wieder dunkel.

Bei der Rahmenform ist der Inhalt des Newsletters hingegen von einem farbigen Element umrahmt. Im Mail-Fenster »liegt« der Newsletter also auf einer Farbfläche. Welche der beiden Formen Sie wählen, ist Geschmackssache. Ich persönlich bevorzuge meist die »banded« Templates.

Schwieriger ist schon die Frage, wie viele Spalten Ihr Template haben soll. Neben den klassischen einspaltigen Vorlagen stehen diverse Formate wie 1:2-spaltig oder 1:3-spaltig zur Verfügung. Der Doppelpunkt signalisiert dabei immer einen Formatwechsel. Die 1:3-Vorlage fängt also 1-spaltig an, wechselt dann auf einen 3-spaltigen Block und springt im Footer dann wieder auf 1-spaltig zurück. Jeder dieser Blöcke kann beliebig viele Elemente enthalten.

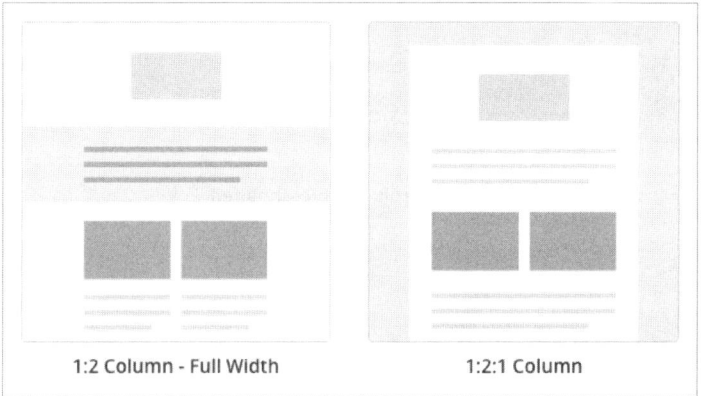

1:2 Column - Full Width   1:2:1 Column

Abb. 10.9: Im Agentur-Alltag benutzen wir meistens das »1:2 Column-Full Width«-Template als Grundlage für die Template-Entwicklung.

Zur Verdeutlichung betrachten wir zwei beliebte Templates und deren Aufbau.

Das »1:2 Column – Full Width«-Template ist ein Streifen-Template. Insgesamt stehen sechs Streifen-Bereiche zur Verfügung: Preheader, Header, Upper Body, Columns, Lower Body und Footer. In der Vorschaugrafik sind diese Bereiche abwechselnd Weiß und Hellgrau hinterlegt. Jeder dieser Streifen kann einzeln eingefärbt werden.

Von der Spalten-Abfolge besteht das Template aus dem Header-Bereich, gefolgt von einem einspaltigen Bereich, der beliebig viele einspaltige Elemente enthalten kann. Dann wechselt das Template in einen zweispaltigen Block, der ebenfalls beliebig viele zweispaltige Elemente enthalten kann. Sodann wird wieder in einen einspaltigen Bereich gewechselt und schließlich folgt der Footer-Bereich. Beliebig viele Elemente heißt in diesem Zusammenhang übrigens auch, dass der Bereich komplett leer bleiben kann! Man könnte also beispielsweise auch den ersten einspaltigen Bereich leer lassen und dann direkt zweispaltig anfangen.

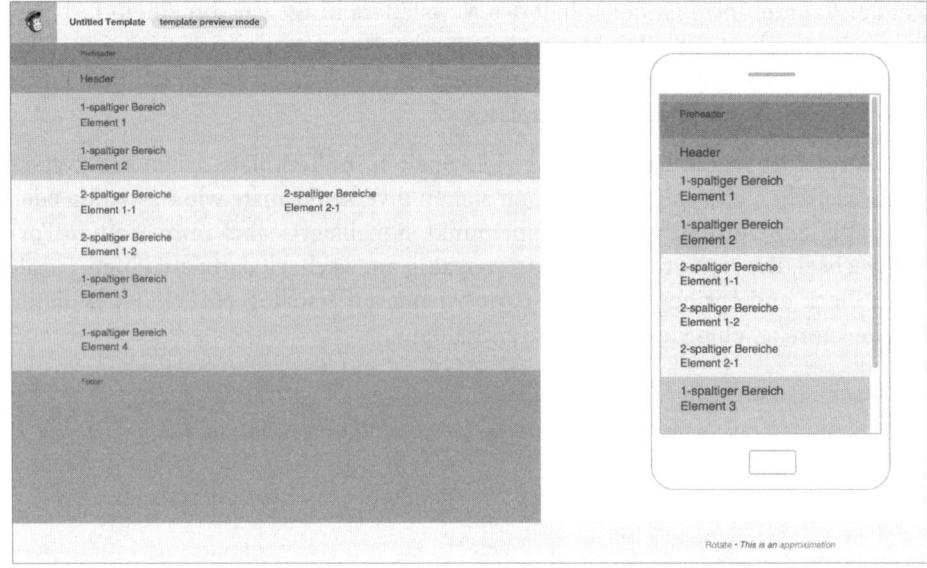

Abb. 10.10: Das Template »1:2 Column – Full Width« mit Beispiel-Inhalten

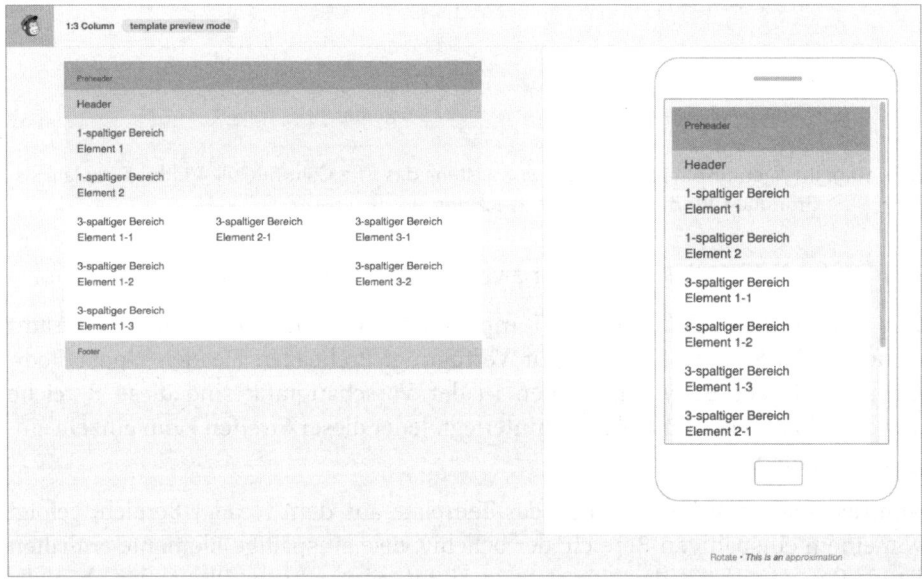

Abb. 10.11: Das »1:3«-Rahmentemplate

Die Vorschau zeigt gut, wie die Abfolge der einzelnen Elemente ist und wie die farbigen Streifen funktionieren. Im zweispaltigen Bereich hat das Beispiel (Abbildung 10.10) in der linken Spalte zwei Elemente und in der rechten Spalte nur ein Element. Die mobile Vorschau zeigt sehr gut, wie der mehrspaltige Bereich dann umsortiert wird, sobald ein kleines Smartphone-Display ins Spiel kommt. Man nennt diese Anpassung der Reihenfolge »responsives Design«, da sich die Inhalte automatisch an das Gerät anpassen.

Beim »1:3 Column«-Layout sieht die ganze Sache jetzt anders aus. Was die farbigen Bereiche angeht, stehen auch hier Preheader, Header, Body, Columns und Footer zur Verfügung – das Element Page bekommt hier aber die umrahmende Funktion.

10.4.2 Spalten oder keine Spalten?

Gerade was die mobile Ansicht angeht, gibt es hier zwei bemerkenswerte Dinge zu beachten. Im zweiten Beispiel (Abbildung 10.11) wurde ein Rahmen-Template verwendet und dieser Rahmen ist auch auf der mobilen Ansicht vorhanden. Effektiv wird dadurch Platz zur Anzeige der Newsletter-Inhalte weggenommen, wie der Vergleich mit der mobilen Vorschau des Streifen-Templates zeigt.

Zum anderen sieht man sehr schön, wie in der mobilen Ansicht die Spaltenblöcke sortiert werden. Während man in der stationären Ansicht die jeweils drei ersten Elemente der Spalten gleichberechtigt nebeneinander sieht, werden in der mobilen Ansicht erst alle Elemente der ersten Spalte, dann alle Elemente der zweiten Spalte und schließlich alle Elemente der dritten Spalte angezeigt.

Ich bin generell kein Freund von mehrspaltigen Layouts. Die Benutzung von zwei oder mehr Spalten ist eine Reminiszenz an Print-Layouts oder Webseiten, die man üblicherweise auf einen Blick überfliegen kann. Das Auge springt dabei über die Überschriften der einzelnen Spalten und erfasst die wesentlichen Punkte. Eine solche Darstellung verbietet sich aber bei der Darstellung auf dem Mobilgerät, denn man möchte den Lesern des Newsletters nicht zumuten, über Pinch-and-Zoom-Fingergesten die einzelnen Spalten ein- und auszuzoomen.

Wenn sich aber auf einem Mobilgerät die Inhalte sowieso neu anordnen und in ein einspaltiges Layout wechseln, dann kann man genauso gut von vornherein den Newsletter einspaltig konzipieren. Diese Herangehensweise zwingt den Ersteller des Newsletters auch dazu, die einzelnen Inhalte entsprechend zu priorisieren und in eine sinnvolle Reihenfolge zu bringen, statt den vermeintlich einfachen Weg über ebenbürtig nebeneinander angeordnete Spalten zu gehen.

10.4.3 Vorbereiten eines Drag&Drop-Templates

Der größte Vorteil des E-Mail Designers ist die Möglichkeit, die verschiedensten Inhaltselemente frei zu platzieren und zu verschieben. Starten wir also mit der Vorlage »1 Column – banded« – ein einspaltiges Streifen-Template – und bauen unsere Vorlage Schritt für Schritt auf. Ein Klick auf die Template-Vorlage lädt sie in den E-Mail Designer.

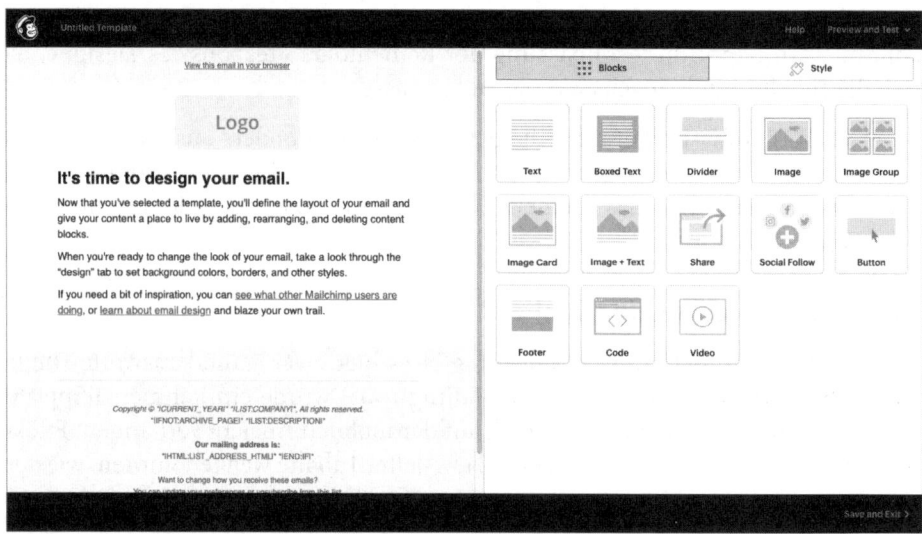

Abb. 10.12: Ein leeres Template enthält bereits Beispielinhalte; das vereinfacht die weitere Bearbeitung.

Der eigentliche Editor ist in zwei Bereiche geteilt. Auf der linken Seite sehen Sie das Layout des Templates. Wenn Sie mit der Maus über die einzelnen Elemente gleiten, dann erscheint jeweils ein schwarzer Balken, mit dem man das jeweilige Element manipulieren kann. Das gepunktete Feld links im schwarzen Balken dient zum Verschieben des Elements. Der Bleistift öffnet es zum Bearbeiten. Das Symbol mit dem Plus-Zeichen erstellt eine Kopie und der Papierkorb löscht es.

Auf der rechten Seite befindet sich eine Auswahl für die verschiedenen Inhaltselemente. Von dort aus können Sie neue Elemente einfach nach links ins Layout ziehen und platzieren. Über der Auswahlliste befinden sich die Schaltflächen BLOCKS und STYLE. Dies schaltet von der Auswahl der Inhaltselemente auf die Gestaltungsmöglichkeiten des Templates um. Klicken Sie daher zunächst auf STYLE.

Im folgenden Dialog erhalten Sie eine Auswahl mit sieben individuell anpassbaren Gestaltungsbereichen. Ein Klick auf den jeweiligen Bereich öffnet ein Menü mit den verschiedenen Möglichkeiten.

Page

Unter BACKGROUND STYLE definieren Sie die Hintergrundfarbe des Newsletters für den Bereich außerhalb des Inhalts. Bei den »banded« Vorlagen betrifft dies nur den Bereich unterhalb des Newsletters.

Weiterhin legen Sie hier die Stile für die vier Überschriftentypen H1 bis H4 fest. Jeder Überschriftenebene kann dabei in Schriftart, Schriftgröße und Schriftstil angepasst werden. Zudem können Sie noch den Zeilen- und Zeichenabstand sowie die Ausrichtung der Überschrift einstellen.

In der Praxis gestalten wir gerne die Überschriftenpaare H1 und H2 sowie H3 und H4 jeweils von Größe und Ausrichtung her identisch. Lediglich die Farben weichen ab: H1 und H3 bekommen die gleiche Farbe und H2 und H4 eine davon abweichende andere Farbe. So kann man im Newsletter etwas variieren.

Preheader

Der Preheader ist insbesondere für die Mail-Übersicht auf Smartphones und Tablets sehr wichtig, denn er enthält – richtig genutzt – in Ergänzung zur Betreffzeile noch zwei weitere Zeilen Text mit einer Kurzbeschreibung des Newsletter-Inhalts.

Über PREHEADER STYLE legen Sie die Hintergrundfarbe fest und ob der Preheader mit einem Rahmen oben und unten versehen sein soll. Weiterhin definieren Sie die Schriftart und Schriftfarbe sowie die optische Gestaltung von Links im Preheader.

Header / Body / Footer

Für diese Bereiche gilt sinngemäß das Gleiche wie für den Preheader. Neben individuellen Hintergrundfarben legen Sie die Attribute von Schriften und Links fest.

Es empfiehlt sich, nicht zu wild mit den Farben und Schriftarten abzuwechseln. Denken Sie daran, dass die Inhalte Ihres Newsletters im Vordergrund stehen und nicht die Gestaltung. Diese hat lediglich unterstützenden Charakter und sollte sich daher nicht zu sehr in den Vordergrund drängen.

Es gibt auch selten einen Grund, warum ein Newsletter mehr als eine Schriftart benutzen sollte. Da sich im E-Mail Designer die Schriftart leider nicht global ändern lässt, kommt es gerade beim Experimentieren mit Templates oft vor, dass man die Schriftart nicht an allen Stellen ändert. Gehen Sie vor dem Finalisieren des Templates daher noch mal alle Einstellungen sorgfältig durch.

Mobile Styles

Unter dieser Rubrik können Sie gesammelt alle Schriftgrößen für Mobilgeräte anpassen. Wohlgemerkt, nur die Schriftgrößen – nicht die Schriftarten oder Farben! Diese Optionen dienen daher der Lesbarkeit Ihrer Inhalte auf mobilen Geräten wie Smartphones oder Tablets.

Tatsächlich sind die Voreinstellungen von Mailchimp auf eher große Schriften für das Smartphone hin optimiert. Das kommt kurzsichtigen Newsletter-Empfängern zugute, kann aber bei einer eher jüngeren Zielgruppe auch störend als »Großdruck-Buch« aufgenommen werden. Hier kann unter Umständen schon das Reduzieren um wenige Pixel zu einem eleganteren Erscheinungsbild führen.

Die Standard-Schriftgrößen bewegen sich zwischen 24 Pixel für eine H1-Überschrift und 14 Pixel für Preheader und Footer. Wenn Sie bei allen Schriften die Größe um jeweils 4 Pixel verringern – wohlgemerkt nur in den »Mobile Styles« –, erscheint der Newsletter schon sehr viel eleganter auf dem Smartphone.

10.4.4 Monkey Rewards

Wenn Sie einen kostenlosen Mailchimp-Account nutzen, dann wird unter jeder Mail eine kleine Eigenwerbung für Mailchimp eingeblendet. Hier stellen Sie ein, wie diese Werbung gestaltet ist.

10.4.5 Schriftarten im Newsletter

Ein Wort zu den Schriftarten. Leider können Sie auch hier nicht designtechnisch aus dem Vollen schöpfen, sondern müssen sich ebenfalls beschränken. Mailchimp stellt nur zehn Schriftarten zur Verfügung: Arial, Comic Sans, Courier New, Georgia, Helvetica, Lucida, Tahoma, Times News Roman, Trebuchet MS und Verdana. Diese Schriftarten haben sich als kleinster gemeinsamer Nenner erwiesen und können auf der überwiegenden Mehrzahl der Mail-Clients und Geräte ordentlich angezeigt werden.

Hinzu kommen seit Ende 2016 noch zehn weitere Schriften, die als Webfonts realisiert sind. Webfonts sind Schriftarten, die dynamisch vom Client – also dem E-Mail-Programm oder dem Webbrowser – aus dem Web heruntergeladen werden. Diese Schriften können daher nicht auf jedem Client dargestellt werden, sodass Mailchimp hier automatisch auf die ursprünglichen Schriften zurückfällt. Die zehn zusätzlichen Schriften sind Arvo, Lato, Lora, Merriweather, Merriweather Sans, Noticia Text, Open Sans, Playfair Display, Roboto und Source Sans Pro.

Vielfach hören wir den Wunsch, weitere Webfonts für ein Template zu nutzen. Meist wird argumentiert, man habe für viel Geld die eigene Firmenschrift als Webfont lizenziert und möchte diese jetzt überall nutzen. Leider unterstützen nur die allerwenigsten Mail-Clients diese nachladbaren Schriftarten. Bei einem Mail-Client, der dies nicht unterstützt, wird im günstigsten Fall stattdessen eine Systemschrift verwendet (und das Layout entsprechend beschädigt, da die Größen und Laufweiten nicht stimmen). Im ungünstigsten Fall erscheint der Newsletter ohne jeglichen Text.

Doch auch die Auswahl von Schriftarten, die Mailchimp anbietet, erlaubt es, ansprechende und schön designte Newsletter zu erstellen.

10.5 Die Template-Inhaltselemente

Nachdem nun die Grundlagen des Layouts definiert sind, wird es Zeit, die verschiedenen Inhaltselemente etwas näher zu betrachten. Klicken Sie dazu zunächst wieder auf BLOCKS, um die Auswahlliste zu erhalten.

Es handelt sich bei den Inhaltselementen um ein Baukastensystem, mit dem Sie zunächst das Template, später dann auch den eigentlichen Newsletter zusammenbauen. Das Template dient dabei lediglich als Vorlage. Die große Stärke des E-Mail Designers ist, dass Sie beim eigentlichen Erstellen des Newsletters weitere Elemente einfach hinzufügen können sowie bestehende Elemente verdoppeln, verschieben oder löschen können. Diese Flexibilität wurde erst mit diesem Editor möglich. Bei einem »Code Your Own«- oder »Theme«-Template war dies nur in sehr engen Grenzen möglich und auch nur dann, wenn der ursprüngliche Template-Designer an diese Möglichkeit gedacht und sie von vornherein berücksichtigt hat.

Als gute Vorgehensweise hat sich bewährt, das Template mit allen für den zukünftigen Newsletter auch nur annähernd sinnvollen Inhaltselementen zu füllen. So können Sie die einzelnen Elemente im Zusammenspiel miteinander sehen und brauchen dann bei der eigentlichen Zusammenstellung des Newsletters einfach nur überflüssige Elemente zu löschen und vorhandene Objekte zu duplizieren, wobei die jeweilige Gestaltung beibehalten wird.

Wenn Sie schon Inhalte für den ersten Newsletter haben, spricht auch überhaupt nichts dagegen, das Template mit »Live-Inhalt« zu erstellen. So haben Sie eine Vorlage, die dann bei weiteren Aussendungen nur dupliziert werden muss.

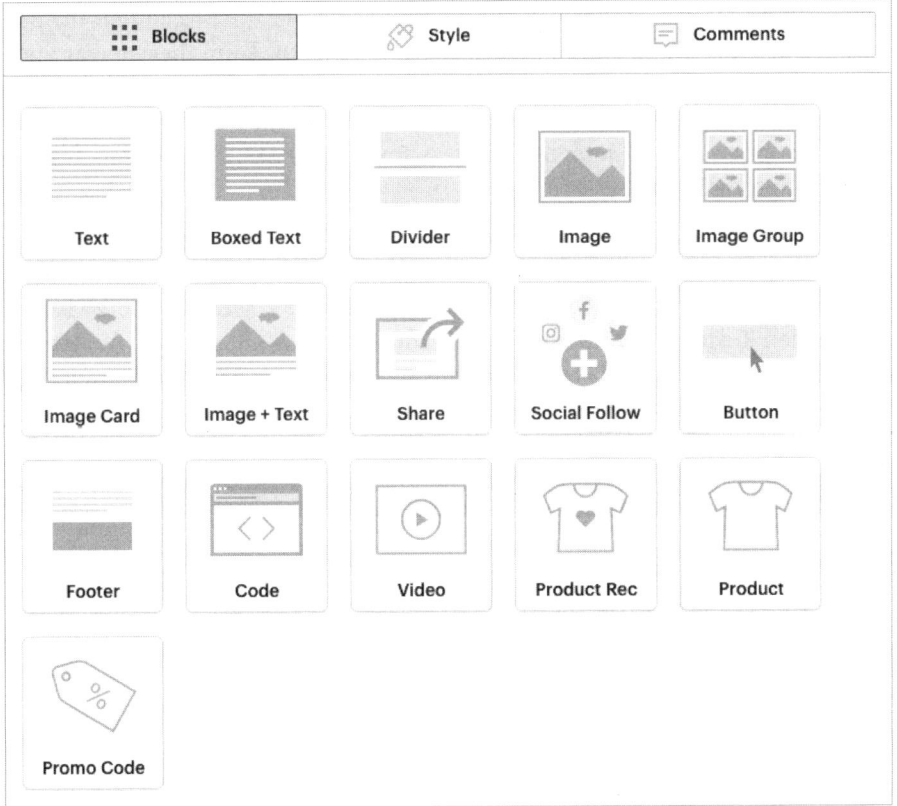

Abb. 10.13: Manche Elemente stehen nur zur Verfügung, wenn ein Onlineshop verknüpft wurde

Folgende Elemente stehen derzeit zur Auswahl:

- Text
- Boxed Text
- Divider
- Image
- Image Group
- Image Card
- Image + Text
- Share

- Social Follow
- Button
- Footer
- Code
- Video
- Product Rec
- Product
- Promo Code

Die letzten drei Inhaltselemente stehen nur zur Verfügung, wenn Sie einen Onlineshop über eine Mailchimp-Integration angeschlossen haben, die auch Produktdaten und Kaufdaten übermittelt.

10.5.1 Text

Das Text-Objekt ist das grundlegendste und universellste Inhaltselement für den Newsletter. Wie der Name schon sagt, nimmt es Text auf, kann diesen aber auch noch mal formatieren und mit verschiedenen Farben, Schriftgrößen, Aufzählungen und sogar mit eingebetteten Bildern anreichern. Gerade bei Bildern sollten Sie aber vorsichtig sein – das Element »Image + Text« ist da mit Hinblick auf das responsive Design meist die bessere Wahl.

Bei einem Klick auf den Textblock öffnet sich rechts der Editor für das Element, in dem Sie unter den von anderen Programmen bekannten Symbolen die Bearbeitungsmöglichkeiten finden. Über die Schaltfläche »< >« schalten Sie zwischen dem visuellen Texteditor und dem HTML-Editor für das Objekt um. Achten Sie aber beim Verändern des HTML-Codes auf die generellen Einschränkungen, so wie sie weiter oben beschrieben sind.

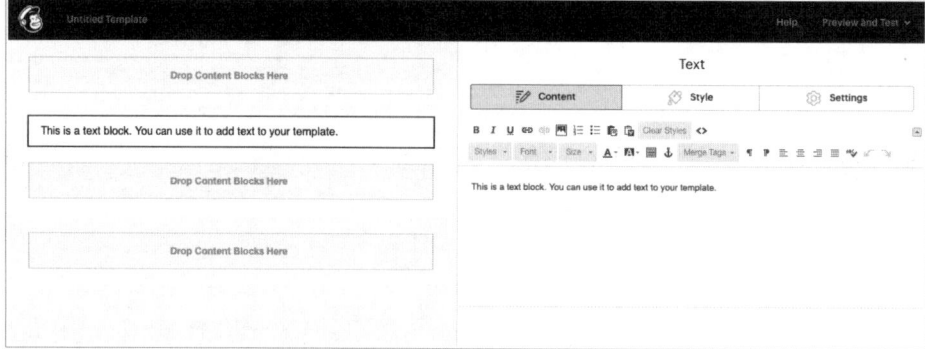

Abb. 10.14: Das Text-Objekt kann auch Bilder und Aufzählungen enthalten.

Jedes Inhaltselement hat einen eigenen STYLE-Bereich, über den vom Standard abweichende Einstellungen getätigt werden. Diese Einstellungen gelten dann nur für das gerade ausgewählte Element.

Die meisten Inhaltstypen haben dann noch einen Bereich SETTINGS, über den spezifische Optionen für diesen Elementtyp ausgewählt werden können. So kann das Text-Element beispielsweise von einspaltig auf zweispaltig geschaltet werden.

10.5.2 Boxed Text

Beim Boxed Text handelt es sich um eine Abwandlung des Text-Elements. Jedoch ist hier der Text farbig hinterlegt und mit einer Linie abgegrenzt. Gleichzeitig ist diese Box ein wenig nach innen versetzt. So eignet sich dieses Element für Hervorhebungen von wichtigen Inhalten oder zur Abgrenzung und kann so auch zum Auflockern von längeren Textpassagen dienen. Die Umrandung und die Hintergrundfarbe sind optional – das Versetzen nach innen ist aber in jedem Fall ein Bestandteil dieses Elements. Der Versatz kann leider nicht variiert werden.

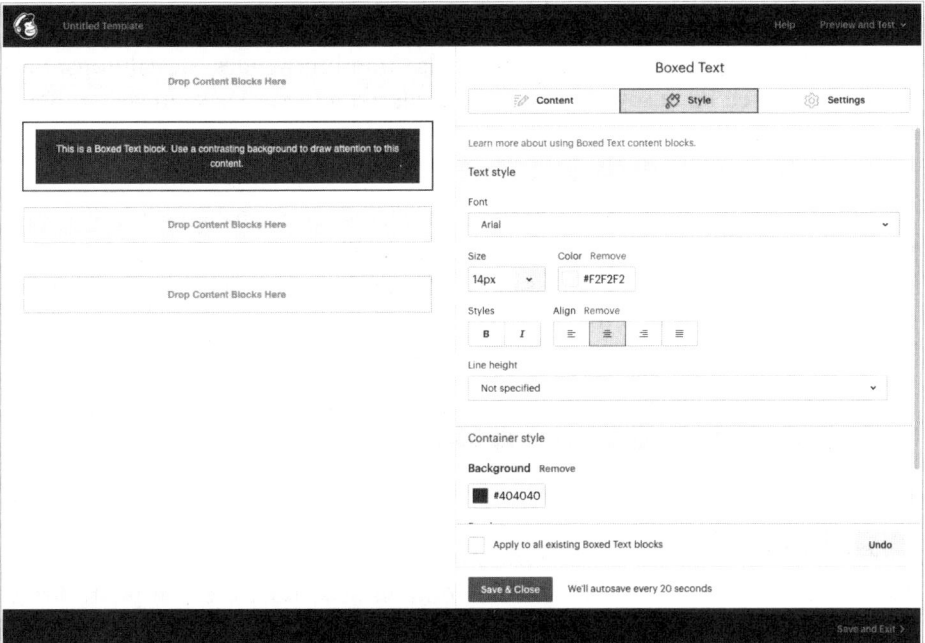

Abb. 10.15: Rahmen- und Hintergrundfarbe können getrennt festgelegt werden.

10.5.3 Divider

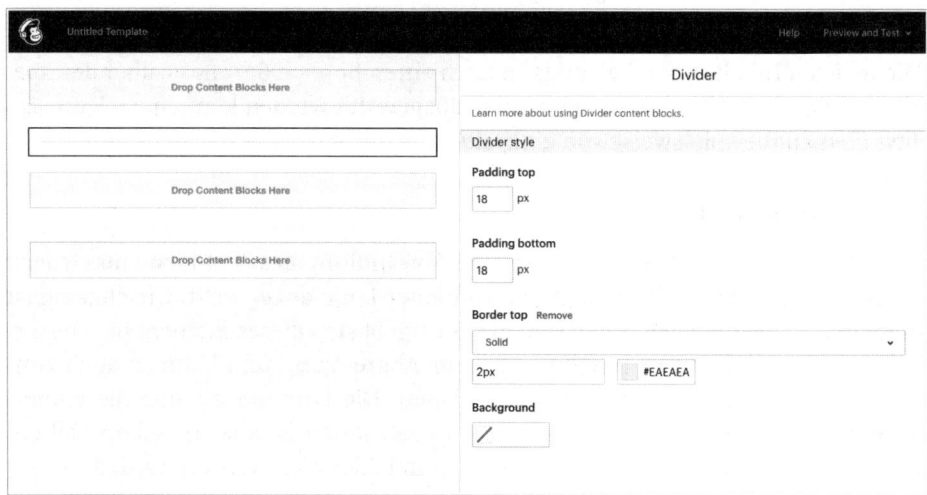

Abb. 10.16: Das Trennerelement kann zum Strukturieren von Inhalten genutzt werden.

Das Divider-Element fügt einen Strich als unterbrechendes Gestaltungsmittel hinzu. Der Strich kann sowohl vom Stil her als auch in der Dicke in weiten Bereichen variiert werden.

In den Feldern PADDING TOP und PADDING BOTTOM stellen Sie ein, wie viel Abstand zum vorherigen und nachfolgenden Element eingehalten wird. Weiterhin kann das Divider-Element auch eine Hintergrundfarbe haben. Dies ist besonders bei non-banded Templates interessant, da der Divider dort die Farbe der Newsletter-Umrahmung annehmen und so einzelne Inhaltselemente als lose auf dem Hintergrund drapiert erscheinen lassen kann.

Die verschiedenen Linienstile werden auch oft übersehen. Probieren Sie doch mal Padding Top 30, Padding Bottom 30, Border Top Dashed 10px #ffffff und Background #857777.

10.5.4 Image

Das Image-Element fügt ein einzelnes Bild ein, das über die komplette Breite des Newsletters beziehungsweise der ausgewählten Spalte geht. Es gibt andere Inhaltselemente, die mehrere Bilder ermöglichen – Image ist für einzelne, große Bilder gedacht.

Unter der Überschrift CONTENT können Sie eine Grafik hochladen oder aus dem Content Studio – der Sammlung bereits geladener Grafiken und Dateien – auswählen.

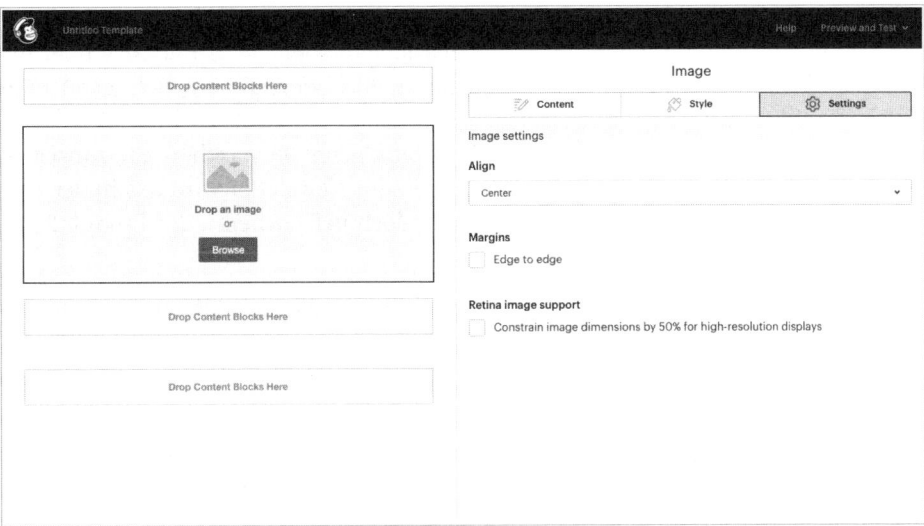

Abb. 10.17: Über das Image-Element fügen Sie Bilder in das Template ein.

Sobald eine Grafik geladen ist, erscheinen vier weitere Optionen:

■ REPLACE: Hier können Sie die Grafik durch eine andere Grafik austauschen.

■ EDIT: Der eingebaute Bildeditor enthält einige grundlegende Bearbeitungsmöglichkeiten wie zum Beispiel Beschneiden oder Skalieren.

■ LINK: Geben Sie hier eine Webadresse ein, damit beim Klick auf die Grafik diese Adresse aufgerufen wird.

■ ALT: Beim sogenannten Alternativ-Text handelt es sich um einen Text, der angezeigt wird, falls das E-Mail-Programm des Empfängers keine Grafiken anzeigt. Sie sollten nach Möglichkeit immer einen Alt-Text angeben.

Im Reiter SETTINGS kann man, wie bei den anderen Inhaltselementen auch, das Verhalten des Objekts feiner justieren. Hier legt ALIGN fest, ob das Bild links- oder rechtsbündig beziehungsweise zentriert dargestellt wird. Anders als beim Boxed Text ermöglicht es die Checkbox EDGE TO EDGE, das Bild über die komplette Spalte zu vergrößern, statt einen Puffer (Englisch »Padding«) um das Bild zu zeichnen.

Erklärungsbedürftig ist die Option CONSTRAIN IMAGE DIMENSIONS BY 50%. Es handelt sich hier um eine Einstellung, die den zunehmend größer werdenden Auflösungen auf mobilen Geräten, aber auch Computern Rechnung trägt. Apple hat mit dem Markenbegriff »Retina Display« eine sehr griffige Bezeichnung gefunden. Moderne Bildschirme sind so hoch auflösend, dass das Auge einzelne Pixel nicht mehr erkennen kann. Die Auflösung des Displays entspricht daher der Auflösung der Retina im menschlichen Auge.

In einem früheren Abschnitt habe ich beschrieben, dass Bilder im Newsletter möglichst auf die Größe der E-Mail angepasst sein sollen. Ein Bild, das über die komplette Breite geht, sollte also 600 Pixel nicht überschreiten. Betrachtet man solche Grafiken auf einem hochauflösenden Display wie zum Beispiel einem aktuellen iPhone, dann kann es sein, dass die Grafik leicht verwaschen oder unscharf erscheint. Bei den allermeisten Grafiken in einem Newsletter wird das in der Praxis nicht weiter auffallen. Störend kann es jedoch bei Firmen- oder Produktlogos wirken.

Um dies zu vermeiden, bietet Mailchimp die Möglichkeit, Grafiken in doppelter Größe hochzuladen. Auf normalen Displays wird die Grafik 50% verkleinert dargestellt – auf dem hochauflösenden Display werden dann aber statt 600 Pixel Breite die vollen 1200 Pixel angezeigt. Das hat eine schärfere Darstellung zur Folge.

Diese Vorgehensweise hat aber auch einen Nachteil, denn die jeweiligen Grafiken bringen das Vierfache an Dateigröße auf die Waage (doppelte Auflösung in Breite und Höhe). Eine Grafik, die 600 × 200 Pixel beispielsweise 150 KByte groß ist, hat bei 1200 × 400 Pixeln Größe dann schon 600 KByte. Wenn Sie fünf solcher Grafiken in einen Newsletter einbinden, dann stehen ursprünglich 750 KByte auf einmal satte drei MBytes gegenüber, die sich dann über eine Mobilfunkanbindung zwängen müssen. Nutzen Sie diese Option daher mit Bedacht und nur für die Elemente, bei denen eine leichte Unschärfe sehr störend wäre.

10.5.5 Image Group

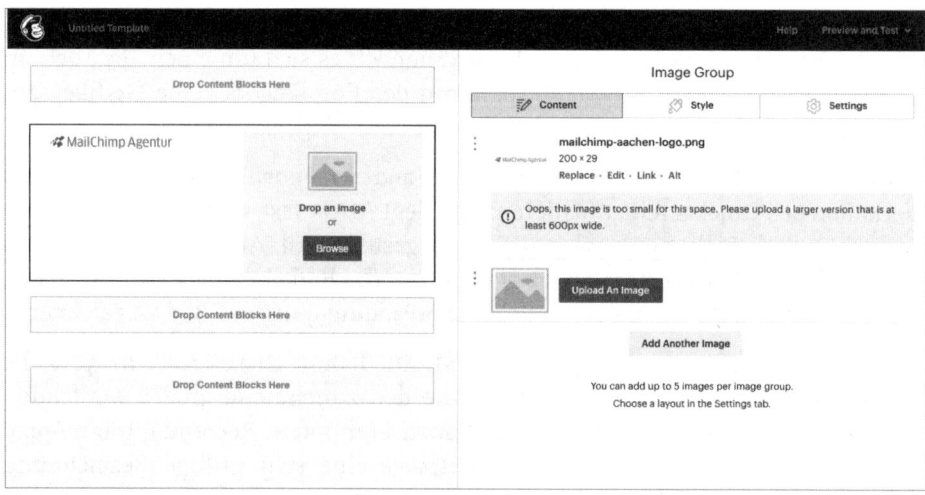

Abb. 10.18: Die Image Group kann ein- oder zweispaltig sein.

Die Image Group erlaubt es, bis zu fünf Grafiken in den Newsletter einzufügen. Die Grafiken können dabei in Zweierreihen angeordnet sein – wobei sich hier dann als maximale Anzahl vier Grafiken anbieten, um ein ausgewogenes Bild zu erzielen. Alternativ können die Grafiken untereinander angeordnet sein. Benötigt man mehr als vier Grafiken, kann man natürlich mehrere Image-Group-Elemente untereinander anordnen. Diese Einstellungen tätigt man unter SETTINGS.

Wie auch das Image-Element ist die Image Group ausschließlich für Bilder gedacht. Es eignet sich von daher für Bildgalerien, aber weniger für beschreibende Elemente. Möchte man Bilder mit begleitendem Text nehmen, dann sollte man die beiden folgenden Elemente wählen.

10.5.6 Image Card

Die Image Card erlaubt es, ein einzelnes Bild mitsamt Text in den Newsletter einzufügen. Der Text wird dabei »Caption« – Bildunterschrift – genannt und kann über, unter oder neben dem Bild stehen. Dies legt man auf dem SETTINGS-Tab unter CAPTION POSITION fest. Dort stellt man ebenfalls ein, wie das Bild ausgerichtet sein soll.

Die Image Card ist besonders wegen der Tatsache interessant, dass sie es erlaubt, die Text+Bild-Kombination mit einem farbigen Hintergrund zu unterlegen und alternativ noch mit einem Rahmen zu versehen. So kann man sehr schön Blöcke schaffen, die die Aufmerksamkeit im Newsletter auf sich ziehen.

Lassen Sie hier ruhig Ihre Fantasie etwas spielen. Wie im Beispiel oben muss es nicht immer ein farbiger Hintergrund sein. Gerade in Verbindung mit den Linienoptionen sind einige spannende Aspekte möglich.

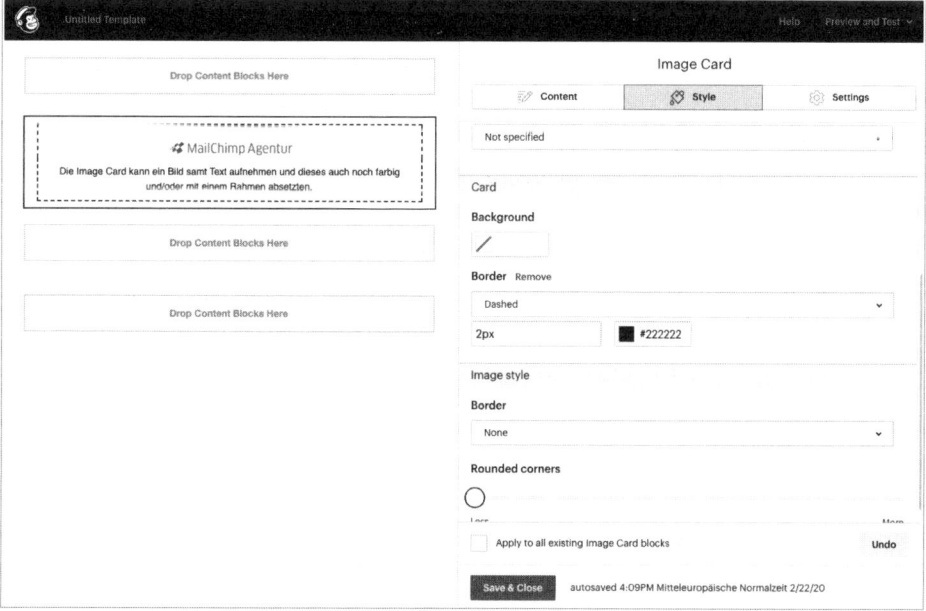

Abb. 10.19: Experimentieren Sie mit dem Border-Element!

10.5.7 Image + Text

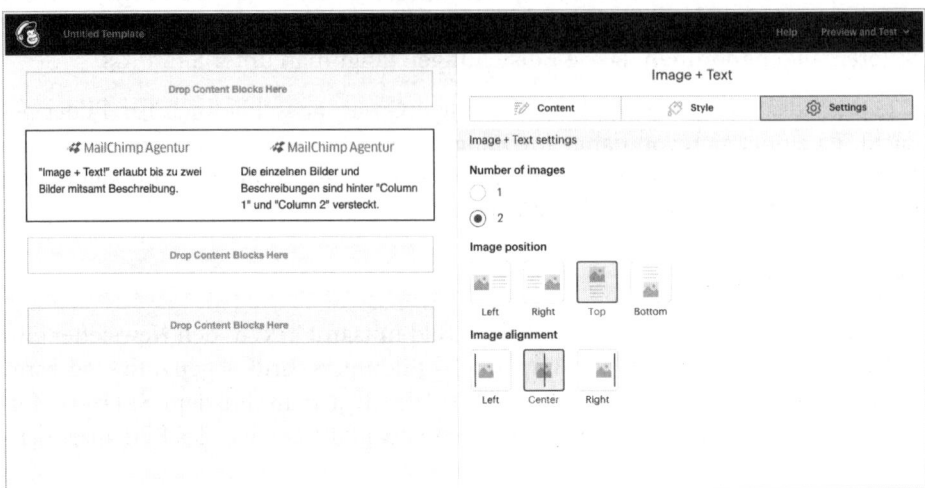

Abb. 10.20: Bei diesem Objekt haben die Bilder eine Bildunterschrift.

Im Gegensatz zur Image Card erlaubt das »Image + Text«-Element wieder bis zu zwei Bilder. Auch hier kann bestimmt werden, ob der Text über, unter oder neben dem Bild steht. Diese Einstellung gilt bei zwei Bildern aber für beide Bilder. Im Beispiel sieht man, dass es keine Verbindung zwischen den beiden Spalten gibt. Wenn in einer Spalte der Text länger wird, rutscht das Bild weiter herunter. Dies muss man beim Designen beachten.

10.5.8 Share und Social Follow

Die beiden Elemente dienen ähnlichen Zwecken, sind in ihren Gestaltungsmöglichkeiten aber sehr unterschiedlich gehalten. Das Element » Share« (ehemals »Social Share«) dient dem Teilen eines Links oder des Newsletters selbst auf einem sozialen Netzwerk wie Facebook oder Twitter. Das Element »Social Follow« hingegen lädt dazu ein, ein »Fan« der eigenen Facebook-Seite zu werden oder den eigenen Twitter-Kanal zu abonnieren.

Bei SHARE teilt Ihr Abonnent Ihren Inhalt auf seinem eigenen Social-Network-Profil, während er bei SOCIAL FOLLOW Ihr Social-Network-Profil abonniert.

Die Liste der Dienste ist dabei vorgegeben ebenso wie die Symbole der Netzwerke. Lediglich das Social-Follow-Element hat die Möglichkeit, beliebige Webadressen hinzuzufügen.

Share	Social Follow
Facebook	Facebook
Google + 1	Google Plus
Instapaper	Instagram
LinkedIn	LinkedIn
Pinterest	Pinterest
	SoundCloud
	Tumblr
Twitter	Twitter
	YouTube
	Snapchat
	GitHub
	Vimeo
	Vine
	Medium
	Reddit
	Flickr
	Dribble
	Spotify
	Houzz
	VKontakte
	RSS
	Website (beliebige URL)
Forward to a friend	E-Mail

Die Namen der Dienste sind bei Share fest vorgegeben, während sie bei Social Follow überschrieben werden können. So könnte man aus dem SoundCloud-Dienst auch ein Social-Follow-Element für den ähnlichen Dienst »bandcamp« machen – leider lässt sich aber das Icon nicht verändern und ist für Insider immer noch als SoundCloud erkennbar.

Die Liste der Social-Follow-Dienste wurde seit der ersten Auflage dieses Buches um stolze 23 Dienste erweitert. Das in Deutschland und Österreich nach wie vor beliebte Netzwerk Xing fehlt aber weiterhin. Mit VKonkakte ist aber das größte russische Netzwerk neu in der Liste vertreten, sodass für Xing vielleicht noch Hoffnung besteht.

Interessant ist, dass Mailchimp nach wie vor »Google Plus« aufführt. Die Social-Media-Plattform wurde von Google im April 2019 geschlossen.

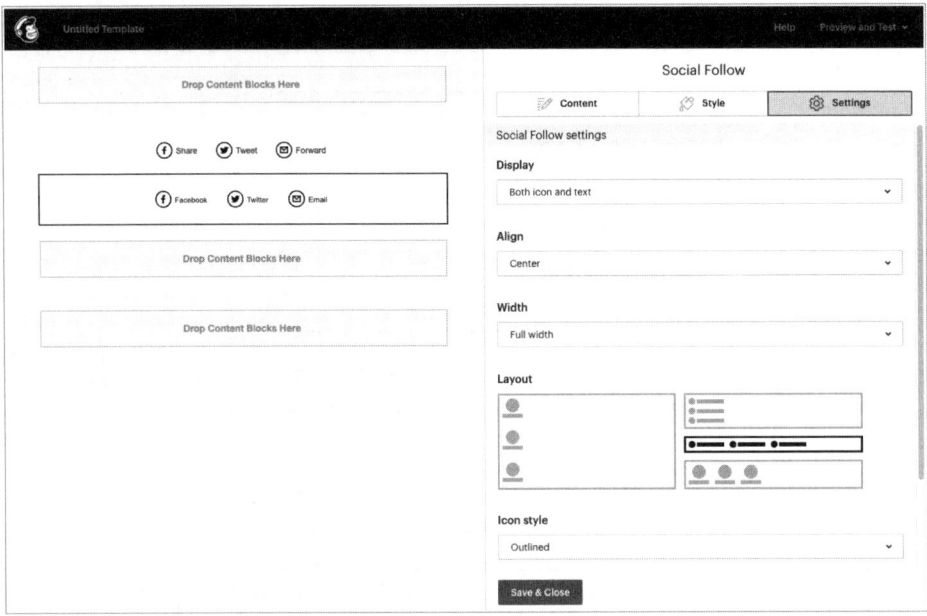

Abb. 10.21: Nutzen Sie Share und Social Follow möglichst nicht in unmittelbarer Nähe zueinander, da die Elemente gänzlich unterschiedlich layoutet werden.

Abbildung 10.21 zeigt, wie unterschiedlich die beiden Elemente in der Standarddarstellung aussehen. Das Share-Element oben hat fest vorgegebene Texte und ist dadurch viel schmaler. Das Social-Follow-Element unten könnte von den Texten her hingegen verändert werden. Beiden Elementen gleich sind die Einstellungen auf dem SETTINGS-Tab, die die Größe, Ausrichtung und Farbe der Icons festlegen.

Das Share-Element verweist als Ziel zunächst auf den Newsletter selbst. Das ist auch sinnvoll, denn üblicherweise wird es dazu eingesetzt, Abonnenten zu animieren, den Newsletter auf ihren jeweiligen Social Networks zu teilen.

Wenn Sie hingegen eine andere Adresse – zum Beispiel Ihre eigene Website – als Ziel angeben möchten, dann wählen Sie aus dem Drop-down-Menü unter CONTENT TO SHARE den Eintrag CUSTOM URL aus und geben die gewünschte Webadresse an.

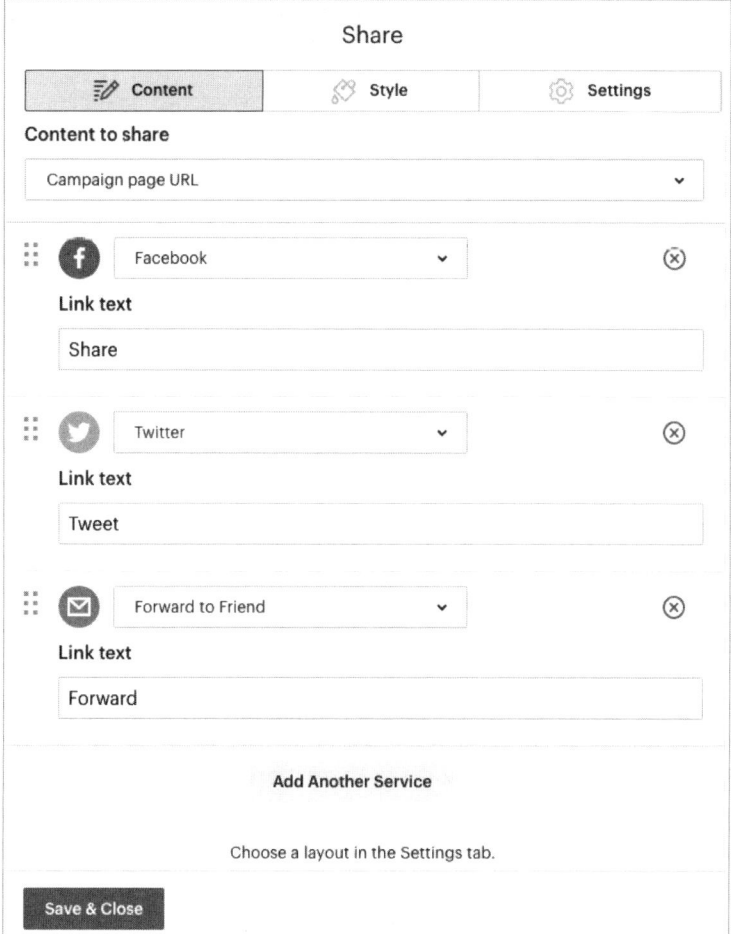

Abb. 10.22: Bei Share können Sie die Namen der Dienste anpassen.

Beachten Sie hierbei, dass Sie nur *ein* Ziel für *alle* sozialen Netzwerke angeben können. Die SHARE-Buttons sind Angebote an Ihre Abonnenten, die Inhalte auf ihren bevorzugten Netzen zu teilen. Die Auswahl des Dienstes bleibt dem Abonnenten überlassen – deswegen ist der Link jedes Mal der gleiche. Wenn Sie trotzdem zum Beispiel für Twitter einen anderen Link als für Facebook verwenden möchten, dann müssen Sie das Element mehrfach verwenden.

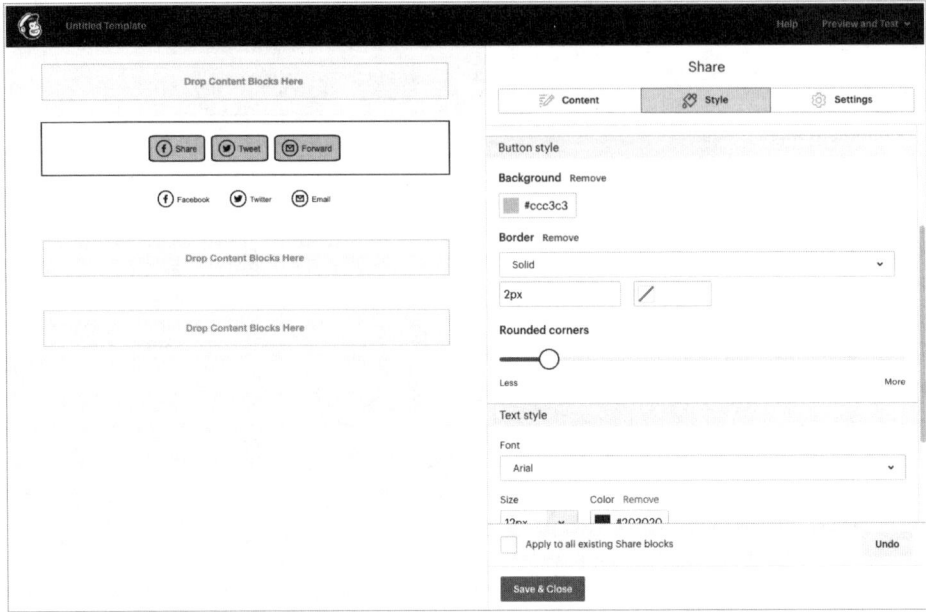

Abb. 10.23: Gestalten Sie die SHARE-Links doch mal alternativ als Button.

Eine Besonderheit des Share-Elements ist, dass die ausgewählten Plattform-Links in der Form von Buttons dargestellt werden können. Das kann optisch sehr ansprechend gestaltet werden. Leider steht diese Formatierungsmöglichkeit nicht für das Social-Follow-Element zur Verfügung.

10.5.9 Button

Eines der aus meiner Sicht wichtigsten Elemente ist der Button. Richtig eingesetzt kann er als starkes Call-to-Action-Element genutzt werden, das den Abonnenten zu einer Aktion aufruft. Ein großer Vorteil des Buttons ist, dass er auch auf E-Mail-Clients richtig dargestellt wird, wenn das Nachladen von Bildern abgestellt ist.

Leider ist der Button in seiner Standardform nicht besonders attraktiv, sondern eher plump. Dem kann man aber mit ein paar Tricks abhelfen.

Im STYLE-Tab können die grafischen Eigenschaften des Buttons festgelegt werden. Neben der Hintergrundfarbe gilt hier die besondere Aufmerksamkeit den Einstellungen für BORDER RADIUS und PADDING. Der Standardwert von 15 Pixeln beim Padding ist für das »Fett« des Buttons verantwortlich. Wenn Sie diesen Wert auf 10 Pixel oder weniger (in Abbildung 10.24 sind es 8 Pixel) verändern, wird der Knopf schon schlanker. Der BORDER RADIUS legt fest, wie stark die Ecken abgerundet sind. Setzt man den BORDER RADIUS auf 0, dann sind die Buttons eckig. Erhöht man den Wert, werden die Ecken stärker abgerundet, bis sie schließlich ein Halbkreis werden.

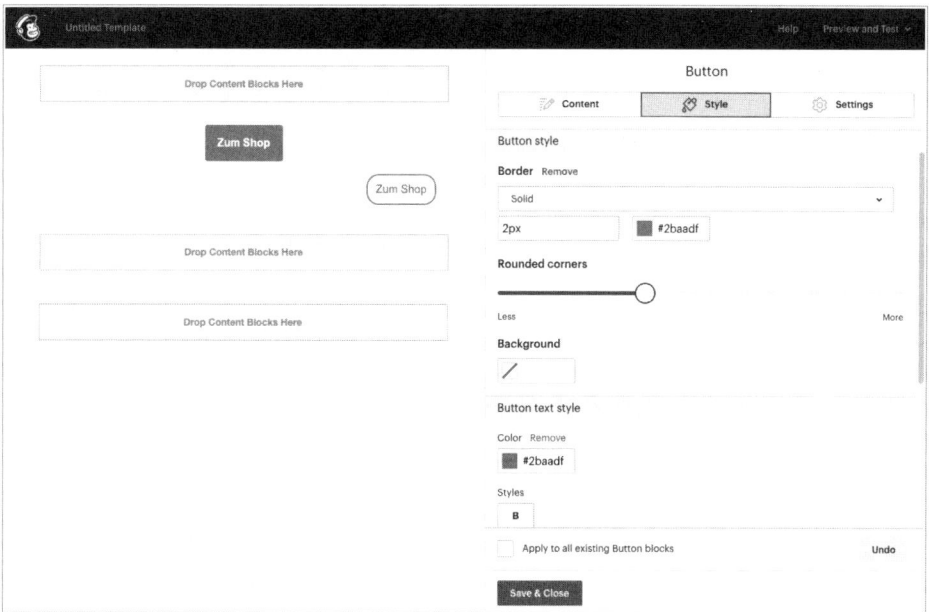

Abb. 10.24: Buttons gehören als »Call to Action«-Element zu den wichtigsten Inhalten Ihres Newsletter.

Es hat sich bewährt, bei Call-to-Action-Elementen noch einen Pfeil hinzuzufügen. Ich verwende gerne das RIGHT-POINTING DOUBLE ANGLE QUOTATION MARK – eine doppelte, spitze Klammer, die nach rechts deutet. Leider können Sie im Text der Button-Beschriftung keinen HTML-Code nutzen. Dafür ist Mailchimp aber schlau genug, die Zeichen zu übernehmen, wenn man sie aus einer Website herauskopiert.

Die Breite des Buttons stellen Sie im SETTINGS-Tab unter WIDTH ein. Zur Auswahl steht hier leider nur die volle Breite (FULL WIDTH) oder eine an den Text angepasste Breite (FIT TO TEXT). Oft ist es aber wünschenswert, vor und nach dem Text noch ein paar Leerzeichen als Füller einzufügen. Leider kürzt Mailchimp einfache Leerzeichen raus. Zum Glück gibt es aber neben dem Leerzeichen noch ein weiteres Zeichen – das »Blank Space« –, das Mailchimp als Eingabe akzeptiert. Unter Windows erzeugen Sie dieses Zeichen über die Tastenkombination [Alt]+255, wobei die 255 auf dem Ziffernblock eingegeben werden muss. Unter Mac OS X geht es etwas einfacher über [⌥]/[Alt]+[Space].

10.5.10 Footer

Beim Footer handelt es sich um den Fußbereich des Newsletters, der neben Pflichtangaben (Impressum) üblicherweise auch den Abmelde-Link enthält. Den Footer als eigenes Inhaltselement in der Galerie aufzuführen, ist ein wenig sinnlos, da er bei jedem neuen Template automatisch eingefügt wird. Sollten Sie den

Footer jedoch einmal versehentlich gelöscht haben, dann können Sie über dieses Element einen frischen Footer einfügen.

10.5.11 Code

Über dieses Element können Sie eigenen HTML-Code in den Newsletter einfügen. In den allermeisten Fällen ist das eine schlechte Idee ☺. Eine der Kern-Funktionalitäten des Editors von Mailchimp ist, mobiltaugliche, responsive Mails zu erstellen, die auch auf einem Smartphone gut dargestellt werden können. Das Erstellen von solcherart optimiertem Code ist eine Kunst für sich. Codeschnipsel, die Sie im Web finden oder die ein ungeübter Webentwickler oder ein Anfänger erstellt, sind in aller Regel nicht entsprechend optimiert. Wenn Sie ein solches Codeschnipsel in Ihren Newsletter einfügen, dann ist die Wahrscheinlichkeit sehr hoch, dass Sie das Design zerstören.

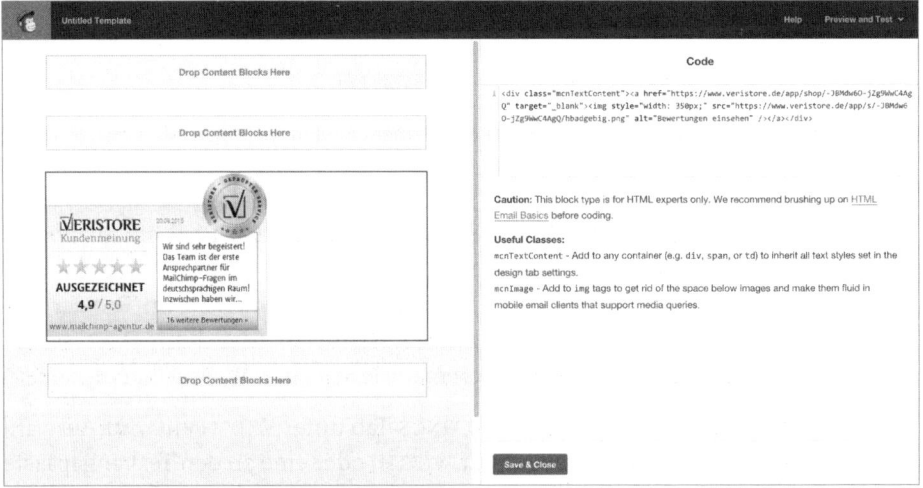

Abb. 10.25: Sie können auch externe Elemente in den Newsletter einbinden. Im Beispiel: das Bewertungs-Widget von Veristore (*www.veristore.de*)

Ein guter Anwendungsfall, um dieses Element zu nutzen, ist das Nachladen von dynamisch erzeugten, externen Inhalten. In Abbildung 10.25 wird das Bewertungs-Badge des Anbieters Veristore über den vom Bewertungssystem zur Verfügung gestellten Code eingebunden. Anstatt eines statischen Bildes Ihrer Bewertungen, das Sie regelmäßig aktualisieren müssten, wird hier jederzeit die aktuelle Bewertung angezeigt. Wenn der Newsletter-Empfänger die Mail einige Tage später erneut öffnet und Sie seitdem neue Bewertungen erhalten haben, dann würden diese auch im bereits versendeten Newsletter aktualisiert angezeigt.

10.5.12 Video

Videoinhalte werden im Onlinemarketing zunehmend wichtiger. Im Newsletter können sie ein wichtiges Element zum Erzielen von Aufmerksamkeit sein. Über das Video-Element können Filme, die auf YouTube oder Vimeo veröffentlicht wurden, sehr einfach in den Newsletter eingefügt werden.

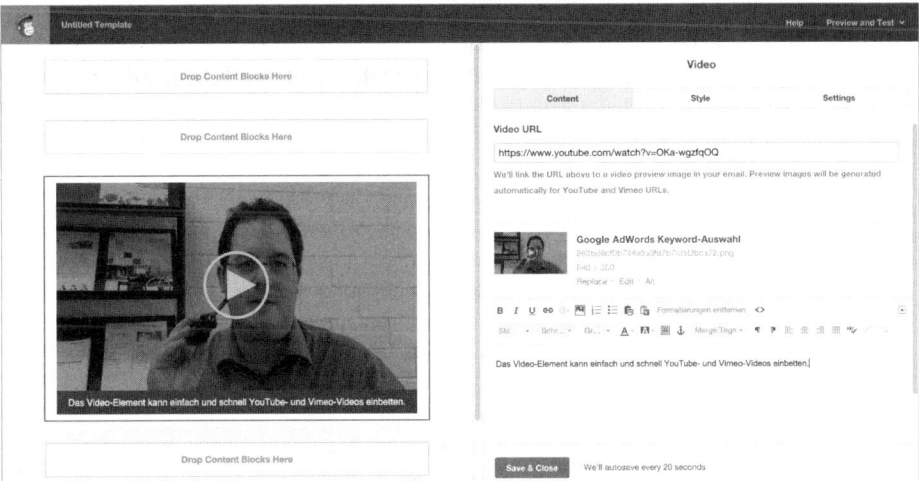

Abb. 10.26: Von eingebundenen Videos wird nur ein Screenshot angezeigt. Die Videos selbst sind extern verlinkt.

E-Mail-Programme können in der Regel keine eingebetteten Videos abspielen. Aus diesem Grund wird nach Eingabe einer Video-URL ein Standbild aus dem Video generiert und als Grafik im Newsletter eingebettet. Wenn Ihnen diese Grafik nicht zusagt, können Sie ein eigenes Vorschaubild erstellen. Sie sollten aber einen optischen Hinweis in die Grafik einbauen, dass es sich um ein abspielbares Video handelt.

Was die Gestaltungsmöglichkeiten angeht, entspricht das Video-Element der »Image Card« und kann auch mit einem farbigen Hintergrund hinterlegt werden. Standardmäßig ist für die Vorschaugrafik »randlos« (edge to edge) eingestellt. Das wirkt optisch meist natürlicher für Videos. Aus ästhetischen Gründen können Sie aber auch die Grafik einrücken, indem Sie EDGE TO EDGE ausschalten.

Das Video-Element ist eine bequeme Vereinfachung – es zu benutzen, ist aber nicht besonders schlau. Ein Benutzer, der auf ein solches Video klickt, landet in der Folge auf YouTube und sieht dort neben Ihrem Video noch die Videos und Werbungen der Mitbewerber und die ganzen Katzenvideos. Eine viel bessere Idee ist es, auf die eigene Website zu verlinken und das YouTube-Video dort einzubinden. Wenn Sie dann noch als Vorschaubild ein animiertes GIF des Videos verwenden, ist die Illusion eines Autoplay-Videos komplett. Mehr solcher Praxistipps finden Sie übrigens in meinem Buch »101 Tipps für erfolgreiches E-Mail-Marketing« hier im gleichen Verlag.

10.5.13 Product Rec

Wenn Sie Ihren Mailchimp-Account über eine Integration mit einem Onlineshop verbunden haben, können Sie die beiden Inhaltselemente »Product Rec(ommendation)« (Produktempfehlungen) und »Product« (Einzelprodukt) nutzen. Mailchimp greift dabei direkt auf die Produktdaten aus dem Onlineshop zu – es müssen keine Produktbilder, Preise oder Titel von Hand übertragen werden.

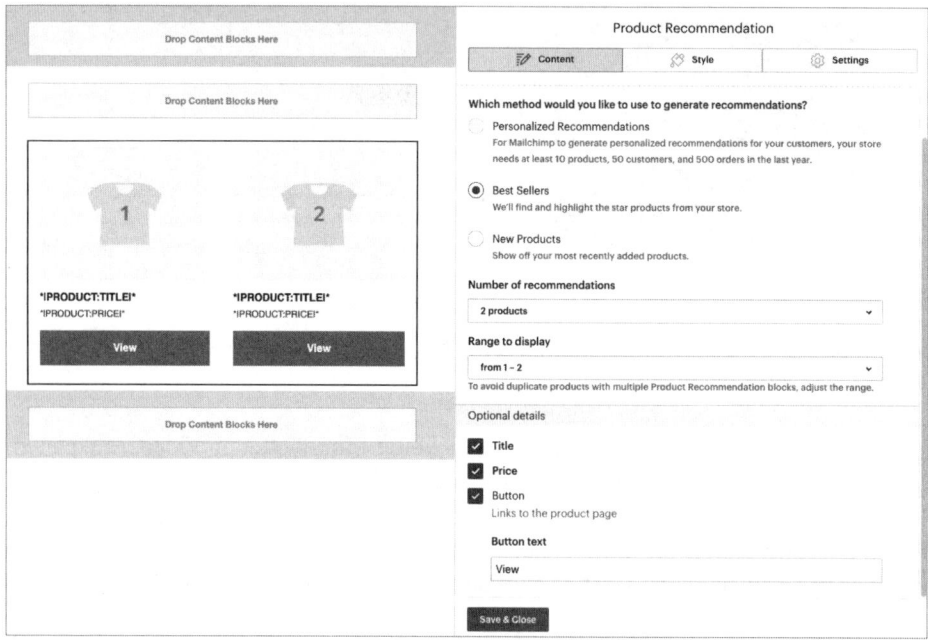

Abb. 10.27: Produktempfehlungen individuell für jeden Abonnenten

Das »Product Rec(ommendation)«-Element blendet dabei Produktempfehlungen ein, die individuell für jeden einzelnen Abonnenten der Liste, basierend auf vergangenem Kaufverhalten, generiert werden. Liegen noch keine Kaufdaten über den Empfänger vor, verwendet Mailchimp die Bestseller des Shops als Grundlage für die Kaufempfehlungen. Dieses Element eignet sich von daher sehr gut, um eine wirkliche Personalisierung des Newsletters zu erreichen.

10.5.14 Product

Ähnlich wie das vorhergehende Element zapft auch das »Product«-Inhaltselement die Produkte des verknüpften Onlineshops an. Es handelt sich aber nicht um eine automatische Produktauswahl – vielmehr können Sie hier selbst die Produkte des Shops selektieren, die im Newsletter Verwendung finden sollen.

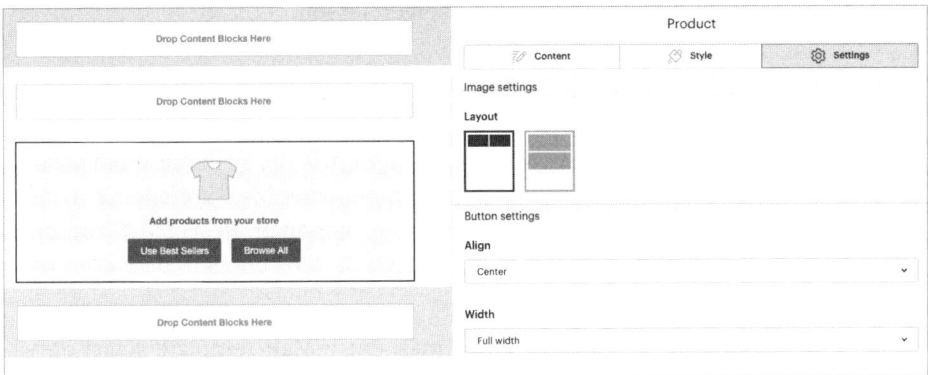

Abb. 10.28: Sämtliche Produkte des Shops stehen in Mailchimp zur Verfügung.

Um Ihnen die Suche nach den Produkten zu erleichtern, können Sie alternativ nur aus den Bestsellern auswählen, basierend auf den Daten, die der Shop selbst übermittelt. Die vollständige Produktliste steht aber ebenfalls zur Verfügung.

10.6 Promo Codes

Mailchimp hat über die Jahre die Anbindung an Onlineshops zunehmend verfeinert. Neben den Produktempfehlungen und Produkten können seit einiger Zeit auch Gutscheincodes über Mailchimp abgerufen werden.

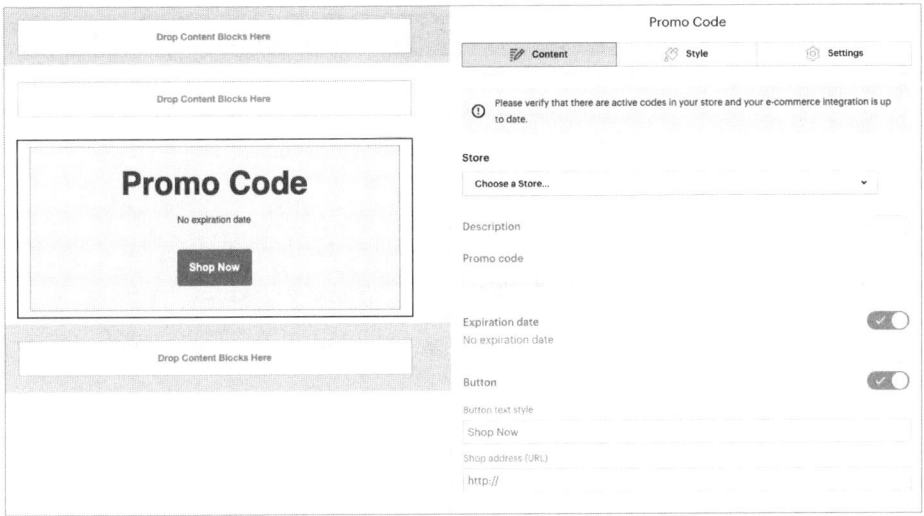

Abb. 10.29: Wenn der angebundene Onlineshop es unterstützt, können Gutscheine direkt übertragen werden.

Die Schnittstelle des Onlineshops muss diese Funktion unterstützen und es müssen im Shop entsprechende Gutscheincodes vorhanden sein. Ist beides erfüllt, können Sie in Mailchimp bequem wie in der Produktauswahl in den Codes auswählen und den jeweiligen Code direkt anzeigen lassen.

10.7 Code Your Own Templates

Noch vor einigen Jahren war eine Vorlagen-Galerie wie die »Themes« ein absoluter Luxus. Lange Zeit war der Standard, dass man seine Mail-Vorlagen entweder komplett selbst programmieren oder gekaufte Vorlagen in HTML anpassen musste. Auch die Anfänge von Mailchimp liegen in dem Bereich, dass die Firma ursprünglich Mail-Templates verkaufte.

Auch heute gibt es noch Gründe, warum man ein E-Mail-Template selbst entwickeln möchte. Nur auf diese Art und Weise bekommt man 100%ig das Design, das man realisiert wissen möchte. Auch Spezialitäten wie dynamisch eingefügte Daten über eine API-Programmierung lassen sich nur sinnvoll mit einem selbst programmierten Template erstellen. Wenn die Abonnenten homogen im Hinblick auf das Mailprogramm oder das Gerät – zum Beispiel einem bestimmten Smartphone oder Tablet-Typ – sind, dann können in der Programmierung auch Webdesign-Funktionen genutzt werden, die bei unbekannten Empfänger-Programmen eher zu Problemen führen würden.

Letztendlich können Sie über diese Methode auch fremde Newsletter in Mailchimp importieren und für Ihre Zwecke anpassen. Eine Warnung jedoch: Um mit selbst programmierten Templates zu arbeiten, ist ein sicherer Umgang mit HTML und CSS Voraussetzung!

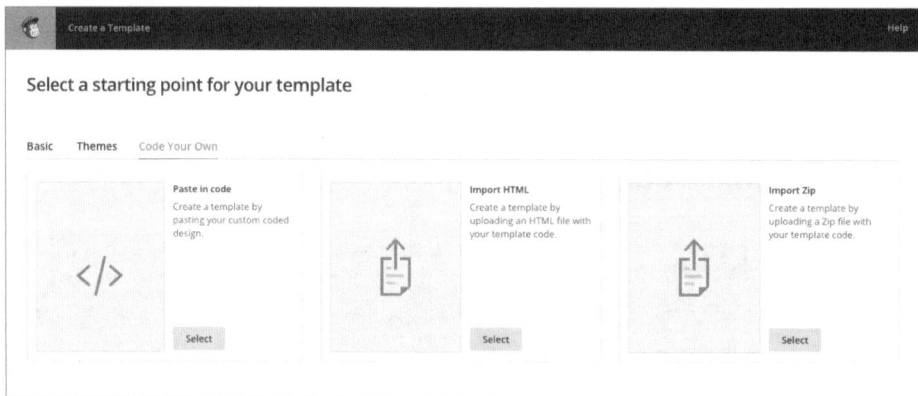

Abb. 10.30: Sie können auch fertige HTML-Templates importieren.

Wenn Sie CODE YOUR OWN auswählen, haben Sie die Auswahl zwischen drei Optionen:

- PASTE IN CODE: Hier erstellen Sie ein Template von Grund auf, indem Sie den HTML-Code im integrierten Editor bearbeiten oder aus einem externen Editor einfügen.

- IMPORT HTML: Wenn Sie bereits ein Template als HTML-Datei vorliegen haben, zum Beispiel weil Sie es gekauft oder von einer Agentur zur Verfügung gestellt bekommen haben, dann können Sie es hier hochladen.

- IMPORT ZIP: Ähnlich wie in der vorherigen Option kann hier ein extern erstelltes Template importiert werden. In der ZIP-komprimierten Datei befinden sich neben der HTML-Datei dann noch die Grafiken für das Template, die direkt mit importiert werden.

In jedem Fall befinden Sie sich nach der Auswahl im HTML-Template-Editor, in dem der Code dann weiter bearbeitet werden kann.

Auch hier finden Sie die gewohnte Zweiteilung vor: In der linken Hälfte ist eine Vorschau des Templates, in der rechten Hälfte der Editor, mit dem Sie den HTML-Code verändern. Im Gegensatz zum Theme-Editor aus dem vorherigen Abschnitt werden hier Änderungen allerdings erst nach dem Klick auf SAVE angezeigt.

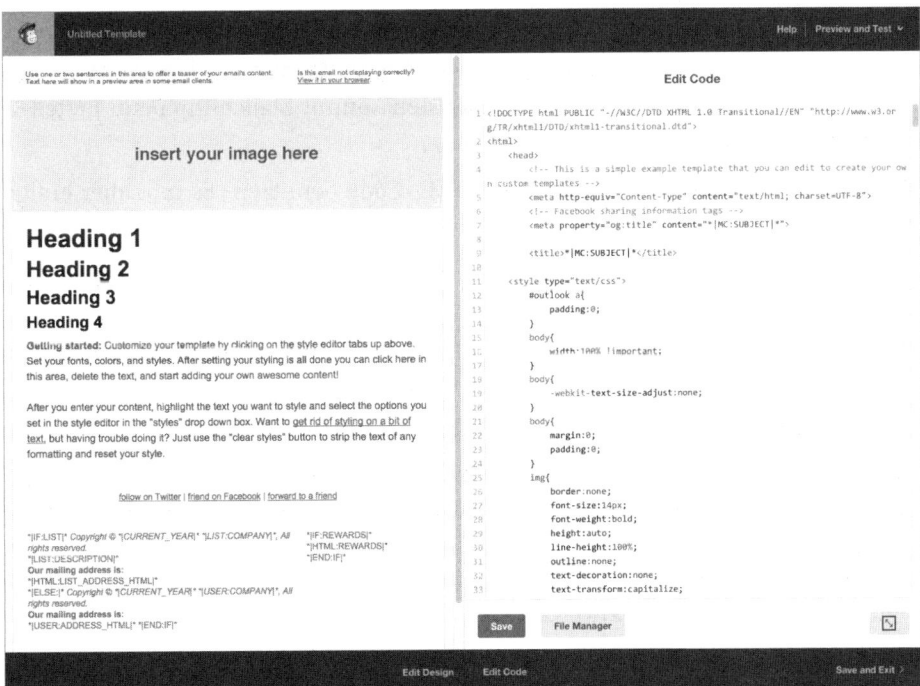

Abb. 10.31: Ein neues »Code Your Own«-Template enthält Beispielinhalte.

Wenn Sie ein leeres Template erstellen – also kein vorhandenes Template importieren –, dann fügt Mailchimp ein Basis-Template in den Editor ein. Nutzen Sie dieses Basis-Template, um die Struktur des HTML-Codes zu studieren. Sie werden sehen, dass Mailchimp an vielen Stellen Variablen in den Code eingefügt hat. Diese Variablen sind in zwei Gruppen unterteilt:

- Variablen für den Newsletter-Versand
- Variablen zur Template-Bearbeitung

Die Variablen für den Newsletter-Versand werden erst zum Zeitpunkt der tatsächlichen Aussendung gefüllt. Dazu gehört zum Beispiel die Variable *|MC:SUBJECT|*, die beim Versand mit dem Betreff des Newsletters gefüllt wird, oder *|UNSUB|*, in die der individuelle Abmelde-Link für jeden Empfänger eingefügt wird.

Die Variablen zur Template-Bearbeitung definieren Felder, die später beim Erstellen des eigentlichen Newsletters gefüllt werden können. Besonders wichtig ist hier die Variable mc:edit="", die eindeutig definierte Bereiche schafft. Wenn Sie im Beispielcode circa zur Hälfte nach unten scrollen, finden Sie die Zeile:

```
<div mc:edit="std_preheader_content">
```

Diese definiert ein editierbares Element – in diesem Falle den Preheader – mit dem eindeutigen Bezeichner std_preheader_content. Sie können beliebig viele editierbare Bereiche im Template vorsehen. Achten Sie jedoch darauf, dass jedes einen individuellen Bezeichner hat. Ansonsten kommt Mailchimp beim Erstellen des Newsletters durcheinander.

Grundsätzlich können Sie beliebigen HTML-Code benutzen. Es gibt aber einige grundlegende Dinge zu beachten:

- Inline CSS: Alle Formatierungsangaben müssen sich im <head>-Bereich des Codes befinden. Es kann kein externes Stylesheet referenziert werden.
- CSS-Einschränkungen: Sie können keine Floats, keine Positionierungsanweisungen und keine Hintergrundbilder verwenden.
- Kein CSS in den »media queries«: Alle CSS-Angaben müssen im Head sein.

Es empfiehlt sich, an möglichst vielen Stellen die von Mailchimp zur Verfügung gestellten Hooks – also Einhak-Möglichkeiten – zur Gestaltung zu nutzen. Auch in den CSS-Vorgaben können Sie über die Anweisung /*@editable*/ festlegen, dass zum Beispiel Überschriften-Farben im Design-Editor festgelegt werden können, statt sie statisch im HTML-Code festzuschreiben.

Den Design-Editor erreichen Sie über einen Klick auf EDIT DESIGN in der Fußzeile. In diesem Editor sind alle gestalterischen Optionen anwählbar, die im CSS mit /*@editable*/ markiert wurden. Änderungen im visuellen Editor werden nach einem Klick auf SAVE unmittelbar in den HTML-Code übernommen. Sie können auch jederzeit zwischen Design-Editor und HTML-Editor wechseln und so zum Beispiel die Farbgestaltung im Design-Editor vornehmen, die editierbaren Bereiche dann aber im HTML-Editor.

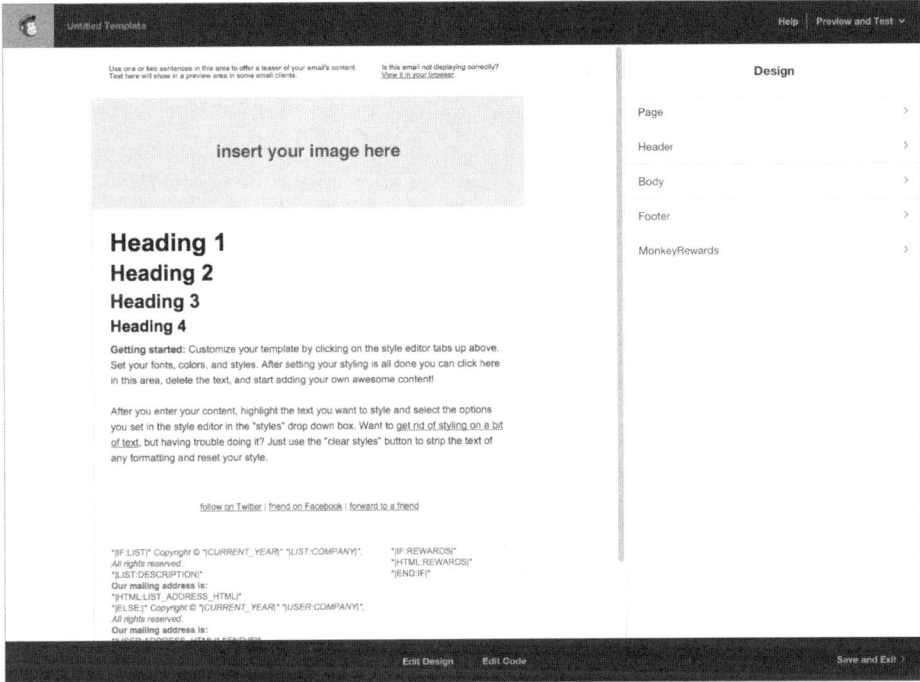

Abb. 10.32: Der Design-Editor funktioniert wie andere bekannte WYSIWYG-Editoren.

Mailchimp hat eine sehr gute und ausführliche Dokumentation zum Erstellen eigener Templates zusammengestellt. Unter *http://kb.mailchimp.com/templates/ code/getting-started-with mailchimps-template-language* wird genau beschrieben, welche Variablen und Anweisungen zur Verfügung stehen und wie sie benutzt werden. Auch gibt es Links zu verschiedenen weiterführenden Artikeln, zum Beispiel zu einer Übersicht, welche CSS-Befehle auf ausgewählten Mail-Clients zur Verfügung stehen.

Leider ist es zum jetzigen Stand noch nicht möglich, dass man über »Code Your Own« Templates erstellt, die später auch mit dem modernen E-Mail Designer und seinen Drag&Drop-Funktionen zusammenarbeiten. Da dies aber ein viel geäußerter Wunsch ist, wird Mailchimp das vermutlich in Zukunft einführen.

Für individuelle Templates oder Templates, die über die Mailchimp-API automatisch mit Inhalten gefüllt werden, ist die »Code Your Own«-Möglichkeit das Werkzeug der Wahl. Wer in HTML und CSS nicht sicher bewandert ist, dürfte aber keine guten Ergebnisse erzielen – zumindest nicht, was die gute Darstellung auf allen möglichen Mail-Clients angeht.

10.8 Template-Import- und Export

Mailchimp bietet verschiedene Wege, wie man Templates importiert, exportiert oder zwischen zwei Mailchimp-Accounts austauscht. Während beim Transferieren eines Templates von einem Mailchimp-Account in einen anderen sämtliche Funktionalität des Templates erhalten bleibt, steht für den Export bzw. den Import nur der Weg über HTML zur Verfügung – dabei bleibt die Drag&Drop-Funktionalität des Editors auf der Strecke.

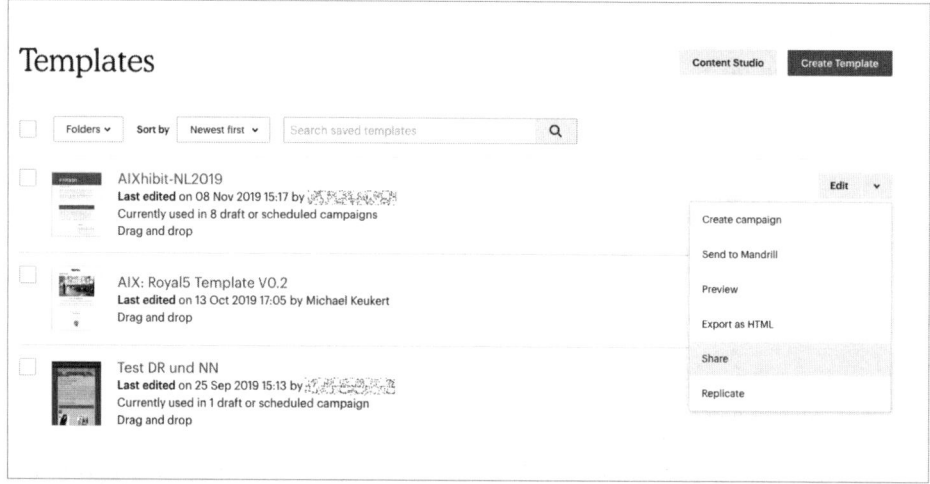

Abb. 10.33: Export eines bestehenden Templates

Um ein Template zu exportieren, klicken Sie auf den Pfeil neben dem EDIT-Button in der Template-Übersicht. Wenn Sie SHARE – Austausch – wählen, bereiten Sie Ihr Template für den Austausch mit einem anderen Mailchimp-Account vor.

Für den Austausch gibt es zwei Möglichkeiten. Sie können entweder bis zu fünf E-Mail-Adressen angeben, an die ein Link zu Ihrem Template versendet wird, oder Sie wählen SHARE BY URL. In diesem Fall erhalten Sie einen Link zu Ihrem Template, den Sie dem Eigentümer des anderen Mailchimp-Accounts zukommen lassen.

Um das Template zu importieren, muss der Empfänger zunächst in seinen Mailchimp-Account eingeloggt sein. Danach genügt ein Klick auf die Austausch-URL und das Template wird dem Account hinzugefügt.

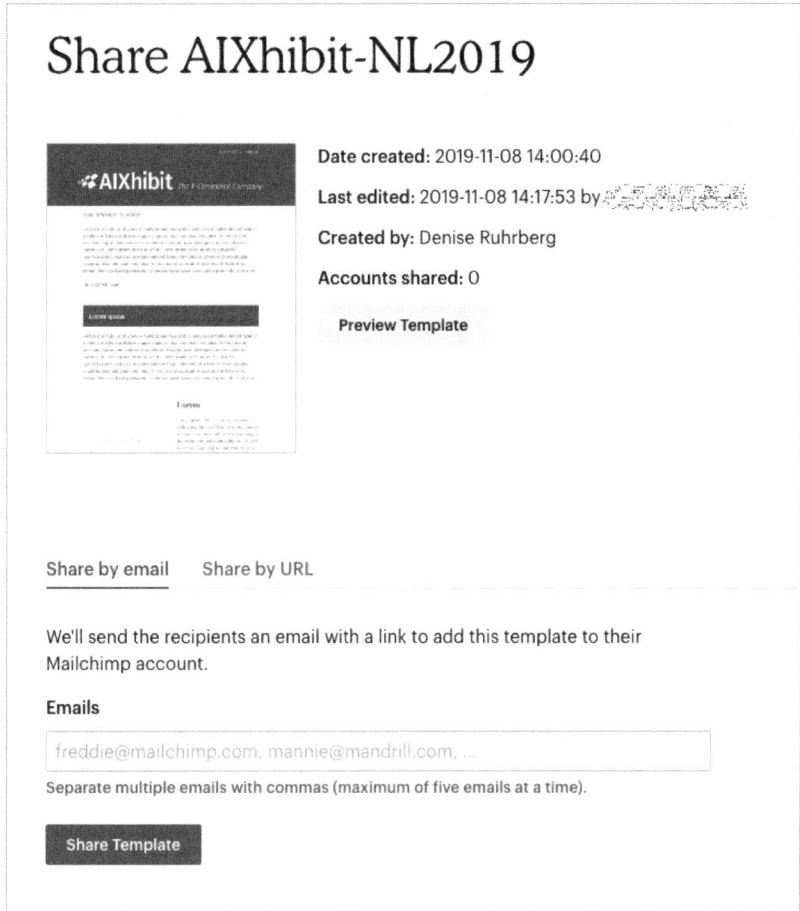

Abb. 10.34: Templates können auch per E-Mail exportiert und versendet werden.

10.8.1 Austausch per HTML

Um das Template mit einem externen Editor nachzubearbeiten oder in ein anderes Programm zu integrieren, wählen Sie den Export über HTML.

Das Ergebnis ist eine einzelne HTML-Datei – Bilder werden nicht separat heruntergeladen. Alle im Template vorhandenen Bilder liegen nach wie vor auf den Mailchimp-Servern und werden in den IMG-Tags entsprechend hinterlegt:

https://gallery.mailchimp.com/f2c50c0485660ffb02ea6b71d/images/
054c55aa-0079-4afe-9cc1-ebada1d0ba55.png

Wenn Sie das Template in einem anderen System verwenden wollen, müssen Sie die Bilder separat herunterladen und im anderen System erneut hochladen.

Weiterhin befinden sich im HTML-Code zahlreiche Mailchimp-spezifischen Variablen wie *|UNSUB|* für den Abbestell-Link. Auch diese Codes müssen Sie bei Verwendung in einem anderen System anpassen.

Ein als HTML exportiertes Template können Sie erneut in Mailchimp importieren, jedoch nur als »Code Your Own«-Template. Alle intuitiven Drag&Drop-Funktionen des Editors gehen dabei verloren.

10.9 Inspiration Gallery

Mailchimp bietet mit dem Mail Editor ein extrem leistungsfähiges Werkzeug zum Erstellen von attraktiven, responsiven Mail-Templates an. Im Agenturalltag haben wir oft mit Systemen anderer Hersteller zu tun. Keines dieser System, auch nicht die ganz teuren, haben einen Editor, der auch nur annähernd an die Flexibilität und Einfachheit von Mailchimp herankommt.

Zu einem guten Template gehört neben der Technik aber auch einiges an Gespür für Grafik und Layout. Wenn Sie eine Design-Blockade spüren, dann hilft vielleicht ein Blick auf die Newsletter, die andere erstellen. Mailchimp bot hierfür die »Inspiration Gallery«, die Galerie der Inspirationen, an.

Abb. 10.35: Die Inspiration-Gallery bot jede Menge Anregungen, wenn eine Kreativitäts-Blockade drohte.

In der Galerie konnte man durch zahlreiche echte Newsletter stöbern. Ein Klick auf eines der Vorschaubilder, und der Newsletter öffnet sich in voller Größe und Sie können die einzelnen Newsletter sogar abonnieren. Auch in unserem Team nutzten wir die Inspiration Gallery regelmäßig, wenn uns eine zündende Idee fehlt.

Leider hat Mailchimp diese nützliche Galerie vor einiger Zeit abgeschafft. Als Alternative kann ich Ihnen nur empfehlen, möglichst viele Newsletter selbst zu abonnieren. Lassen Sie sich von Ihren Mitbewerbern, aber auch von anderen Anbietern inspirieren. Schauen Sie über den Tellerrand und bekommen Sie täglich in Ihrer Inbox neue Ideen, Designs und Methoden geliefert.

Kapitel 11

Newsletter-Versand

Für Mailchimp-Einsteiger ist es immer wieder erstaunlich, wie viel Vorarbeit sie leisten müssen, bevor endlich der erste Newsletter versendet werden kann. Ich rechne mit einer gewissen Wahrscheinlichkeit damit, dass Sie nach kurzem Blättern direkt in dieses Kapitel gesprungen sind, weil Sie denken, dass Sie schon alle Vorarbeiten erledigt haben und jetzt endlich loslegen möchten.

Die Erfahrung mit zahlreichen Mailchimp-Accounts zeigt jedoch, dass vermutlich viele Dinge übersehen werden – auch weil Mailchimp manches recht gut versteckt. An dieser Stelle also noch mal die Empfehlung, die Kapitel 5 bis 7 über Listeneinrichtung und die Listenformulare aufmerksam durchzulesen. Es lohnt sich und wird weitere Arbeiten mit Mailchimp deutlich vereinfachen.

Wieder da? Sehr gut! Dann können wir jetzt mit dem ersten Versand starten.

Mailchimp wird weltweit auf vielfältigste Art und Weise eingesetzt. Vom halbjährlichen Newsletter des sprichwörtlichen Kaninchenzuchtvereins (falls Sie Mitglied in einem Kaninchenzuchtverein sind – dies war nicht als respektlose Wertung gemeint) bis hin zu ausgefeilten, mehrstufigen E-Mail-Marketingaktionen. Aus diesem Bereich des Onlinemarketings stammt der Begriff der »Kampagne«, im Englischen »Campaign«, mit dem Mailchimp die einzelnen Aussendungen bezeichnet.

Die Wortwahl ist nicht ganz passend. Im Onlinemarketing ist die Kampagne eine Oberkategorie und kann mehrere einzelne Aktionen enthalten. Will man mit Mailchimp aber beispielsweise ein mehrstufiges Einladungsmailing erstellen, dann wäre jede einzelne Aussendung eine »Kampagne«. Merken Sie sich daher, dass eine »Campaign« in Mailchimp eine einzelne Mail-Aktion darstellt – egal ob es tatsächlich ein Newsletter ist oder zum Beispiel die erste Einladung zu einer Veranstaltung.

11.1 Aufsetzen einer Kampagne

Zum Starten einer Kampagne wählen Sie in der Haupt-Navigation am oberen Bildschirmrand den Punkt CAMPAIGNS. Sollten Sie bereits E-Mails versendet oder Kampagnen in Bearbeitung haben, dann erscheinen auf dieser Seite die letzten 20. Ansonsten fordert Mailchimp Sie auf, jetzt eine Kampagne zu erstellen. Klicken Sie dazu auf CREATE CAMPAIGN.

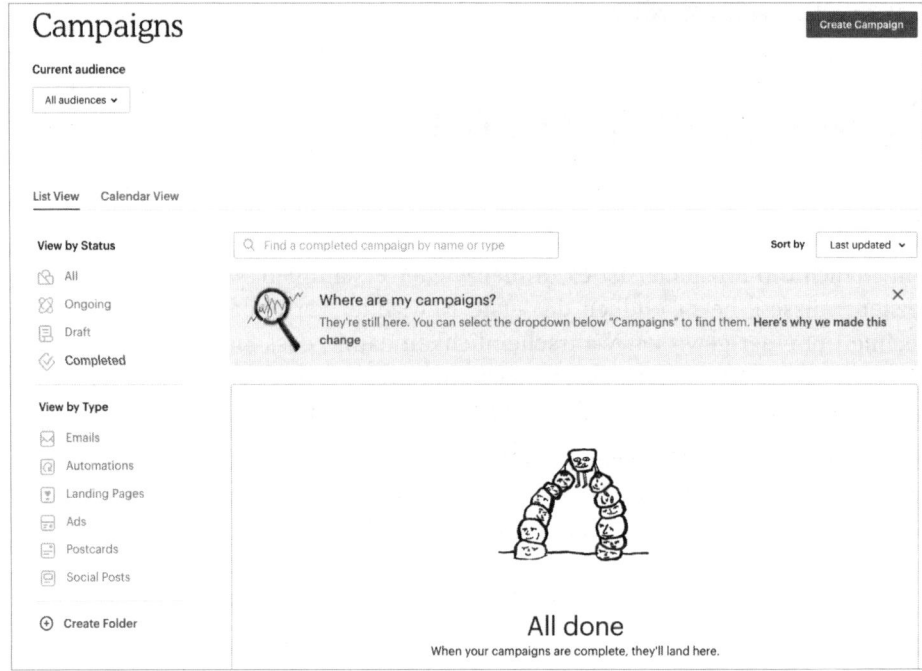

Abb. 11.1: Einzelne Aussendungen/Newsletter heißen bei Mailchimp »Campaign«.

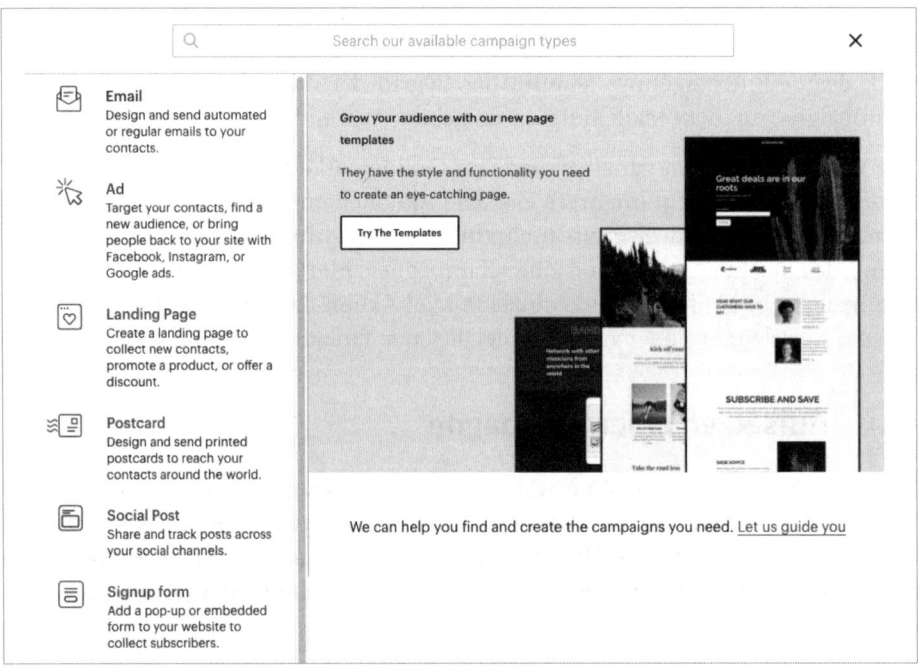

Abb. 11.2: Seit 2017 unterstützt Mailchimp auch das Erstellen von Social Ads.

Im Frühjahr 2017 führte Mailchimp neben den per E-Mail versendeten Newslettern auch Social Ads auf Facebook und Instagram als Kampagnenformen ein. Später kamen dann Google Ads, Social Posts, Landingpages und sogar Postkarten dazu. Diese zunächst eher ungewöhnliche Erweiterung – und die Gründe, warum Mailchimp diese eingeführt hat – betrachten wir in Kapitel 15 »Fortgeschrittene Anwendungen« genauer. Um eine Newsletter-Kampagne zu starten, wählen Sie an dieser Stelle daher EMAIL aus.

Mailchimp bietet derzeit fünf verschiedene Typen von Kampagnen an:

- Regular Campaign
- Automated Campaign
- Plain-Text Campaign
- A/B Test (ab Preisstufe »Essentials«)
- Multivariate (nur Preisstufe »Premium«)

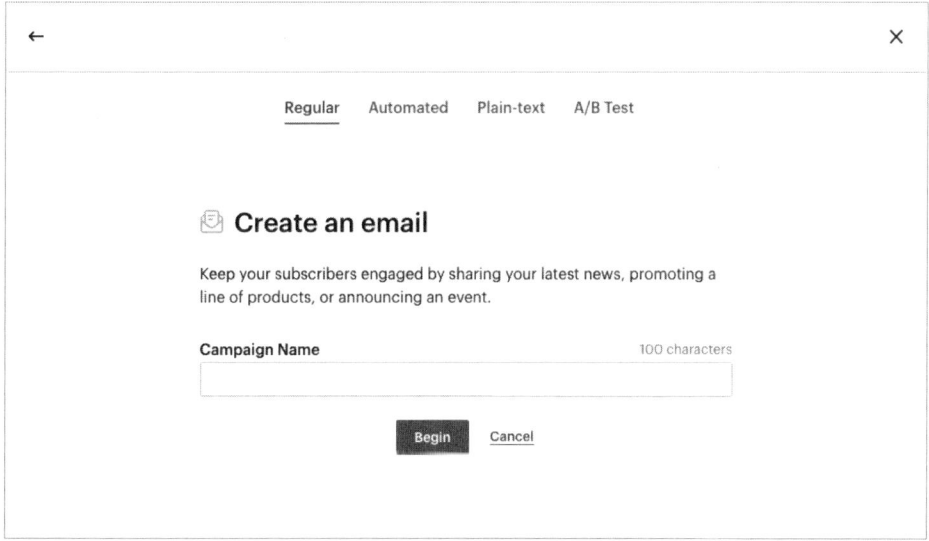

Abb. 11.3: Je nach Preismodell sehen Sie hier nur drei Auswahlmöglichkeiten.

In aller Regel werden Sie eine »Regular Campaign«, also eine ganz normale Kampagne, verwenden. Es handelt sich dabei um eine mittels Template gestaltete E-Mail mit beliebigem, von Ihnen festgelegtem Inhalt.

Der Kampagnentyp AUTOMATED behandelt Bereiche der E-Mail-Marketingautomationen. Diese erläutere ich Kapitel 12 »Ads, Landingpages und Postkarten«.

Die Plain-Text Campaign verzichtet völlig auf jegliche Gestaltung. Es wird reiner, unformatierter Fließtext versendet. Auch Grafiken sind in dieser Version nicht möglich. Diese Art von Kampagne eignet sich für Empfängerkreise, die entweder keine gestalteten E-Mails empfangen können, oder wenn Sie ganz bewusst vom Standard abweichen möchten und durch »nackte« E-Mails auffallen wollen.

Ab dem Bezahlmodell »Essentials« stehen A/B-Test-Kampagnen zur Verfügung, die ich in Abschnitt 11.4 »A/B-Tests« behandle. Es handelt sich um die Möglichkeit, verschiedene Inhalte oder Gestaltungen innerhalb einer Kampagne zu testen. Die Multivarianten-Kampagnen sind hierbei eine erweiterte Form der A/B-Tests.

Früher gab es in dieser Auswahl noch RSS-Kampagnen, die aber nicht mehr als eigener Kampagnentyp verfügbar sind, sondern mittlerweile unter den Automations zu finden sind. Einen Spezialfall stellen die RSS-Kampagnen dar, denn hier kommt der Inhalt der einzelnen Mails nicht von Ihnen, sondern wird über einen sogenannten »RSS-Feed« von einer externen Quelle angezapft. Die Option zum Auswählen einer RSS-Kampagne ist seit Kurzem aus der Direktauswahl verschwunden und man muss einen komplizierten Weg gehen, um sie einzurichten. Die nötigen Schritte sind unter *http://kb.mailchimp.com/campaigns/blog-posts-in-campaigns/share-your-blog-posts-with-Mailchimp* gelistet.

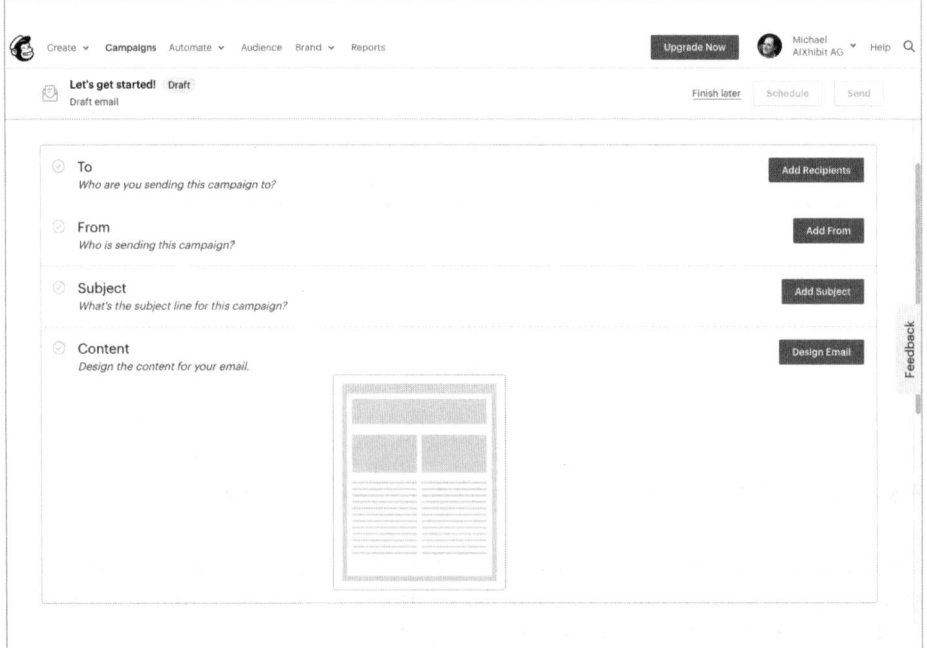

Abb. 11.4: Alle Angaben zum Kampagnenversand finden sich übersichtlich zusammengefasst.

Wählen Sie zunächst also die REGULAR CAMPAIGN aus.

11.1.1 Kampagneneinstellungen

Mailchimp bietet nun in der Folge eine sehr übersichtliche Darstellung an, welche Einstellungen Sie noch tätigen müssen, bevor es losgehen kann. Ich habe mich anfänglich mit dieser Darstellung schwer getan – der Mensch ist ein Gewohnheitstier –, habe aber in zahlreichen Schulungen und Workshops mitbekommen, dass sich Mailchimp-Anwender damit leicht tun. Arbeiten wir also die Liste von oben nach unten ab.

Kampagnenname

Beim Kampagnennamen handelt es sich um den internen Namen Ihres aktuellen Newsletters. Dieser Name ist für Ihre Abonnenten nicht zu sehen, wohl aber für andere Benutzer, die Zugriff auf Ihren Mailchimp-Account haben. Sie finden die Einstellung etwas unauffällig über dem Bereich für die restlichen Kampagneneinstellungen unter EDIT NAME.

Erst seit Mitte 2015 kann man diesen Namen nachträglich noch ändern. Trotzdem sollten Sie sich ein Benennungsschema überlegen, damit Sie auch nach einem Jahr noch auf den ersten Blick wissen, um welchen Inhalt es sich handelt. Ein Name wie »Newsletter« ist dabei nicht besonders aussagekräftig. Besser ist dann schon »Newsletter 10/2015«, weil so zumindest die zeitliche Einordnung leichtfällt. Ideal sind Namen, die einen Rückschluss auf den Inhalt zulassen. Für einen lokalen Veranstaltungsort, den wir beim E-Mail-Marketing unterstützen, wählen wir beispielsweise Kampagnennamen wie »Open Air Kino / Marla Glen / Nils Landgren 08/2015«, die eine direkte Einordnung auch nach längerer Zeit erlauben.

Empfängerauswahl

Im Bereich TO geben Sie zunächst an, welche Audience für die aktuelle Kampagne genutzt werden soll. Klicken Sie dazu auch die graue Schaltfläche ADD RECIPIENTS an. Eine Kampagne kann immer nur an exakt eine Audience (oder eine Untermenge – ein Segment) versendet werden! In der Praxis treffe ich immer mal wieder auf eine Situation, in der die gleiche E-Mail an zwei verschiedene Audiences gesendet werden soll. Die Ursache ist oft eine ungünstige Audience-Konfiguration. Der einzige Weg ist aber, die Kampagne zu duplizieren und identische E-Mails an zwei Audiences zu senden.

Neben dem Senden an die gesamte Liste (ALL SUBSCRIBERS IN AUDIENCE) haben Sie an dieser Stelle die Möglichkeit, den Empfängerkreis weiter einzuschränken. Dazu müssen Sie ein sogenanntes »Segment« bilden oder auswählen. Segmente wurden ausführlich in Kapitel 9 »Gruppen, Segmente und Tags« behandelt. Es handelt sich dabei um Teilgruppen Ihrer Audience, basierend auf Listenfeldern oder auf dem Verhalten der Empfänger bei vergangenen Aussendungen.

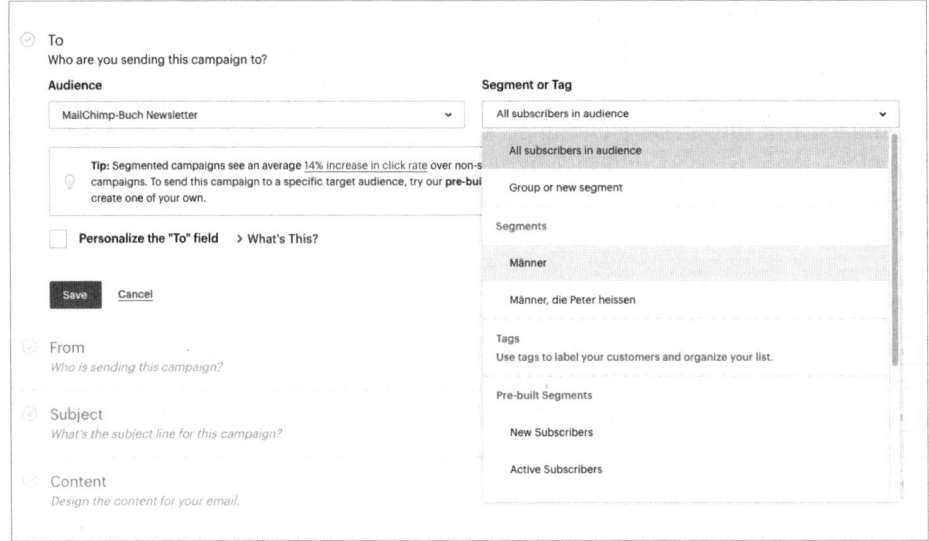

Abb. 11.5: In der Liste vorab definierte Segmente können einfach über den Namen ausgewählt werden.

Ein Segment könnte beispielsweise alle männlichen Newsletter-Empfänger beinhalten. Es würde über ein (dafür eingerichtetes) Listenfeld »Geschlecht« gebildet und wäre ein dynamisches Segment – würde sich also automatisch aktualisieren, wenn neue männliche Abonnenten hinzukommen. Dieses Segment könnten Sie dauerhaft speichern. Es wäre dann ein »saved segment«.

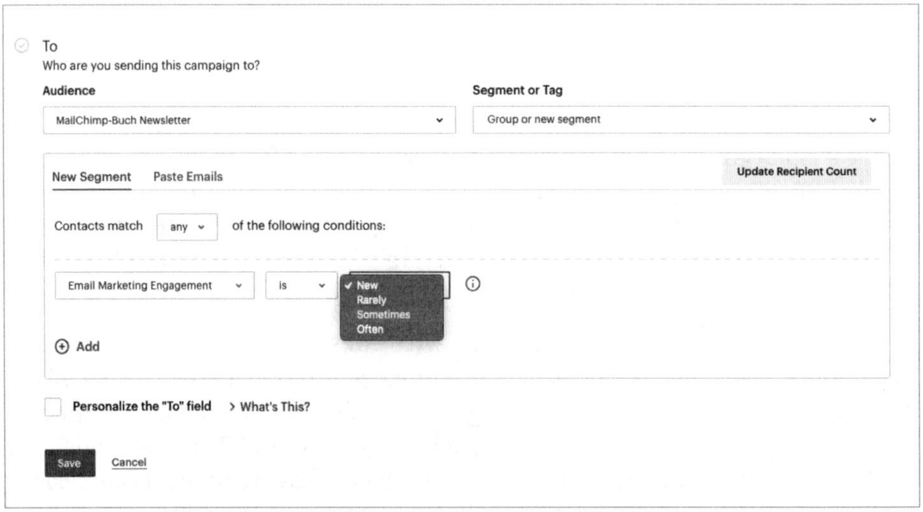

Abb. 11.6: Segmente kann man mit nahezu beliebigen Kriterien bilden.

Haben Sie kein gespeichertes Segment, dann erlaubt die nächste Einstellung, ein Segment nur für den aktuellen Versand zu bilden. Hier stehen alle Kriterien zur Verfügung, die in Abschnitt 9.2 »Anlegen von Tags« beschrieben wurden. Zu den Kriterien gehören Daten, die aus der Liste selbst stammen (zum Beispiel die E-Mail-Adresse oder das Anmeldedatum), aber auch Daten über das Nutzerverhalten, wie zum Beispiel das Öffnungsdatum des letzten Newsletters. So können beispielsweise Erinnerungsmailings an Nichtöffner versendet werden.

Paste Emails

Oft missverstanden wird die Option »Paste Emails«, über die man ein Segment anhand von eingegebenen E-Mail-Adressen bilden kann. Dies ist dann praktisch, wenn es nur eine geringe Zahl von Personen gibt, die eine bestimmte E-Mail erhalten sollen. Anstatt diese – möglicherweise mühsam – über Segmentierungskriterien auszuwählen, können Sie die Adressen einfach in das Feld eingeben und so ein Segment bilden.

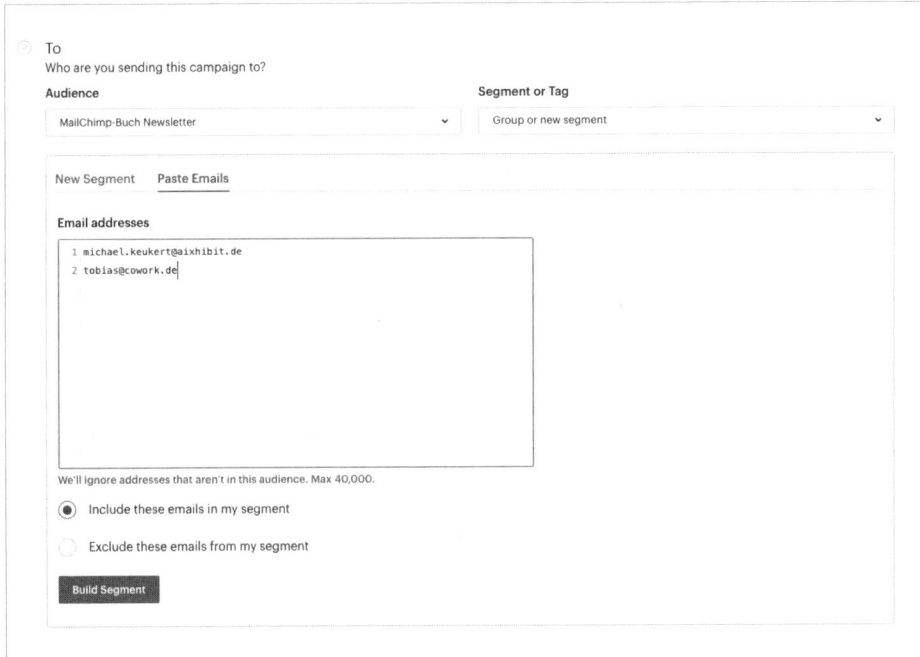

Abb. 11.7: Anhand bestehender Adressen lässt sich auch ein Segment bilden.

Das Missverständnis besteht darin, dass Sie zwar beliebige Adressen eingeben können, das Segment aber nur aus den Personen besteht, die auch tatsächlich schon auf der Liste eingetragen waren. Wenn Sie fünf E-Mail-Adressen in das Auswahlfeld eintragen, davon aber nur drei tatsächlich auf der Liste abonniert sind, dann besteht das Segment hinterher aus genau diesen drei Adressen. Die beiden übrigen Adressen werden nicht – wie man vielleicht vermuten könnte – in der Liste eingetragen. Sie fallen schlicht unter den Tisch.

Man nennt dies übrigens ein »statisches Segment«, da sich die Zusammenstellung nicht – wie ansonsten bei Segmenten üblich – dynamisch anpasst, wenn weitere Adressen dazukommen, die den Segmentierungskriterien entsprechen. Mailchimp schränkt die Verfügbarkeit von statischen Segmenten zugunsten der Tags seit einiger Zeit ein und ich vermute, dass die Funktion PASTE EMAILS über kurz oder lang verschwinden wird. Tags können zwar prinzipiell das Gleiche, dennoch finde ich PASTE EMAILS durchaus praktisch. Wundern Sie sich daher nicht, wenn die Funktion bei Ihnen nicht (mehr) verfügbar ist.

Personalize the »To« field

Verwechseln Sie diese Option nicht mit dem Personalisieren des Mail-Inhalts! Diese Art von Personalisierung müssen Sie in den Listeneinstellungen vorbereiten und über Merge-Tags im Mail-Text umsetzen. Die Option im Kampagnen-Setup dient der Personalisierung der Empfängeradresse auf technischer Ebene, also außerhalb des Mail-Inhalts. Man kann es mit der Anschrift auf einem Briefumschlag vergleichen.

Bei einer E-Mail reicht es, wenn auf dem virtuellen Briefumschlag eine Adresse wie *michael.keukert@aixhibit.de* steht. Zusätzlich kann aber auch noch der Name des Empfängers auf dem Briefumschlag stehen. Die Adresse sieht dann so aus: »Michael Keukert <michael.keukert@aixhibit.de>«.

Das Mailprogramm des Empfängers zeigt im ersten Fall lediglich die Mail-Adresse des Abonnenten an. Im zweiten Fall wird der Name des Empfängers angezeigt, was einen positiven psychologischen Effekt haben kann, denn es wird durch die Verwendung des Namens eine gewisse Vertrautheit erzeugt.

Was gut klingt, hat in der Praxis eine sehr große Einschränkung: Microsoft Outlook. Outlook ist eines der verbreitetsten Mailprogramme und es reagiert sehr empfindlich darauf, wenn die Empfängeradresse zwar personalisiert, aber leer ist. In diesem Fall stehen statt des Vor- und Nachnamens des Empfängers zwei Leerzeichen in der Adresse: » `<michael.keukert@aixhibit.de>`«. Für Outlook ist das ein Signal, dass es sich bei der Mail um Spam handelt – und Ihr Newsletter wird entsprechend aussortiert.

Sie sollten diese Option daher nur nutzen, wenn Sie von allen (!) Empfängern des Newsletters den Vor- und Nachnamen haben. In diesem Fall können Sie in das Feld die Merge-Tags *|FNAME|* *|LNAME|* eintragen beziehungsweise die Merge-Tags, die den Listenfeldern entsprechen, die Sie für den vollen Namen benutzt haben.

Abb. 11.8: Unter FROM stellen Sie den Absender ein.

From

Für die Öffnung des Newsletters nicht minder wichtig ist, von wem er eigentlich abgesendet wird. Der Absender setzt sich aus zwei Komponenten zusammen: dem Absendernamen (NAME) und der Absender-Mail-Adresse (EMAIL ADDRESS). Auf beides sollten Sie in der Vorbereitung einiges Augenmerk legen.

Abb. 11.9: Viele Mailprogramme zeigen zunächst nur den Absendernamen an.

Die meisten E-Mail-Clients zeigen als Absender der Mail in der Mail-Übersicht nur den Namen an. Der Platz für den Namen ist auf dem Bildschirm in der Regel sehr klein. Von daher spricht viel für einen kurzen, prägnanten und einprägsamen Namen. Der Empfänger sollte mit einem Blick erfassen – und zuordnen können –, von wem der Newsletter kommt. Wegen des begrenzten Platzes müssen hier mitunter Kompromisse eingegangen werden. Vollständige, korrekte Unternehmensbezeichnungen verbieten sich, ebenso wie zu lange Namen und Titel.

Schlechte Newsletter-Absender wären zum Beispiel:

- Newsletter
- Basketball Löwen Braunschweig GmbH
- Michael Keukert, Teamleiter Onlinemarketing, AIXhibit AG
- Apple Distribution International
- NABU-Gruppe Östliches Kraichgau e.V.

Gute Newsletter-Absender hingegen wären:

- Stricken.de
- Basketball Löwen Braunschweig
- Michael Keukert
- Apple
- NABU

Auch hier kommt es wieder auf das jeweilige individuelle Szenario an. Nicht selten empfehlen wir Kunden – bevorzugt im B2B-Segment –, den Namen einer in der Branche oder bei den Kunden bekannten Person als Absendernamen zu wählen. Wenn beispielsweise der Vertriebsleiter oder Geschäftsführer beim Großteil der Empfänger namentlich bekannt ist, dann kann dieser Name durchaus ein sehr guter Absendername sein. Für einen unserer Kunden aus dem Automobil-Zulieferbereich senden wir beispielsweise den Weihnachts-Newsletter immer unter dem Namen des Geschäftsführers.

»Ja, aber bekomme ich dann nicht all die E-Mails?«, fragt der besorgte Geschäftsführer oder Vertriebsleiter meist an dieser Stelle und ermöglicht uns so eine elegante Überleitung zum zweiten Teil des Absenders: der Absender-E-Mail-Adresse. Diese Adresse ist für den Empfänger der Mail meist nicht sofort zu sehen, wird aber spätestens beim Öffnen der Mail angezeigt.

In Abschnitt 2.1.2 »Absender« habe ich den Unterschied zwischen Envelope-Sender und Body-Sender erklärt. Während der Envelope-Sender immer eine Mailchimp-eigene Adresse ist und von Ihnen nicht geändert werden kann, stellen Sie unter EMAIL ADDRESS die Adresse ein, die der Empfänger zu sehen bekommt. Das bedeutet aber auch, dass diese Absender-Mail-Adresse mit dem technischen Transport der Mails nichts zu tun hat. Streng genommen muss diese Adresse auch gar nicht existieren – hiervon ist aber abzuraten, denn es gibt einen Fall, bei dem sie wichtig ist.

Antwortet jemand auf Ihren Newsletter, dann geht diese Antwort an die Absender-Adresse. Würde die Adresse gar nicht existieren, bekäme diese Person eine Fehlermeldung zurück, was natürlich kein gutes Licht auf Ihre Firma oder Organisation wirft. Leider fallen auch alle automatischen Abwesenheitsmeldungen unter die Kategorie »individuelle Antwort«, sodass auch diese an die Absender-Adresse zugestellt werden.

In der Regel wird als Absender-Adresse daher eine extra dafür geschaffene Adresse wie »newsletter@...« genutzt. Diese Adresse sollte regelmäßig auf eingehende Mails geprüft werden. Das sollte am besten jemand tun, der auch unmittelbar mit dem Versand der Newsletter betraut ist, da dann bei den eingehenden Antworten direkt zugeordnet werden kann, auf welchen Newsletter es sich bezieht und an wen eine Antwort eventuell weitergeleitet werden sollte.

Absendername und Absender-E-Mail könnten rein theoretisch bei jedem einzelnen Versand verändert werden. Vor zu häufigen Änderungen, insbesondere bei der Mail-Adresse, möchte ich aber warnen. Manche Empfänger speichern die Adresse Ihres Newsletters im Adressbuch ihres Mailprogramms. Mailchimp unterstützt dies sogar dadurch, dass dem Abonnenten im Anmeldeprozess eine »VCard«, also eine elektronische Visitenkarte mit den Newsletter-Daten übermittelt wird. Speichert der Abonnent die Adresse in seinem Mailprogramm, sinkt die Wahrscheinlichkeit, dass der Newsletter versehentlich in den Spam-Ordner wandert. Zudem richten einige Empfänger Filter in ihren Programmen ein, die Mails einer bestimmten Firma oder eines bestimmten Absenders in Unterordner verschiebt. Diese Filter setzen ebenfalls auf der Absenderadresse auf. Ändert sich die Adresse häufig, dann funktionieren die Filter und auch der Eintrag im Adressbuch nicht mehr, was wiederum Auswirkungen auf die Newsletter-Öffnung haben kann.

Weniger kritisch ist das Ändern des Absendernamens, aber auch hier rate ich zu Behutsamkeit. Zu häufiges Ändern des Namens kann die Empfänger irritieren und möglicherweise zu weniger Öffnungen oder gar Abmeldungen führen. Es spricht aber wenig dagegen, im Rahmen von Tests mal verschiedene Absendernamen auszuprobieren.

Betreffzeile

Über das Feld EMAIL SUBJECT legen Sie fest, welchen Betreff Ihr Newsletter trägt. Dieser Betreff wird dem Empfänger in seinem Mailprogramm angezeigt. Noch vor einigen Jahren war der Betreff mit einer der wichtigsten Parameter beim Erstellen einer E-Mail-Kampagne, da er neben Absendername und Absender-Mail-Adresse das einzige Kriterium für den Empfänger war, das über die Öffnung der Mail entscheidet. Mittlerweile hat diese Funktion der Preheader – im Mailchimp-Jargon »Preview Text« genannt – übernommen, wodurch der Betreff einiges an Relevanz eingebüßt hat. Mehr zum Preheader habe ich in Kapitel 2 geschrieben.

Sie sollten dennoch versuchen, gute und eingängige Betreffs zu wählen. Halten Sie den Betreff aber kurz – gerade auf Smartphones werden zu lange Betreffs einfach abgeschnitten. Denkbar schlecht ist »Newsletter« – und auch »Newsletter November 2015« ist nicht viel besser. Damit reihen Sie sich ein in eine schier unübersehbare Menge anderer Newsletter mit dem gleichen Betreff und geben dem Empfänger zu wenig Informationen, um ihn zur Öffnung zu überreden.

Wir empfehlen unseren Kunden, das Kern-Thema des Newsletters in den Betreff aufzunehmen. Ein exemplarischer Blick in unser Newsletter-Postfach bringt die folgenden Betreffs zutage:

- 10% Sofort-RABATT auf Apple-Produkte!
- 11,10 Euro GUTSCHEIN! Tolle TV-Angebote ab 169,- Euro!
- Jetzt auf das iPhone 6s wechseln

■ Aeskulap Apotheke: 25-Euro-Wertgutschein für nur 14,90 Euro auf rezeptfreie Medikamente und Kosmetik

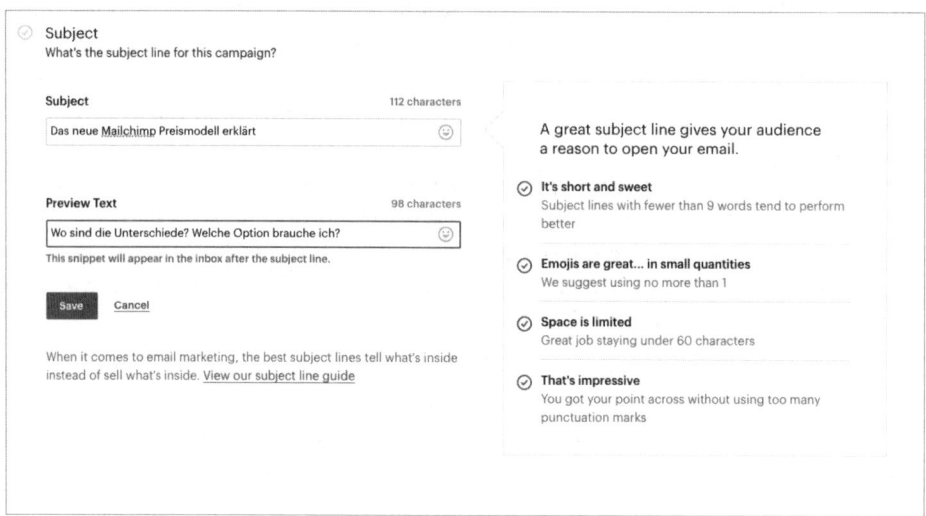

Abb. 11.10: Betreff und Preview-Text sind mit die wichtigsten Angaben.

Von vier Beispielen nutzt nur ein Versender den Firmennamen im Betreff. Alle anderen beschränken sich darauf, eine Kernaussage aufzugreifen und so Neugierde auf den Inhalt des Newsletters zu erzeugen.

Smileys und Emojis

Mailchimp hat eine komfortable Auswahl, um Smileys und andere Symbole – oft Emojis genannt – in den Betreff einzufügen. Seit Mitte 2014 beobachten wir eine zunehmend stärkere Nutzung dieser Symbole bei kommerziellen Newslettern. Es gibt Studien, die anhand von Tests herausgefunden haben, dass so angereicherte E-Mails eine höhere Öffnungsrate haben als unverzierte Betreffs.

Wir sehen das Thema differenzierter, denn mittlerweile nimmt die Benutzung dieser Symbole überhand und erste Ermüdungserscheinungen bei den Empfängern sind zu beobachten. Benutzen Sie Emojis daher sparsam und gezielt, um die Aufmerksamkeit auf einzelne Newsletter zu lenken.

11.1.2 Weitere Kampagnen-Optionen

Auch wenn das Kampagnen-Setup nach diesen zahlreichen Optionen kompliziert erscheint, ist es mit ein wenig Routine gar nicht mehr so schlimm. Bevor wir mit dem eigentlichen Inhalt des Newsletters unter CONTENT weitermachen, schauen wir uns zunächst noch die Optionen unterhalb des Kampagnen-Setups an.

Share your campaign

Jede über Mailchimp versandte Kampagne hat ihre eigene, individuelle Adresse, unter der sie über einen Webbrowser abgerufen werden kann – wenn Sie das freigeben. Bis vor Kurzem hatte man auf die Webadressen keinen großen Einfluss – mittlerweile hat Mailchimp dort mehr Flexibilität geschaffen.

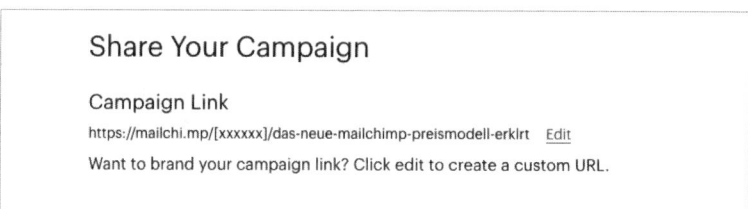

Abb. 11.11: Der Name, unter dem eine Mailchimp-Kampagne im Web abrufbar ist, kann angepasst werden.

Die Webadresse (URL) des einzelnen Newsletters ist aus drei Teilen zusammengesetzt:

- Der feste vordere Teil mit der Adresse *https://mailchi.mp*
- Ein variabler Teil in der Mitte, der beim kostenlosen Account zufällig generiert wird und bei bezahlten Accounts – in Grenzen – angepasst werden kann
- Ein individueller Teil am Ende, der bei allen Accounts frei eingestellt werden kann

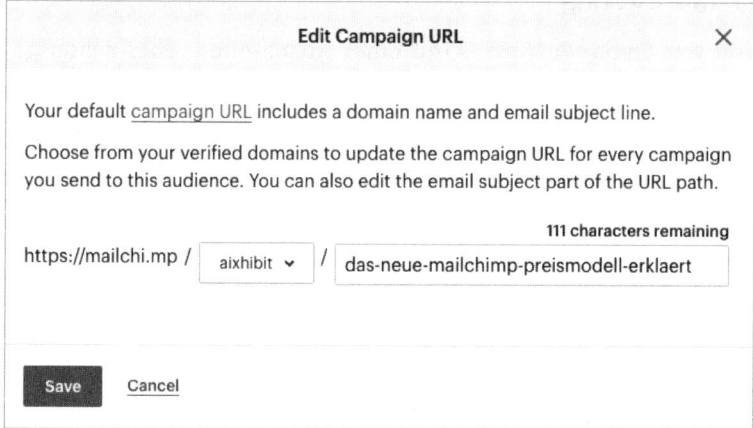

Abb. 11.12: Verwenden Sie einen aussagekräftigen Namen, wenn Sie die Newsletter im Web verlinken möchten.

Bei bezahlten Mailchimp-Accounts haben Sie die Möglichkeit, den mittleren Teil anzupassen. Mailchimp nutzt dazu die im System hinterlegten und verifizierten

Domains. Dies ist eine schöne Möglichkeit, die vergangenen Newsletter auf Websites zu verlinken und dabei professionell aussehende URLs zu haben.

Facebook, Twitter und Instagram

In Kapitel 4 »Mailchimp-Account-Setup« habe ich den Bereich der Integrations erwähnt. Zwei der dort vorhandenen Integrations verknüpfen Ihren Mailchimp-Account mit Ihren eventuell vorhandenen Facebook- und Twitter-Accounts.

Ist diese Verknüpfung erfolgt, dann können Sie jede neue Kampagne automatisch zeitgleich mit dem Versenden als Facebook-Post oder Tweet veröffentlichen. Über die Verknüpfung Ihres Instagram-Kontos mit Ihrem Facebook-Account ist dann auch das Posten auf Instagram möglich.

Das ist praktisch, denn so können auch Ihre Twitter-Follower und Facebook-Fans auf den neuesten Newsletter hingewiesen werden. Dennoch nutzen wir diese Option bei den Accounts, die wir betreuen, nicht. Der Grund ist, dass Sie über diesen Automatismus Kontrolle verlieren. Oft sind beispielsweise die Zeitpunkte, an denen man den Newsletter sinnvoll versendet und zu denen man ein effektives Facebook-Posting veröffentlicht, unterschiedlich. Der Newsletter kann um 8.30 Uhr morgens die besten Resultate erzielen, der Facebook-Post aber um 12.30 Uhr zur Mittagspause.

Nutzen Sie diesen Automatismus also mit Bedacht und wählen Sie im Zweifelsfall manuelle Postings oder solche, die über ein Social-CRM wie Buffer, Hootsuite oder Sprout Social geplant werden.

11.1.3 Settings und Tracking

Der nächste Block von Optionen wird – mit einer Ausnahme – eher selten gebraucht. Deswegen versteckt Mailchimp sie auch in einem eher unscheinbaren Kasten, der immerhin eine Übersicht gibt, welche Einstellungen derzeit getätigt wurden.

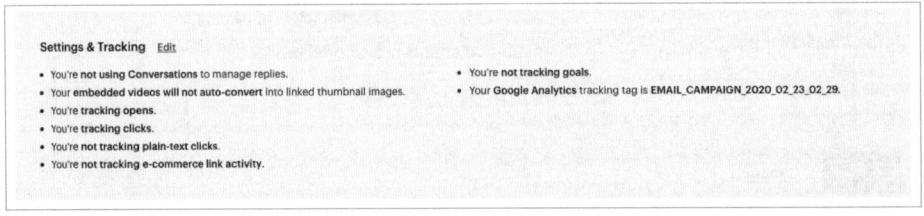

Abb. 11.13: Der letzt Abschnitt im Kampagnen-Setup beschäftigt sich unter anderem mit dem Tracking.

Betrachten wir die einzelnen Einstellungen der Reihe nach, wird schnell klar, wieso man diesem Bereich doch Beachtung schenken sollte.

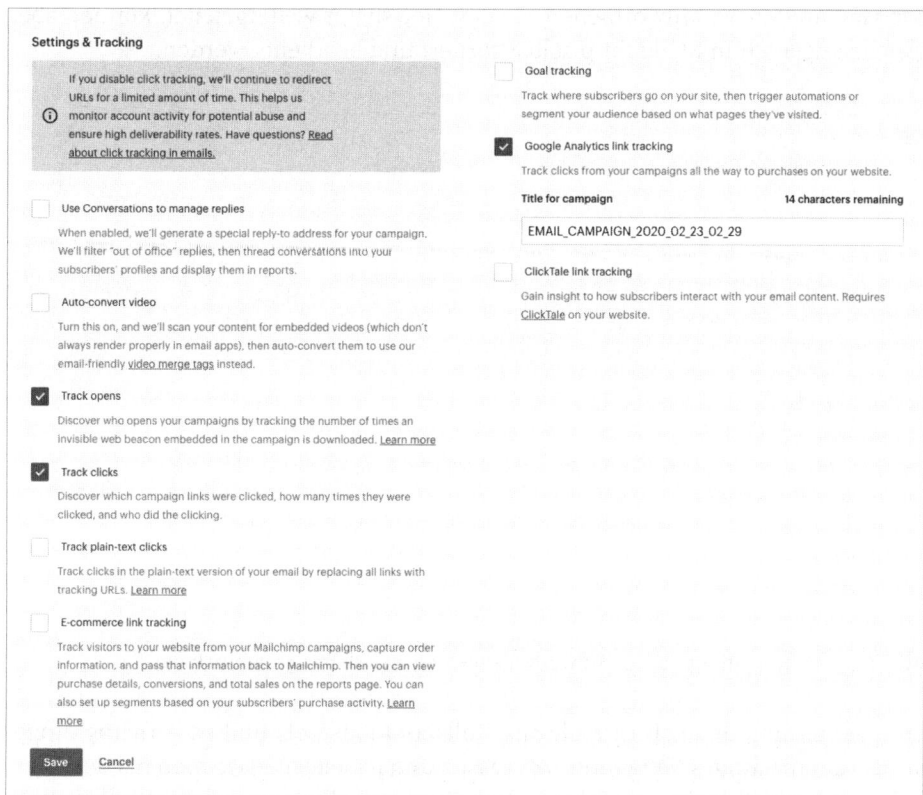

Abb. 11.14: Hier finden sich zahlreiche weitere Funktionen, deren Existenz Sie zumindest kennen sollten.

Conversations

Diese Funktion war früher nur bezahlten Accounts vorbehalten, ist aber seit einiger Zeit für alle Accounts verfügbar. Sie bietet einen Ausweg aus dem Dilemma weiter oben, dass an die Absenderadresse des Newsletters auch eventuelle Antworten von Abonnenten – darunter auch Abwesenheitsmeldungen – gesendet werden.

Wenn Sie Use conversations to manage replies auswählen, dann fängt Mailchimp sämtliche Antworten ab und stellt sie übersichtlich in einer Liste dar. Von dort können sie zentral beantwortet werden oder, falls es sich um Abwesenheitsnotizen handelt, direkt gelöscht werden. Sie sehen auch genau, wer von den Mailchimp-Benutzern Antworten verfasst hat, und können einstellen, dass bestimmte Personen diese Mails ganz normal zugestellt bekommen.

Nutzt man dieses Feature, dann kann man tatsächlich den Vertriebsleiter mit seiner echten E-Mail-Adresse als Absender nehmen. Die Antworten auf den Newsletter (und nur diese, nicht etwa die regulären Mails an seine Adresse) werden dann per Mail an den Verantwortlichen für den Newsletter weitergeleitet, können aber gleichzeitig auch in Mailchimp selbst sortiert und bearbeitet werden.

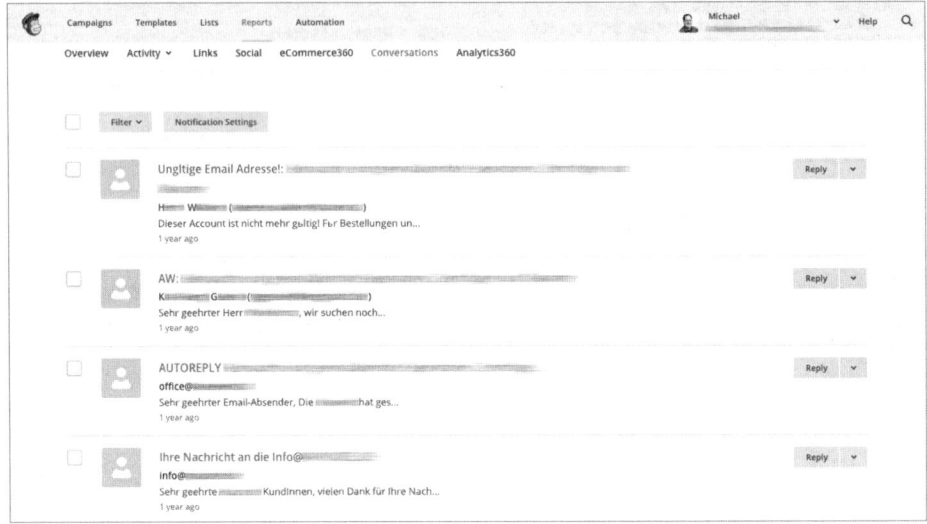

Abb. 11.15: Conversations stellen Antworten auf einen Newsletter gesammelt dar.

Dies geht schon deutlich in Richtung Kollaborationstools und ist – richtig eingesetzt – ein mächtiges Werkzeug. Voraussetzung ist jedoch, dass man bei der Abarbeitung dieser E-Mails Disziplin walten lässt, gerade, wenn man mit mehreren Personen die Antworten bearbeitet. In der Praxis zeigt sich jedoch, dass einerseits nicht viele Antworten auf eine Kampagne kommen (außer man fordert explizit dazu auf) und andererseits der überwiegende Teil der Antworten dann tatsächlich Abwesenheitsmeldungen sind.

Auto-convert video

Videos in Newslettern sind ein heißes Thema, wie in Abschnitt 10.5.12 »Video« bereits angerissen. Wenn Sie Ihr Video nicht über das Video-Inhaltselement eingebunden haben oder es nicht auf YouTube oder Vimeo gespeichert ist, dann kann nach Setzen dieser Option eine automatische Videoerkennung von Mailchimp genutzt werden, um noch einige andere, weniger gebräuchliche Videoformate zu erkennen.

Im Erfolgsfall ersetzt Mailchimp dann das direkt eingebettete Video durch Merge-Tags für diese Services, wodurch die Darstellung im Newsletter flexibler ist und das Video auf den verschiedenen Mail-Clients direkt angewählt werden kann.

11.1.4 Tracking

In Gesprächen mit Kunden wird immer wieder erwähnt, dass die statistische Auswertung einer Kampagne eines der wichtigeren Features von Mailchimp ist. Im
Kampagnen-Setup stellen wir sicher, dass die Rohdaten für diese Statistiken überhaupt erst zur Verfügung stehen.

Track Opens / Track Clicks

Wenn Sie messen möchten, wie häufig der Newsletter geöffnet wird und wie häufig darin enthaltene Links angeklickt werden, dann setzen Sie diese zwei Einstellungen, die standardmäßig eingeschaltet sind. Um die Öffnungen zu messen,
wird ein Zählpixel in die E-Mail eingebaut, das von einem Mailchimp-Server nachgeladen wird. Wenn der Empfänger das Laden von Grafiken eingeschaltet hat,
wird das Zählpixel übertragen und eine Öffnung verzeichnet. Diese Technologie
ist jedoch nicht zu 100% zuverlässig.

Um die Anzahl der Klicks auf Links zu messen, verlinkt Mailchimp nicht direkt
auf das eigentliche Linkziel, sondern erst auf einen eigenen Server, der dann in
einem Sekundenbruchteil zum eigentlichen Link weiterleitet. Auf diese Weise
kann Mailchimp mitzählen, welche Links wie häufig angeklickt wurden.

Früher war bei kostenlosen Accounts das Klick-Tracking immer eingeschaltet und
die Abschaltmöglichkeit den bezahlten Accounts vorbehalten. Nicht zuletzt wegen
der DSGVO kann man das Tracking bei allen Accounts abschalten. Mailchimp
behält sich aber vor, auch bei abgeschaltetem Tracking eine Zeit lang die Klicks zu
tracken, um so missbräuchliches Verhalten zu entdecken und die Zustellrate hoch
zu halten.

Track plain-text clicks

Be reinen Text-Newslettern schlägt die Messmethode mit dem Zählpixel fehl. Um
den Erfolg dieser Newsletter dennoch messen zu können, bietet Mailchimp die
Möglichkeit, sämtliche Links in den Text-Newslettern so anzupassen, dass eine
Klick-Zählung möglich wird. Das führt aber zu recht hässlichen Links, die sehr
lang und sperrig sind.

E-commerce link tracking

Gerade bei Kampagnen für Onlineshops ist es wichtig, zu wissen, wie erfolgreich
der einzelne Newsletter ist und welche Umsätze im Shop dadurch generiert wurden. Mit E-commerce link tracking (ehemals eCommerce 360) hat Mailchimp die
Möglichkeiten für Marketing-Automationen basierend auf Onlineshop-Besuchs-
verhalten geschaffen.

Wenn Sie diese Option anwählen, dann wird jeder Link in Ihren E-Mails um zwei Parameter erweitert. In diesen Parametern sind die ID der jeweiligen Kampagne und eine ID für den jeweiligen Abonnenten des Newsletters enthalten.

Diese beiden Parameter müssen von Ihrer Shop-Software entgegengenommen und verwaltet werden. Wenn jetzt ein Abonnent Ihres Newsletters einen Einkauf im Onlineshop tätigt, dann meldet der Onlineshop diesen Verkauf anhand der beiden Parameter an Mailchimp zurück. Die so gewonnenen Daten finden sich sowohl in den Profilen der jeweiligen Abonnenten als auch in den Reports der einzelnen Kampagnen. Diese Informationen können Sie dann als Grundlage für Segmente nutzen.

Für einige Shopsysteme finden sich im »Mailchimp Integrations Directory« (*https://mailchimp.com/integrations*) bereits fertige Plugins. Leider jedoch nicht für in Deutschland relevante E-Commerce-Systeme wie JTL Shop, OXID eSales oder Shopware. Für diese Systeme entwickelt unsere Agentur AIXhibit AG eigene Plugins, die ab Mitte 2017 zur Verfügung stehen. Nähere Informationen finden Sie auf *www.mailchimp-agentur.de*. Ist Ihr Shopsystem dennoch nicht verfügbar, müssen Sie die nötigen Funktionen entweder selbst programmieren oder von Ihrer E-Commerce-Agentur umsetzen lassen. Der damit verbundene Aufwand sollte nicht unterschätzt werden. Demgegenüber steht die Möglichkeit, sowohl die Top-Kunden als auch die Kleinkunden eines Shops gezielt ansprechen zu können.

Goal tracking

Die Geschichte des Goal-Tracking ist eine Geschichte voller Missverständnisse und ehrlich gestanden weiß ich nicht, was sich die Macher von Mailchimp dabei gedacht haben. Vor vielen Jahren war das eine sehr spannende Idee: Auf der eigenen Website wurde ein Code hinterlegt, der das Besuchsverhalten von Besuchern gemessen hat, die von Mailchimp kamen. Haben die Besucher eine bestimmte Unterseite aufgesucht, dann wurde das an Mailchimp gemeldet und konnte als Auslöser für eine neue Mail genutzt werden.

Seitdem wurde die Funktionalität immer mehr und mehr versteckt, bis sie derzeit gar nicht mehr zu finden ist. Gleichzeitig wurde aber der Begriff der Goals beibehalten, meint mittlerweile aber etwas anderes. Dafür wurde aber Ende 2019 die »Event API« eingeführt, die dann doch wieder etwas Ähnliches macht, nur komplizierter.

Mein Tipp: Lassen Sie von den Goals bis auf Weiteres die Finger, bis Mailchimp sich entschieden hat, was daraus wird.

Google Analytics Link tracking

Viele Websites benutzen die Web-Analysesoftware Google Analytics zur Auswertung der Zugriffe und des Besucherverhaltens. Google Analytics – wie auch andere Pakete zur Web-Analyse – nutzen sogenannte »UTM-Parameter«, um Links von Werbekampagnen zu messen. Schaltet man beispielsweise ein Werbebanner auf einer fremden Website, dann hinterlegt man in dem Banner statt eines einfachen Links auf die eigene Website einen Link, der mit Parametern, den UTM-Tags, angereichert ist. So kann man in Google Analytics nachvollziehen, welche Bannerschaltung besonders effektiv war.

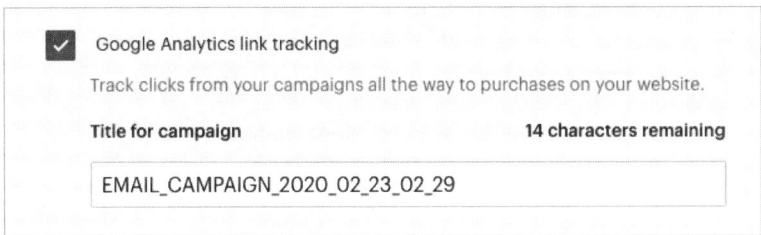

Abb. 11.16: Der Kampagnenname erscheint in Google-Analytics-Auswertungen.

Ganz ähnlich kann die Effektivität von E-Mail-Kampagnen gemessen werden. Wenn Sie diese Option aktivieren, können Sie einen Namen vergeben, unter dem die Kampagne in Google Analytics erscheint. Beachten Sie dabei allerdings die Grundsätze der Datenqualität: Wählen Sie für jede Kampagne einen eindeutigen Kampagnennamen für Google Analytics und halten Sie sich an ein einmal etabliertes Schema. Daten in Google Analytics können nachträglich nicht mehr verändert werden.

ClickTale link tracking

ClickTale ist ein kommerzieller Analysedienst ähnlich wie Google Analytics. Auch hier können Sie einen Kampagnennamen hinterlegen, der die Auswertung in ClickTale unterstützt. Wenn Sie noch keine Datenanalyse einsetzen, dann empfehlen wir das kostenlose Google Analytics. Lediglich wenn Sie bereits ClickTale einsetzen, ist diese Option für Sie interessant.

11.1.5 Auswahl des Templates

Nachdem das Kampagnen-Setup erledigt ist, klicken Sie auf DESIGN EMAIL im oberen Block und kommen dann in die Template-Auswahl. Dieser Bereich ist nahezu identisch mit der ersten Auswahl bei der Template-Erstellung. Neu ist jedoch das Unter-Menü SAVED TEMPLATES, in dem Sie Ihre eigenen, gespeicherten Templates finden.

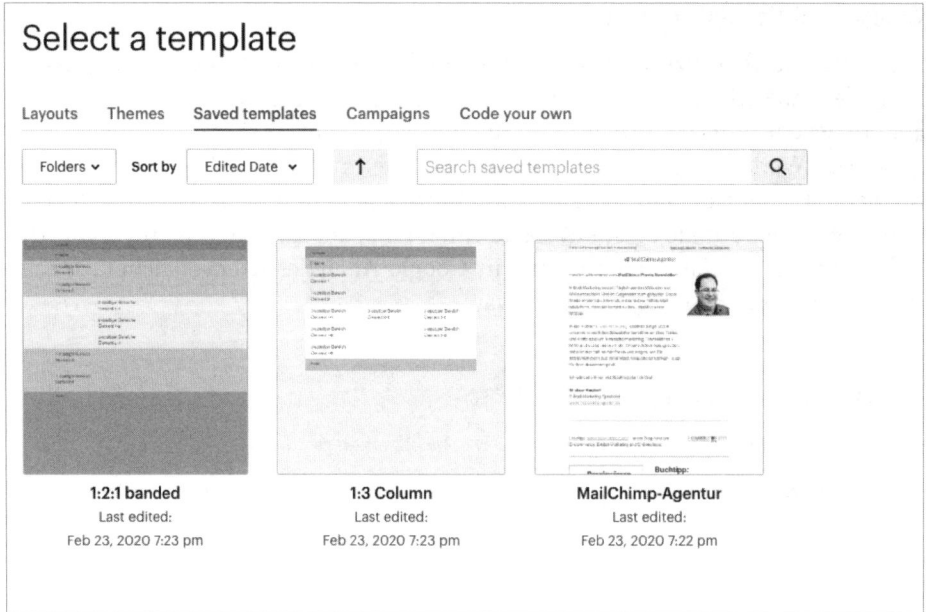

Abb. 11.17: Wählen Sie hier Ihr vorher erstelltes Template aus.

Die Templates erscheinen mit einem kleinen Vorschaubild und dem Datum der letzten Änderung. Wenn Sie zusätzlich noch bei der Template-Erstellung aussagekräftige Namen gewählt haben, dann können Sie einfach das richtige Template auswählen. Ein Klick auf das Template lädt es in den Mail-Editor und Sie können mit der Erstellung der Inhalte fortfahren.

> ## Hinweis
>
> Mailchimp erlaubt es auch, einen Newsletter ohne vorher erstelltes Template zu verfassen. In diesem Fall übernimmt der Mail-Editor eine Doppelfunktion, indem er die Inhalte und die Gestaltung erledigt. Auch wenn diese Lösung verlockend erscheint und Sie so einen Arbeitsschritt vermeintlich sparen, raten wir davon ab. Zunächst ein umfangreiches Template zu erstellen und zu gestalten, spart mittelfristig Zeit und Nerven, da Sie nicht bei jedem neuen Versand wieder neu gestalten müssen.

11.2 E-Mail-Inhalte verfassen

Jetzt endlich sind alle Vorarbeiten erledigt und Sie können die Inhalte für Ihren Newsletter erstellen. Das ausgewählte Template ist im Mail-Editor geladen und wartet darauf, mit echten Texten, Bildern und Videos gefüttert zu werden.

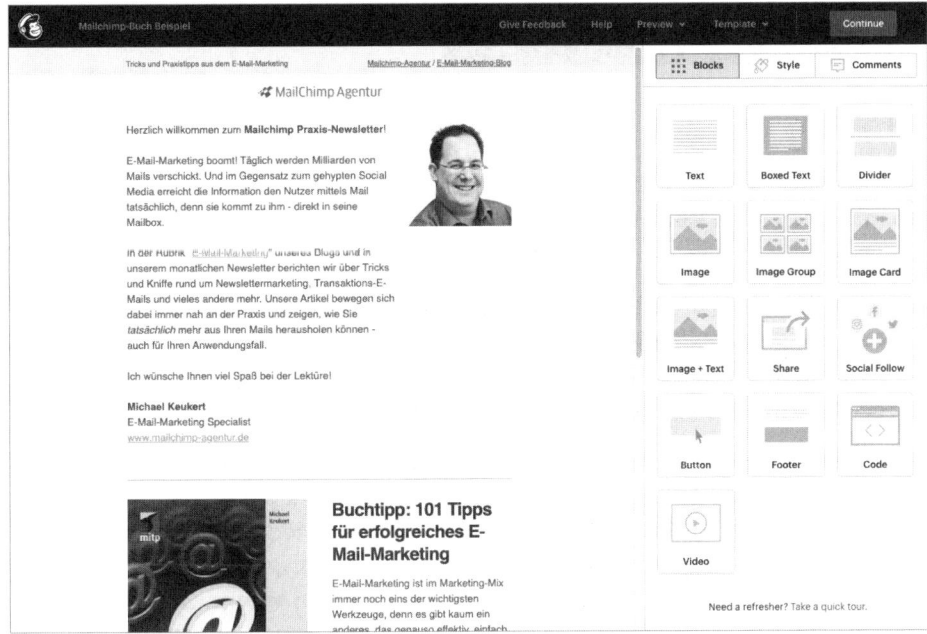

Abb. 11.18: Der Mail-Editor funktioniert identisch wie der Template-Editor.

Um die Funktionsweise des Editors ging es schon ausgiebig im Kapitel 10 (News-letter-Design). Dort finden Sie auch eine Übersicht über die einzelnen Inhaltsele-mente. Idealerweise beinhaltet Ihr Template bereits alle Inhaltselemente in gestal-teter Form, die Sie irgendwann einmal benutzen möchten. Wenn Sie das Kapitel nur überflogen haben, ist jetzt vielleicht ein guter Zeitpunkt, noch mal zurückzu-gehen.

11.2.1 Merge-Tags

Haben Sie mit Word schon mal einen Serienbrief verfasst? Ist es Ihnen leicht gefallen? Wie auch immer Ihre Antwort auf die zweite Frage ausfiel, Sie werden hier ein kleines Déjà-vu erleben, denn die Merge-Tags in Mailchimp ähneln sehr den Variablen in Word.

Merge-Tags sind Platzhalter in den E-Mails, die erst zum Versandzeitpunkt mit Inhalt gefüllt werden. Ein Beispiel, das in jedem Newsletter vorhanden ist, ist das Merge-Tag *|UNSUB|*, das einen personalisierten Abmeldelink unter jede ein-zelne Mail klebt. Dieser Abmelde-Link ist für jeden Abonnenten individuell und stammt aus der Mailchimp-Datenbank. Erst wenn Ihre Kampagne gesendet wird, wird für jeden Abonnenten der passende Abmelde-Link an der Stelle eingefügt, an der das Merge-Tag im Text ist.

Abb. 11.19: Merge-Tags können sowohl im sichtbaren Text als auch im HTML-Code untergebracht sein.

Das Merge-Tag muss dabei nicht zwingend im sichtbaren Teil des Mail-Texts sein.
Im Falle des Abmelde-Links wird es beispielsweise in einen HTML-Link integriert.
Für den Abonnenten ist nur der Linktext »Newsletter abbestellen« sichtbar – das
Merge-Tag wird dann beim Versand durch den tatsächlichen Link ersetzt.

Mailchimp kennt mehrere Dutzend Merge-Tags für die verschiedensten Zwecke.
Hinzu kommen die Listenfelder selbst, die alle über ihr jeweils eigenes Merge-Tag
angesprochen werden können. Eine Übersicht über alle Merge-Tags finden Sie unter
http://kb.mailchimp.com/merge-tags/all-the-merge-tags-cheatsheet. Beim Lesen der Liste
kommen Ihnen vielleicht Ideen, wie Sie diese Variablen verwenden können. Der
weitaus häufigste Anwendungszweck ist die Personalisierung von Newslettern.

Personalisierung mit Merge-Tags

Um eine personalisierte Anrede zu realisieren, benötigen wir mindestens zwei
Merge-Tags: Geschlecht und Nachname. Diese beiden Felder müssen in der Audi-
ence vorhanden sein. Um kreative Eingaben beim Geschlecht zu vermeiden, sollte
das Feld als Drop-down realisiert sein, damit nur definierte Werte enthalten sind.
Für unser Beispiel gehe ich davon aus, dass ein Feld »Geschlecht« und ein Feld
»Nachname« existiert.

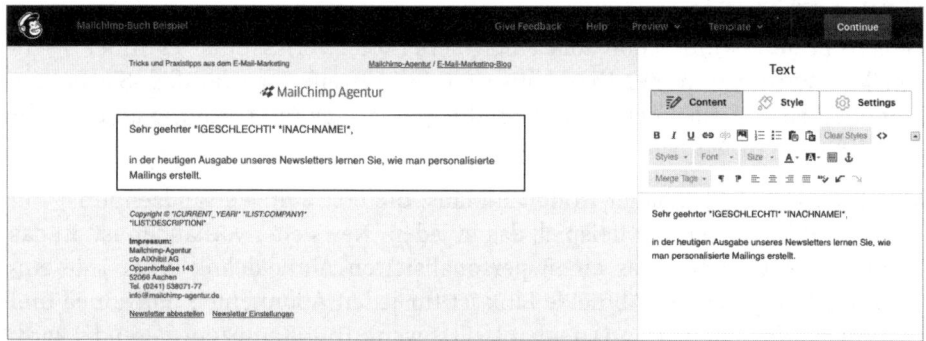

Abb. 11.20: Merge-Tags werden einfach in den Mail-Text eingesetzt.

Ein erster Ansatz für die Personalisierung könnte so aussehen, wie in der Abbildung zu sehen. Jetzt kommt es auf den Inhalt des Listenfeldes GESCHLECHT an.
Wenn dort »Herr« oder »Frau« steht, dann hätten wir folgende Resultate:

- Sehr geehrter Herr Keukert
- Sehr geehrter Frau Nellen

Im ersten Fall stimmt das Ergebnis, im zweiten Fall ist es knapp daneben. Richtig wild wird es aber, wenn im Listenfeld stattdessen »männlich« oder »weiblich« steht. Dann sieht das Ergebnis so aus:

- Sehr geehrter männlich Keukert
- Sehr geehrter weiblich Nellen

Äh … nein. So kann das nicht bleiben. Das reine Einfügen von Merge-Tags reicht also nicht – es muss noch eine fallweise Unterscheidung getroffen werden.

Bedingte Verzweigung mit Merge-Tags

Das Konstrukt, das hier zum Einsatz kommt, nennt sich »wenn, dann, sonst«, bekannter in der englischen Version »if, then, else«. Es beinhaltet eine Bedingung »if«, bei deren Eintreten »then« zum Tragen kommt, ansonsten aber »else« ausgeführt wird.

Mailchimp nutzt dafür diese Schreibweise:

```
*|IF:mergetag=bedingung|* das hier *|ELSE|* oder das hier *|END:IF|*
```

Der Bereich des »sonst« kann übrigens wegfallen, dann wird nur der Teil ausgeführt, der eintritt, wenn die Bedingung erfüllt ist.

Abb. 11.21: Mit einer Wenn-Dann-Verknüpfung wird die Logik schon komplexer.

In unserem Beispiel müssen wir auf das Feld GESCHLECHT reagieren. Abbildung 11.21 zeigt, wie das im Text hinterlegt wird. Wenn die Bedingung »Geschlecht=Herr« erfüllt ist, wird an die zunächst verkürzte Anrede ein »r« angehangen.

Trotzdem ist das Ergebnis noch nicht optimal:

- Sehr geehrterHerr Keukert
- Sehr geehrteFrau Nellen

Ein zusätzliches Leerzeichen unmittelbar nach dem `*|END:IF|*` behebt aber auch dieses Problem.

Um die Personalisierung zu testen, gehen Sie in der Menüzeile auf PREVIEW und wählen dort ENTER PREVIEW MODE aus. Als Nächstes müssen Sie oben rechts noch ENABLE LIVE MERGE TAG INFO anklicken, damit die Daten Ihrer Abonnenten eingeblendet werden und Sie die einzelnen Einträge durchgehen können.

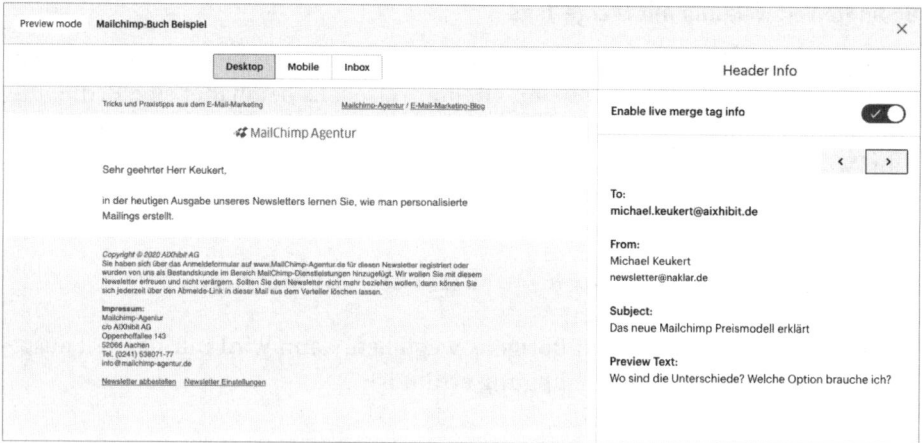

Abb. 11.22: Der Vorschaumodus dient der Kontrolle aller Personalisierungen.

Diese Vorschau ist ein wichtiges Instrument, um komplexere Merge-Tag-Konstrukte zu testen. Oft ist es nur ein einzelnes Zeichen, dessen Fehlen zu einem peinlichen Fehler im Newsletter führt, wenn Sie es nicht getestet haben.

Was aber, wenn im Feld GESCHLECHT nicht Mann oder Frau, sondern »männlich« und »weiblich« steht? Auch das lässt sich einfach über eine bedingte Verzweigung lösen und hier kommt nun endlich auch das `*|ELSE|*` zur Anwendung:

```
Sehr geehrte*|IF:GESCHLECHT=männlich|*r Herr**|ELSE|* Frau*|END:IF|* *|NACH-
NAME|*,
```

In diesem Beispiel fällt die Verwendung des Merge-Tags `Geschlecht` im sichtbaren Teil der Mail komplett weg – stattdessen wird »Herr« beziehungsweise »Frau« direkt in der Anweisung eingefügt. Beachten Sie hierbei das einzelne Leerzeichen vor »Frau«.

11.2.2 Tests vor dem Versand

Testen, testen, testen! Nichts ist schlimmer, als ein Fehler im Newsletter, den man drei Minuten nach dem Versand findet. Zum Glück unterstützt Mailchimp das gründliche Testen mit diversen Funktionen.

In Abbildung 11.22 haben Sie bereits den internen Vorschaumodus gesehen. Hier stellt Mailchimp den Newsletter selbst dar – sowohl in einer Bildschirmdarstellung als auch in einer idealisierten Mobilansicht. Gerade diese sollten Sie aber mit Vorsicht genießen und sie maximal als eine Annäherung verstehen – die Darstellung weicht je nach Mobilgerät deutlich ab.

Der Vorschaumodus leistet gute Dienste, während Sie die Inhalte des Newsletters bearbeiten. Irgendwann müssen Sie jedoch auch prüfen, ob der Newsletter vernünftig im Mailprogramm ankommt und ob die Daten beim Kampagnen-Setup vernünftig eingegeben wurden. Dazu dient der Testversand.

Ganz untechnisch hat sich hier übrigens das Vier-Augen-Prinzip bewährt. Lassen Sie den Newsletter vor dem Versand gründlich von einer zweiten Person lesen. Idealerweise von jemandem, der mit der Erstellung der Mail nicht (zu sehr) betraut war, denn so vermeidet man Betriebsblindheit. Zur Prüfung gehört auch das Testen jedes (!) einzelnen Links im Newsletter – der Link Checker, den ich weiter hinten in diesem Kapitel behandle, leistet dabei gute Dienste.

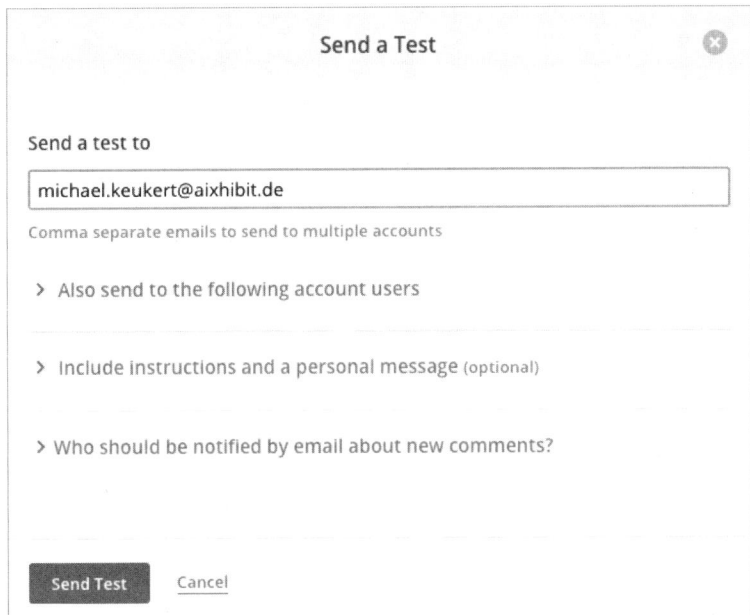

Abb. 11.23: Tests können an beliebige Adressen gesendet werden.

Den Testversand rufen Sie ebenfalls über das PREVIEW-Menü auf. Diesmal wählen Sie jedoch den zweiten Eintrag SEND A TEST EMAIL. Im folgenden Fenster können Sie jetzt eine oder mehrere, durch Kommata getrennte E-Mail-Adressen eingeben. Diese Adressen müssen sich nicht auf Ihrer Adressliste befinden! Sie können hier beliebige Adressen eingeben, an die eine Testmail gesendet wird.

Der Betreff dieser Testmails ist der Betreff, den Sie für den Newsletter gewählt haben, jedoch mit einem vorangestellten »[Test]«. Dies – und eine Limitierung der Anzahl an Testmails und Testmail-Empfängern – soll dafür sorgen, dass der Test-versand weder zum Spammen noch zur Umgehung von Versandbeschränkungen genutzt wird.

Oft haben die Personen, die eine Testmail bekommen sollen, ihrerseits einen eige-nen Benutzerzugang zum Mailchimp-Account. In diesem Fall können Sie deren Adressen einfach in der Sektion ALSO SEND TO THE FOLLOWING ACCOUNT USERS ankreuzen – das spart einen Arbeitsschritt.

Weiterhin besteht die Möglichkeit, eine kurze Nachricht an die Empfänger der Testmail zu verfassen. Diese wird dann oberhalb des eigentlichen Newsletters angezeigt. Wenn jemand per Mail auf den Test-Newsletter antwortet, dann werden diese Antworten sowohl in Mailchimp selbst dargestellt als auch den Personen zugestellt, die unter WHO SHOULD BE NOTIFIED BY EMAIL ABOUT NEW COMMENTS? angekreuzt sind.

Tipp

Bei extensivem Testen kommt es ab und zu vor, dass Mailchimp weitere Test-mails verweigert. Diese Schutzmaßnahme soll den Missbrauch der Testfunktion verhindern. In der Praxis ist sie aber einfach nur nervig. Wenn eine solche War-nung kommt, Sie aber noch weitere Tests versenden müssen, dann replizieren Sie die Kampagne einfach im CAMPAIGNS-Bereich. Die alte Kampagne können Sie danach direkt löschen – die neue Kampagne hat wieder die vollen Möglich-keiten für Testaussendungen.

Inbox Inspection

»Jeder Jeck ist anders«, sagt man in Köln und dies gilt in besonderem Maße auch für E-Mail-Clients. Ein Webdesigner hat es heutzutage leicht, denn eine Website muss nur auf vier Webbrowsern vernünftig dargestellt werden: Chrome, Firefox, Internet Explorer und (Mobile) Safari. Zwar stellen die zahlreichen Versionen von Internet Explorer nach wie vor ein gewisses Problem dar, aber zumindest die neu-eren Versionen der Webbrowser verhalten sich alle annähernd gleich.

Anders bei E-Mail-Programmen. Zum einen ist hier die Auswahl viel größer, zum anderen werden diese erfahrungsgemäß von den Benutzern viel seltener aktualisiert als Webbrowser. Auch wissen Sie im Voraus nie, welches E-Mail-Programm Ihre Abonnenten nutzen. Völlig normal ist mittlerweile auch die Nutzung mehr als eines Mailprogramms: Morgens wird der Newsletter auf dem iPhone mit Apple Mail Mobile geöffnet, mittags dann im Büro auf Outlook, am Abend auf dem heimischen Laptop mit Googlemail im Browser.

Aus diesen Gründen ist es wichtig, im Vorfeld möglichst genau zu testen, wie der Newsletter auf den verschiedensten E-Mail-Clients aussieht. Das Werkzeug dafür ist die »Inbox Inspection«, eine Funktion, die bei bezahlten Accounts mit 25 Inspections pro Monat integriert ist und bei kostenlosen Accounts für drei US-Dollar pro 25 Inspections hinzugebucht werden kann. Sie finden die Inbox Inspection ebenfalls unter PREVIEW, danach ENTER PREVIEW VIEW und dann auf dem Reiter INBOX.

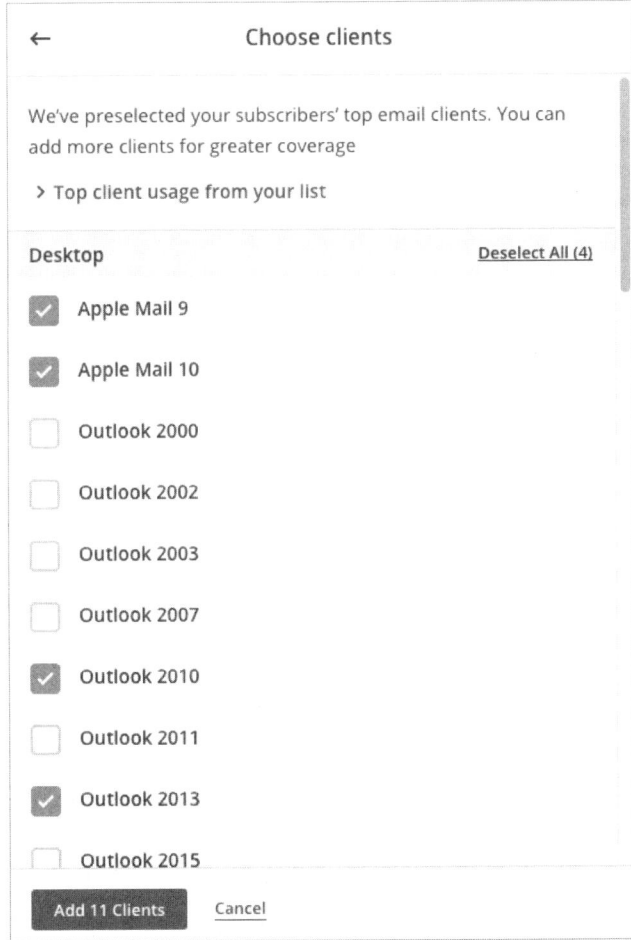

Abb. 11.24: Mailchimp schlägt die populärsten Mailprogramme bereits vor.

Bei einer Inbox Inspection testet Mailchimp Ihren Newsletter völlig automatisch auf den verschiedensten Mailprogrammen. Wenn Sie bereits eine Kampagne versendet haben, dann wählt Mailchimp die zehn bei Ihren Abonnenten populärsten Mailprogramme aus. Sie können die Auswahl aber jederzeit ändern oder von vornherein Ihre eigene Auswahl treffen.

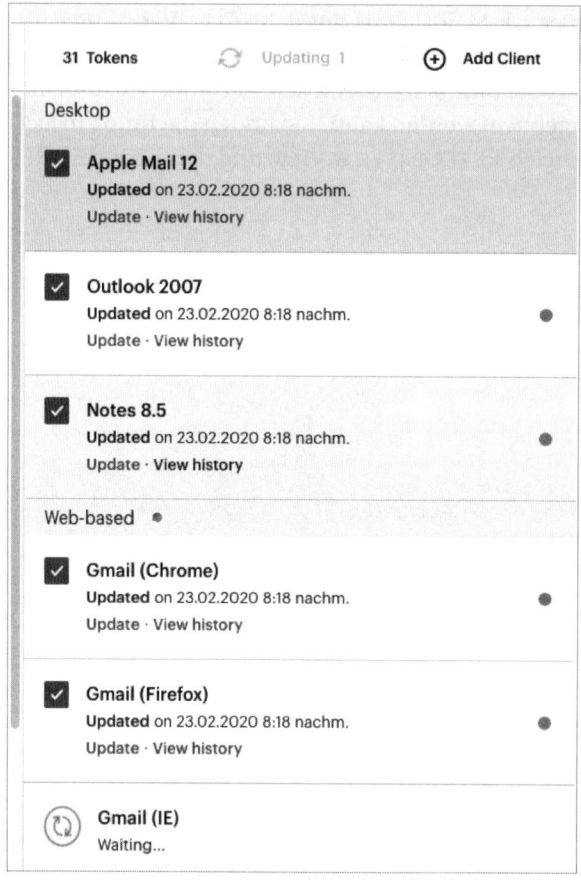

Abb. 11.25: Die einzelnen Tests können einige Minuten in Anspruch nehmen.

Das Erstellen einer Inbox Inspection kann vergleichsweise lange dauern. In der Zwischenzeit können Sie sich anderen Aufgaben widmen.

Das Resultat der Inbox Inspection zeigt Ihren Newsletter in allen ausgewählten Mailprogrammen. Bereits in der Übersicht sehen Sie die ersten größeren Unterschiede zwischen den Programmen. Klicken Sie auf eines der kleinen Vorschaubilder und Mailchimp stellt das Ergebnis des entsprechenden Mailprogramms in voller Größe dar. So können Sie Darstellungsprobleme direkt erkennen.

Wenn Sie den Mailchimp-Mail-Editor benutzen, werden Sie in der Regel wenig bis keine Darstellungsprobleme haben. Eine Hauptquelle für Probleme ist HTML-Code aus fremder Quelle, den Sie in Ihr Template einbauen. In diesen Fällen ist die Inbox Inspection eine gute Möglichkeit, diese Fehler zu erkennen und zu beheben.

Push to mobile

Wenn Sie die Mailchimp-App auf Ihrem iPhone oder Android-Smartphone benutzen, dann können Sie von hier aus bequem eine Vorschau innerhalb der App anstoßen. Die Funktionen der App werden wir in Kapitel 16 genauer betrachten.

Link Checker

Auch wenn man noch so genau aufpasst, Fehler schleichen sich leicht ein. Gerade, wenn man auf externe Websites verlinkt, kann das aber nicht nur peinlich werden, sondern gar das Ergebnis des ganzen Newsletters zunichtemachen.

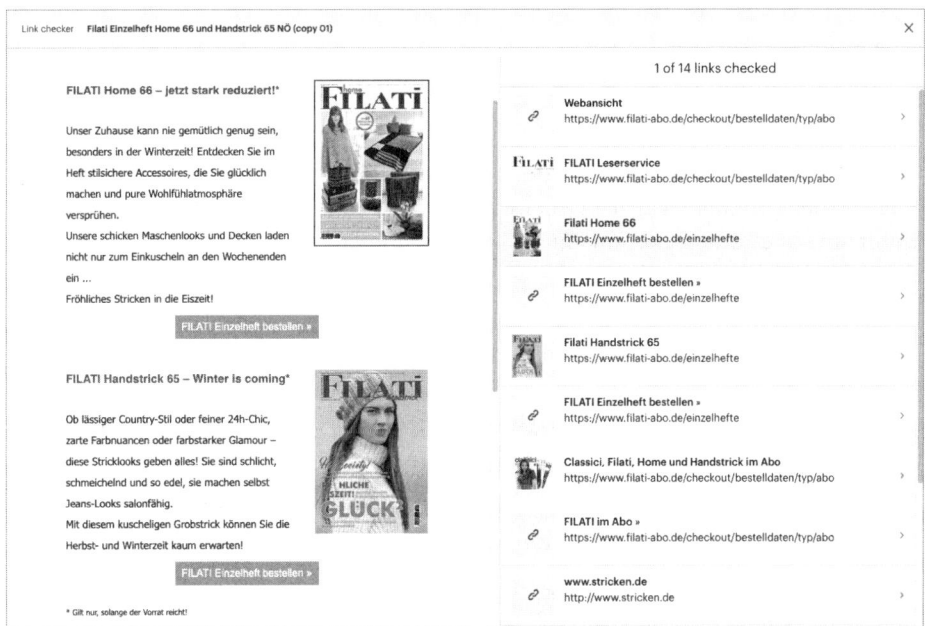

Abb. 11.26: Der Link Checker zeigt alle externen Verweise übersichtlich an.

Abhilfe schafft hier der LINK CHECKER. Alle Links zu externen Seiten werden übersichtlich angezeigt. Bewegt man die Maus über die Links, dann springt die Ansicht im Newsletter direkt an die richtige Stelle, sodass man leicht prüfen kann, ob das richtige Bild oder der richtige Text verlinkt wurde.

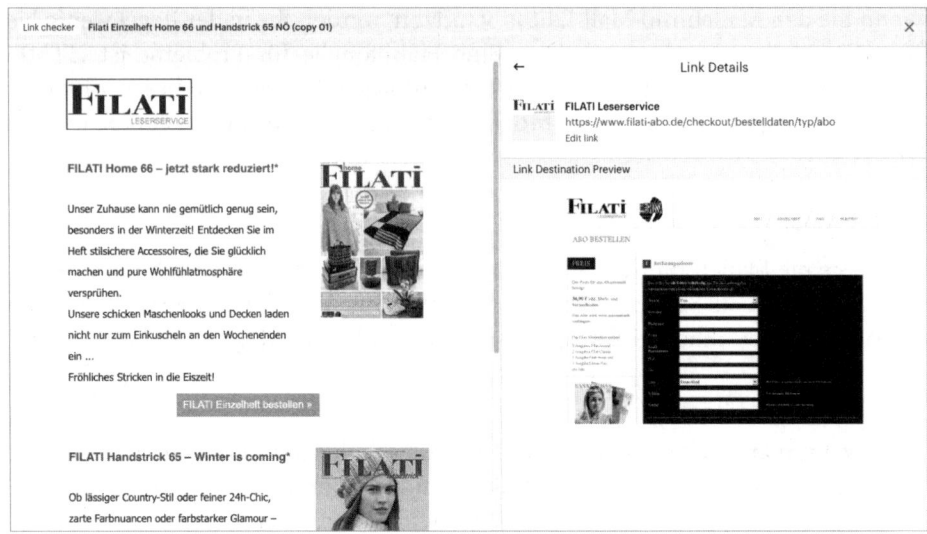

Abb. 11.27: Ein Klick auf den Link öffnet die Vorschau.

Sind Sie sich nicht sicher, ob der Link zur richtigen Seite geht, können Sie einfach darauf klicken und es öffnet sich ein kleines Vorschaufenster, in dem eine Live-Ansicht der Zielseite abgebildet ist.

Der Link Checker ist eine gute Hilfe, befreit Sie aber nicht von der nötigen Sorgfalt beim Arbeiten. Auch kann er nicht prüfen, ob eine noch nicht freigeschaltete Unterseite oder eine Seite, die einen Login benötigt, verfügbar ist.

Social Cards

Die Social Cards sind wieder so ein Punkt, wo sich der Eindruck aufdrängt, dass die Macher von Mailchimp nicht so recht wussten, wo sie diese Funktion sinnvoll unterbringen sollten. Unter PREVIEW ist sie jedenfalls eher seltsam aufgehoben – besser wären meiner Meinung nach die SOCIAL POSTS gewesen.

Dabei handelt es sich eigentlich um eine recht spannende und sinnvolle Sache, insbesondere mit der »Share«-Funktion, die Sie in Kapitel 10 kennengelernt haben.

Soziale Netzwerke wie Facebook, Twitter und Pinterest benutzen eine »Open Graph« genannte Technik, bei der Webseiten Vorschläge (nicht Vorgaben!) machen können, wie ein geteilter Link auf der jeweiligen Plattform dargestellt wird. Die OPEN GRAPH-Informationen sind dabei versteckt in der Seite enthalten und kommen erst zum Tragen, wenn der Link auf dem jeweiligen sozialen Netzwerk geteilt wird.

Über die Social-Cards-Einstellungen können Sie nun genau diese Informationen für den jeweiligen Newsletter hinterlegen. *Wenn* Ihre Leser den Newsletter dann teilen, werden diese Informationen bevorzugt genommen.

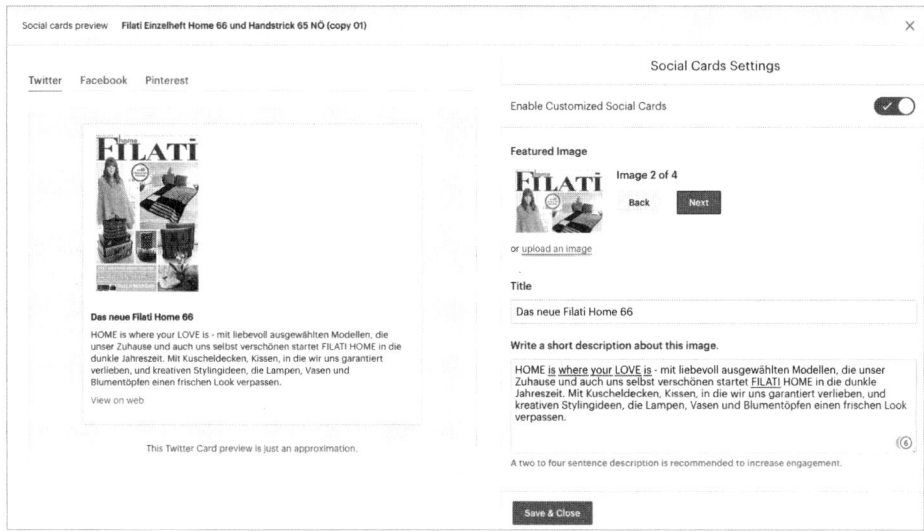

Abb. 11.28: Für Twitter, Facebook und Pinterest können Texte und Bilder vorgegeben werden.

11.3   Newsletter-Versand

Die Newsletter-Inhalte stehen und Sie haben die Mail getestet, getestet und noch mal getestet? Dann kann es jetzt endlich losgehen – wir versenden den Newsletter!

Nehmen Sie sich die Zeit und prüfen Sie alle Einstellungen nochmals gründlich, denn dies ist die letzte Gelegenheit vor dem Versand, noch etwas zu ändern. Wenn Mailchimp Probleme identifiziert, weist es mit einem roten Hinweis darauf hin. Aber auch, wenn keine Probleme angezeigt werden, sollten Sie nochmals alle Parameter durchgehen und sicherstellen, dass alles korrekt ist.

Abb. 11.29: Alle Einstellung zusammengefasst

Abb. 11.30: Sind Sie sicher? Nur noch ein Klick bis zum Versand Ihrer E-Mails.

Ein Klick auf SEND startet den Newsletter-Versand unmittelbar. Vorher müssen Sie aber noch die zitternde Affen-Hand beruhigen und eine letzte Sicherheitsabfrage bestätigen. Machen Sie das doch ein paar Mal – vielleicht fällt Ihnen ja etwas auf ;-)

Zeitgesteuerte Newsletter

Wir empfehlen unseren Kunden immer, den Newsletter nicht auf den letzten Drücker zu erstellen, sondern im Idealfall einige Tage vor dem geplanten Versandtermin. Damit Sie nicht Sonntagsmorgens um 7.30 Uhr auf den Versandknopf drücken müssen, ermöglicht es Mailchimp, den Versand zeitgesteuert zu planen – »scheduling« im Englischen.

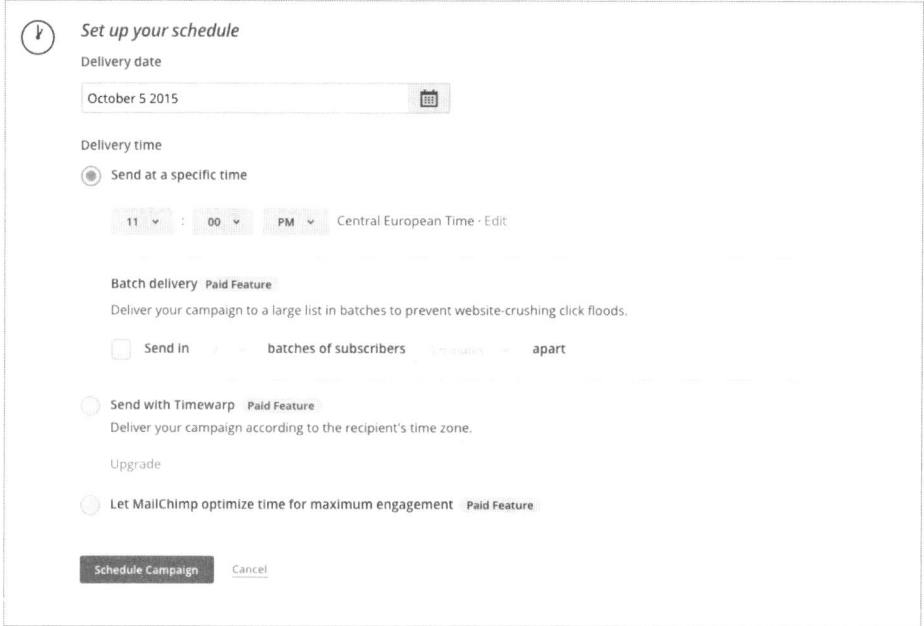

Abb. 11.31: Neben dem reinen zeitversetzten Versand gibt es noch weitere Optionen.

Voraussetzung für den zeitgesteuerten Versand ist die korrekte Einstellung Ihrer Zeitzone in den Mailchimp-Account-Einstellungen. Für Westeuropäer ist dies die »Central European Time«, kurz CET. Mailchimp bietet aber hier die Möglichkeit, die Zeitzone zu korrigieren, falls die angezeigte nicht stimmt. Über die Felder für Stunde und Minute stellen Sie den Versandzeitpunkt ein – das dritte Feld enthält das amerikanische »AM« für »Ante Meridiem«, also Vormittag oder eben »PM« für »Post Meridiem«, was dem Nachmittag entspricht. Diese für Europäer ungewöhnliche Schreibweise ist gerne ein Quell für Fehler – mit teilweise überraschendem Ausgang. So hat einer unserer Kunden einen Newsletter für 3.00 Uhr nachmittags planen wollen, hat stattdessen aber »AM« ausgewählt und den Newsletter so um 3.00 Uhr morgens (also mitten in der Nacht) versandt. Die Klick- und Interaktionsraten waren überraschend hoch.

Derzeit erlaubt Mailchimp nur das Planen in Viertelstunden-Intervallen. Mitunter hören wir den Wunsch, das Ganze minutengenau planen zu können. Hier sollte man sich bewusst machen, dass der Versand nicht unmittelbar erfolgt, sondern Mailchimp die Kampagne in die Versand-Warteschlange einreiht und dann einem Server mit freier Kapazität zuweist. Zwischen dem Start des Versands – egal ob manuell oder zeitgesteuert – vergehen also ohnehin einige Minuten, bis zum Ende des Aussendens dann noch mal eine gewisse Zeit. Von daher ist das 15-Minuten-Raster ausreichend.

Für bezahlte Accounts bietet Mailchimp dann noch weitere interessante Features.

Batch-Delivery

Ihr Newsletter beinhaltet einen echten Knaller, zum Beispiel einen Link auf einen kostenlosen E-Book- oder MP3-Download, bei dem sehr viele Klicks zu erwarten sind? Gerade wenn Ihre Audience sehr groß ist, können mehrere Tausend Besucher innerhalb weniger Minuten manchen Webserver gehörig ins Schwitzen bringen.

Für diese Fälle ermöglicht es Mailchimp, den Newsletter in Schüben – sogenannten »Batches« – zu versenden. Dabei unterteilt Mailchimp die Audience in eine einstellbare Zahl von Segmenten und versendet diese mit einem Zeitversatz von einigen Minuten. So wird der Ansturm auf den Webserver etwas entzerrt und Ihre Abonnenten beschweren sich nicht über zu langsame oder abbrechende Downloads.

Auch wenn Sie sehr viele Abonnenten bei einem populären Mail-Anbieter wie T-Online haben, ist es manchmal sinnvoll, die Batch-Delivery einzuschalten, damit der Posteingangsserver nicht von einer Spam-Welle ausgeht.

Timewarp

Ihre Abonnenten sind über den Globus verteilt, die beste Zeit zum Versand des Newsletters ist aber Samstagmorgen um 10.00 Uhr? Kein Problem mit Timewarp, denn mit dieser nützlichen Funktion können Sie Ihren Newsletter passend zur Zeitzone Ihrer Abonnenten versenden.

Egal ob Chicago, Kalkutta oder Sydney – Ihre Kampagne erreicht den Empfänger immer zur eingestellten Uhrzeit in der jeweiligen Ortszeit.

Woher kennt Mailchimp die Zeitzone des Empfängers? Führen Sie sich vor Augen, dass Mailchimp in jeder einzelnen Minute des Tages circa 200.000 Mails versendet. Die Wahrscheinlichkeit, dass ein beliebiger Abonnent in Ihrer Audience auch in mindestens einer anderen Mailchimp-Liste eingetragen ist, ist sehr hoch. Anhand dieser Daten leitet Mailchimp ab, in welcher geografischen Region Ihre Empfänger beheimatet sind. Das Ergebnis ist nicht immer korrekt (und schlägt zum Beispiel auf Dienstreisen auch fehl), die Ergebnisse sind insgesamt aber recht gut, sodass sich diese Funktion für Newsletter mit internationalen Empfängern gut eignet.

Eine Einschränkung gibt es jedoch: Sie können Timewarp nur bis 24 Stunden im Voraus einstellen. Ist der Zeitraum bis zum Versandtag geringer als 24 Stunden, dann steht Timewarp nicht zur Verfügung oder Sie müssen den Versandtag verschieben.

Automatischer Versandzeitpunkt

Unter dem sperrigen Begriff »Let Mailchimp optimize time for maximum engagement« versteckt sich eine eindrucksvolle Funktion, die in vielen Fällen schon das Upgrade auf einen bezahlten Account rechtfertigt. Auch hier nutzt Mailchimp wieder das Wissen über das Verhalten Ihrer Abonnenten von anderen Newslettern und schlägt einen optimalen Versandzeitpunkt vor.

Mailchimp prüft dabei für jeden Empfänger, wie dessen Öffnungs- und Klickverhalten bei Ihren eigenen und bei fremden Newslettern ist, und ermittelt aus den gesammelten Werten einen Vorschlag, zu welcher Uhrzeit Sie den Newsletter am sinnvollsten versenden. Dieser Vorschlag hängt auch vom ausgewählten Tag ab und kann sich von Wochentag zu Wochentag und insbesondere am Wochenende deutlich unterscheiden.

11.4 A/B-Tests

In Abschnitt 11.1 »Aufsetzen einer Kampagne« habe ich Ihnen den Aufbau und Ablauf einer »Regular campaign« – einer Standardkampagne – vorgestellt. Ein weiterer interessanter Kampagnentyp ist die A/B-Testkampagne, über die Sie verschiedene Varianten von Kampagnen miteinander vergleichen können.

Ziel eines A/B-Tests ist es, zwischen verschiedenen Varianten die bessere zu wählen. Nehmen wir als Beispiel den Betreff der Mail. Welche der folgenden Varianten wird zu mehr Öffnungen und Klicks führen?

- 50% auf alle Artikel im Onlineshop
- Bis zu 25 Euro pro Artikel sparen

Sie wissen es nicht? 50% klingt viel, 25 Euro ist aber auch verlockend? Eine Entscheidung aus dem Bauch heraus ist möglicherweise falsch und Ihnen entgehen Umsätze im Shop. Hier verschafft ein A/B-Test Klarheit. Mailchimp würde die beiden Betreffzeilen an zufällig ausgewählte Empfänger auf Ihrer Liste versenden und würde dann prüfen, welche der beiden Varianten die erfolgreichere war.

11.4.1 Aufsetzen einer A/B-Kampagne

Genau wie die reguläre Kampagne beginnt die A/B-Kampagne zunächst mit der Auswahl der Audience. Hier stehen wieder sämtliche Möglichkeiten wie bisher zur Verfügung – Sie können also auch existierende Segmente oder in der Empfängerauswahl ad hoc erstellte Segmente auswählen.

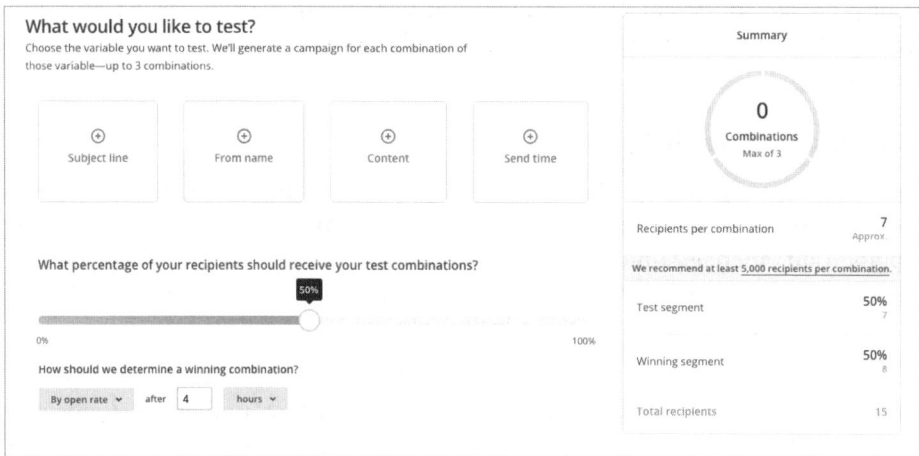

Abb. 11.32: Sie können bis zu drei Kombinationen auf einmal testen.

Im nächsten Schritt stellen Sie dann die Testkombination zusammen. Als Testparameter zur Auswahl stehen:

- Betreffzeile
- Absendername
- Newsletter-Inhalt
- Versandzeitpunkt

Für den A/B-Test wählen Sie einen dieser Parameter aus und können dann zwei oder drei Varianten festlegen. In der regulären Mailchimp-Version können Sie nur jeweils einen dieser Parameter testen. Mit der Preisstufe »Premium« sind sogenannte Multivarianten-Tests möglich. Sie könnten dann beispielsweise zwei Betreffzeilen und zwei Versandzeitpunkte gleichzeitig – also vier Varianten insgesamt – testen.

Ein Klick auf SUBJECT LINE wählt nun die Betreffzeile als Testparameter aus. Belassen Sie es zunächst auf zwei Testvarianten. Mailchimp schlägt nun automatisch vor, lediglich 50% der Adressaten in der Audience für den Test auszuwählen. Übernimmt man diese Vorgabe, dann erhalten 25% der Abonnenten Betreff-Variante A und 25% die Variante B. Die restlichen 50% erhalten dann den Gewinner des Tests zugestellt.

Sie können das Verhältnis jederzeit über den Slider verändern. Bewegen Sie den Slider nach links, dann werden weniger Abonnenten in den Test einbezogen, mindestens jedoch 10% Ihrer Audience. Bewegen Sie ihn nach rechts, dann werden bis zu 100% der Abonnenten für den Test ausgewählt. Je nach Listengröße sind 25% bis 50% gute Werte für die Festlegung der Testsegmente.

Unter dem Slider stellen Sie ein, welches Ergebnis für den Test relevant ist. Zur Auswahl stehen:

- Öffnungsrate
- Klickrate
- Generierter Umsatz
- Manuelle Auswahl

Für Onlineshops ist sicherlich die Auswahl nach Umsatz am interessantesten – diese setzt aber ein vollständig implementiertes eCommerce 360 voraus. Alternativ ist die Klickrate ein gutes Kriterium. Die Öffnungsrate würden wir nur in Ausnahmefällen als relevantes Kriterium heranziehen, da sie im Allgemeinen eher weniger aussagekräftig ist.

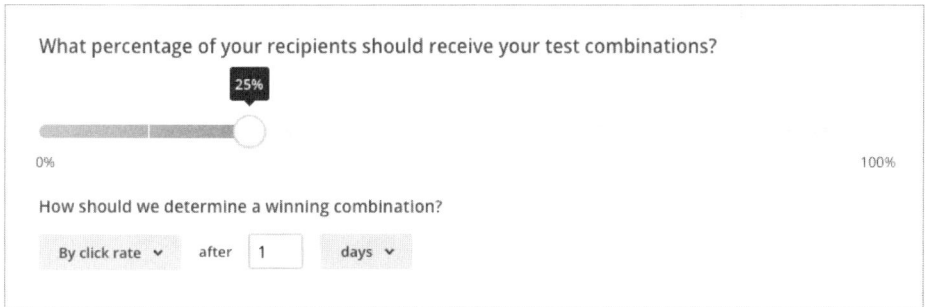

Abb. 11.33: Jeweils 12,5% der Abonnenten erhalten die Tests, die verbliebenen Abonnenten erhalten den Gewinner einen Tag später.

Zum Schluss müssen Sie noch einstellen, nach welchem Zeitraum die verbliebenen Abonnenten den Gewinner-Newsletter zugestellt bekommen. Sie haben hier die Auswahl zwischen Stunden oder Tagen. Hier kommt es auf den Inhalt des Newsletters und auf Ihre Abonnenten an. Manchmal kann man schon nach wenigen Stunden einen Gewinner ausmachen, manchmal sollte man einen Tag warten.

11.4.2 Eintragen der Testvarianten

Nachdem Sie die Testkriterien festgelegt haben, kommen Sie nach einem Klick auf NEXT auf die Seite mit dem Kampagnen-Setup. Diese sieht ähnlich aus wie bei der regulären Kampagne, falls Sie aber Betreffzeile oder Absendername als Testkriterium gewählt haben, können Sie nun die Varianten eingeben.

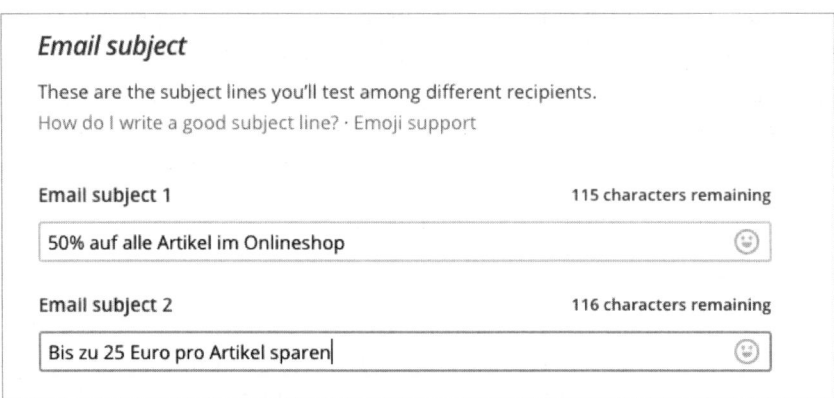

Abb. 11.34: Testvarianten geben Sie ganz normal in die Felder ein.

In unserem Beispiel setzen wir die beiden Betreffzeilen in die Felder für das EMAIL SUBJECT ein. Hätten wir drei Varianten ausgewählt, würden auch drei Eingabezeilen erscheinen.

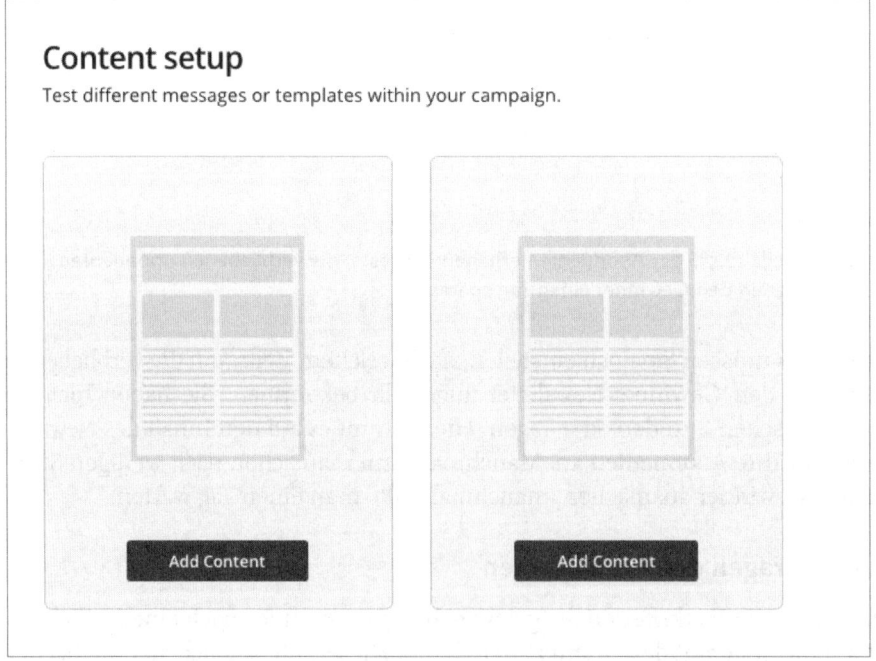

Abb. 11.35: Ein A/B-Test kann auch für verschiedene Templates durchgeführt werden.

Auch verschiedene Templates oder Newsletter-Inhalte können Sie mit einem A/B-Test gegeneinander antreten lassen. Hier stellt Ihnen Mailchimp zwei oder drei Inhaltsseiten zur Verfügung, die Sie mit jeweils einem beliebigen Template oder beliebigen Inhalten füllen können.

In der Praxis hat sich gezeigt, dass man hier eher in kleinen Schritten Vergleiche anstellen sollte. Wenn Sie zwei Templates haben, die sich in vielen einzelnen Punkten voneinander unterscheiden, dann wird es schwierig, zu entscheiden, welche gestalterische Maßnahme jetzt für den Erfolg einer Variante verantwortlich ist. Wenn Sie aber von Test zu Test jeweils nur einen Parameter, zum Beispiel die Schriftgröße, verändern, dann können Sie eher eingrenzen, was relevant ist und was nicht.

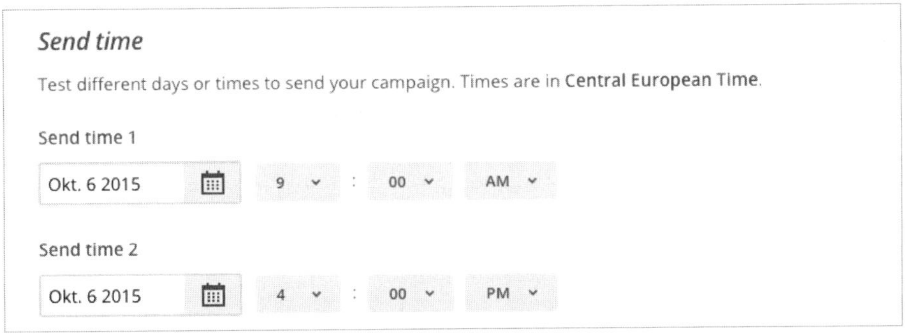

Abb. 11.36: Geben Sie verschiedene Tage und/oder Uhrzeiten ein.

Als letztes Kriterium erlaubt Mailchimp das Testen verschiedener Versandzeitpunkte. Auch hier müssen Sie mindestens zwei, maximal drei verschiedene Zeitpunkte eintragen. Als Sonderfall gilt hier jedoch, dass Sie den Test immer über 100% der Abonnenten laufen lassen müssen.

11.4.3 A/B-Testergebnis

Das Ergebnis des Tests können Sie sich auf der REPORTS-Seite anschauen. Dort bekommen Sie übersichtlich die jeweiligen Varianten aufgelistet und wie sie abgeschnitten haben.

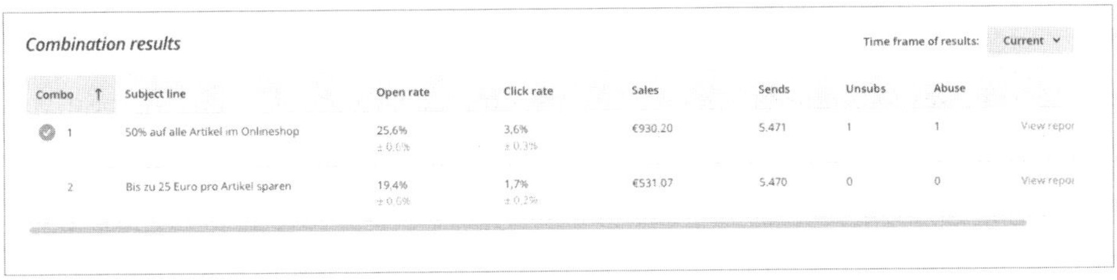

Abb. 11.37: Die Testergebnisse in der Übersicht

Interessant ist hier die Möglichkeit, das Ergebnis sowohl zum Zeitpunkt der Testentscheidung als auch zum aktuellen Zeitpunkt einzusehen. So können Sie im Nachhinein vergleichen, ob das Testergebnis auch nachträglich noch Bestand hat.

Testen Sie. Testen Sie viel. Aber testen Sie in einer Art und Weise, dass es Ihre Abonnenten nicht verwirrt. Niemand möchte alle paar Tage völlig verschieden aussehende Newsletter vom gleichen Absender erhalten.

11.4.4 Multivarianten-Tests

In der Preisvariante »Premium« stehen Ihnen im Bereich der A/B-Tests nicht nur eine Variante mit maximal drei Einstellungen zur Verfügung, sondern Sie können deutlich mehr Kombinationen gegeneinander testen – ein sogenannter Multivarianten-Test.

Bei dieser Art des Tests stehen Ihnen bis zu acht Testmöglichkeiten zur Verfügung, die Sie auf bis zu drei der vier möglichen Bereiche verteilen können. So können Sie beispielsweise acht Betreffzeilen gegeneinander testen oder vier Betreffzeilen und zwei Absendernamen oder zwei Betreffzeilen mit zwei Absendern und zwei Uhrzeiten.

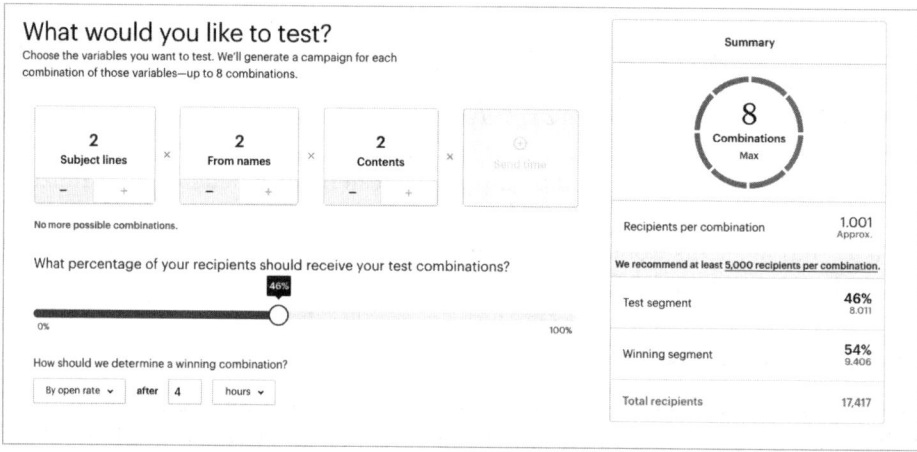

Abb. 11.38: Bis zu acht Kombinationen stehen zur Verfügung.

Diese Art von Test ergibt natürlich nur dann Sinn, wenn die Audience eine gewisse Größe hat. Mailchimp selbst schlägt mindestens 5.000 Abonnenten pro Variante vor, was bei einem vollen Multivarianten-Test eine Audience-Größe von 40.000 Abonnenten bedeuten würde. Ansonsten funktionieren die Multivarianten-Tests genau so wie die regulären A/B-Tests.

Kapitel 12

Ads, Landingpages und Postkarten

Im Januar 2017 überraschte Mailchimp die weltweite Anwendergemeinschaft mit einem unerwarteten neuen Feature: »Facebook Social Ads«. Diesen folgten im Mai 2017 dann Werbekampagnen für die Facebook-Tochter Instagram und wenige Monate später im September 2017 dann »Google Remarketing-Kampagnen«, im November 2017 »Landingpages« und im Herbst 2018 der Versand von physischen Postkarten. Während ich an der 3. Auflage dieses Buches arbeite, wird mit »Websites« bereits das nächste Feature angekündigt.

Die Überraschung über diese neuen Funktionen war groß, denn die angebotenen neuen Kampagnenmöglichkeiten scheinen auf den ersten Blick nichts mit E-Mail-Marketing zu tun zu haben. Das ist aber nur bedingt richtig.

Vorab gilt es festzuhalten, dass Mailchimp das Rad nicht neu erfunden hat. Alle neuen Kampagnentypen, die in diesem Update-Feuerwerk eingeführt wurden, sind im Onlinemarketing-Bereich bereits etabliert und können über spezialisierte Tools wie den Facebook Business Manager, die Google-Ads-Oberfläche oder spezielle Tools wie »Unbounce« oder »AdEspresso« schon seit Längerem genutzt werden.

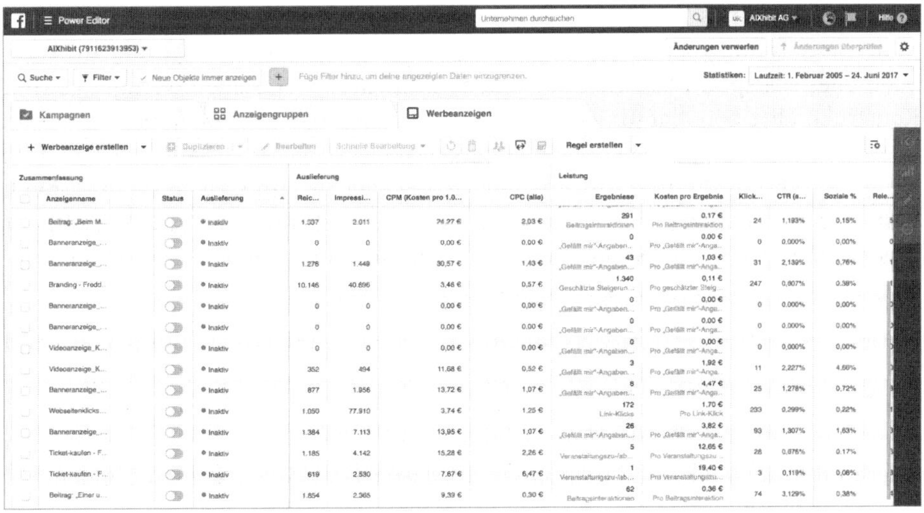

Abb. 12.1: Der Facebook-Business-Manager ist sehr effizient, erfordert aber fortgeschrittene Kenntnisse im Onlinemarketing.

Der Verdienst von Mailchimp besteht darin, die Komplexität aus diesen anspruchsvollen Werkzeugen zu nehmen und einer breiten Masse ohne tiefer gehende Kenntnisse von Social-Media-Werbung oder speziellen Onlinemarketing-Werkzeugen zugänglich zu machen.

Mailchimp ist mit diesen Werkzeugen erklärtermaßen auf dem Weg, eine umfassende Plattform für Onlinemarketing-Aktivitäten zu werden. Dies ist ein gewagtes Vorhaben: Zwar ist Mailchimp mit über 60% Marktanteil weltweiter Marktführer im E-Mail-Marketing-Bereich. In den anderen Feldern des Onlinemarketings gibt es aber bereits etablierte Anbieter wie beispielsweise UNBOUNCE (*www.unbounce.com*), die seit 2009 eines der am weitesten verbreiteten Tools für Landingpages anbieten.

Für den Bereich der Facebook- und Google-Werbemöglichkeiten gibt es einige Nischen-Lösungen von Drittanbietern wie Hootsuite mit ADESPRESSO (*www.adespresso. com*). Die meisten Anwender arbeiten aber mit den umfangreichen Werkzeugen, die Google und Facebook kostenlos zur Verfügung stellen und die für den professionellen Einsatz bei Agenturen oder In-house-Marketingabteilungen kein Hindernis darstellen.

Es bleibt abzuwarten, wie die Ausbreitungsstrategie von Mailchimp mittelfristig funktioniert. Die ersten Nicht-E-Mail-Tools haben mittlerweile drei Jahre auf dem Buckel und werden unverändert angeboten, was zu der Vermutung verleitet, dass es durchaus Nachfrage gibt.

12.1 Funktionsweise von Social Ads

Beim Versand eines Newsletters ist die Empfängergruppe recht klar: alle Adressen in der jeweils ausgewählten Audience oder einem Segment. Social Ads auf Facebook oder Instagram basieren auf einem ähnlichen, wenn auch weniger starren Konstrukt. Hier benötigt man eine Zielgruppe (immer schon »Audience« genannt, bevor Mailchimp die eigene Bezeichnung von »Liste« auf Audience geändert hat), die man mit den Werbekampagnen erreichen möchte. Im Gegensatz zu E-Mail-Kampagnen muss man die Zielgruppe vorher jedoch nicht aufbauen. Vielmehr existiert die Zielgruppe bereits in der Gesamtheit aller Facebook- oder Instagram-Nutzer, sodass man sie anhand eigener Kriterien *einschränken* muss.

Dieser Unterschied ist sehr wesentlich! Versende ich eine E-Mail-Kampagne, dann kann ich sie nur an die Personen senden, die bereits auf meiner Audience sind. Bei Social Ads stehen mir hingegen *alle* Nutzer des sozialen Netzwerks zur Verfügung – im Falle von Facebook im Dezember 2019 immerhin stolze 32 Millionen User in Deutschland – und man muss aus dieser Gruppe ein Segment bilden.

Abb. 12.2: Facebook erlaubt das Bilden von Zielgruppen nach demografischen und Interessensmarkmalen.

Das naheliegendste Segment sind dabei die Abonnenten (im Facebook-Jargon »Fans« genannt) der eigenen Facebook-Seite. Es handelt sich um die Personen, die irgendwann einmal »Gefällt mir« auf Ihrer Seite geklickt haben. Es sind aber beliebige andere Segmente basierend auf demografischen Daten (Alter, Geschlecht, Wohnort) oder Interessen möglich. In Abbildung 12.2 habe ich beispielsweise eine Zielgruppe von nahezu acht Millionen Personen definiert, die sich für E-Mail-Marketing interessieren, in Deutschland wohnen, Deutsch als primäre Sprache haben und zwischen 20 und 50 Jahren alt sind.

Für diese Zielgruppe können jetzt innerhalb von Facebook Werbeanzeigen erstellt werden. Hierzu stehen zahlreiche verschiedene Werbeformen zur Verfügung. So kann beispielsweise ein existierender Facebook-Beitrag oder eine Facebook-Seite beworben werden oder es kann zum Besuch einer Website, Anschauen eines Videos oder Besuch einer Veranstaltung aufgefordert werden.

Dadurch, dass man die Interessen und die Zusammensetzung der Zielgruppe exakt vorher bestimmt, ist die Werbung viel zielgerichteter als beispielsweise ein Plakat an der Straße oder eine Zeitungsanzeige. Das macht diese Werbeform so interessant.

12.2 Custom und Lookalike Audiences

Mit den »Custom Audiences«, also den anwenderspezifischen Zielgruppen, hat Facebook die Möglichkeit geschaffen, Zielgruppen noch spezifischer zu bilden. Stellt man Facebook eine Adressliste von eigenen Kontakten zur Verfügung, dann gleicht Facebook diese Audience mit den Mitgliedern von Facebook ab und stellt diese Schnittmenge als Custom Audience zur Verfügung.

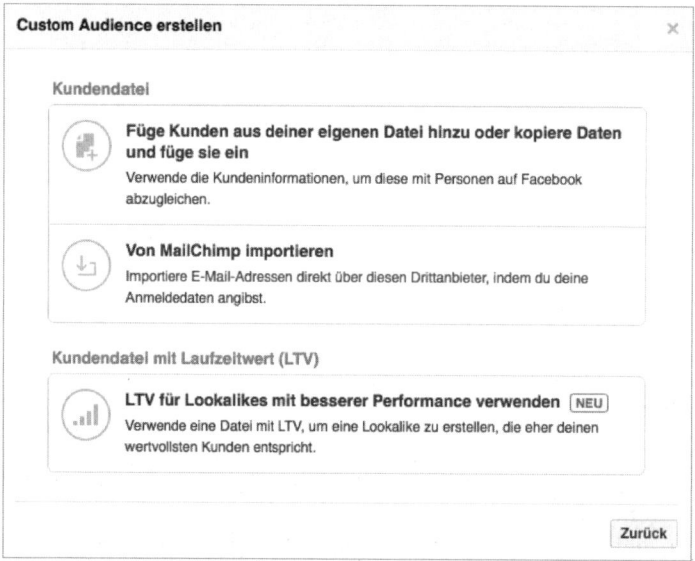

Abb. 12.3: Adresslisten können sogar direkt aus Mailchimp importiert werden.

Eine solche Adressliste könnte zum Beispiel die Mitgliederliste eines Vereins oder die Kundenliste einer Firma sein. Sie muss mindestens eine E-Mail-Adresse oder eine Mobiltelefonnummer umfassen, damit der Abgleich erfolgen kann. Anhand dieser Merkmale versucht Facebook dann herauszufinden, wer von den Personen auf der Audience auch auf Facebook aktiv ist.

Die »Lookalike Audience« geht einen Schritt weiter. Basierend auf einer bestehenden Custom Audience versucht die »Doppelgänger Zielgruppe« Facebook-Nutzer zu identifizieren, die denen in der zugrunde liegenden Custom Audience ähnlich sind. Erstellt man also eine Custom Audience basierend auf einer Kundenliste, dann würde die entsprechende Lookalike Audience Personen beinhalten, die den eigenen Kunden – in welcher Art auch immer – ähnlich sind. Worin die Ähnlichkeit besteht, darüber schweigt sich Facebook aus. Auch werden natürlich keine Namen oder Adressen übermittelt: Für den Werbetreibenden ist die Lookalike Audience anonym.

Der Upload der Benutzerliste zu Facebook ist natürlich aus Sicht des Datenschutzes bedenklich. Um personenbezogene Daten wie die E-Mail-Adresse oder die Handynummer an Facebook zu übermitteln, benötigen Sie das Einverständnis der jeweiligen Person. Bei existierenden Audiences dürfte diese in aller Regel nicht vorliegen.

Es gibt aber auch Szenarien, in denen die Audience-Bildung unkritisch ist. Erstellt man die Custom Audience anhand von Kriterien innerhalb von Facebook (zum Beispiel den Fans der eigenen Seite), dann ist auch das Erstellen einer Lookalike Audience basierend darauf kein Problem für den Datenschutz – wenn man von einem Fundamentalproblem mancher Datenschützer mit sozialen Netzwerken und Onlinemarketing generell einmal absieht.

12.3 Audiences in Mailchimp

Die vorhergehenden Abschnitte zeigen Abbildungen aus den jeweiligen Facebook-Werkzeugen für das Onlinemarketing. In unserer Agentur arbeiten wir tagtäglich mit diesen Tools – einen Neuling überfordern die Werkzeuge aber sicherlich. Hier setzt Mailchimp jetzt an und bietet einen einfachen Weg, Audiences direkt aus Mailchimp heraus zu benutzen.

Zur Auswahl stehen Zielgruppen nach Interessen, Custom Audiences und Lookalike Audiences. In den beiden letzten Fällen übermittelt Mailchimp dann automatisch eine Mailchimp-Audience an Facebook, um daraus die Custom oder die Lookalike Audience zu bilden. Da auch die Zahlung der Werbekosten an Facebook komplett aus dem Mailchimp-Interface abgewickelt wird, hat der Anwender mit den sperrigen Facebook-Tools gar nichts mehr zu tun und kann alle Aktivitäten von Mailchimp aus steuern.

12.4 Facebook mit Mailchimp verknüpfen

Um Social Ads aus Mailchimp heraus nutzen zu können, müssen Sie Ihr Facebook-Konto zunächst einmal mit Mailchimp verknüpfen. Dies bedingt, dass Sie bereits einen Facebook-Account haben und ebenfalls auch mindestens eine Facebook-Seite als Administrator betreuen.

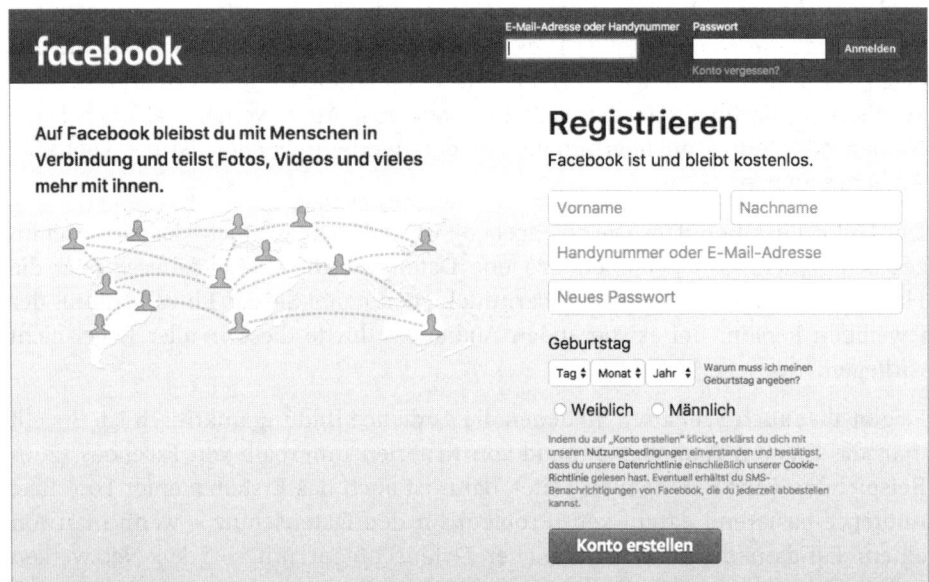

Abb. 12.4: Falls Sie keinen Facebook-Account haben, können Sie diese Werbeform nicht nutzen.

Die Verknüpfung finden Sie, wie in Abschnitt 4.7 »Integration in externe Anwendungen« bereits beschrieben, unter ACCOUNT und dort im Abschnitt INTEGRATIONS. Wenn Sie dort FACEBOOK auswählen, öffnet sich ein Fenster mit der Website von Facebook, damit Sie sich anmelden können. Falls Sie bereits eine aktive Facebook-Session haben (also eingeloggt sind), blitzt das Fenster nur einmalig auf.

Anschließend haben Sie in Mailchimp die Möglichkeit, eine der von Ihnen verwalteten Facebook-Seiten auszuwählen und sie mit einer Ihrer Mailchimp-Audiences zu verknüpfen. Keine Sorge – hier handelt es sich *nicht* um die Übermittlung von Abonnenten-Daten! Vielmehr stellt Mailchimp Ihnen dann für diese Seite ein Anmeldeformular zur Mailchimp-Audience innerhalb von Facebook zur Verfügung. Die Besucher Ihrer Facebook-Seite können sich so direkt zu Ihrem Newsletter anmelden.

Leider bietet Mailchimp diese bequeme Möglichkeit, Anmeldungen zu sammeln, nur jeweils für *eine* Seite und *eine* Audience an. Weder können Sie auf mehreren verschiedenen Facebook-Seiten eine Anmeldemöglichkeit für dieselbe Audience anbieten, noch können Sie verschiedene Seiten mit verschiedenen Audiences verknüpfen. Passen Sie daher auf, wenn Sie hier die Audience oder Seite später einmal wechseln.

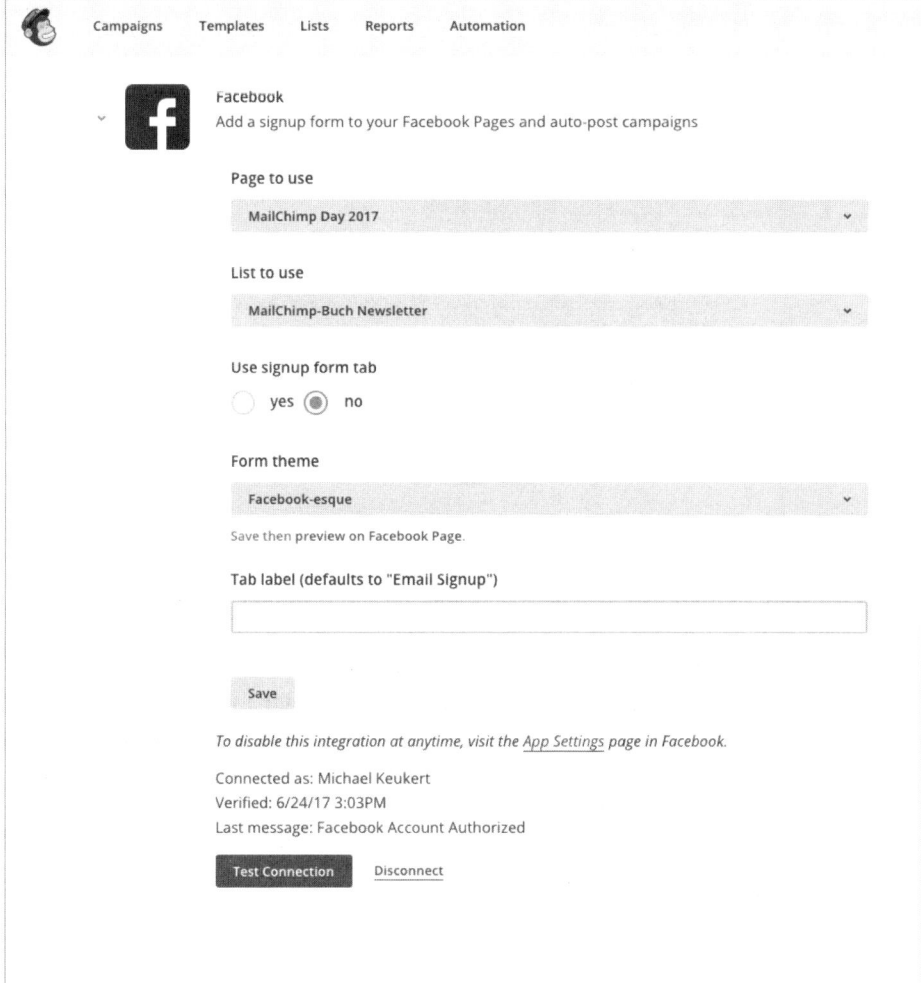

Abb. 12.5: Mailchimp muss einmalig mit Ihrem persönlichen Facebook-Konto verknüpft werden.

Ab sofort stehen die von Ihnen verwalteten Facebook-Seiten nun für Social-Ads-Werbekampagnen zur Verfügung. Auch wenn später neue Seiten dazukommen, stehen diese automatisch zur Verfügung – die Verknüpfung muss nicht nochmals erneuert werden.

12.5   Anlegen einer Facebook-Kampagne

Das Anlegen einer Facebook-Kampagne starten Sie analog zum Anlegen einer regulären Newsletter-Kampagne wie in Kapitel 11 »Newsletter-Versand« beschrieben.

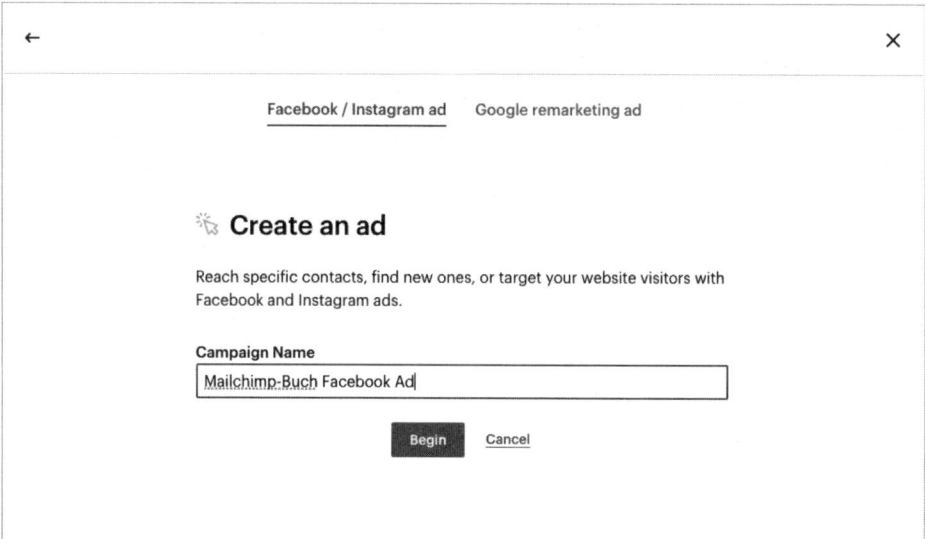

Abb. 12.6: CREATE AN AD verzweigt in die Kampagnen für Facebook und Instagram.

Klicken Sie unter CAMPAIGNS auf die Schaltfläche CREATE CAMPAIGN und wählen Sie dann die Option CREATE AN AD aus. Wählen Sie in der folgenden Einstellung zunächst FACEBOOK / INSTAGRAM AD aus. Sie werden dann aufgefordert, einen Namen für die Kampagne anzugeben. Hier gelten die gleichen Regeln wie für Einstellungen einer regulären Newsletter-Kampagne (vgl. Abschnitt 11.1.1 »Kampagneneinstellungen«). Der Name sollte so gewählt werden, dass Sie auch nach einiger Zeit noch genau wissen, worum es geht.

Abb. 12.7: Wählen Sie die Facebook-Seite aus, für die geworben werden soll.

Mailchimp fordert Sie nun auf – falls noch nicht geschehen –, die aktuellen Geschäftsbedingungen für die Nutzung von Facebook Audiences zu nutzen. Machen Sie sich klar, dass Sie mit diesen Funktionen nicht mehr ausschließlich innerhalb von Mailchimp unterwegs sind, sondern auch die Bedingungen anderer Dienste akzeptiert werden müssen.

Im nächsten Schritt wählen Sie den »Ad channel« aus, also den Kanal, auf dem Sie die Werbung platzieren möchten. Dazu wählen Sie zunächst die gewünschte Facebook-Seite aus. Darunter haben Sie dann die Möglichkeit, Werbung entweder auf Facebook oder auf einem mit der Seite verbundenen Instagram-Account – oder auf beidem zu schalten. Bitte beachten Sie, dass Instagram zunächst abgeschaltet ist und Sie es erst explizit anschalten müssen.

Standardmäßig werden die Anzeigen nur innerhalb von Facebook geschaltet. Über einen Click auf EDIT neben dem Facebook-Kanal haben Sie die Möglichkeit, die Anzeigen zusätzlich im Facebook-Werbenetzwerk »Audience Network« von Partnerwebsites anzeigen zu lassen.

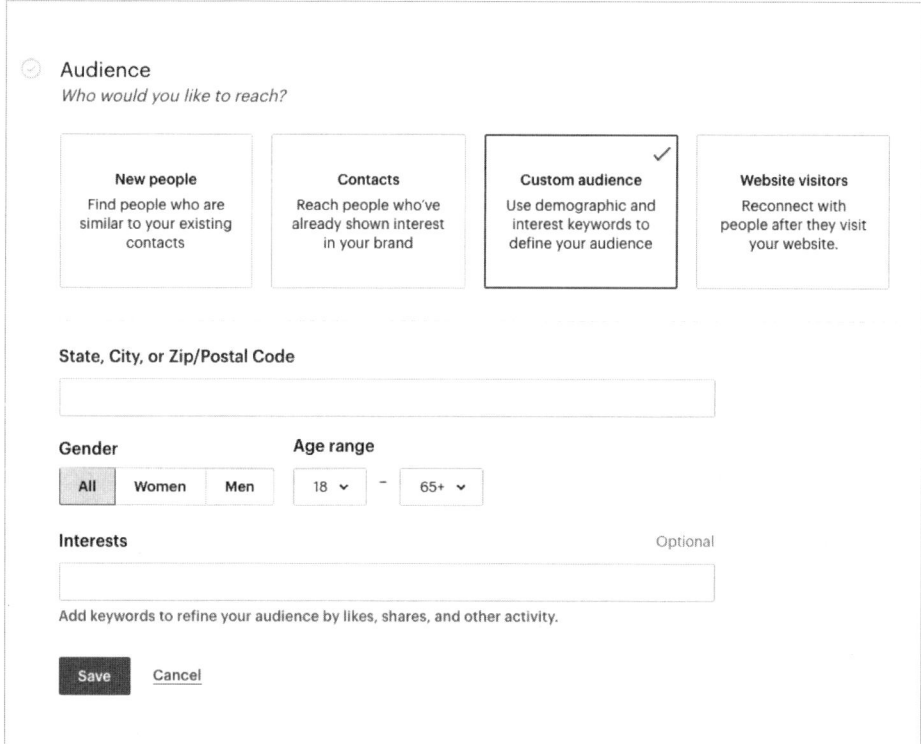

Abb. 12.8: Es stehen vier verschiedene Zielgruppen zur Verfügung.

Im nächsten Schritt werden nun die Zielgruppen ausgewählt. Es handelt sich dabei um die vier Möglichkeiten aus Abschnitt 12.2 »Custom und Lookalike Audiences«.

Unter CUSTOM AUDIENCE steht die Auswahl nach Interessen und Demografie, die im Bereich unterhalb der Audience-Auswahl angegeben werden. Lediglich diese Auswahl können Sie ruhigen Gewissens in Deutschland nutzen, da Sie für die Auswahl nach Interessengruppen keine personenbezogenen Daten zu Facebook übertragen müssen.

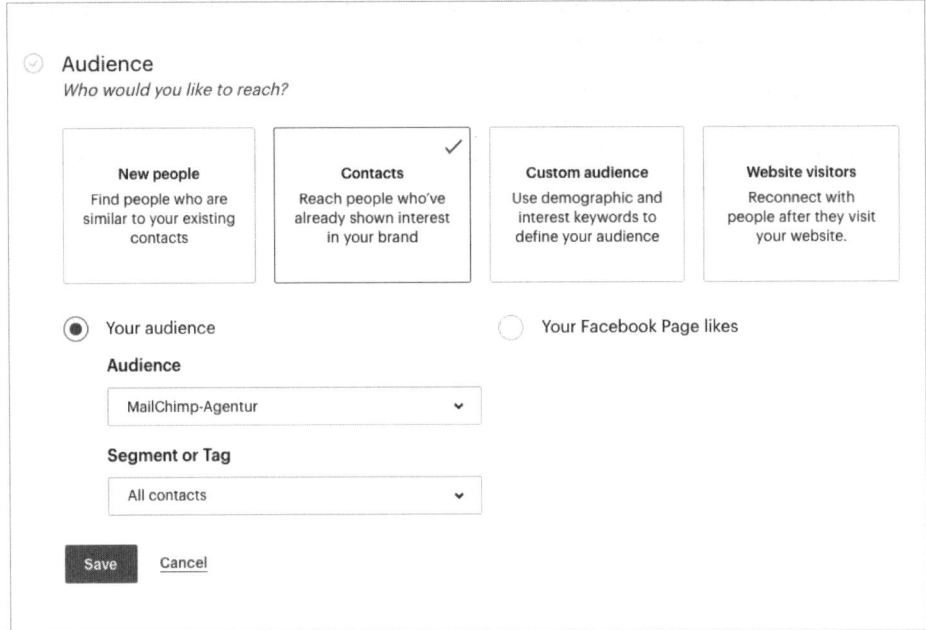

Abb. 12.9: Mailchimp erlaubt auch, bestimmte Segmente für Social Ads zu nutzen.

In der Mitte links finden Sie unter CONTACTS die Custom Audience, also eine Facebook-Zielgruppe basierend auf den Abonnenten Ihrer Audience. Die Abonnentenliste, die Sie hier auswählen, wird zum Start der Social-Ads-Kampagne an Facebook übertragen.

Statt der gesamten Audience können Sie auch nur bestimmte Segmente als Grundlage für die Custom Audience wählen. Neben Segmenten, die Sie selbst definiert haben (vgl. Abschnitt 9.2 »Anlegen von Tags«), können auch Segmente genutzt werden, die Mailchimp automatisch bildet. Interessant wird das Ganze dadurch, dass Sie hier auch Segmente über Abonnenten, die sich abgemeldet haben, bilden können. So könnten Sie dieser Gruppe über Facebook noch mal einen Anreiz bieten, den Newsletter doch noch zu beziehen.

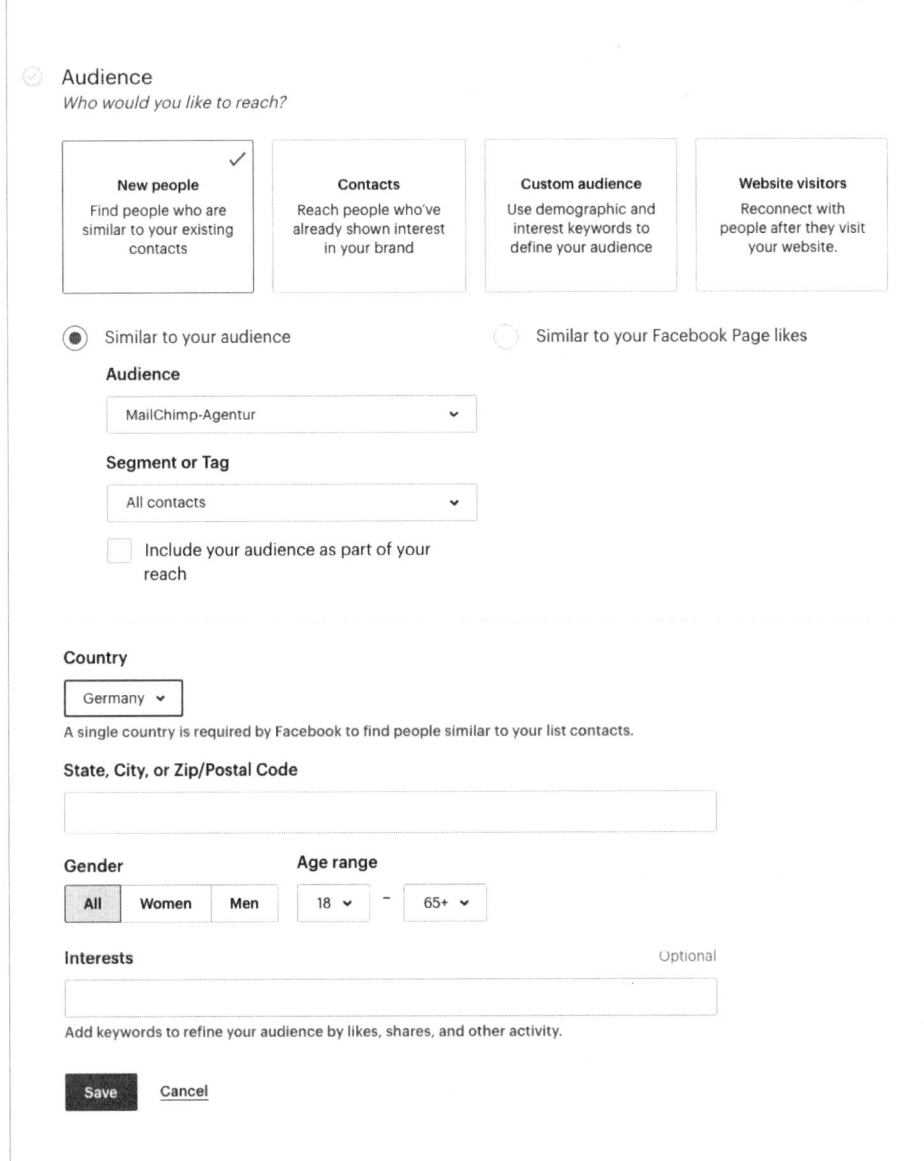

Abb. 12.10: Die Lookalike Audience kann noch verfeinert werden.

Ganz Links unter NEW PEOPLE können Sie nun eine Lookalike Audience über die Abonnenten Ihres Newsletters bilden. Auch hier überträgt Mailchimp zum Kampagnenstart die Abonnentendaten an Facebook, wo sie dann zur Generierung der neuen Audience basierend auf Ähnlichkeit zu den Abonnenten genutzt wird. Die Lookalike Audience kann dann noch über demografische Merkmale weiter eingeengt werden.

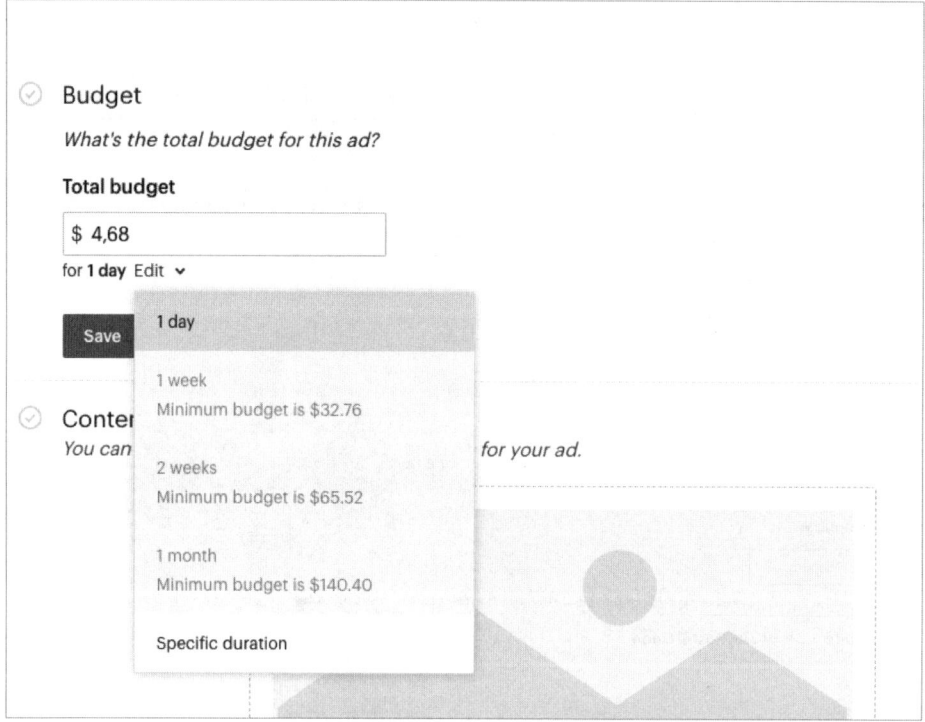

Abb. 12.11: Mailchimp übernimmt die Zahlungsabwicklung gegenüber Facebook.

Im Schritt BUDGET definieren Sie ein Budget und eine Laufzeit für die Kampagne. Hier hat Facebook gewisse Mindestbeträge, basierend auf den Kampagnenoptionen. Die Abrechnung erfolgt dabei über Ihre Mailchimp-Rechnung. Sie müssen also bei Facebook keinerlei Zahlungsmittel hinterlegen. Mailchimp bezahlt für Sie die Kampagnenkosten bei Facebook und rechnet mit Ihnen über die monatlichen Zahlungen ab.

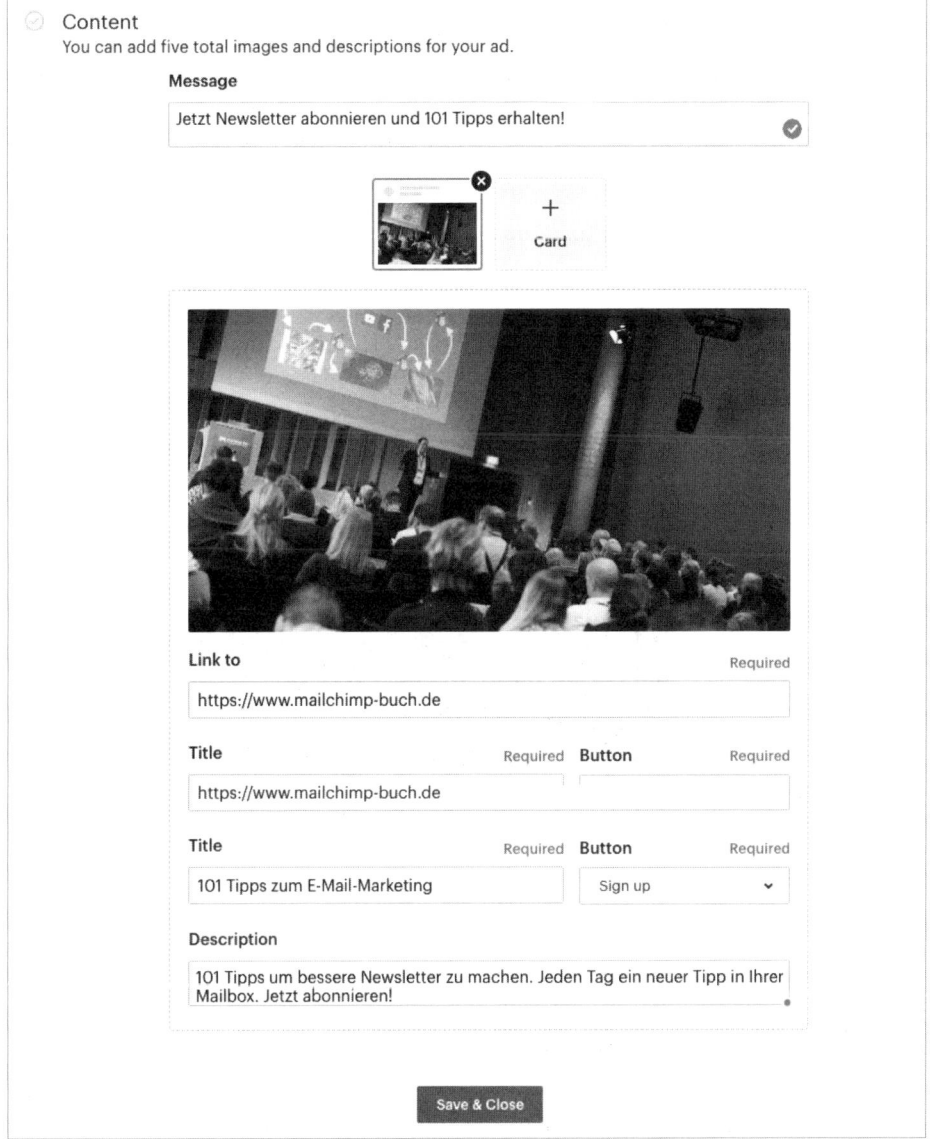

Abb. 12.12: Der Kampagneneditor ist auf Facebook-Posts ausgelegt.

Im letzten Schritt erstellen Sie dann die eigentliche Facebook-Kampagne. Erwarten Sie hier bitte keine Ähnlichkeit mit einem umfangreichen, aufwendig designten Mailchimp-Newsletter. Das Format für Facebook-Posts und Werbeanzeigen ist recht starr und formal: Eine Überschrift, ein Bild, ein Weblink und ein CALL TO ACTION-Knopf – das war es schon.

Sie sollten sich möglichst genau an die vorgegebenen Größen für die Grafik halten, denn sie sind optimal auf Facebook abgestimmt. Facebook-Anzeigen – und das gilt umso mehr für Instagram-Anzeigen – leben von guten und emotional fesselnden Bildern. Je besser Ihre Bilder sind, desto besser wird die Anzeige wirken. Grundsätzlich können Sie auch mehrere Bilder hinterlegen. Diese werden dann in einem »Karussell« angezeigt und rotieren abwechselnd.

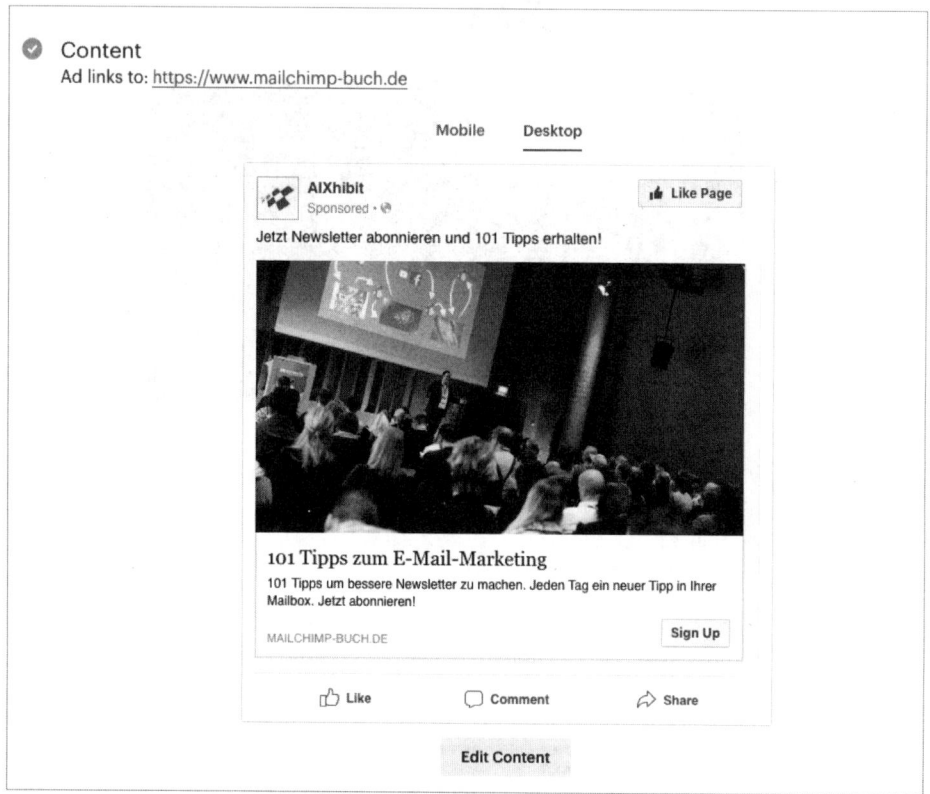

Abb. 12.13: Die fertige Facebook-Anzeige in der Vorschau

Ihre Anzeige ist jetzt fertig und kann gestartet werden. Die Vorschau zeigt, wie Ihre Anzeige auf Facebook im Webbrowser oder auf der Smartphone-App sowie innerhalb von Instagram angezeigt wird.

Es liegen mir – auch wegen der Einschränkungen, die wir in Deutschland mit dieser Funktionalität in Kauf nehmen müssen – noch keine Ergebnisse über die Effektivität dieser Mailchimp-Funktion vor. Wir nutzen in unserer Agentur für unsere Kunden die Facebook- und Instagram-Werbeformate seit einigen Jahren sehr intensiv und können insgesamt dieser Werbeform gute und vor allem günstige Ergebnisse attestieren. Für einen Einstiger in die Welt der Social Ads macht es

Mailchimp mit diesem neuen Kampagnentyp sicher einfacher. Profis werden vermutlich mit den Facebook-eigenen Werkzeugen besser arbeiten können.

12.6 Google remarketing ad

Auf Vorträgen und Workshops fasse ich den Unterschied zwischen Facebook und Google gern mit den Worten »Facebook weiß, wofür Sie sich interessieren – Google weiß, wer Sie sind« zusammen. Das ist zwar eine grobe Vereinfachung, trifft im Kern aber zu. Aus diesem Grund sind in unserem Agenturgeschäft in aller Regel auch immer *beide* Plattformen Bestandteil eines Onlinemarketing-Plans, da sie sich gut ergänzen.

Zu der Aussage, dass Google weiß, wer Sie sind, passt gut das Prinzip der Remarketing-Kampagnen. Hier wird eine Google bekannte Tatsache, wie der Besuch Ihrer Website, dazu benutzt, den Besucher für weiterführende Werbebotschaften zu markieren. Das sprichwörtliche (Negativ-)Beispiel sind die Schuhe, die Sie sich bei Zalando anschauen und die sie dann wochenlang auf anderen Websites verfolgen.

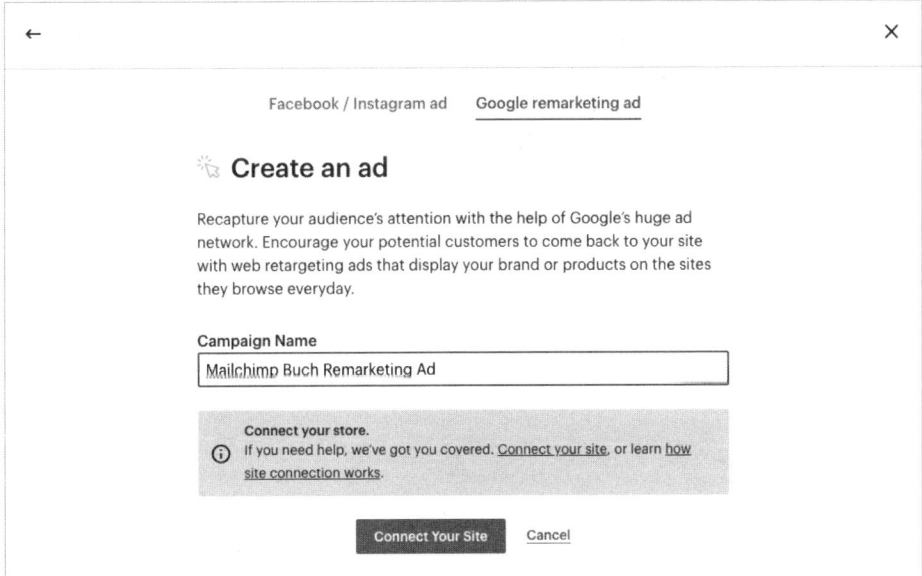

Abb. 12.14: Auch die Remarketing-Ads werden über die Kampagnen gestartet.

Damit das möglich ist, muss auf Ihrer Website zunächst ein entsprechender Remarketing-Code integriert werden. Dieser Vorgang ist einigermaßen technisch und erfordert oftmals das Einbinden von Programmfragmenten auf der Website. Exemplarisch schauen wir uns das Einbinden des Codes in der populären WordPress-Software an. Klicken Sie dazu zunächst auf CONNECT YOUR SITE.

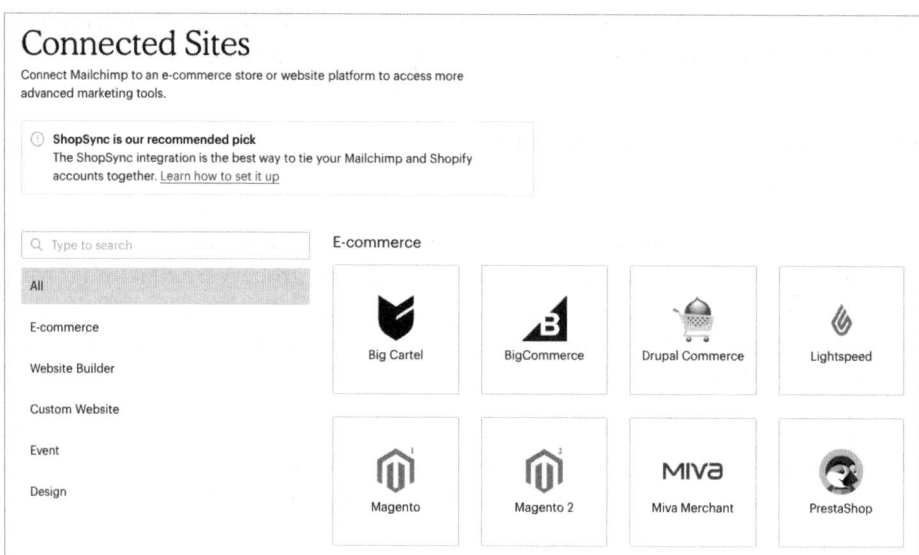

Abb. 12.15: Mailchimp kann mit zahlreichen Website-Systemen verbunden werden.

Mailchimp bietet für zahlreiche Shopsysteme Verbindungen an. Nach einem Klick auf WEBSITE BUILDER finden Sie dann die Anbindung für WordPress.

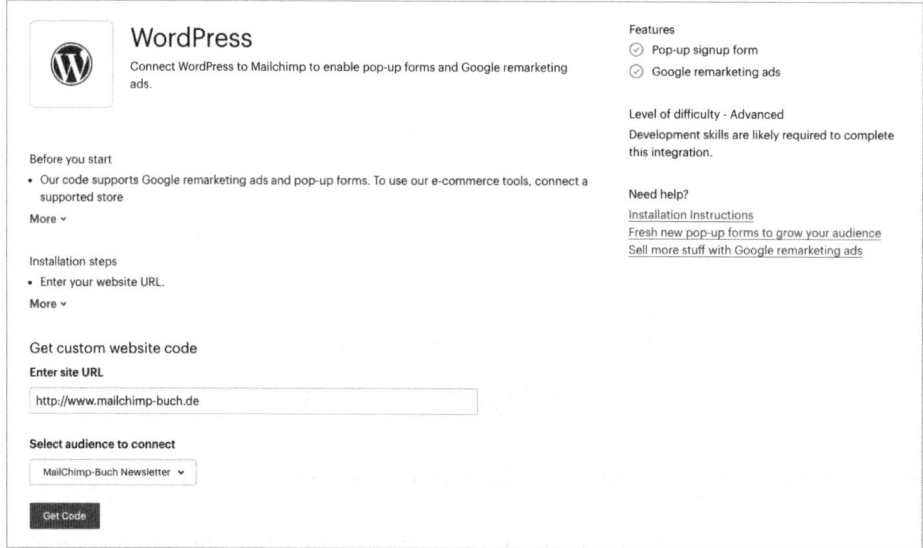

Abb. 12.16: Hier wird die Website mit der Audience verbunden.

Geben Sie zunächst die Adresse der Website an, die Sie verbinden möchten, und wählen Sie anschließend die Audience aus, auf der Sie Remarketing-Informationen nutzen wollen. Eine Website kann dabei immer nur einer Liste zugeordnet werden. Ein Klick auf GET CODE generiert dann den Remarketing-Codeschnipsel, den Sie auf Ihrer Seite einbinden können.

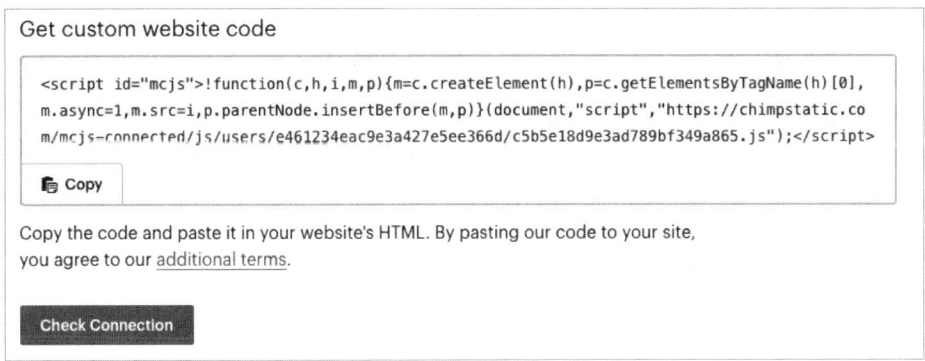

Abb. 12.17: Der Remarketing-Code ist für jede Audience individuell.

Der Code muss sodann in der Website eingebunden werden. Die Anleitung von Mailchimp für WordPress sieht vor, dass Sie direkt die Datei FUNCTIONS.PHP des WordPress Themes bearbeiten. Hiervon ist aber abzuraten, da diese Änderungen einen Theme-Wechsel oder ein Theme-Update erschweren würden. Ich empfehle ein WordPress-Plugin wie »Header & Footer Code« (*https://de.wordpress.org/plugins/head-footer-code/*) oder direkt eine Lösung wie den GOOGLE TAG MANAGER.

Abb. 12.18: Jetzt können Sie mit Remarketing Ads loslegen.

Nach diesem etwas mühsamen Einrichtungsprozess können Sie jetzt endlich über CAMPAIGNS – AD – GOOGLE REMARKETING AD in die Erstellung einer Remarketing-Anzeige einsteigen. Auch hier fordert Mailchimp Sie nun auf – falls noch nicht geschehen –, die aktuellen Geschäftsbedingungen für die Nutzung von Google Ads zu akzeptieren. Machen Sie sich klar, dass Sie mit diesen Funktionen nicht mehr ausschließlich innerhalb von Mailchimp unterwegs sind, sondern auch die Bedingungen anderer Dienste akzeptiert werden müssen.

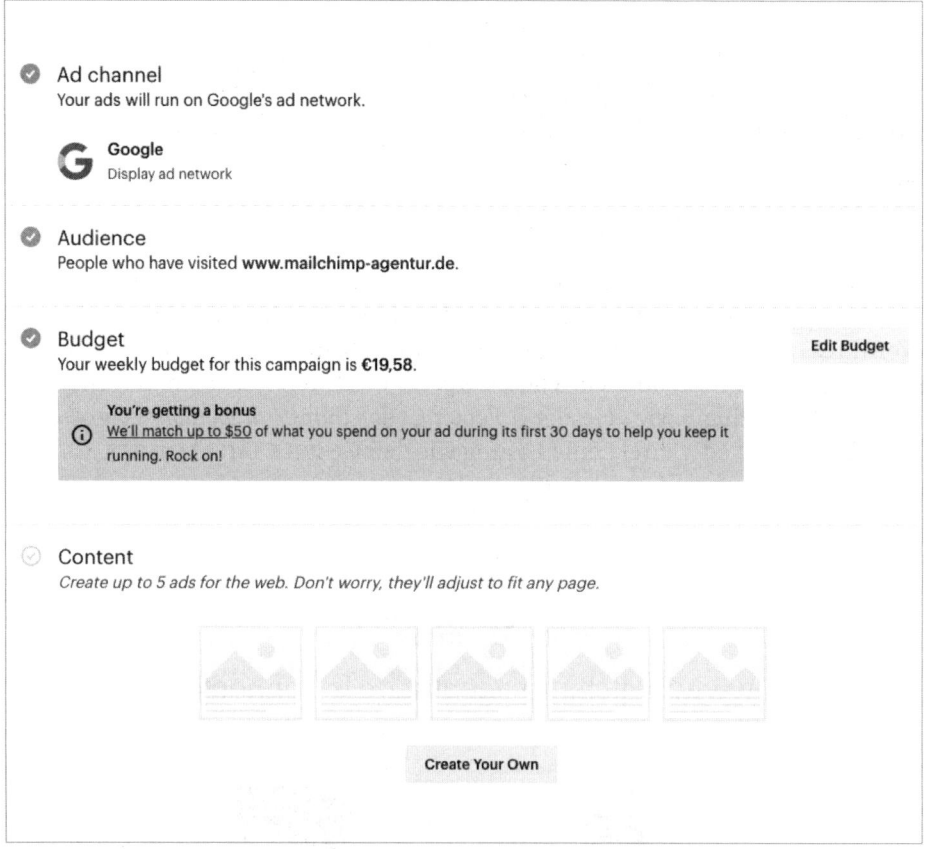

Abb. 12.19: Die Einstellungen sind weniger vielfältig als bei Facebook-Kampagnen.

Die Einrichtung der Google-Remarketing-Kampagne orientiert sich an der Einrichtung der Facebook-Kampagnen, nur dass es weniger Auswahl-Optionen gibt. Lediglich das Budget kann hier angepasst werden. Es wird auch wieder, wie bei Facebook, über Mailchimp selbst abgerechnet, sodass Sie mit der Einrichtung eines Google-Ads-Kontos nicht konfrontiert werden.

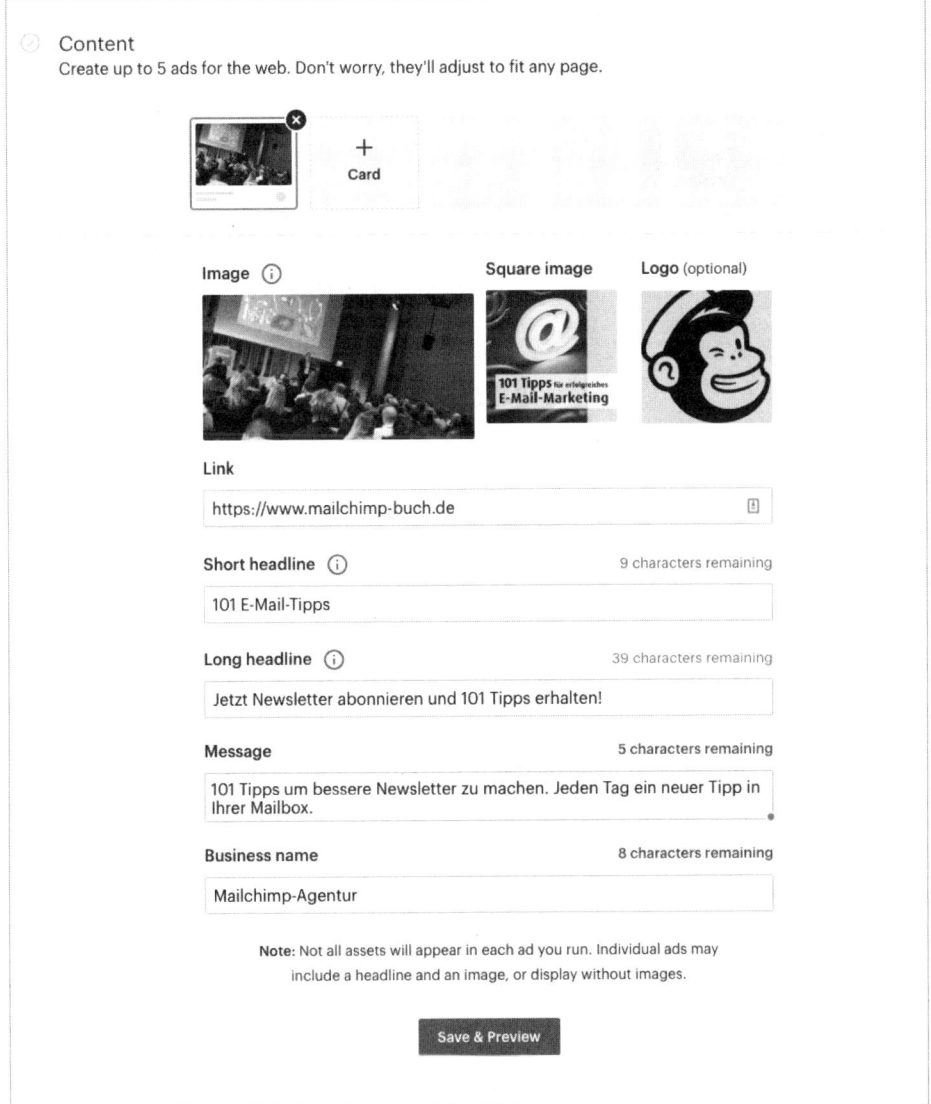

Abb. 12.20: Die Texte in Google-Remarketing-Ads sind eher knapp bemessen.

Im Bereich CONTENT können Sie nun bis zu fünf verschiedene Motive hinterlegen. Zusätzlich zum eigentlichen Bild können Sie noch zwei weitere Bildelemente definieren. Google-Remarketing-Anzeigen sind prinzipiell immer responsive Anzeigen, die auf PCs wie auch auf Smartphones gut aussehen. Deswegen baut Google sie aus den zur Verfügung gestellten Bild- und Textelementen dynamisch zusammen.

Abb. 12.21: Die fertigen Anzeigen können dann im Google Display Network erscheinen.

Nachdem Sie die Anzeige fertiggestellt haben, kann diese über SUBMIT AD an Google übermittelt werden und wird dann im Google-Display-Netzwerk, also dem Netzwerk von Websites, die Google-Remarketing-Anzeigen erlauben, geschaltet.

Die Google Remarketing Ads innerhalb von Mailchimp sind ein gutes Beispiel, wie Mailchimp es schafft, sehr komplexe Prozesse sehr stark zu vereinfachen. Ich selbst arbeite seit 16 Jahren kontinuierlich mit Google Ads (früher: AdWords) und habe über die Jahre immer wieder gesehen, wie Anfänger der Materie an den Feinheiten des Systems gescheitert sind. Mailchimp hat nicht den Anspruch, Google Ads komplett zu ersetzen. Es wurde lediglich eine einzelne Funktionalität herausgepickt und dann deutlich vereinfacht und auf die Bedürfnisse von Mailchimp-Anwendern reduziert. Man darf gespannt auf die weitere Entwicklung sein.

12.7 Landingpages

Im Onlinemarketing arbeitet man sehr häufig mit »Landingpages«. Dabei handelt es sich um eigenständige kleine Seiten, die üblicherweise alleine stehen oder unsichtbar in der Navigation einer größeren Seite versteckt sind. Eine Landingpage hat eine einzige, definierte Aufgabe, zum Beispiel das Generieren von Kundenfragen oder das Gewinnen von Newsletter-Abonnenten. Landingpages werden oft gezielt beworben und typisch ist auch, dass man eine Vielzahl von Landingpages anlegt, damit diese auf die individuelle Werbekampagne optimal abgestimmt sind.

Im Gegensatz zu Facebook- und Google-Werbung wundert es mich bei den Landingpages nicht, dass Mailchimp diesen Bereich für sich erschlossen hat. Landingpages werden sehr lange schon zum Gewinnen von Newsletter-Abonnenten genommen. Eine enge Integration ergibt Sinn, zudem kommerziell bekannte Systeme wie Unbounce nicht nur einen finanziellen Zusatzaufwand für den Mailchimp-Nutzer darstellen würden, sondern zugleich auch noch Konkurrenz-Dienste ebenfalls anbinden.

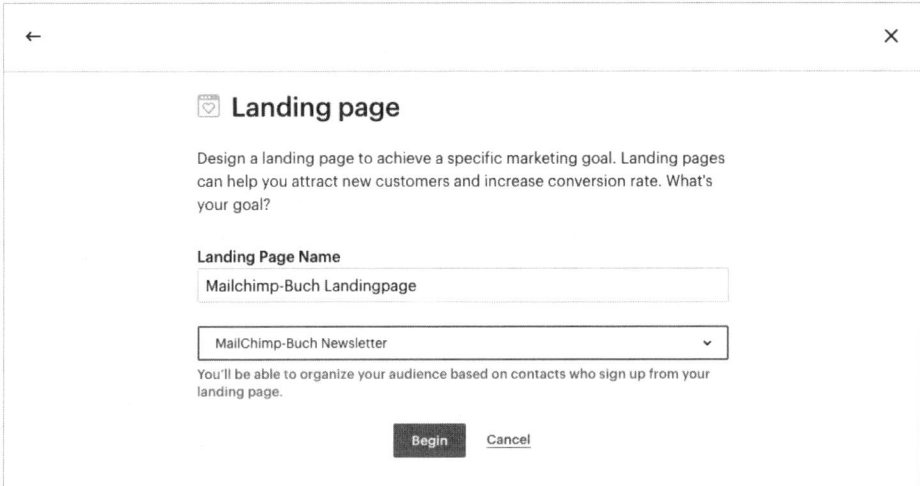

Abb. 12.22: Auch eine Landingpage braucht eine zugeordnete Audience.

Wir beginnen wie gehabt mit der Kampagneneinrichtung, wählen nun aber LANDINGPAGE aus. Die Landingpage braucht einen sprechenden Namen und muss einer Audience zugeordnet werden. Sie können beliebig viele Landingpages pro Liste anlegen, was in vielen Fällen sogar empfehlenswert ist, damit Sie gezielter einzelne Bereiche bewerben oder verschiedene Landingpages gegeneinander testen können.

Im nächsten Schritt wählen Sie den Verwendungszweck der Landingpage. Mailchimp bietet hier drei Vorlagen an:

- Accept Payments, also Zahlungen entgegennehmen
- Grow Your List, also Abonnenten für den Newsletter gewinnen
- Promote Products, also Produkte im Onlineshop bewerben

Neben den ungestalteten Template-Vorlagen hat Mailchimp derzeit fünf fertig gestaltete Landingpages zur Auswahl, die primär als Inspiration dienen.

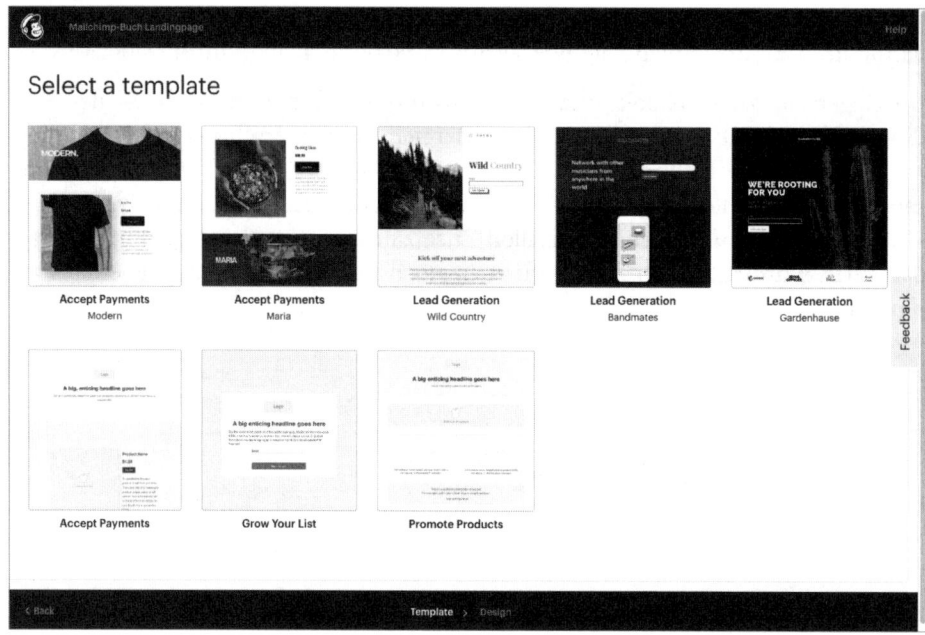

Abb. 12.23: Als Inspiration stehen einige vordefinierte Templates zur Verfügung.

Accept Payments

Die Idee ist charmant: Eine Landingpage, auf der Newsletter-Abonnenten Zahlungen tätigen können, um Produkte und Dienstleistungen zu kaufen. Das Ganze hat aber leider einen Haken: Mailchimp nutzt für diese Funktion die Dienste der Firma Square (*https://squareup.com/*), die seit einiger Zeit als innovativer Zahlungsdienstleister von sich reden macht, der das etablierte (und lukrative) Geschäftsmodell bestehender Zahlungsanbieter angreift. Nur leider steht Square ausschließlich in den USA, Kanada, Australien, Japan und Großbritannien zur Verfügung. Bis Mailchimp andere Zahlungsanbieter ermöglicht oder Square seine Dienste auf die EU ausweitet, können wir diese Funktion erst mal ad acta legen.

Grow your list

Eine Landingpage zum Sammeln weiterer Newsletter-Abonnenten ist sozusagen der Klassiker für Landingpages. Der Vorteil gegenüber den vorgefertigten Mailchimp-Anmeldeformularen (siehe Kapitel 6) liegt darin, dass die Landingpage deutlich aufwendiger und individueller gestaltet werden kann.

Mailchimp nutzt dafür weitestgehend den Editor, den Sie auch schon von der Newsletter-Gestaltung her kennen. Die Funktionen der einzelnen Elemente sind identisch, lediglich die Blöcke PAYMENT und SIGNUP FORM (zunächst unsichtbar »hinter« dem Block VIDEO versteckt, erscheint der Block erst, wenn Sie das Anmeldeformular im Template löschen) sind neu.

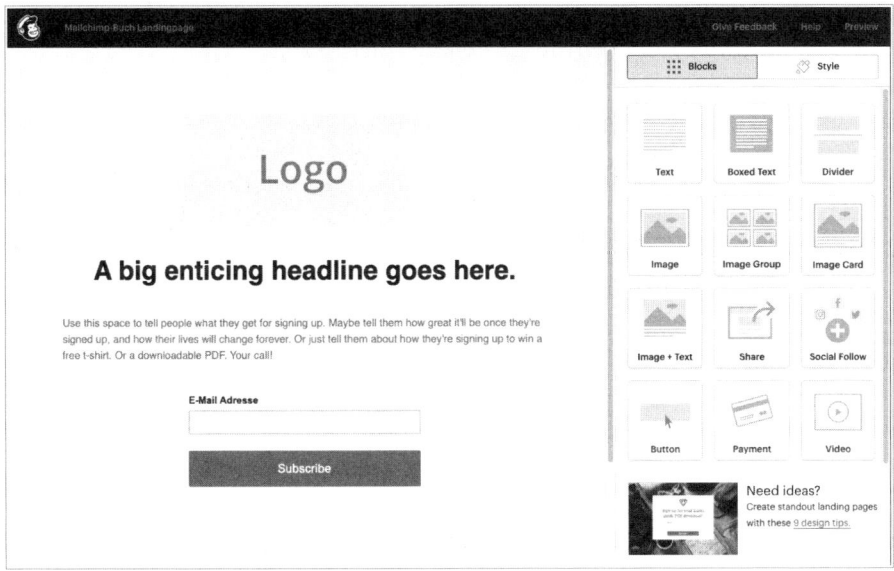

Abb. 12.24: Der Editor wird Ihnen vertraut vorkommen.

Sie können jetzt die Landingpage mit den zur Verfügung stehenden Blöcken nach Herzenslust gestalten, Bilder und Texte hinzufügen und so eine möglichst unwiderstehliche Aufforderung zur Anmeldung vorzunehmen. Der SIGNUP FORM-Block hat dabei alle Felder Ihrer Audience hinterlegt, die Sie je nach Anwendungsfall einblenden können.

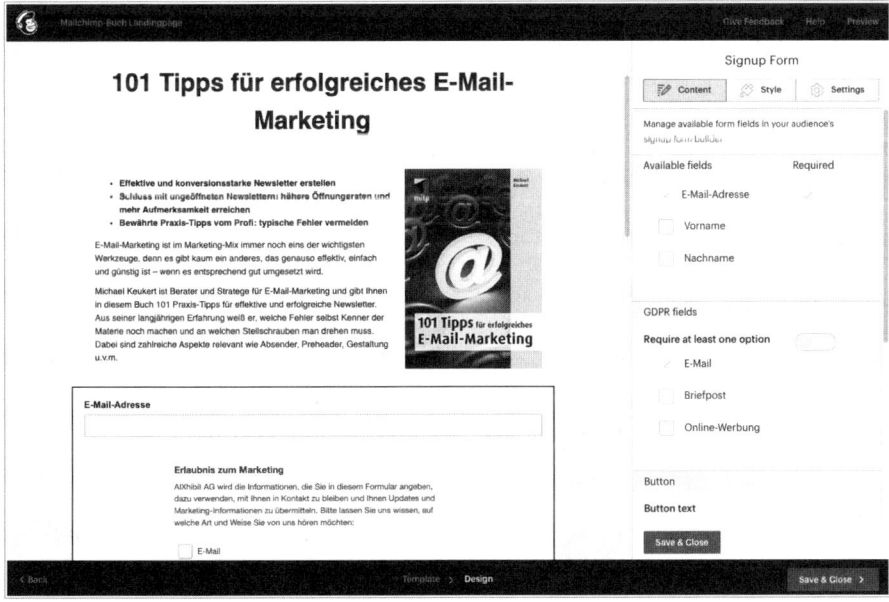

Abb. 12.25: Blenden Sie Audience-Felder nach Bedarf ein oder aus.

Nachdem die Landingpage fertig erstellt ist, können Sie sie freigeben. Hierzu benötigt Mailchimp dann noch einige weitere Angaben.

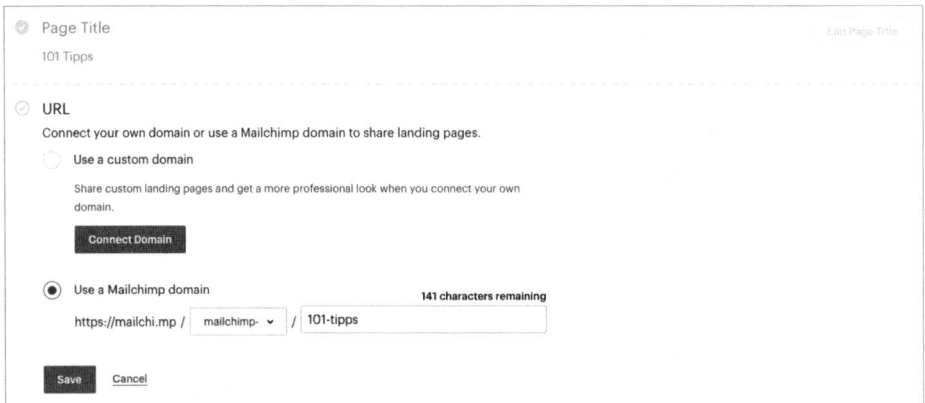

Abb. 12.26: Neben den Domains von Mailchimp können Sie auch eigene Domains nutzen.

Unter PAGE TITLE müssen Sie der Landingpage einen Namen geben, der dann später in der Titelzeile des Browserfensters angezeigt wird.

Die URL legt fest, unter welcher Web-Adresse die Landingpage später erreichbar sein wird. Standardmäßig wird eine kostenlose Domain unter der Adresse *https://mailchi.mp* angeboten. Über CONNECT DOMAIN können Sie Ihre eigene Domain mit Mailchimp verbinden oder von Mailchimp Domain-Namen erwerben.

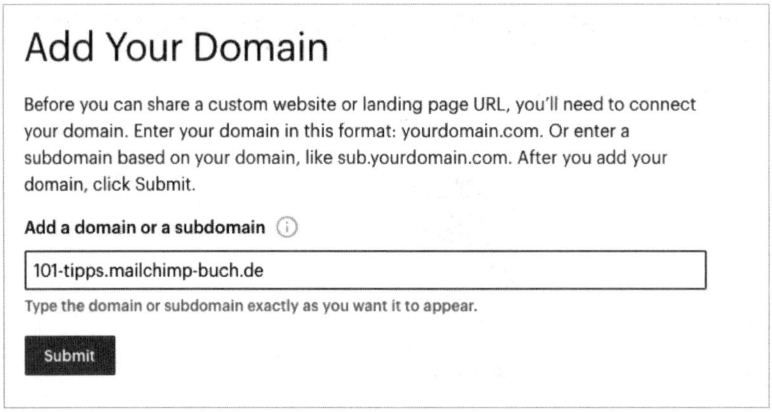

Add Your Domain

Before you can share a custom website or landing page URL, you'll need to connect your domain. Enter your domain in this format: yourdomain.com. Or enter a subdomain based on your domain, like sub.yourdomain.com. After you add your domain, click Submit.

Add a domain or a subdomain ⓘ

101-tipps.mailchimp-buch.de

Type the domain or subdomain exactly as you want it to appear.

Submit

Abb. 12.27: Sie können für Ihre Landingpages beliebige Subdomains anlegen.

Um Ihre eigene Domain zu verbinden, müssen Sie über Mailchimp eine sogenannte Subdomain anlegen. Die Subdomain ist dann eine Adresse unterhalb Ihrer eigentlichen Domain – tatsächlich handelt es sich beim gebräuchlichen »www.«

bereits um eine Subdomain. Überlegen Sie sich dazu zunächst einen guten und sprechenden Namen für Ihre Subdomain und klicken Sie dann auf SUBMIT.

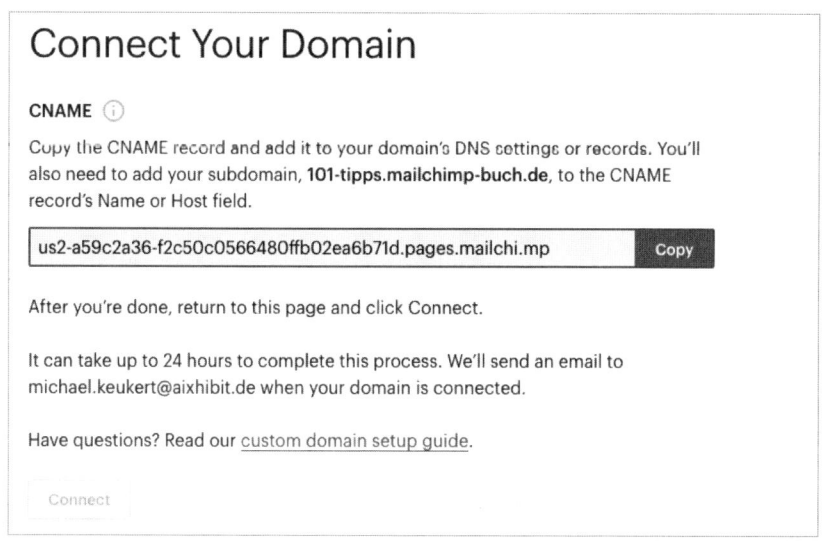

Abb. 12.28: Für diese Adresse müssen Sie die Angaben in Ihrem Nameserver hinterlegen.

Im nächsten Schritt generiert Mailchimp einen langen Domain-Namen, unter dem Ihre Landingpage verfügbar ist. Diesen Namen müssen Sie jetzt als sogenannten CNAME in Ihrer Domain hinterlegen. Wie das funktioniert, ist von Ihrem jeweiligen Internet-Provider abhängig, bei dem Ihre Domain registriert ist. Falls Sie den Eintrag nicht selbst vornehmen können, sollten Sie – falls vorhanden – Ihre IT-Abteilung, Ihren IT-Dienstleister oder die Hotline Ihres Internet-Providers um Hilfe bitten.

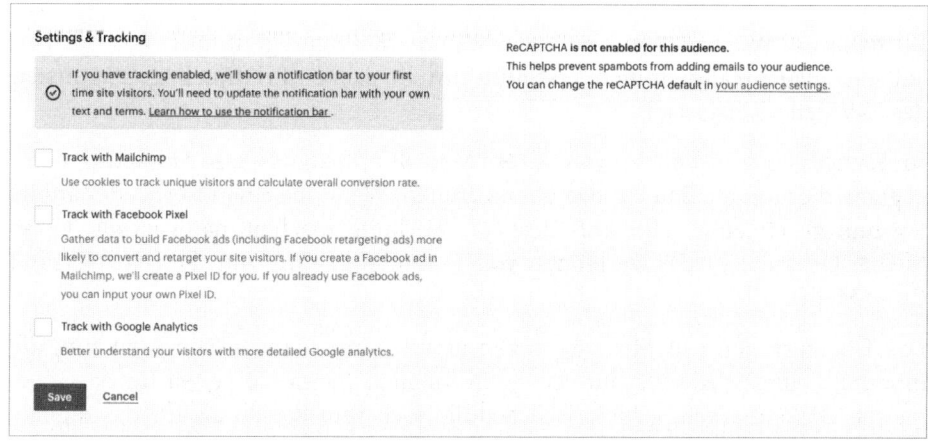

Abb. 12.29: Die Landingpages können auch mit zahlreichen Tracking-Möglichkeiten versehen werden.

Zurück zur Landingpage. Bevor Sie auf PUBLISH klicken und die Landingpage damit für die Welt freigeben, sollten Sie noch einen Blick auf den unscheinbar versteckten Bereich SETTINGS & TRACKING werfen. Hier finden Sie ähnliche Tracking-Möglichkeiten wie in Kapitel 11 beschrieben, zusätzlich aber noch der Bereich des Google-Analytics-Tracking, das ich in Kapitel 14 näher beleuchte.

Nachdem Sie auf PUBLISH geklickt haben, können Sie jetzt die Landingpage nutzen und beliebige verlinken, in Onlinemarketing-Kampagnen bewerben oder sogar auf Flyer drucken.

Promote Products

Mit Landingpages können Sie auch Produkte aus Ihrem Onlineshop gezielt bewerben. Voraussetzung ist hierfür, dass Ihr Onlineshop mit Mailchimp verbunden ist, denn nur dann können die Produkte direkt aus dem Shop in den Mailchimp-Editor gezogen werden.

Der Aufbau einer Landingpage für Produktbewerbung unterscheidet sich nicht wesentlich von der im letzten Abschnitt dargestellten Vorgehensweise. Lediglich die Inhaltselemente für Produkte sind hier zusätzlich verfügbar. Diese habe ich in Kapitel 11 bereits vorgestellt.

12.8 Postkarten

Ja, wirklich! Postkarten aus Papier, versendet auf dem Postwege. In der Agentur haben wir nicht schlecht gestaunt, als wir die Betatest-Ankündigung erhalten haben. Von unseren testweise versendeten zwei Postkarten kam jedoch nur eine an, und auch deutlich verspätet. Dass diese Funktion tatsächlich genutzt wird, zeigt die beeindruckende Zahl von 448.208 Postkarten, die Mailchimp im Jahr 2019 versendet hat.

Doch warum sollte man aus einem E-Mail-Marketingprogramm heraus Postkarten versenden? Hat man nicht erst mühsam die ganzen Briefmailings zugunsten des Newsletters abgeschafft?

Im Fachjargon sprechen wir von »Cross Media Campaigns«, also Marketing-Kampagnen, die eine Medien-Grenze überschreiten. Wenn Sie einen Newsletter anbieten und gleichzeitig dafür auf Facebook Werbung machen, dann ist das Cross Media. Genauso ist das Verbinden von E-Mail-Marketing mit dem Postversand Cross Media.

Das Überspringen von Mediengrenzen erlaubt uns, manche Dinge zu tun, die innerhalb eines Mediums nur schwierig möglich wären. So gelten für das sogenannte Dialogmarketing historisch bedingt lockerere Regeln als für das digitale Marketing. Ihren Briefkasten darf ich ohne explizite Einwilligung mit Post füllen, Ihr E-Mail Postfach hingegen nicht.

So sind zum Beispiel Szenarien denkbar, in denen einem Newsletter-Abmelder automatisch eine Postkarte gesendet wird mit einem Angebot, doch wieder zu abonnieren. Oder jemand, der die letzten fünf Newsletter nicht geöffnet hat, bekommt eine Erinnerungsmail. Auch der Geburtstagsnewsletter könnte so per Post kommen.

Um eine Postkarte zu versenden, brauchen Sie die Adresse des Empfängers. Das klingt wie eine Binsenweisheit, erlangt aber dadurch eine gewisse Relevanz, dass eine zum E-Mail-Marketing genutzte Audience diese Daten üblicherweise nicht hat. Sie müssen also eine Audience nutzen, die ein Listenfeld für die Adresse hat (siehe Kapitel 8).

Falls Ihre Audience auf DSGVO-Konformität eingestellt ist, können Sie das Listenfeld für die Adresse leider auch nicht nachträglich hinzufügen, da Mailchimp in diesem Fall korrekterweise auch die DSGVO-Einwilligung für den Postversand benötigt, diese aber nicht nachträglich hinzugefügt werden kann. Am besten erstellen Sie dafür also eine komplett neue Audience und behalten das von Mailchimp standardmäßig zugefügte Adressfeld *und* die Marketing-Einwilligung für den Postversand bei.

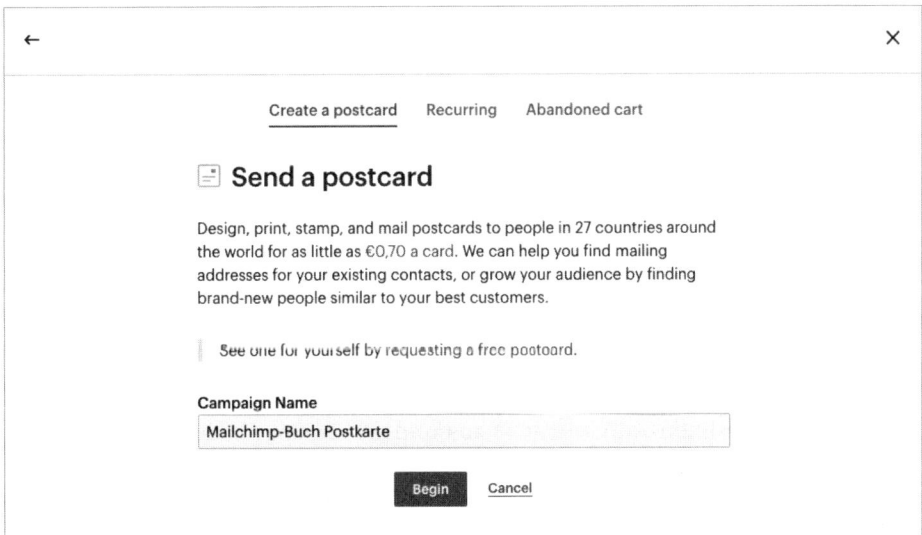

Abb. 12.30: Es stehen drei verschiedene Szenarien für Postkarten zur Verfügung.

Wie üblich startet die Einrichtung einer Postkarten-Kampagne über das CAMPAIGNS-Menü und dann über die POSTCARD-Auswahl. Dort finden Sie neben der Vorauswahl CREATE A POSTCARD, die eine einmalige Postkartenkampagne startet, noch Auswahlmöglichkeiten für das oben beschriebene Szenario der Geburtstagspostkarte (RECURRING) und für Postkarten an Warenkorbabbrecher, wenn ein

Onlineshop mit Mailchimp verbunden ist. Wählen Sie zunächst CREATE A POST-CARD aus.

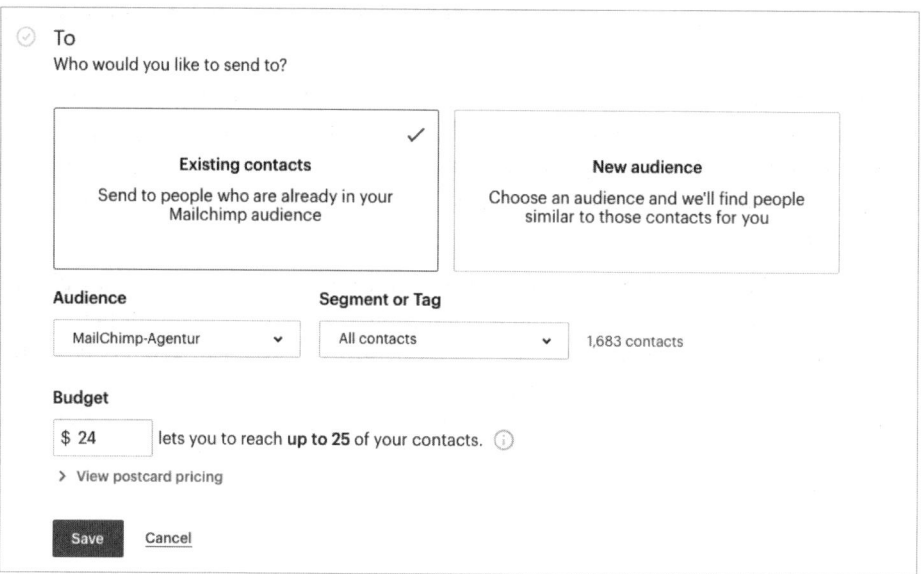

Abb. 12.31: Neben bestehenden Kontakten können auch neue Kontakte gefunden werden.

Als Nächstes steht wie gewohnt die Auswahl der Audience an, die natürlich auch wieder mit Segmenten weiter eingeschränkt werden kann. Hier könnte man per Segment beispielsweise auch die abgemeldeten Abonnenten auswählen und so eine Reaktivierungs-Kampagne starten.

Verlockenderweise gibt es hier auch den Eintrag NEW AUDIENCE, mit dem es möglich wäre, die Datensammlung von Mailchimp anzuzapfen, um weitere potenzielle Abonnenten für den Newsletter zu finden. Leider funktioniert das in Europa nicht – die Auswahl, die Mailchimp hier bietet, ist sehr auf Nordamerika zentriert.

Wählen Sie daher EXISTING CONTACTS aus und schränken Sie die Auswahl möglicherweise noch per Segment ein. Zudem können Sie ein Budget vorgeben, das Sie für die Aktion ausgeben möchten. Sobald Sie diesen Schritt abgeschlossen hat, ermittelt Mailchimp, wie viele Adressaten über gültige Adressen und Einwilligungen verfügen – dann geht es weiter zur Erstellung der Karte.

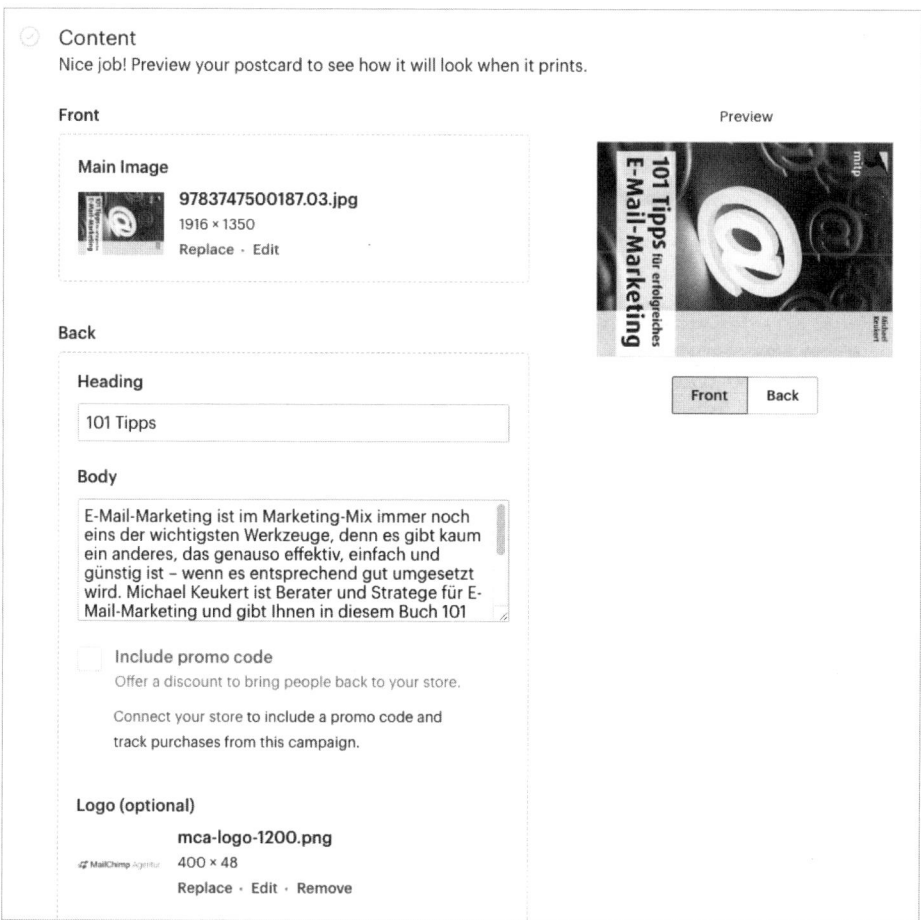

Abb. 12.32: Der Platz ist begrenzt, wie bei einer Postkarte üblich.

Die Erstellung des Inhalts der Postkarte ist eher schlank gehalten. Für die Vorderseite wird ein einzelnes Bild ausgewählt, dessen Abmessungen mit 1350 x 1875 Pixeln recht groß sein müssen, damit der Druck nicht unscharf wird.

Für die Rückseite stehen nur drei Felder zur Verfügung: eine Überschrift, ein kurzes Textfeld und ein Logo. Wenn ein Onlineshop verbunden ist, können dessen Gutscheincodes noch angezapft werden.

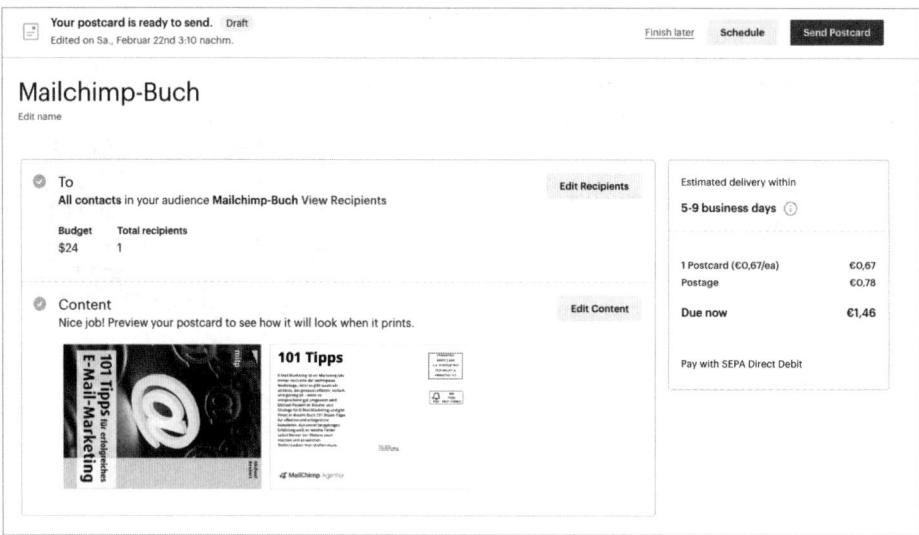

Abb. 12.33: Postkarten haben einen gestaffelten Grundpreis und die Kosten für das Porto.

Sind beide Seiten fertig gestaltet, erhalten Sie wieder den üblichen Kampagnenüberblick, in dem alle Einstellungen noch mal überprüft werden können. Ein Klick auf die Vorder- oder Rückseite öffnet dann eine genauere Vorschau.

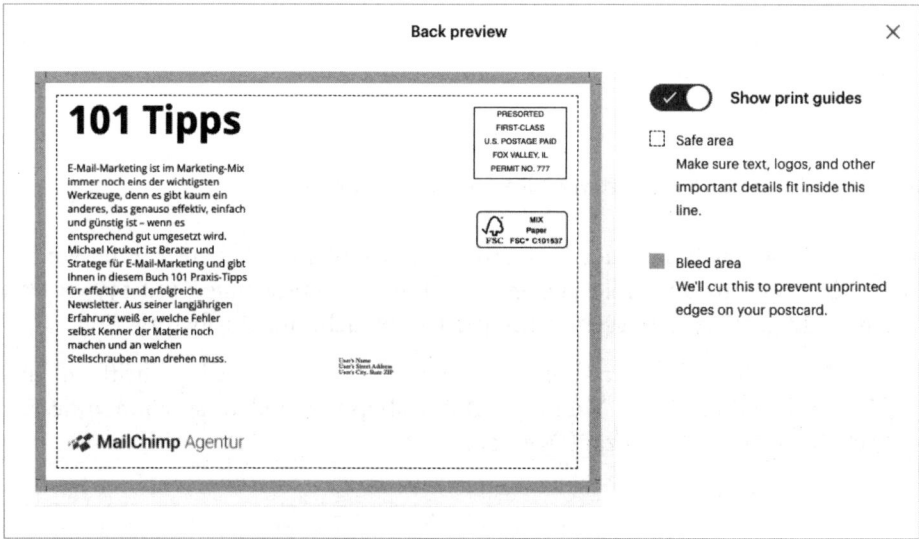

Abb. 12.34: Achten Sie bei der Gestaltung auf die Druckränder.

Die Preise für die Postkarten setzen sich aus einem gestaffelten Grundpreis – je mehr Karten, desto günstiger die Kosten pro einzelner Karte – sowie den Portokosten zusammen. Bedenken Sie, dass Mailchimp die Karten aus den USA versendet. Von daher sollten Sie auch längere Laufzeiten einplanen.

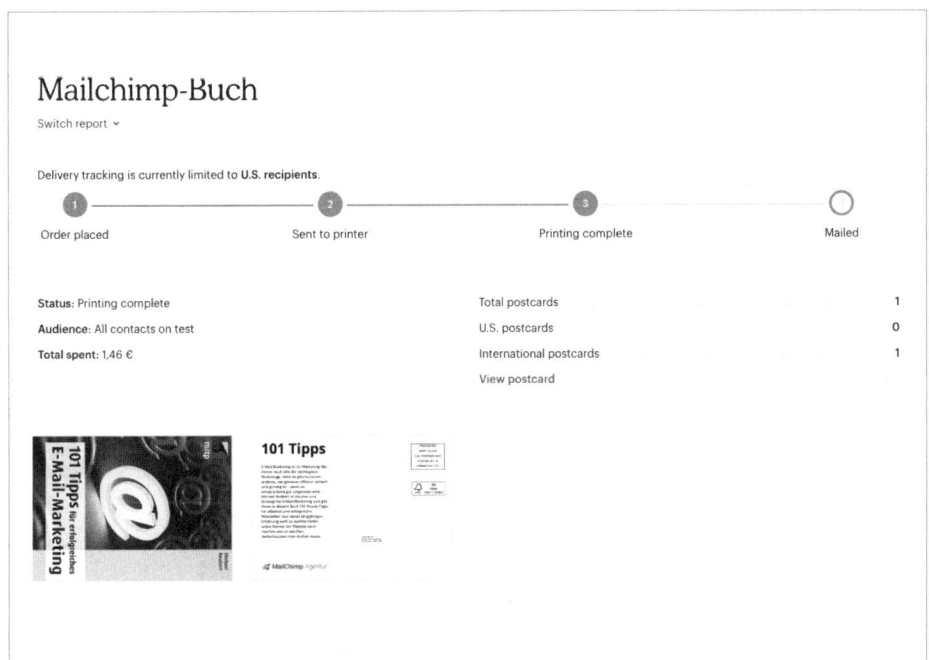

Abb. 12.35: Der Sendungsverlauf kann über die Reports eingesehen werden.

Wenn alles fertig ist, schicken Sie die Karten mittels der grauen Schaltfläche SEND POSTCARD auf die Reise. Wenn Sie das Ganze erst einmal ausprobieren wollen, dann können Sie unter *https://postcards.mailchimp.com/free-sample* Ihre eigene Test-Postkarte anfordern.

In unserem Test hat eine einzelne Postkarte 1,46 € gekostet. Davon entfielen 0,84 € auf das Porto, was natürlich deutlich mehr als die derzeit 0,60 € reguläres Postkarten-Porto der Deutschen Post AG sind. Der Druckpreis von 0,62 € (beziehungsweise 0,86 €, wenn man vom deutschen Porto ausgeht) ist aber für ein individualisiertes Mailing durchaus günstig – zudem Sie nichts selbst beschriften oder einen Lettershop-Dienstleister bemühen müssen.

Abb. 12.36: Die fertige Postkarte war acht Werktage unterwegs und kam in guter Qualität an.

Postkarten Kampagnen stellen eine gute Ergänzung zu klassischen Newsletter-Aktivitäten dar und können sich positiv auf die Ergebnisse Ihrer Aktivitäten auswirken. Probieren Sie es doch mal aus!

Kapitel 13

Automations

E-Mail-Marketing ist mehr als nur der Versand von Newslettern! Über das Medium E-Mail können Sie effektiv und nachhaltig Kontakt zu Ihren Kunden und zu Interessenten aufbauen. Wenn Sie die Kontaktschwelle niedrig setzen – also im besten Falle nur die E-Mail-Adresse abfragen –, hilft Ihnen E-Mail-Marketing, aus Interessenten Kunden zu machen und aus Kunden Botschafter. Mit einem regelmäßigen Newsletter gelingt das nur bedingt.

Besonders effektiv ist E-Mail-Marketing, wenn es auf Ereignisse oder Aktionen eingehen kann, die der Interessent ausgelöst hat oder zu denen er in Beziehung steht. Sie können natürlich nicht auf jedes einzelne Ereignis, das mit jedem einzelnen Abonnenten in Zusammenhang steht, mit einem individuellen Newsletter reagieren. Müssen Sie auch nicht – denn dafür gibt es die Automations.

Hinweis

»Automation« ist ein Name, den Mailchimp selbst gewählt und auch erst seit 2013 in Benutzung hat. Vorher wurde diese Funktionalität »Autoresponder« genannt – ein Name, der auch von Marktbegleitern gerne genutzt wird und deswegen in der Literatur Verwendung findet. Jedoch schwenken auch andere Firmen und der Sprachgebrauch in der Branche zunehmend auf Automation um – ein Zeichen, welche Marktbedeutung Mailchimp hat. Ein weiterer Begriff in diesem Zusammenhang ist der des »Retention Marketing«, also des Marketings zum Aufrechterhalten einer Geschäftsbeziehung.

Eine Automation besteht aus einem fertig vorbereiteten Newsletter und einer Bedingung, die eintreten muss, damit er automatisch versendet wird. Der Versand geht in diesem Falle automatisch an alle Abonnenten, auf die die Bedingung zutrifft.

Ein einfaches Beispiel ist die Willkommensmail an neue Abonnenten, bei Onlineshops meist verbunden mit einem Gutschein für den ersten Einkauf. Die Bedingung, die eintreten muss, ist hier lediglich »neu zum Newsletter angemeldet«, der Versandzeitpunkt ist üblicherweise direkt nach der Anmeldung. Dieses Beispiel werden wir im Folgenden umsetzen.

13.1 Automation einrichten

Die Automations finden Sie unter AUTOMATE im Hauptmenü. Neben E-Mails können auch Werbungen auf Google oder Facebook sowie der Versand von Postkarten automatisiert werden (für beides schauen Sie sich Kapitel 12 an). Für dieses Kapitel möchte ich aber die E-Mail-Automations zeigen – klicken Sie daher auf EMAIL. Eventuell vorhandene Automations werden übrigens in der CAMPAIGNS-Übersicht unter ONGOING aufgelistet.

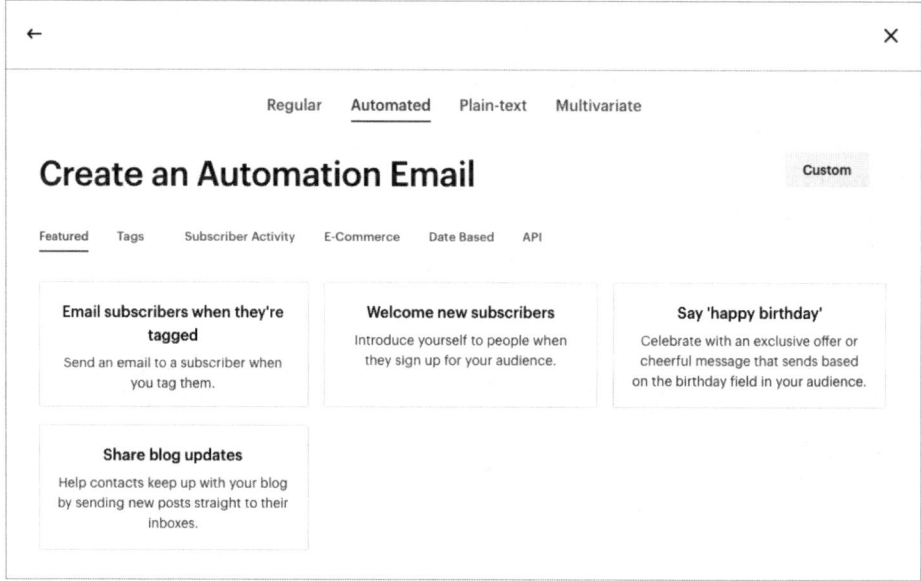

Abb. 13.1: Mailchimp hat einige »Rezepte« für Automations zur Auswahl.

Unter der Überschrift CREATE AUTOMATION WORKFLOW schlägt Mailchimp eine ganze Reihe von »Rezepten« vor, mit denen Sie die verschiedensten Automations aufsetzen können. Die einzelnen Rezepte sind in thematische Abschnitte aufgeteilt, damit die Liste übersichtlicher wird. Sie werden bemerken, dass manche Rezepte nicht angewählt werden können. Das liegt daran, dass eine Voraussetzung für das Rezept nicht erfüllt ist, beispielsweise weil Sie kein »E-commerce link tracking« aktiviert haben. Für unser Beispiel wählen Sie aus dem Bereich FEATURED das zweite Rezept, die WELCOME NEW SUBSCRIBERS, aus. Wie bereits bei den regulären Kampagnen üblich, müssen Sie jetzt noch einen Namen für die Automation vergeben und eine Audience auswählen, auf die die Automation reagieren soll. Zudem haben Sie hier noch die Möglichkeit, zwischen den Optionen SINGLE EMAIL, ONBOARDING SERIES und EDUCATION SERIES auszuwählen. Die ONBOARDING SERIES hat dabei vier Mails vorgesehen, die EDUCATION SERIES derer drei und die SINGLE EMAIL natürlich nur eine. Da bei allen diesen Optionen aber nachträglich noch Mails hinzugefügt werden können, ist diese Auswahl eher als Vereinfachung anzusehen.

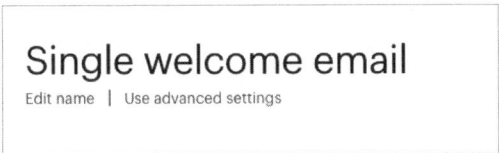

Abb. 13.2: Unscheinbar führen erst die »advanced settings« zur Automation-Einrichtung.

Wählen Sie daher SINGLE EMAIL aus und wundern Sie sich nicht, dass Sie eine Übersicht präsentiert bekommen, die verdächtig nach einer regulären Kampagne aussieht. Auch hierbei handelt es sich wieder um eine Vereinfachung. Ein Klick auf USE ADVANCED SETTINGS unter dem Kampagnennamen führt zur »richtigen« Automation-Einstellung.

Eine Automation stellt einen Workflow dar, der aus mindestens einer E-Mail, möglicherweise aber auch mehreren E-Mails besteht.

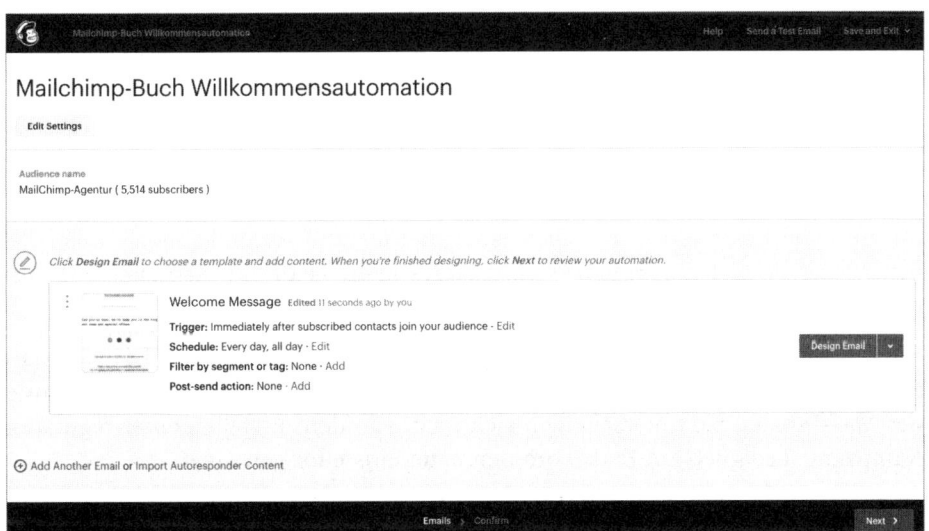

Abb. 13.3: Eine Automation kann auch mehrere E-Mails enthalten.

Mailchimp legt automatisch einen Workflow mit einer E-Mail an. Sie wird als horizontaler Kasten dargestellt und trägt in unserem Beispiel den Namen WELCOME MESSAGE.

Abb. 13.4: Die Einstellungsmöglichkeiten bei diesem Workflow sind begrenzt.

Im Kasten legen Sie die Einstellungen für den »Trigger«, also die Auslösebedingung für die Automation fest. Bei dem von uns gewählten Rezept halten sich die Einstellmöglichkeiten in Grenzen. Sie können festlegen, wann diese Mail ausgelöst wird. Die Voreinstellung liegt bei sofortigem Versand – wir möchten die Mail aber einen Tag später versenden. Wählen Sie daher bei DELAY aus dem Drop-down DAY(S) aus und geben Sie »1« ein. Darüber hinaus können Sie auswählen, ob die Automation nur bei Abonnenten anschlägt, die sich über ein Mailchimp-eigenes Anmeldeformular angemeldet haben, oder ob auch bei von Ihnen importierten oder über die API hinzugefügten Abonnenten ein automatischer Versand durchgeführt werden soll.

Der nächste Schritt wird Ihnen vom Aufsetzen einer regulären Kampagne bekannt vorkommen. Tatsächlich handelt es sich bei Automations weitestgehend um normale Kampagnen, die auch einen Betreff und Absenderangaben benötigen. Wenn Sie nicht mehr ganz sicher sind, wie die Felder im Kampagnen-Setup belegt sind, lesen Sie in Abschnitt 11.1 »Aufsetzen einer Kampagne« nach.

Klicken Sie auf DESIGN EMAIL, um die erste Mail mit Inhalt zu füllen. Die nächsten Schritte sind jetzt Routine: Kampagnen-Setup, Template-Auswahl und Erstellung des Mail-Inhalts. Sie unterscheiden sich nicht von dem Erstellen einer regulären Kampagne. Lediglich am Ende kommen neue Einstellungen hinzu.

Im Normalfall startet die Automation unmittelbar nach der über DELAY eingestellten Zeit. Wenn also ein Abonnent nachts um 2.30 Uhr Ihren Newsletter abonniert, dann bekommt er auch am nächsten Tag nachts um 2.30 Uhr die Willkommensmail (tatsächlich vermutlich gegen 2.32 Uhr – aber das tut nichts zur Sache).

Sie können den Versand aber auf bestimmte Wochentage und bestimmte Zeiten einschränken. Klicken Sie dazu auf EDIT bei SCHEDULE im Kasten der Workflow-E-Mail. In Abbildung 13.5 habe ich den Versand auf Dienstag- bis Freitagvormittag beschränkt. Über diese Zeiten kann man effektiv Berufstätige ansprechen, was auch der Grund ist, den Montag auszunehmen, da an diesem Tag die gesammelten Newsletter (und anderen Mails) von Freitagnachmittag und dem Wochenende abzuarbeiten sind.

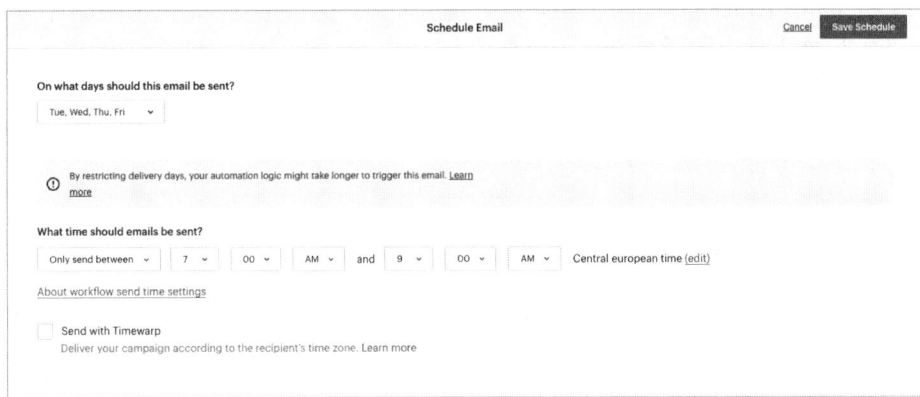

Abb. 13.5: Legen Sie fest, an welchen Wochentagen und zu welchen Zeiten die Automation versendet werden soll.

Wann wird in unserem Beispiel die Automation nun gesendet? Vier Anmelde-Beispiele sollten das verdeutlichen:

- Anmeldung Dienstag um 8.30 Uhr: Die Willkommensmail wird Mittwoch um 8:30 Uhr versendet.
- Anmeldung Dienstag um 17.30 Uhr: Die Willkommensmail wird am Mittwoch um 7.00 Uhr versendet.
- Anmeldung Freitag um 9.01 Uhr: Die Willkommensmail wird am Dienstag um 7.00 Uhr versendet.
- Anmeldung Freitag um 6.50 Uhr: Die Willkommensmail wird am Montag um 7.00 Uhr versendet.

An dieser Stelle können Sie auch weitere Segmentierungseinstellungen vornehmen und die Zustellung der Automations nur auf bestimmte Segmente Ihrer Audience anwenden. Wenn Sie in Ihrer Audience beispielsweise zwischen Privatkunden und Geschäftskunden unterscheiden, dann könnten Sie für die Privatkunden eine Automation einstellen, die abends um 21.00 Uhr versendet wird, während die Geschäftskunden die Mail dienstags bis freitags am Vormittag erhalten.

Nachdem Sie die Einstellungen der individuellen Mail abgeschlossen haben, gelangen Sie zurück zum Workflow und können entweder eine weitere Mail hinzufügen oder den Workflow über einen Klick unten rechts auf NEXT und dann START SENDING aktivieren.

> **Tipp**
>
> In unserer täglichen Praxis kommt es leider immer mal wieder vor, dass eine Automation aus unerfindlichen Gründen plötzlich stoppt und keine weiteren Mails mehr versendet. Der technische Support von Mailchimp konnte in diesen Fällen keine Ursache feststellen. Ein einfaches Pausieren und wieder Starten des Workflows löste das Problem jedes Mal. Auch gingen keine Mails verloren – sobald die Automation wieder lief, wurden alle bis dahin aufgelaufenen Mails versendet. Ich empfehle Ihnen daher, die Automations regelmäßig zu kontrollieren.

13.2 Mehrstufige Automation

Wenden wir uns einem etwas komplexeren Beispiel zu. In der Beispiel-Audience habe ich ein Feld für den Geburtstag der Abonnenten eingefügt. Gratulieren wir unseren Abonnenten also zum Geburtstag, allerdings mit einem kleinen Twist. Am Geburtstag selbst kann jeder senden – wir senden drei Tage später, um uns von der Masse abzuheben. Zudem senden wir eine Woche später eine weitere Mail und fragen, ob der Geburtstag gut überstanden wurde.

Zu diesem Zweck wählen wir aus dem Bereich DATE BASED das SAY HAPPY BIRTH-DAY-Rezept. Wie im vorherigen Beispiel muss zunächst eine Audience ausgewählt werden. Danach wird der Workflow von Mailchimp angelegt und mit einer leeren Mail gefüllt.

Mailchimp hat jetzt bereits einen Trigger auf das in der Audience vorhandene Datumsfeld angelegt. Ist kein Geburtstagsfeld in der Audience, dann wird die Option auch nicht angeboten. Beachten Sie hier den Unterschied zwischen einem Datumsfeld und einem Geburtstagsfeld: Das Datumsfeld beinhaltet ein Datum mitsamt Jahreszahl, das Geburtstagsfeld lediglich den Tag und den Monat!

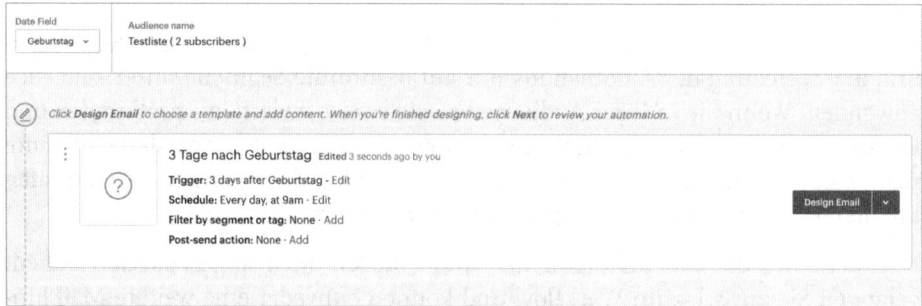

Abb. 13.6: Mailchimp schlägt den Tag vor dem Geburtstag vor.

Mailchimp hat bereits eine E-Mail vorbereitet, die einen Tag vor dem Geburtstag versendet wird. Da wir aber nicht am Tag des Geburtstags selbst senden möchten, sondern drei Tage später, müssen wir über EDIT TRIGGER bei der nunmehr ersten E-Mail noch diesen spezifischen Versatz hinzufügen. Über diese Methoden könnten Sie übrigens auch beispielsweise einen Tag vor dem Geburtstag schon gratulieren.

Nachdem Sie die Mail mit den Geburtstagsgrüßen gestaltet haben und den nunmehr hinlänglich bekannten Weg durch Setup, Template-Auswahl und Mail-Inhalt gegangen sind und auch eventuelle Segmentierungsoptionen ausgewählt haben, wird es nun Zeit, eine zweite Mail zu konfigurieren. Klicken Sie dazu auf ADD ANOTHER EMAIL, um eine zweite Box mit einem zweiten Satz Einstellungen und einer zweiten E-Mail hinzuzufügen. Auch hier wird über EDIT TRIGGER das neue Datum hinterlegt, zum Beispiel sieben Tage später basierend auf dem Geburtstagsdatum

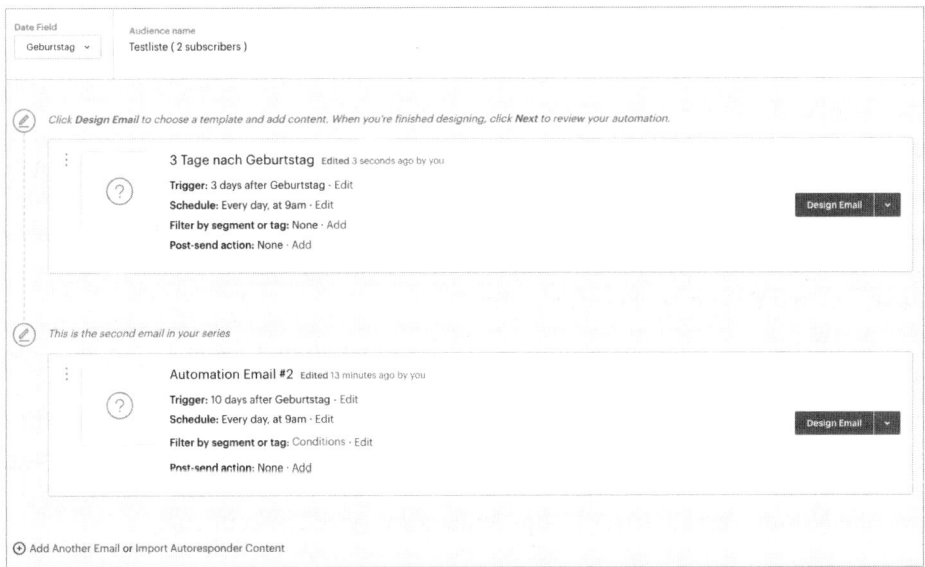

Abb. 13.7: Der Versatz für einzelne Automation-Mails kann individuell eingestellt werden.

Noch eine Spur komplexer gefällig? Lassen Sie uns doch die zweite Mail nur an die Personen senden, die auch die erste Mail geöffnet haben. Hier kommen dann die Segmentierungseinstellungen bei den einzelnen Mails zum Tragen.

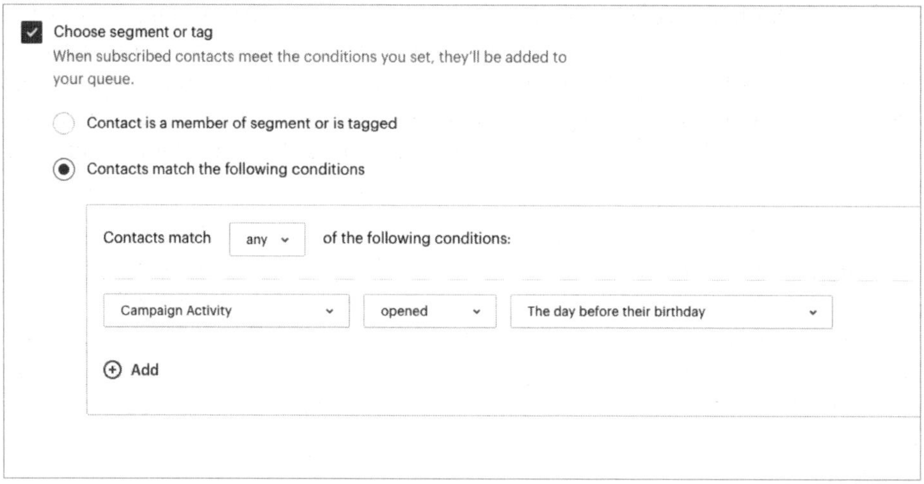

Abb. 13.8: Segmentierungen erlauben zusätzliche Kontrolle über Automations.

Gehen Sie also zur zweiten Mail und steuern Sie dort den Schritt FILTER BY SEGMENT OR TAG an. Ein Klick auf CHOOSE SEGMENTATION CONDITIONS öffnet ein neues Untermenü, in dem Sie zusätzliche Kriterien angeben können.

Das Ereignis, das wir suchen, findet sich unter CAMPAIGN ACTIVITY. Hier können wir als Bedingung OPENED anwählen und dort dann den Namen der ersten Automation-E-Mail auswählen. Wenn der Automation-Workflow jetzt gestartet wird, dann wird die zweite Mail zehn Tage nach dem Geburtstag versendet, aber nur dann, wenn die erste Mail geöffnet wurde.

Die Möglichkeiten für Automations sind schier unbegrenzt. Jedes Listenfeld, jede Nutzerinteraktion kann als Trigger für eine automatische Mail dienen. Experimentieren Sie mit Automations und entwickeln Sie eigene Ideen, aber nerven Sie Ihre Abonnenten nicht. Hier leistet eine Testliste gute Dienste, mit deren Hilfe Sie eine Automation so weit verfeinern können, bis Sie zufrieden mit dem Ergebnis sind und die Automation auf Ihrer Haupt-Audience verwenden können.

Kapitel 14

Analyse und Auswertung

Einer der Gründe, die hauptsächlich für das Verwenden einer E-Mail-Marketinglösung sprechen, ist die Möglichkeit, den Erfolg einzelner Kampagnen zu messen. Ohne Analyse der Ergebnisse erstellen Sie Ihre Newsletter und E-Mail-Kampagnen sozusagen im Blindflug. Sie wissen nicht, was Ihre Leser interessiert und worauf sie klicken.

Mailchimp bietet Ihnen umfassende Auswertungsmöglichkeiten für den Erfolg dieser Kampagnen an. Sowohl innerhalb von Mailchimp selbst als auch im Zusammenspiel mit externen Tools wie Google Analytics, steht Ihnen eine große Zahl von Metriken zur Verfügung. Um diese nutzen zu können, müssen Sie jedoch ein wenig Vorarbeit leisten.

Wie bei allen Statistiken sollten Sie im Hinterkopf behalten, dass die Kunst der Statistik nicht in der Erhebung, sondern in der Interpretation der Daten liegt. Wenn Sie sich mit den Statistiken auseinandersetzen möchten, empfiehlt es sich immer, zweimal nachzudenken, bevor man voreilige Schlüsse zieht.

In diesem Kapitel erfahren Sie daher auch, warum hohe Öffnungsraten nicht zwangsläufig vielsagend sind und warum niedrige Öffnungsraten sich auch positiv auf Ihr Unternehmen bzw. Ihre Marke auswirken können.

14.1   Vorbereitung

Sie können Mailchimp komplett ohne Datenanalyse benutzen. Da es einige Szenarien gibt, in denen das durchaus sinnvoll ist, sind die Analysemöglichkeiten zunächst ausgeschaltet. Sie müssen von Ihnen explizit eingeschaltet werden. Man spricht hier vom Aktivieren des »Trackings«.

14.1.1   Kampagnentracking aktivieren

Tracking in Mailchimp funktioniert auf Kampagnenebene. Sie können eine Kampagne tracken, die nächste ungetrackt lassen und die dritte wieder tracken. Da es keinen globalen »Tracken: ja/nein«-Schalter gibt, müssen Sie eine gewisse Sorgfalt walten lassen. Wenn das Tracking zum Versandzeitpunkt nicht eingeschaltet war, dann kann es nachträglich nicht mehr hinzugefügt werden.

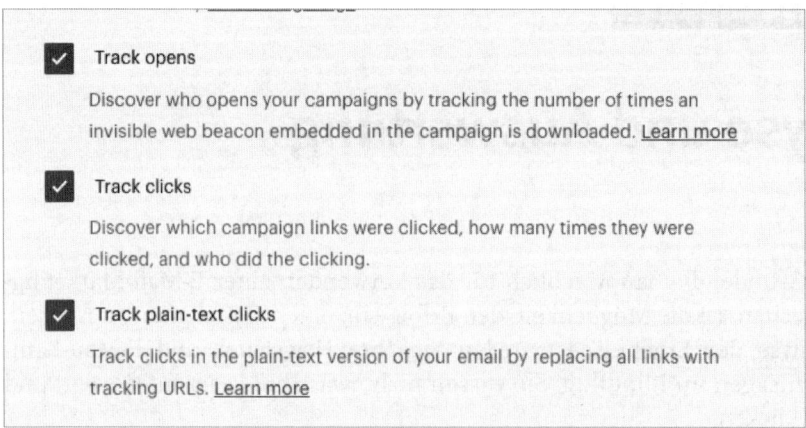

Abb. 14.1: Diese drei Haken sollten bei jeder Kampagne gesetzt sein.

Sie finden die nötigen Einstellungen im Kampagnen-Setup unter dem Abschnitt SETTINGS & TRACKING. Hier können Sie auswählen, ob Sie das Öffnen der Mail und/oder das Klicken eines Links tracken möchten sowie ob Sie das Klicken eines Links in einer Nur-Text-Mail ebenfalls messen möchten. Das Messen der Öffnung einer Nur-Text-Mail ist technisch nicht möglich.

Üblicherweise setzen Sie ein Häkchen bei allen drei Optionen. Lediglich wenn Sie eine Nur-Text-Kampagne versenden möchten, wäre es eine Überlegung wert, auf das Tracking zu verzichten, da die um die Tracking-Funktionalität erweiterten Links sehr lang und sehr hässlich aussehen und in einer Nur-Text-Mail stören könnten.

14.1.2 Verknüpfung mit Google Analytics

Google Analytics ist eine der am weitesten verbreiteten Lösungen zur Analyse der Zugriffe und des Besucherverhaltens auf Websites. Es bringt darüber hinaus zahlreiche Funktionen zur Erfolgsmessung von E-Commerce-Projekten mit. Eine Verknüpfung mit Google Analytics ist daher sehr sinnvoll. Hier gilt es aber, zwei Bereiche zu unterscheiden.

Mailchimp-Daten an Google Analytics

Mailchimp kann Informationen über Kampagnen und Links an Google Analytics übertragen. Dies geschieht über sogenannte UTM-Parameter, die an jeden einzelnen Link im Newsletter angefügt werden.

Das Benutzen von UTM-Parametern ist eine Einstellung in jeder individuellen Kampagne (oder Automation) und findet sich auf dem SETUP-Reiter im Abschnitt TRACKING. Wählen Sie hier GOOGLE ANALYTICS LINK TRACKING aus und vergeben Sie für jede Kampagne einen individuellen Titel, so wie er später in Analytics erscheinen soll.

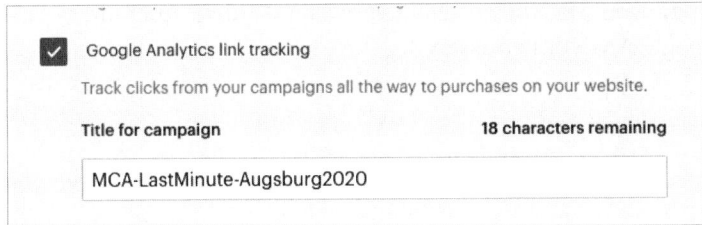

Abb. 14.2: Der Export von Kampagnendaten zu Google Analytics wird im Kampagnen-Setup eingestellt.

Google-Analytics-Daten in Mailchimp

Umgekehrt ist es auch möglich, aus Mailchimp heraus auf Daten von Google Analytics zuzugreifen. Diese Funktionalität findet sich als »Analytics360« in den Mailchimp-Auswertungen. Diese Verknüpfung ist zunächst nichts weiter als eine Bequemlichkeit. Statt zwischen Mailchimp und Google Analytics hin- und herzuwechseln, haben Sie die relevanten Daten aus der Webanalyse direkt in Mailchimp. Es bedeutet aber auch, dass Sie den Personen, die mit dem E-Mail-Marketing betraut sind, nicht zwingend direkten Zugriff auf Google Analytics geben müssen.

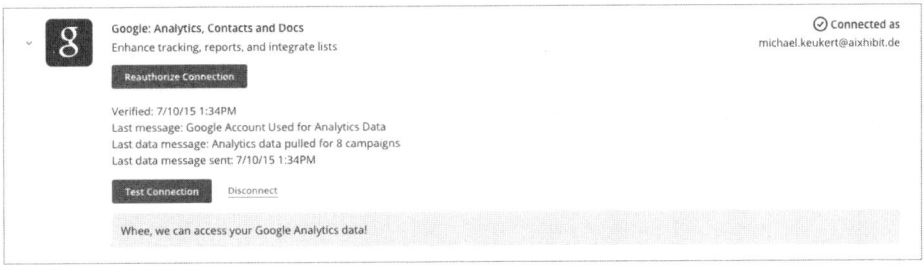

Abb. 14.3: Autorisieren Sie den Zugriff auf Google Analytics einmal pro Account.

Um die Analytics-Daten anzapfen zu können, muss zunächst eine autorisierte Verbindung zwischen den Diensten geschaffen werden. Dies erledigen Sie im Bereich ACCOUNT (oben rechts im Drop-down-Menü neben Ihrem Namen) und dort unter INTEGRATIONS.

Diese Verbindung gilt für den gesamten Mailchimp-Account, also für alle Audiences und alle Kampagnen und muss von einer Person vorgenommen werden, die sowohl im Mailchimp-Account mindestens Manager-Rechte hat und natürlich Zugriffe auf die jeweiligen Google-Analytics-Konten.

Anmelde-, Archiv- und Profilseiten

Sei es bei der Anmeldung, sei es beim Aktualisieren der Einstellungen, sei es beim Nachlesen in alten Newslettern: Ihre Abonnenten werden sich immer mal wieder auf Seiten tummeln, die von Mailchimp selbst verwaltet werden. Auch diese Seiten können Sie in Google Analytics erfassen.

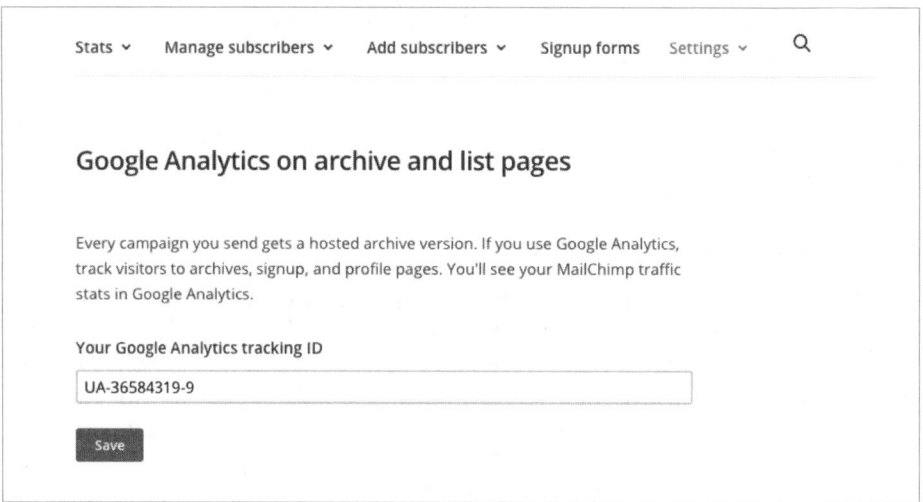

Abb. 14.4: Die Einstellungen müssen für jede Audience einzeln eingestellt werden.

Die dafür nötige Einstellung geschieht hier auf Listenebene, muss also für jede Audience erneut vorgenommen werden. Sie finden sie in den jeweiligen Listeneinstellungen auf dem Tab SETTINGS und dort im Menü GOOGLE ANALYTICS ON ARCHIVE PAGES. Dort müssen Sie die individuelle Google-Analytics-Konto-ID hinterlegen, die nach dem Schema »UA-xxxxxxxx-yy« aufgebaut ist

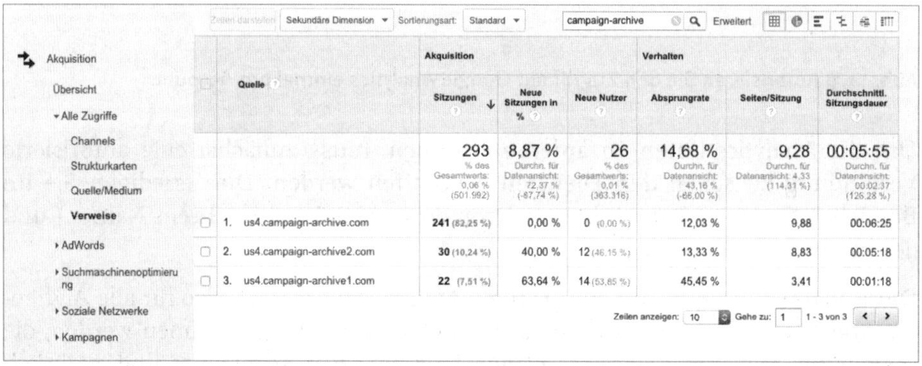

Abb. 14.5: In Google Analytics erscheinen diese Zugriffe als Verweis von einem der »campaign-archive«-Server.

Sobald diese Einstellung vorgenommen wurde, schaltet Mailchimp auf sämtlichen Mailchimp-eigenen Seiten für diese Audience einen Google-Analyics-Aufruf für Ihr eigenes Google Analytics. Sie finden die so erzielten Aufrufe unter anderem im Bereich AKQUISITION als Verweise von verschiedenen Servern, die alle *campaign-archive* im Namen tragen.

14.2 Statistiken abrufen

Alle Statistiken finden Sie zentral unter dem Hauptmenü-Reiter REPORTS. Die Reports selbst sind noch mal aufgeteilt nach Kampagnen-Reports, Automation-Reports und Inbox Inspections. Die COMPARATIVE REPORTS, also die vergleichenden Auswertungen, sind nur im Preismodell »Premium« verfügbar.

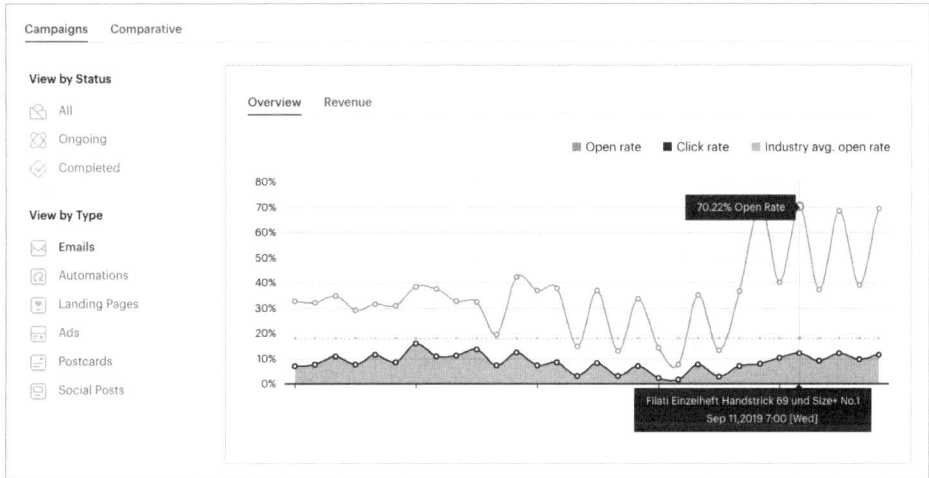

Abb. 14.6: Die zentrale Anlaufstelle für alle Statistiken

Wählen Sie unter CURRENT AUDIENCE die Audience aus, die Sie analysieren möchten. Wenn Sie unter VIEW BY TYPE auf EMAILS klicken, erhalten Sie eine Grafik über den bisherigen Verlauf Ihrer Kampagnen. Auf dieser Grafik können Sie die Öffnungs- und Klickraten der bisherigen E-Mails sehen – zusätzlich wird als Vergleich die durchschnittliche Öffnungsrate in Ihrem Marktsegment angezeigt. Gedulden Sie sich noch einen Moment – ich erkläre gleich alles, was es zum Thema Öffnungs- und Klickrate zu erwähnen gibt.

Unterhalb der Grafik werden alle bisher versandten Kampagnen mitsamt den Haupt-Metriken angezeigt. Uns interessieren aber die ausführlichen Statistiken. Klicken Sie daher auf VIEW REPORT bei einer beliebigen Kampagne in der Auflistung.

Die schiere Menge an angezeigten Daten mag Sie vielleicht zunächst etwas erschlagen. Ich gehe sie aber der Reihe nach durch. Fokussieren wir uns daher zunächst auf den oberen Teil.

Abb. 14.7: Die Übersicht listet die wichtigsten Metriken auf.

14.2.1 Zustellbarkeit und Bounces

Oben links in der Übersicht ist die Anzahl der Empfänger für die Kampagne angeben – im Beispiel in Abbildung 14.7 sind es 4.750 Adressen. Da sich die Anzahl der Empfänger auf einer Audience durch An- und Abmeldungen durchaus ändern kann, ist es sinnvoll, diese Zahl pro Kampagne festzuhalten.

Mailchimp hat vor Kurzem den Bereich der Reports – wie ich finde, unnötig – aufgebläht. Der nächste Block, der uns interessiert, sind die vier Kästchen nebeneinander mit OPENED, CLICKED, BOUNCED und UNSUBSCRIBED sowie die nächsten Zeilen darunter.

Leider kommen in der Praxis selten alle einzelnen Mails einer Kampagne bei den Empfängern an. Das kann eine Vielzahl von Gründen haben. Mail-Adressen ändern sich und an die alte Adresse kann nicht mehr zugestellt werden – es kommt zu einer Fehlermeldung. Vielleicht haben Sie auch schon einmal eine »Mailbox full«-Meldung bekommen, die besagt, dass das Postfach des Empfängers zu voll geworden ist und keine weiteren Mails mehr annehmen kann. Wir sprechen in diesem Fall von einem »Bounce«, einem Abpraller.

Bei den Bounces unterscheiden wir zwischen »Hard Bounces« und »Soft Bounces«. Bei einem Hard Bounce ist die E-Mail-Adresse nicht mehr existent und wird vom Empfänger-Mailserver abgewiesen. Mailchimp wird nicht mehr versuchen, an diese Adresse zuzustellen.

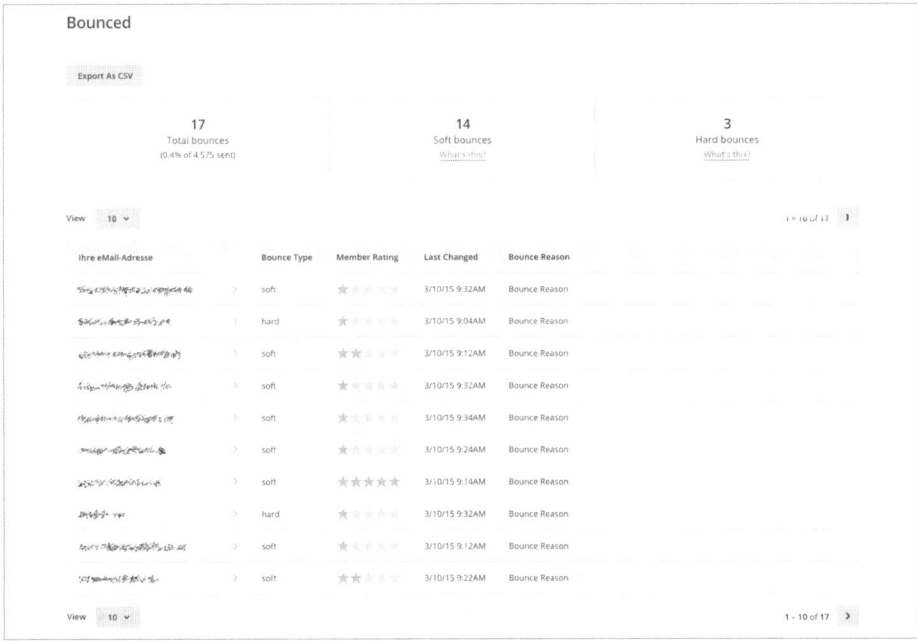

Abb. 14.8: Den Grund für Bounces finden Sie in der Detailansicht.

Ein Soft Bounce ist eine vorübergehende Störung der Mail-Zustellung an einem bestimmten Empfänger. Das oben erwähnte »Mailbox full« gehört dazu. In einem solchen Fall versucht Mailchimp bei bis zu drei aufeinanderfolgenden Kampagnen erneut eine Zustellung. Erst wenn alle drei fehlschlagen, wird der Soft Bounce in einen Hard Bounce umgewandelt.

Klicken Sie auf die blaue Zahl der Bounces – im Beispiel in Abbildung 14.8 sind es 17 – und Sie gelangen auf die Detailansicht der Bounces. Diesen Report können Sie auch im Untermenü unter ACTIVITY und dann BOUNCED aufrufen.

In diesem Report sehen Sie die einzelnen Adressen, bei denen ein Bounce aufgetreten ist, sowie die Art des Bounces. Ganz rechts in jeder Spalte sehen Sie den Text BOUNCE REASON. Durch einen Klick auf diesen Text können Sie die Fehlermeldung des jeweiligen Mailservers im Volltext einsehen.

```
Return-Path: <>
Date: Sat, 3 Oct 2015 07:19:49 +0000
From: postmaster@mail56.atl91.mcsv.net
Subject: Delivery report
To: bounce-mc.us2_2420850.2024917-▓▓▓▓▓▓=t-online.de@mail56.atl91.mcsv.net
MIME-Version: 1.0
Content-Type: multipart/report; report-type=delivery-status;
     boundary="report560F8195@mail56.atl91.mcsv.net"


--report560F8195@mail56.atl91.mcsv.net
Content-Type: text/plain

Hello, this is the mail server on mail56.atl91.mcsv.net.

I am sending you this message to inform you on the delivery status of a
message you previously sent.  Immediately below you will find a list of
the affected recipients;  also attached is a Delivery Status Notification
(DSN) report in standard format, as well as the headers of the original
message.

   < ▓▓▓▓▓▓@t-online.de>  delivery failed; will not continue trying

--report560F8195@mail56.atl91.mcsv.net
Content-Type: message/delivery-status

Reporting-MTA: dns;mail56.atl91.mcsv.net
X-PowerMTA-VirtualMTA: mail56.atl91.mcsv.net
Received-From-MTA: dns;(127.0.0.1)
Arrival-Date: Sat, 3 Oct 2015 07:19:33 +0000

Final-Recipient: rfc822;▓▓▓▓▓▓@t-online.de
Action: failed
Status: 5.1.1 (bad destination mailbox address)
Remote-MTA: dns;mx01.t-online.de (194.25.134.72)
Diagnostic-Code: smtp;550 5.1.1 user unknown Unknown recipient.
X-PowerMTA-BounceCategory: bad-mailbox
```

Abb. 14.9: Die Bounce-Reports sind eher schwer zu verstehen.

Aus Platzgründen bewahrt Mailchimp diese Fehlermeldungen nur 30 Tage lang auf. Die Bounce-Statistiken selbst sind natürlich unbegrenzt verfügbar.

Sich mit den individuellen Fehlermeldungen zu beschäftigen, lohnt sich nur, wenn Sie – zusammen mit einem Ihrer Abonnenten – einen unerklärlichen Fall von Unzustellbarkeit ergründen wollen. Sich individuell mit Bounces zu beschäftigen, ist meist nicht zielführend. Bounces passieren – es sollten lediglich nicht zu viele sein, denn Mailchimp zieht die Zahl der Bounces als Qualitätsfaktor für die Audience heran.

Über einen Klick auf OVERVIEW gelangen Sie zur Übersicht zurück. Hier finden Sie – etwas versteckt – hinter SUCCESSFUL DELIVERIES die Zahl der tatsächlich erfolgreichen Zustellungen. In unserem Beispiel sind dies 4575 Adressen minus 17 Bounces = 4558 erfolgreiche Zustellungen. Die im Beispiel angezeigte Quote von 99,6 % ist ein wichtiger Hinweis. Bei guten Audiences sollte die Quote nahe an 100 % sein. Sinkt die Audience-Qualität, dann merkt man es am schnellsten an diesem Wert. Bei Werten unter 90 % muss man sich auf unangenehme Rückfragen von Mailchimp einstellen.

14.2.2 Öffnungsrate

Genug auf die Folter gespannt – kommen wir zur Öffnungsrate, der Metrik, der viele Einsteiger ins E-Mail-Marketing die höchste Bedeutung zumessen. Machen wir es kurz und schmerzlos: Die Öffnungsrate ist zwar nicht völlig irrelevant, hat aber mit dem Erfolg Ihres Newsletters wenig zu tun.

Es wird Sie vielleicht überraschen, aber es gibt keinen technisch zuverlässigen Weg, um die Öffnung einer E-Mail überhaupt zu messen. E-Mail wird im Internet über das Protokoll SMTP (Simple Mail Transfer Protocol) transportiert. Dieses Protokoll stammt aus dem Jahr 1982 und ist fast 15 Jahre später immer noch in nur geringfügig modifizierter Form im Einsatz. Und dieses Protokoll ist primär eine Einbahnstraße: Der sendende und der empfangende Mailserver stimmen den Austausch der Mail ab, dann wird die Mail übertragen und das war es dann. Eine Rückantwort über die erfolgreiche Zustellung ist nicht vorgesehen.

Um zu ermitteln, ob eine Mail geöffnet wurde, greift Mailchimp zu einem Trick. In den Text der Mail wird eine Grafik eingefügt – mitunter »Zählpixel« oder »Tracking-Pixel« genannt –, die von einem Mailchimp-Server nachgeladen wird. Diese Grafik wird für jeden Newsletter-Empfänger über einen Parameter individualisiert. Wird jetzt die so vorbereitete Datei vom Mailchimp-Server angefordert, dann wird für diesen Empfänger eine Öffnung verzeichnet. Diese Methode ist zwar clever, aber leider auch unzuverlässig. Es gibt zahlreiche Gründe, warum das Zählen fehlschlagen kann. Eine Auswahl:

- Benutzer hat das Nachladen von Grafiken abgeschaltet.
- Sicherheitssoftware des Benutzers hat das Nachladen von Grafiken abgeschaltet.
- Sicherheitssoftware des Benutzers entfernt den Parameter von den Grafiken.
- Mailserver des Benutzers entfernt den Parameter von den Grafiken.
- Benutzer verwendet ein Nur-Text-Mailprogramm (unwahrscheinlich, kommt aber immer noch vor).

Die gute Nachricht ist, dass die Öffnungsrate eher zu niedrig als zu hoch ermittelt wird. Die Metrik ist also nicht völlig nutzlos, Sie sollten ihr aber nicht zu großen Wert beimessen.

Exkurs: Wenn schlechte Öffnungsraten gut sind

Mitunter legen wir es bei den Newslettern unserer Kunden geradezu darauf an, dass sie nicht geöffnet werden. Insbesondere bei Newslettern, die mit einer sehr hohen Frequenz versendet werden, ist es uns beinahe lieber, wenn ein Newsletter nicht geöffnet wird. Die Alternative wäre nämlich, dass der Abonnent den Newsletter abbestellt, weil er ihn für irrelevant erachtet. Um das zu verhindern, formulieren Sie den Betreff und den Preheader des Newsletters so, dass von vornherein klar wird, worum es in der Mail geht. Interessiert einen Abonnenten eine Ausgabe des Newsletters nicht, dann erkennt er das schon an diesen beiden Angaben und öffnet ihn nicht. Es gibt keine Überraschungen. Und es gibt keine Abmeldungen.

Ein weiterer positiver Aspekt ist, dass trotzdem ein Markenkontakt besteht. Der Abonnent sieht den Newsletter, er nimmt den Absender wahr, er nimmt sogar den Betreff und Preheader wahr und beschäftigt sich damit. Auch wenn diese Beschäftigung zum Löschen führt, bleibt die Marke doch im Gedächtnis. Und die Nicht-Öffnung hat insgesamt etwas Positives.

14.2.3 Klickrate

Das Messen von Klicks funktioniert ganz ähnlich wie das Messen von Öffnungen – nur dass die Werte bei Klicks in aller Regel sehr exakt sind. Auch hier kommt ein benutzerspezifischer Parameter zum Einsatz, der den Links hinzugefügt wird. Da bei einem Link nichts nachgeladen werden muss, werden die Parameter auch nicht von Sicherheitssoftware oder den Mailprogrammen verändert.

Ein Klick auf einen Link in Ihren E-Mails dokumentiert das Interesse des Abonnenten an weiterführenden Informationen. Deswegen ist es für Sie wichtig, zu wissen, wie viele Klicks Sie bekommen, und vor allem, worauf geklickt wird.

Um diesen Report einzusehen, klicken Sie in der Übersicht auf die Zahl der Klicks. Von dort gelangen Sie in die mit CLICK PERFORMANCE überschriebene tabellarische Link-Übersicht. Diese Audience zeigt die Links in dieser E-Mail in der Reihenfolge der Häufigkeit der individuellen Klicks an. Unterschieden wird hier zwischen TOTAL CLICKS und UNIQUE CLICKS. Der erste Wert führt die absolute Zahl der Klicks auf, also alle Klicks, die auf den jeweiligen Link entfallen. Der zweite Wert ist korrigiert um die Zahl der Mehrfachklicks pro Abonnent. Wenn einer Ihrer Leser also auf einen Link zweimal klickt, dann wird er unter TOTAL CLICKS auch zweimal gezählt, unter UNIQUE CLICKS aber nur einmal.

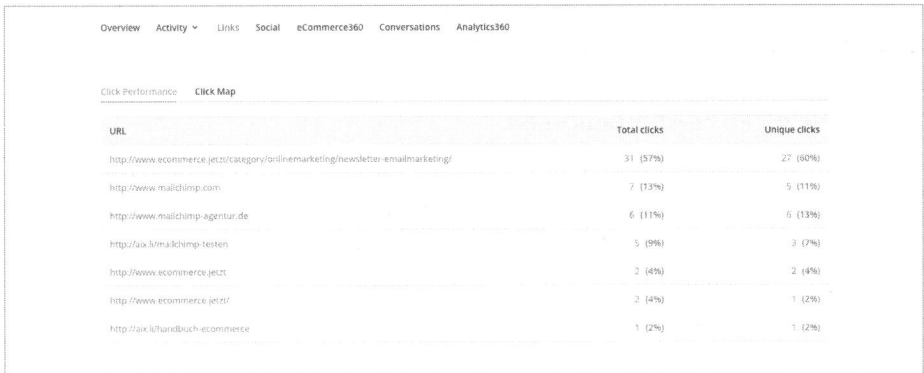

Abb. 14.10: Sehen Sie, welcher Link am meisten angeklickt wurde.

Abbildung 14.10 zeigt einen beliebten Fehler, der Ihre Auswertung erschwert. Es befindet sich zweimal der gleiche Link darin, einmal mit einem Slash »/« am Ende, einmal ohne. Für Mailchimp sind das zwei verschiedene Links, die getrennt gezählt werden. Achten Sie daher darauf, dass alle Links identisch sind, wenn Sie mehrfach den gleichen Link benutzen.

Abb. 14.11: Die Click-Map zeigt, welche Links besonders interessant waren.

Mailchimp kann aber noch mehr. Klicken Sie auf CLICK MAP und Sie erhalten eine Vorschau des Newsletters, überlagert mit dem prozentualen Anteil an Klicks. Das Besondere an dieser Ansicht ist, dass Sie auch sehen können, wie Links zum gleichen Link-Ziel an verschiedenen Stellen im Newsletter funktionieren.

Oft kommt es vor, dass Sie beispielsweise in einem Text einen Link unterbringen, den gleichen Link dann aber noch mal unterhalb des Texts in einem Button – als Call-to-Action – unterbringen. Die »Click Performance«-Auswertung zeigt diesen Link nur einmal an, mit der Gesamtzahl der erhaltenen Klicks. In der »Click Map«

würde der Link zweimal auftauchen und enthüllen, wie unterschiedlich der Text-Link im Vergleich zum Button angeklickt wurde.

14.2.4 Newsletter-Abmeldungen

Personen melden sich vom Newsletter ab. Das passiert und ist ganz normal. Kaum eine Kampagne, bei der Sie nicht einige Abonnenten verlieren. Wie viele, steht über dem Text UNSUBSCRIBED. Ein Klick auf die Zahl und Sie bekommen die detaillierte Übersicht der Abmelder.

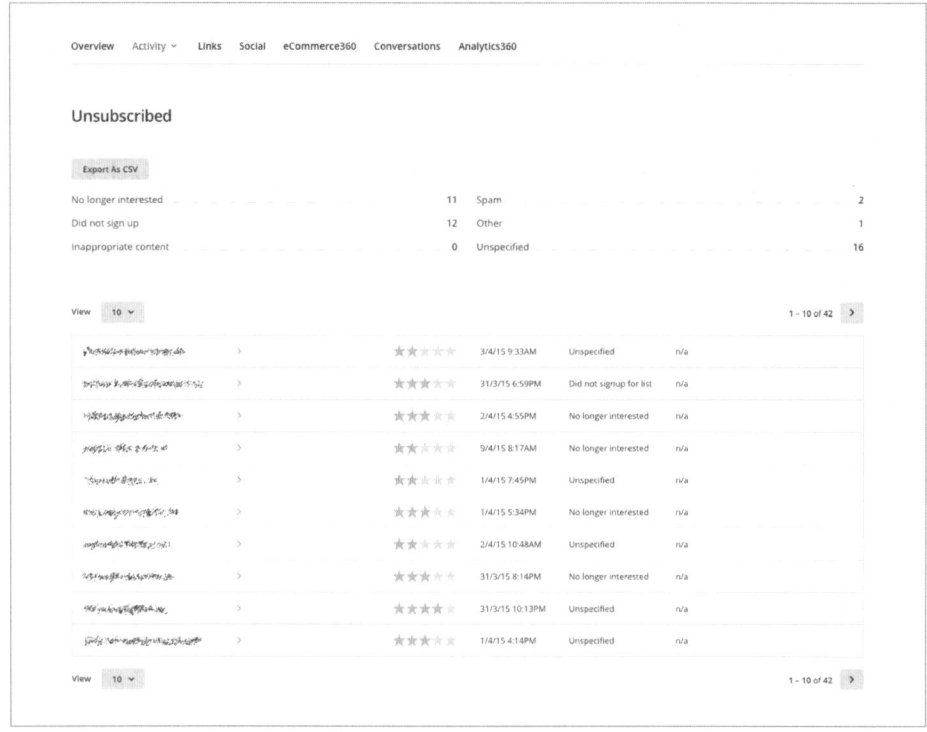

Abb. 14.12: Der Grund der Abmeldung wird ebenfalls angegeben.

Es lohnt sich, diese Audience genauer zu betrachten, insbesondere, wenn die Abmeldezahlen recht hoch sind. Mailchimp hat ein Limit von 1 % Abmeldungen pro Kampagne, bevor angefangen wird, kritische Nachfragen zu stellen.

Über die Spalten MEMBER RATING und LAST CHANGED sehen Sie, wie aktiv der bisherige Abonnent war. Jeder Abonnent startet mit zwei Sternen im Member Rating. Je interessierter er an Ihren Newslettern ist, je häufiger er sie liest oder Dinge anklickt, desto besser wird seine Bewertung. Abonnenten mit fünf Sternen zu verlieren ist also ärgerlicher als Abonnenten mit zwei oder einem Stern. Das Datum der letzten Änderung zeigt an, ob es sich um ein neues oder altes Mitglied auf

Ihrer Audience handelt. Auch hier ist der Verlust eines alten Abonnenten schwerwiegender.

In der Spalte REASON ist der Abmeldegrund angegeben. Wenn ein Abonnent den Abmelde-Link anklickt, dann lenkt ihn Mailchimp auf einen Fragebogen, in dem er – freiwillig – die Gründe für die Abmeldung angeben kann, allerdings nur, wenn Sie die Mailchimp-eigene Abmeldeseite benutzen. Wenn Sie eine eigene Abmeldebestätigungsseite erstellt haben (vergleiche Abschnitt 7.2.9 »Unsubscribe success page / Abmeldebestätigungsseite«), dann steht bei jeder Abmeldung UNSPECIFIED.

Wundern Sie sich nicht über eine überraschend hohe Zahl von Abonnenten, die DID NOT SIGNUP FOR LIST, also »Ich habe mich niemals angemeldet« anklicken. Gerade – aber nicht ausschließlich – wenn Sie in größeren Abständen versenden, vergessen Abonnenten gerne auch mal, dass sie einen Newsletter abonniert haben. Auch die anderen Angaben sollten Sie nicht in jedem einzelnen Fall auf die Goldwaage legen. Sie geben lediglich ein Stimmungsbild wieder. Wenn die Abmelderate insgesamt hoch ist oder über den Zeitraum von zwei bis drei Newslettern beständig ansteigt, sollten Sie den Ursachen auf den Grund gehen.

14.2.5 Beschwerden

In der Übersicht taucht vielleicht ein Wert hinter der unscheinbaren Zeile ABUSE REPORTS auf. Auch hier gibt es wieder eine Detailseite, die im Untermenü ACTIVITY unter COMPLAINED aufgeführt ist.

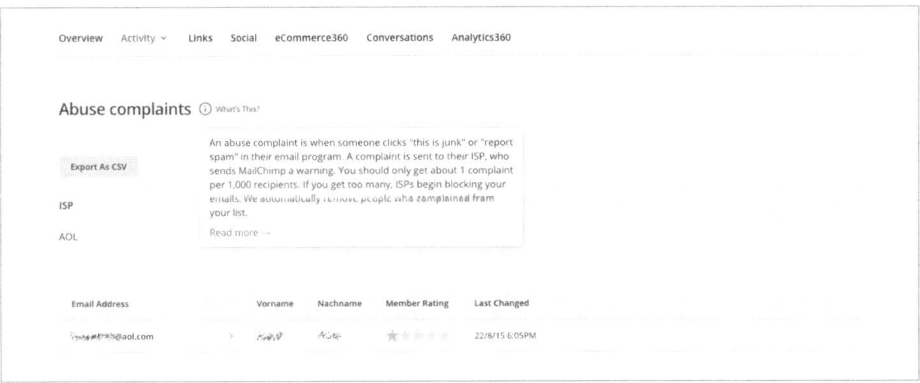

Abb. 14.13: Sie sollten nicht zu viele Abuse Reports pro Kampagne bekommen.

Ein Abuse Report ist eine aktive Beschwerde eines Abonnenten. Entweder hat dieser Abonnent in seinem Mailprogramm einen »Spam melden«-Link angeklickt oder er hat Mailchimp direkt kontaktiert beziehungsweise den sehr gut im (technischen) Mail-Header versteckten Abuse-Link gefunden. Es gibt zwei Dinge, die Sie in diesem Fall nicht tun sollten:

- In Panik verfallen
- Den Abonnenten kontaktieren

Genau wie Abmeldungen kommen auch Beschwerden immer wieder vor. Mailchimp gibt hier selbst eine Rate von 0,1 % an, die im Rahmen des Akzeptablen liegt. Ein Abuse Report kann möglicherweise sogar ungewollt durch einen falschen Klick ausgelöst werden, es kann aber auch sein, dass der Abonnent den Abmelde-Link nicht findet und stattdessen einen »Spam melden«-Link anklickt.

Es kann natürlich auch sein, dass der Abonnent den Abuse Report mit voller Absicht getätigt hat, und in diesem Fall sollten sie ihn tunlichst nicht kontaktieren. Er könnte das nämlich zum Anlass nehmen und theoretisch eine Abmahnung gegen Sie erwirken.

14.3 Statistiken zugänglich machen

Wenn Sie Mailchimp im Firmenumfeld benutzen, werden Sie sicherlich über den Erfolg der Kampagnen gegenüber Ihrem Vorgesetzten berichten müssen. Nicht immer ist es dabei gewünscht, dass die Person, die die Statistiken interessiert, vollen Zugang zum Mailchimp-Account hat. Deswegen hat Mailchimp einige Möglichkeiten, wie Sie Statistiken anderen Personen zugänglich machen.

14.3.1 Benutzer-Berechtigung »Viewer«

Bei den Benutzer-Berechtigungen (siehe Abschnitt 4.4 »Benutzerverwaltung«) gibt es den User-Typ »Viewer«. Sie können einer Person beim Hinzufügen zum Account diesen Status zuweisen. Die Person kann dann ausschließlich die Statistiken einsehen.

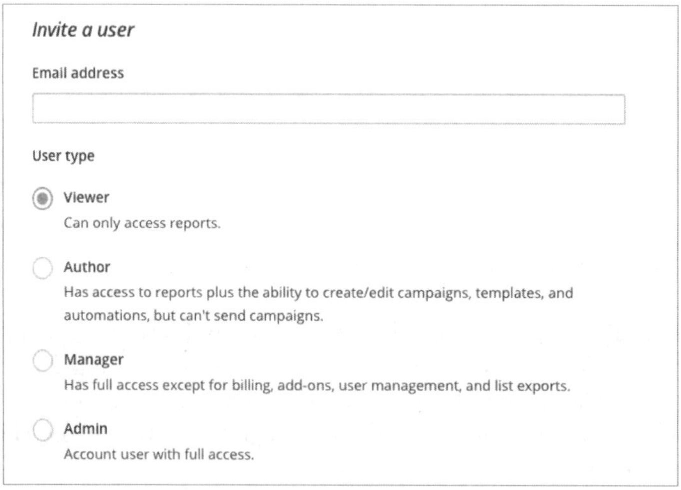

Invite a user

Email address

User type

◉ Viewer
  Can only access reports.

○ Author
  Has access to reports plus the ability to create/edit campaigns, templates, and automations, but can't send campaigns.

○ Manager
  Has full access except for billing, add-ons, user management, and list exports.

○ Admin
  Account user with full access.

Abb. 14.14: Der Viewer kann nur Reports ansehen.

Beachten Sie aber, dass ein Viewer alle Statistiken einsehen kann. Also von allen Kampagnen auf allen Audiences und von allen Automations! Wenn Sie mehrere Mandanten in Ihrem Account haben, kann zwischen den Statistiken nicht getrennt werden.

Es handelt sich bei diesem Zugang um einen regulären Mailchimp-Zugang. Der User muss sich also über die Mailchimp-Website anmelden und sich zumindest rudimentär in Mailchimp auskennen. Wenn das nicht gewünscht ist, gibt es noch andere Möglichkeiten.

14.3.2 Zugriff auf einzelne Statistiken

Sie haben die Möglichkeit, beliebigen Personen Zugriff auf einzelne Kampagnen-Reports zu gewähren. Diese Personen benötigen keinen eigenen Zugang zu Mailchimp! Die Option dazu finden Sie in der Report-Übersicht rechts neben jedem Report hinter dem Feld VIEW REPORT. Wenn Sie auf den Pfeil nach unten klicken, öffnet sich ein kleines Menü mit der Option SHARE REPORT. Wenn Sie sich bereits im Report befinden, gibt es rechts oben unter dem Versanddatum auch noch mal die Option SHARE.

Share Report

Campaign: Filati Einzelheft Home 66 und Handstrick 65
Sent on: 27.02.2020 8:01 nachm.

Add viewers

michael.keukert@aixhibit.de ×

Each viewer will receive an email with a secure link to this report. Add Message (Optional)

Set password   Ø Hide

4T@9JT9YSNY*Z%Qc!PGmFM2vuYt5

We'll share the password when we send the report to your viewers.

Share Report

Abb. 14.15: Jeder, der den Link und das Passwort kennt, kann auf den Report zugreifen.

Die Statistiken, die Sie bereitstellen wollen, haben einen individuellen Link und ein Passwort. Geben Sie in der zweiten Zeile ein oder mehrere E-Mail-Adressen von Personen an, die Zugriff auf diesen Report erhalten sollen. Den Passwortvorschlag können Sie übernehmen oder durch ein eigenes Passwort ersetzen. Jeder,

der den Link und das Passwort kennt, kann dauerhaft und ungehindert auf die Statistiken zugreifen!

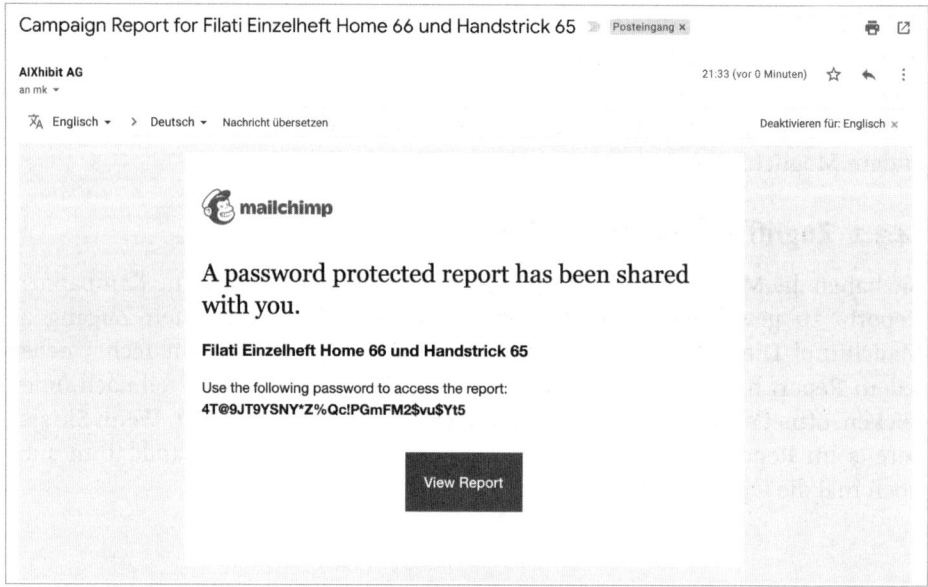

Abb. 14.16: Der individuelle Link erscheint nur in der Mail.

Die Personen, denen Sie die Statistik freigeben, erhalten dann eine Mail, in der der individuelle Link und das festgelegte Passwort erscheinen. Klickt man auf diesen Link, dann wird man zu einer recht schmucklosen Seite weitergeleitet, auf der man das Passwort eingeben muss. Sodann gelangt man auf die reguläre Statistik-Seite der jeweiligen Kampagne und kann alle Statistiken einsehen und abrufen – man kann nur nicht zu anderen Kampagnen wechseln.

14.3.3 Kampagnen-Report herunterladen

Ebenfalls aus der Report-Übersichtsseite oder den individuellen Reports heraus können Sie die Auswertung herunterladen. Wer jetzt ein schön aufbereitetes Dokument erwartet, wird enttäuscht sein. Das Ergebnis ist eine Tabellendatei im CSV-Format, das die Kenndaten der Kampagne enthält.

Diese maschinenlesbaren Auswertungen können die Grundlage für Ihre eigenen Auswertungen bieten, bedürfen jedoch noch einiger Nachbearbeitung, da beispielsweise absolute Zahlen und Prozentwerte in Textzellen gemischt sind.

14.3.4 Reports drucken und exportieren

Sie wollten schön gestaltete Reports? Hier sind sie! Über die PRINT-Funktion – wiederum aus der Report-Übersichtsseite oder dem einzelnen Report – kann

man endlich ein attraktiv gestaltetes Dokument mit Tabellen, Kurven und prägnant aufbereiteten Zahlen erhalten.

Über die Schaltfläche SHOW REPORT OPTIONS oben links können Sie einzelne Seiten abschalten. Wenn man keine Interaktionen auf Facebook oder Twitter hat,
dann wählt man beispielsweise die Seite SOCIAL STATS ab – sie erscheint dann
nicht im Report.

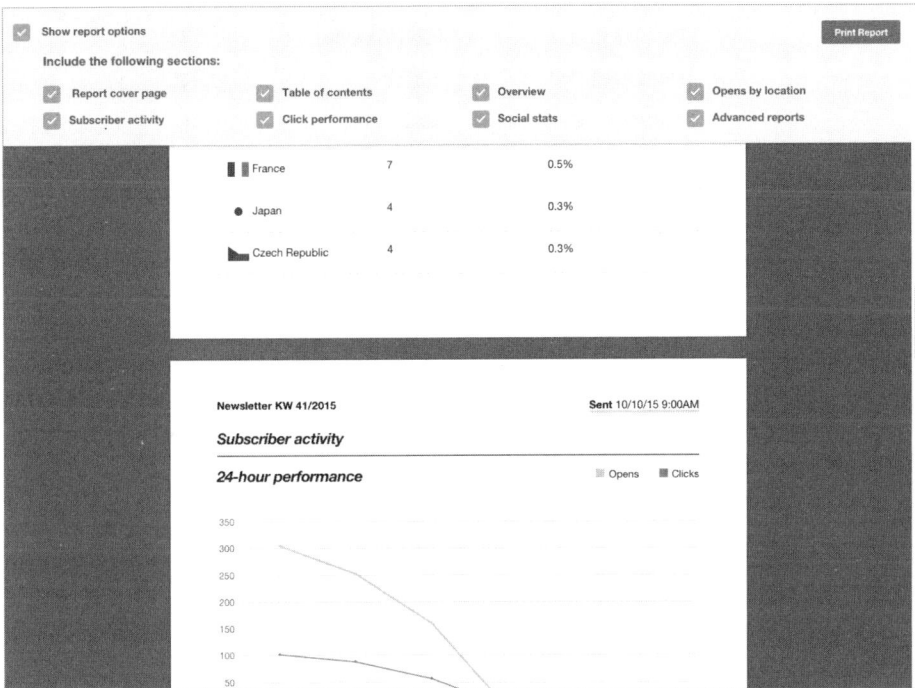

Abb. 14.17: Einzelne Seiten können vor dem Drucken an- oder abgewählt werden.

Über die Schaltfläche PRINT REPORT oben rechts wird die Statistik dann ausge-
druckt. Sie möchten sie lieber als PDF haben? Eine direkte PDF-Exportoption gibt
es leider nicht. Ich empfehle in diesem Fall einfach einen PDF-Druckertreiber.
Windows 10 und alle Mac-OS-X-Versionen haben einen PDF-Druckertreiber
bereits eingebaut. Für Windows 8 und älter muss man einen externen PDF-Dru-
cker wie zum Beispiel CutePDF (*www.cutepdf.com*) nehmen.

14.4 Auswertung in Google Analytics

E-Mail-Marketing ist nur eines der Werkzeuge des Onlinemarketings. Um die Effek-
tivität Ihrer Onlinemarketing-Aktivitäten zu messen, müssen Sie die einzelnen
Kampagnen in Relation zueinander setzen. Ein gutes Werkzeug dafür ist Google
Analytics.

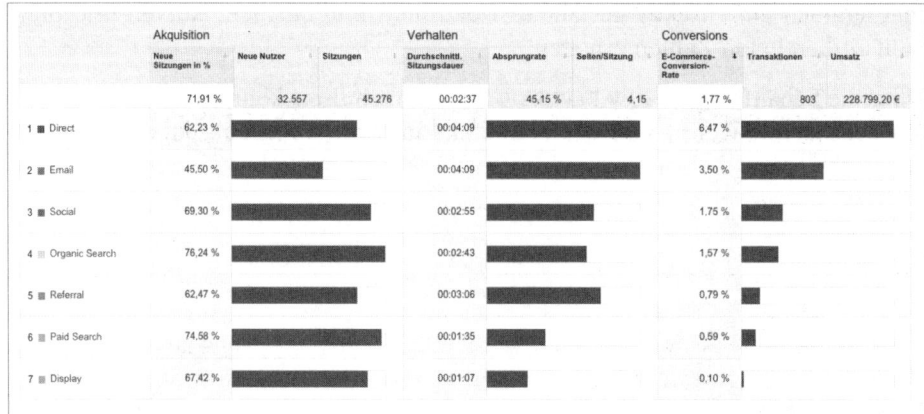

Abb. 14.18: Der Akquisition-Report vergleicht die Onlinemarketing-Kanäle miteinander.

Im »Akquisition«-Report listet Google Analytics die einzelnen Kanäle – also beispielsweise E-Mail-Marketing oder Suchmaschinenwerbung – mit den jeweiligen Erfolgswerten auf. Hier sehe ich regelmäßig, dass E-Mail-Marketing ein ausgesprochen erfolgreiches Mittel ist. Bedenkt man noch, dass die tatsächlichen Kosten bei einem System wie Mailchimp im Vergleich zu Google AdWords oder Facebook-Werbung vernachlässigbar sind, denn ist die ganz klare Empfehlung, E-Mail-Marketing auch für Ihre Projekte zu nutzen.

Kampagne	Akquisition			Verhalten			Conversions E-Commerce		
	Sitzungen	Neue Sitzungen in %	Neue Nutzer	Absprungrate	Seiten/Sitzung	Durchschnittl. Sitzungsdauer	E-Commerce-Conversion-Rate	Transaktionen	Umsatz
		44,27 %		35,83 %	5,31	00:03:52	4,68 %		30.145,97 €
1. 807ee049f9-Aktion_09_03_15		53,85 %		29,41 %	6,36	00:03:39	7,24 %		7.923,39 € (26,28 %)
2. 292d24bb7b-Veristore		9,40 %		18,12 %	8,03	00:05:05	17,45 %		7.747,48 € (25,70 %)
3. ef90b5e63a-Mailing_Haendler_NM		44,95 %		38,53 %	5,09	00:03:18	10,55 %		7.574,03 € (25,12 %)
4. aaf59df63d-Jahresbonus_13_01_15		2,50 %		7,50 %	11,75	00:07:26	15,00 %		2.139,66 € (7,10 %)
5. 040ba30694-Mailing_18_03_15		49,41 %		41,93 %	4,22	00:03:31	0,79 %		1.217,90 € (4,04 %)

Abb. 14.19: Ordnen Sie jeder Kampagne Messwerte aus Google Analytics zu.

Ein Klick auf den Kanal E-MAIL und Google Analytics zeigt Ihnen eine Auswertung über die einzelnen Kampagnen an. Dazu müssen Sie allerdings noch von der Standardeinstellung ZIELSEITE für die erste Spalte auf KAMPAGNE umstellen. Mailchimp stellt hier dem Kampagnen-Namen (den Sie im Kampagnen-Setup unter GOOGLE ANALYTICS LINK TRACKING einstellen) noch eine interne Mailchimp-ID voran. Das ist ein bisschen nervig und unterstreicht noch mal, wie wichtig eine einheitliche Nomenklatur für die Kampagnen ist, damit Sie sie gut auseinanderhalten können.

Kapitel 15

Fortgeschrittene Anwendungen

Mailchimp ist ein starkes E-Mail-Marketing-Tool und wird fortlaufend weiterentwickelt. Neben den Standardfunktionalitäten bietet es aber auch eine Reihe weiterer Features, die über den einfachen und klassischen Versand von E-Mails, Newslettern und Autorespondern (Automations) hinausgehen. Einige davon stelle ich in diesem Kapitel vor.

15.1   Webhooks

Mailchimp verwaltet die Abonnentenlisten eigenständig. Abonnenten können sich abmelden oder ihre E-Mail-Adresse ändern und Mailchimp hält alle diese Änderungen in der jeweiligen Audience aktuell. Sie können jederzeit den aktuellen Stand der Audience exportieren, ebenso wie die Audience der abgemeldeten Benutzer. So können Sie manuell Ihren Adressbestand, den Sie lokal auf Ihrem Computer oder Ihrem Server gespeichert haben, aktualisieren.

Für eine geringe Zahl von Änderungen mag das gehen, wenn aber häufige Änderungen auftreten oder Ihre lokale Audience jederzeit aktuell sein soll, ist das nicht mehr praktikabel. Zum Glück bietet Mailchimp über die Funktion der »Webhooks« die Möglichkeit, Listenänderungen automatisch zu exportieren.

Sie können einen Webhook für ein beliebiges Listenereignis, beispielsweise das Abbestellen des Newsletters, erstellen. Sobald ein solches Ereignis eintritt, ruft Mailchimp unmittelbar eine von Ihnen hinterlegte Web-Adresse auf und übermittelt einen Datensatz. Das hat zwei Implikationen:

1. Sie müssen die Daten über eine eigene Programmierung entgegennehmen.
2. Ihr Programm muss permanent zur Verfügung stehen, da die Ereignismeldung in Echtzeit passiert.

Mailchimp übermittelt die Daten nach dem »fire and forget«-Prinzip. In dem Moment, in dem das Ereignis eintritt, wird die Webadresse aufgerufen und der Datensatz übertragen, egal ob auf der Gegenstelle etwas zuhört. Das bedeutet auch, dass nicht mehrfach versucht wird, ein Ereignis zu übertragen. Die korrekte Entgegennahme und Weiterverarbeitung der Ereignisdaten obliegt ausschließlich Ihnen!

15.1.1 Webhook einrichten

Webhooks sind spezifisch für jeweils eine einzige Audience. Die Einstellungen finden sich in der jeweiligen Audience unter SETTINGS und dort als letzter Punkt WEBHOOKS des Menüs. Vermutlich ist dort noch kein Webhook eingetragen – klicken Sie daher auf CREATE NEW WEBHOOK.

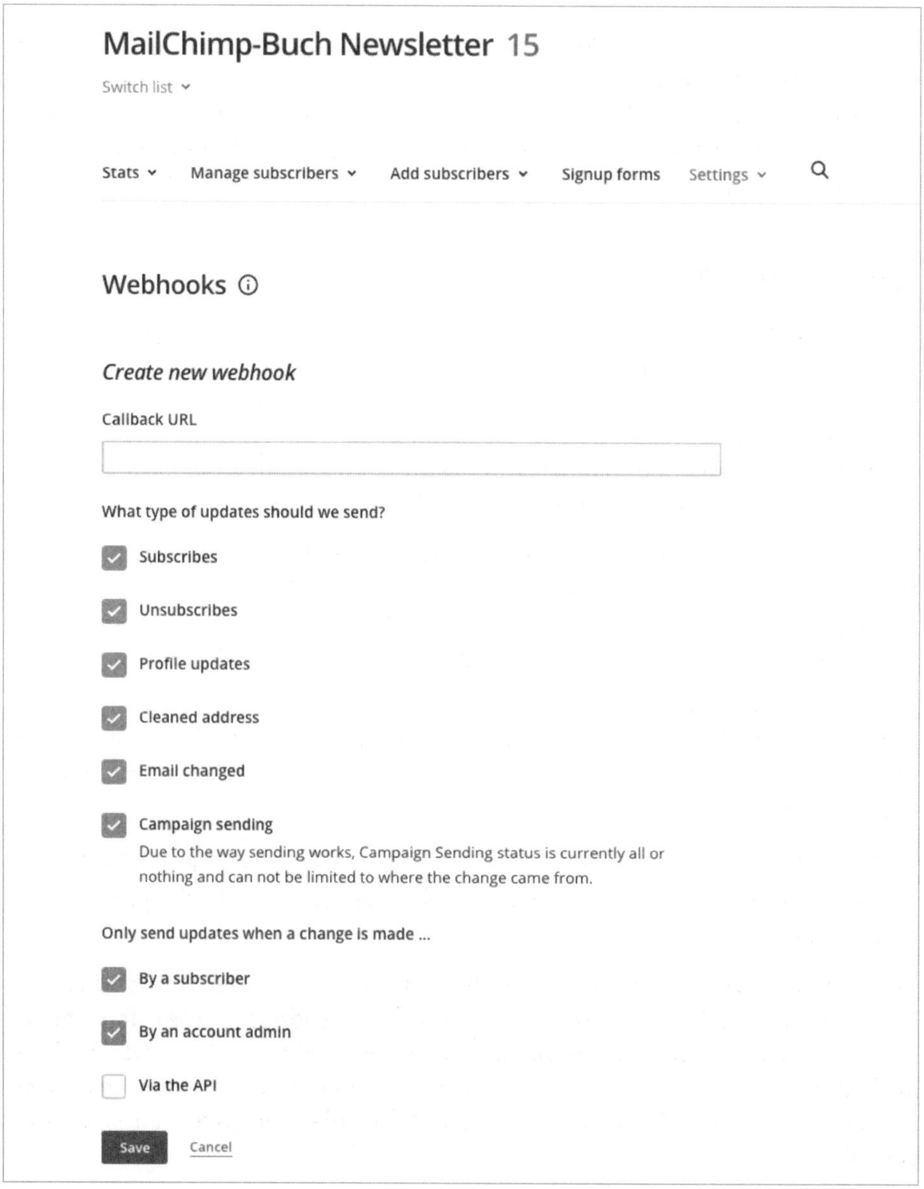

Abb. 15.1: Ein Webhook kann Daten für mehr als ein Ereignis übertragen.

Die Konfiguration des Webhooks besteht aus drei Teilen. Sie müssen zunächst eine »Webhook URL« hinterlegen. Es handelt sich dabei um die URL eines Skripts auf einem Server, den Sie kontrollieren, und das die Daten des Webhook-Aufrufs entgegennimmt.

Im zweiten Block stellen Sie ein, bei welchen Ereignissen der Webhook-Aufruf stattfindet. Die ersten fünf Ereignisse treten dabei vergleichsweise selten auf und sind unproblematisch. Vorsichtig sollten Sie jedoch mit dem Punkt CAMPAIGN SENDING sein. Wird dieses Ereignis ausgewählt, dann wird bei jedem einzelnen Mail-Versand bei jedem einzelnen Abonnenten ein Webhook-Aufruf ausgelöst. Bei einer Audience mit 100 Abonnenten sind das 100 Webhook-Aufrufe innerhalb weniger Sekunden. Ihr Server muss diese Last auch aushalten und die Aufrufe alle entgegennehmen und weiterverarbeiten!

Im letzten Bereich stellen Sie ein, bei welchem Auslöser ein Ereignis per Webhook übermittelt werden soll. Zur Auswahl stehen BY SUBSCRIBER, BY AN ACCOUNT ADMIN und VIA API. Im ersten Fall wird der Webhook nur ausgelöst, wenn der Abonnent selbst aktiv wird, also zum Beispiel seine E-Mail-Adresse ändert. Der zweite Fall deckt Änderungen durch Sie oder andere Administratoren ab. Wenn Sie also in die Audience-Übersicht gehen, einen Abonnenten auswählen und seine E-Mail-Adresse ändern. Der letzte Fall betrifft Änderungen, die von externen Programmen über die API-Schnittstelle durchgeführt werden.

15.1.2 Webhook testen

Um die Funktionsweise zu verstehen, erstellen Sie sich eine Testumgebung unter *http:// requestbin.net*. Sie erhalten eine individuelle URL, die Sie im Webhook eintragen können. Unmittelbar nach der Eingabe der URL prüft Mailchimp, ob die Adresse existiert.

Abb. 15.2: Der User-Agent-Eintrag verrät, dass dies lediglich die Adressüberprüfung ist.

Laden Sie die RequestBin-Seite neu und Sie sehen den Zugriff. Wenn dies erfolgreich war, können Sie jetzt die weiteren Parameter einstellen. Löschen Sie die Häkchen vor allen Ereignissen, außer vor EMAIL CHANGED, denn für den Test möchten wir nur einen Webhook auslösen, wenn die E-Mail-Adresse geändert wird. Im unteren Bereich muss mindestens BY AN ACCOUNT ADMIN ausgewählt sein.

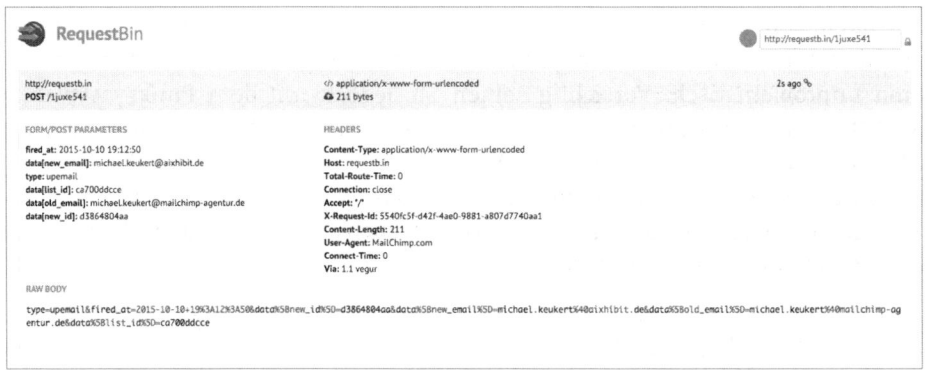

Abb. 15.3: Die Adressänderung findet sich im Webhook-Aufruf wieder.

Wählen Sie jetzt einen Abonnenten aus Ihrer Audience aus und ändern Sie (vorübergehend) seine E-Mail-Adresse. Sobald Sie die RequestBin-Seite neu laden, sehen Sie den kürzlich erfolgten Webhook-Aufruf. Auf der linken Seite sehen Sie die übermittelten Parameter. Unter DATA[OLD_EMAIL] sehen Sie die alte E-Mail-Adresse und unter DATA[NEW_EMAIL] wird der neue Wert aufgeführt.

Um Webhooks zu nutzen, müssen Sie ein Programm schreiben (lassen), das Datensätze ähnlich wie RequestBin entgegennimmt und weiterverarbeitet. Weiterführende Informationen finden Sie in der API-Dokumentation unter *https://mailchimp. com/developer/guides/get-started-with-mailchimp-api-3/*.

15.2 Mailchimp-API

In den vorangegangenen Kapiteln habe ich einen Überblick über die zahlreichen, leistungsfähigen Funktionen von Mailchimp gegeben. Die meisten davon lassen sich ohne jegliche Programmierkenntnisse nutzen. Wenn Ihnen diese Möglichkeiten für Ihr Projekt nicht reichen, müssen Sie sich nicht nach einem anderen Werkzeug umschauen. Auch für fortgeschrittene Anforderungen ist Mailchimp das richtige System, da es über seine Programmierschnittstelle nahezu beliebig erweitert werden kann. Mailchimp wird dabei zur Plattform oder zum Framework, dessen Funktionen Sie nahezu beliebig durch eigene Entwicklungen und Programmierungen nutzen und ergänzen können.

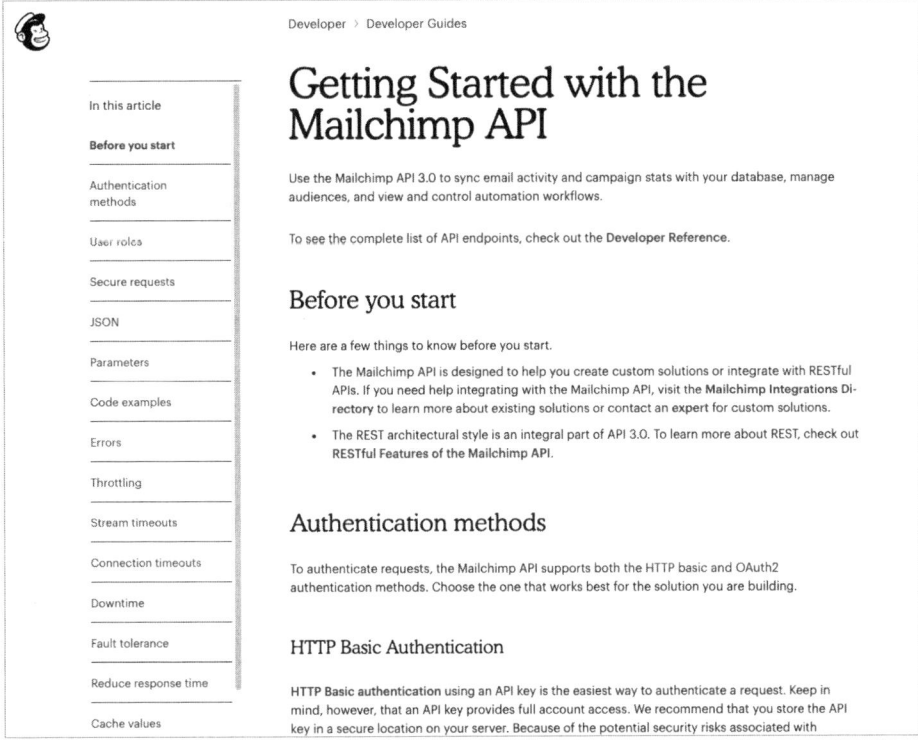

Abb. 15.4: Die Knowledge-Base enthält umfangreiche Informationen zur API-Programmierung.

Die Interaktion mit Mailchimp über die API setzt solide Programmierkenntnisse voraus. Sie sollten Ihre ersten Gehversuche mit der API nicht an einem produktiven Mailchimp-Account durchführen, sondern sich für diese Zwecke einen Test-Account mit einer Test-Audience einrichten.

Derzeit aktuell ist die API-Version 3.0, die Mitte 2015 eingeführt wurde. Es ist die derzeit umfangreichste API-Version und die Roadmap sieht noch zahlreiche neue Features vor, die in den nächsten Monaten eingeführt werden.

15.2.1 API-Key

Um die Mailchimp-API nutzen zu können, müssen Sie sich zunächst einen API-Key erzeugen. Dieser Key dient der Autorisierung des Datenaustauschs über die Schnittstelle. So benötigen Sie zum Beispiel einen API-Key, wenn Sie das Plugin für das Content-Management-System WordPress benutzen möchten.

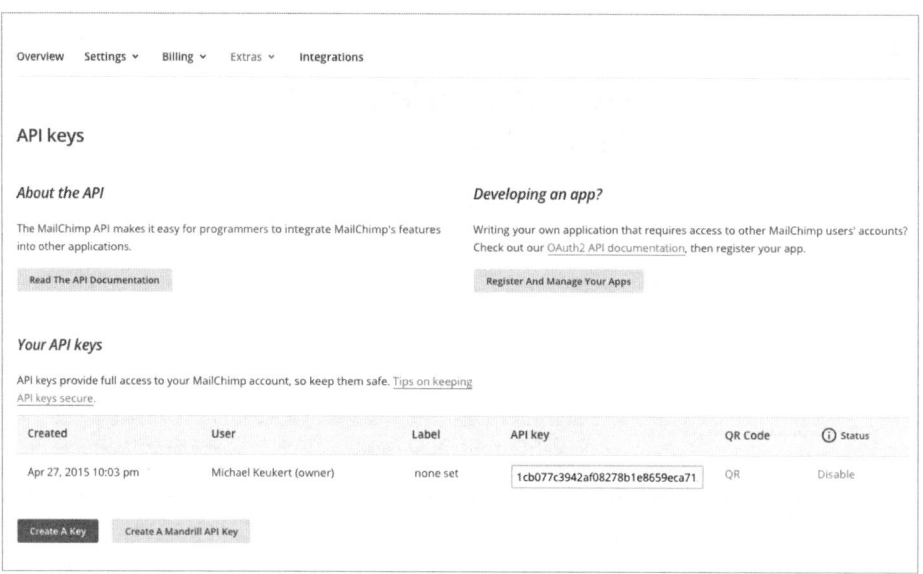

Abb. 15.5: Die API-Keys befinden sich in den Account-Einstellungen.

Ein API-Key gilt immer für den kompletten Account, weswegen Sie ihn auch in den Account-Einstellungen unter EXTRAS generieren.

Ein API-Key ist auch für viele externe Programme nötig, die Daten mit Mailchimp austauschen.

Aus diesem Grund können Sie auch mehrere API-Keys generieren. Es empfiehlt sich, für jedes Projekt und für jede externe Applikation einen eigenen Key zu generieren. Wenn Sie die Applikation nicht mehr nutzen wollen, können Sie den Key löschen (über DISABLE) und die Applikation kann nicht mehr auf Ihren Account zugreifen.

Nicht direkt offensichtlich ist die Tatsache, dass ein API-Key an den Mailchimp-Benutzer gebunden ist, der ihn angelegt hat. Sollte dieser Benutzer gelöscht werden, dann sind auch die von ihm angelegten API-Keys nicht mehr verfügbar. Es empfiehlt sich daher, die Keys möglichst vom Account-Eigentümer anlegen zu lassen.

15.2.2 API-Playground

Für erste Gehversuche mit der API stellt Mailchimp den »API Playground« zur Verfügung. Nachdem Sie sich einen API-Key generiert haben, können Sie unter *https://us1.api.mailchimp.com/playground/* ausprobieren, wie die einzelnen Funktionen der API in der Praxis genutzt werden.

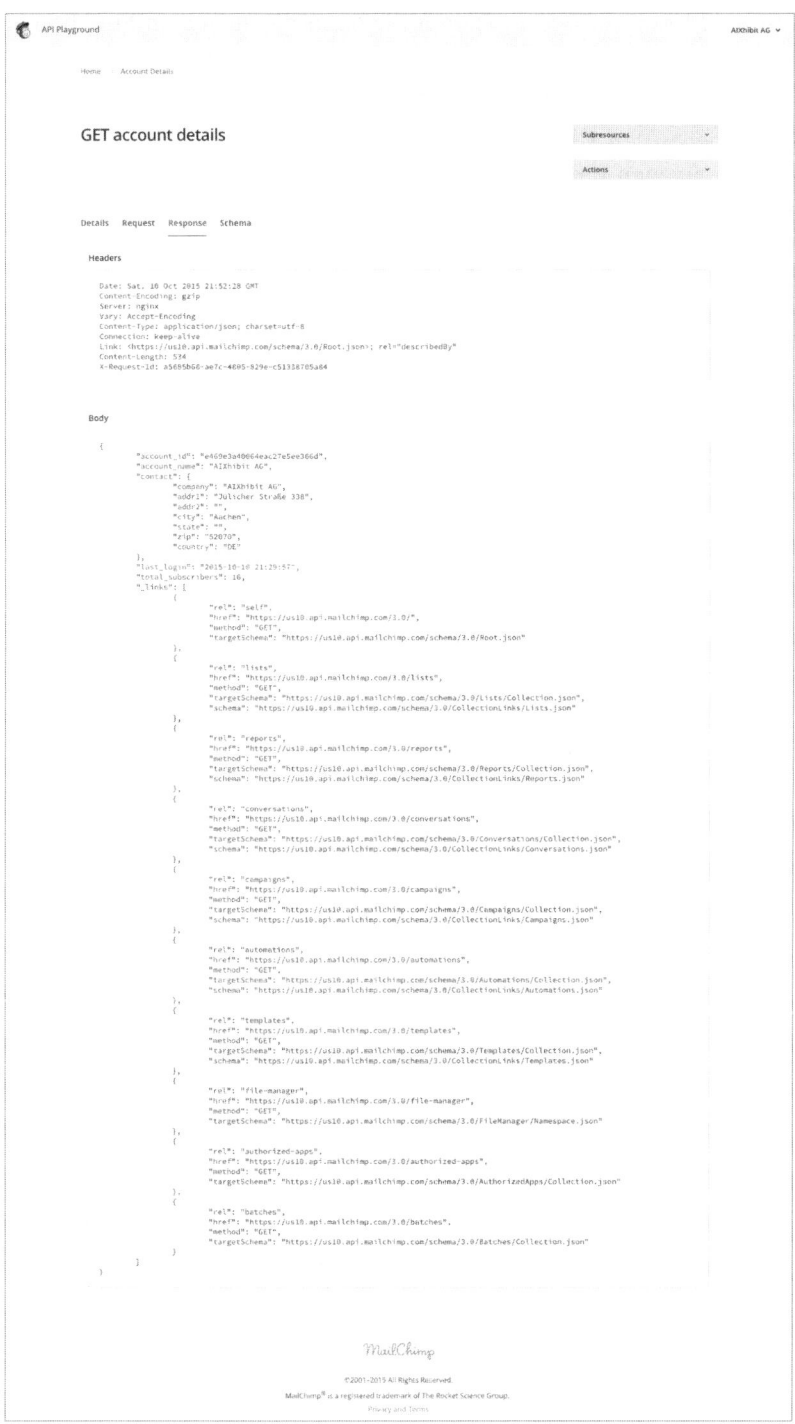

Abb. 15.6: Im API-Playground können Sie die einzelnen Funktionen der API ausprobieren.

Geben Sie Ihren API-Key ein und probieren Sie dann die einzelnen Funktionen aus. Es wird sowohl das Ergebnis der Funktion als auch der jeweilige Aufruf angezeigt.

So erhalten Sie einen guten Überblick, welche Möglichkeiten die API bietet und wie Sie sie für Ihre eigenen Projekte nutzen können.

Kapitel 16

Mailchimp-Apps

Als Software-as-a-Service (SaaS) wird Mailchimp komplett im Webbrowser bedient. Das ist praktisch, da man von überall aus – Büro, Wohnzimmer oder Café – auf seine Listen und Kampagnen zugreifen kann. Sie benötigen lediglich eine Internetverbindung.

Je nachdem, was man machen möchte, ist der kleine Bildschirm eines Smartphones aber doch zu gedrängt, oder man braucht gar nicht die Funktionalität des kompletten Systems und möchte nur eine bestimmte Funktion nutzen. Zu diesem Zweck hat Mailchimp eine ganze Reihe von Apps für Android- und Apple-Smartphones und -Tablets herausgebracht.

Im Vergleich zur ersten Auflage dieses Buches fand bei den Apps ein Kahlschlag statt. Gab es im Frühjahr 2016 noch fünf Apps im Google PlayStore, so sind dort heute nur noch drei zu finden – eine davon ein Spiel. Apples App Store listete sechs Apps auf, heute sind es nur noch fünf – davon zwei Spiele und ein Adressexporter für den Mac. Ein Teil der Funktionalität der weggefallenen Apps wurde in die Mailchimp-Haupt-App übertragen, der Rest, von dem ich nur annehmen kann, dass Mailchimp die Nutzungszahlen im Auge behielt, bleibt verloren.

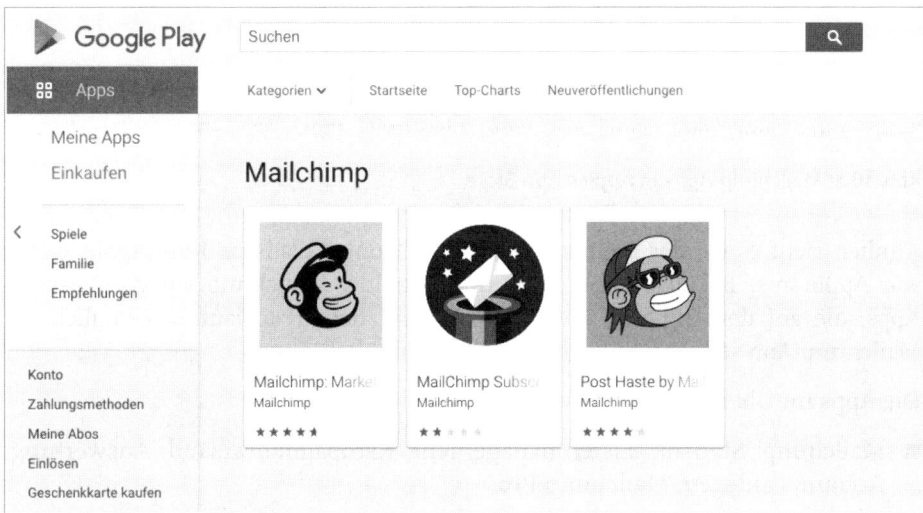

Abb. 16.1: Mailchimp-Apps im Google PlayStore

Für Android-Tablets und Smartphones stehen insgesamt zwei Apps zur Verfügung. Hier wird keine Unterscheidung zwischen Smartphone und Tablet gemacht – die Mailchimp-Subscribe-App lässt sich jedoch nur auf Tablets sinnvoll bedienen.

Abb. 16.2: Mailchimp-Apps in Apples App Store

Ähnlich sieht es bei der Unterstützung für iPhones, iPads und die Apple Watch von Apple aus. Bei den Apple-Apps unterscheidet Mailchimp jedoch zwischen Apps, die auf dem iPhone, und Apps, die auf dem iPad laufen. Lediglich die Mailchimp-App selbst steht für beide Geräte zur Verfügung.

Die Apps im Überblick:

- Mailchimp: Statistik, Listenmanagement, Kampagnenversand, Auswertung, Accounts anlegen, Mailchimp Pro
- Mailchimp Subscribe: Sammeln von Adressen auf Messen oder in Ladenlokalen
- Mailchimp for Apple Watch: Speziell für die Apple Watch entwickelte App

Seit der Erstausgabe dieses Buches weggefallene Apps sind:

- Mailchimp VIPs / Golden Monkeys: Benachrichtigung über Newsletter-Öffnungen und Benutzerverhalten von VIPs
- Mailchimp Editor: Erstellen von Newslettern
- Mailchimp Snap: Erstellen von fotolastigen Kurz-Newslettern

Im Folgenden stelle ich die einzelnen Apps und Ihre Aufgabenbereiche kurz vor. Die Screenshots sind auf iPhone beziehungsweise iPad angefertigt – die Bedienung ist aber auf Android-Geräten identisch.

Mailchimp Marketing & CRM

Bei dieser App handelt es sich um die »Haupt-App« von Mailchimp. Sie dient primär dem schnellen Überblick über die aktuell laufenden Kampagnen und der Freigabe von vorbereiteten Newslettern.

Abb. 16.3: Kampagnendetails in der App

Zu jeder einzelnen Liste kann man sich die relevanten Daten anschauen. Blau hinterlegte Zahlen oder Einträge können mit dem Finger angetippt werden und öffnen dann eine weitere Ansicht. So kann man sich zum Beispiel anschauen, wer den Newsletter gelesen hat oder welche Abonnenten neu hinzugekommen sind.

Im Bereich REPORT kann dann die Leistung jedes einzelnen Newsletters betrachtet werden. Auch hier liegt das Augenmerk auf der schnellen Information – weniger auf der intensiven Arbeit im Account.

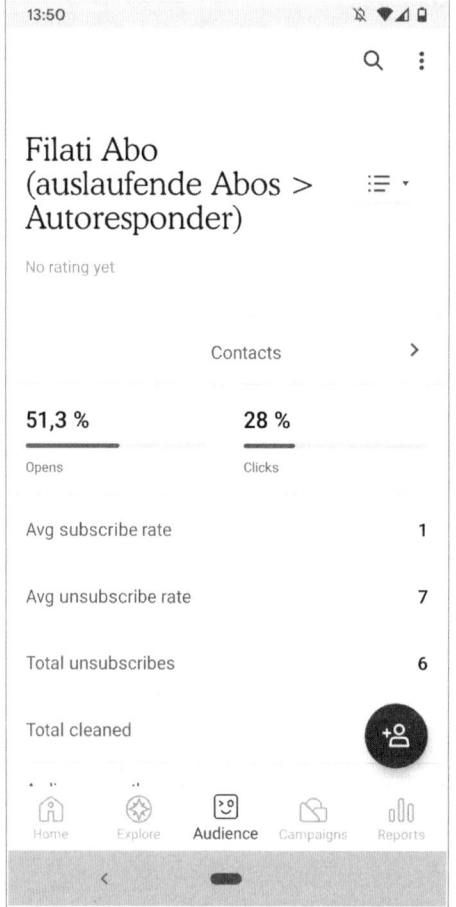

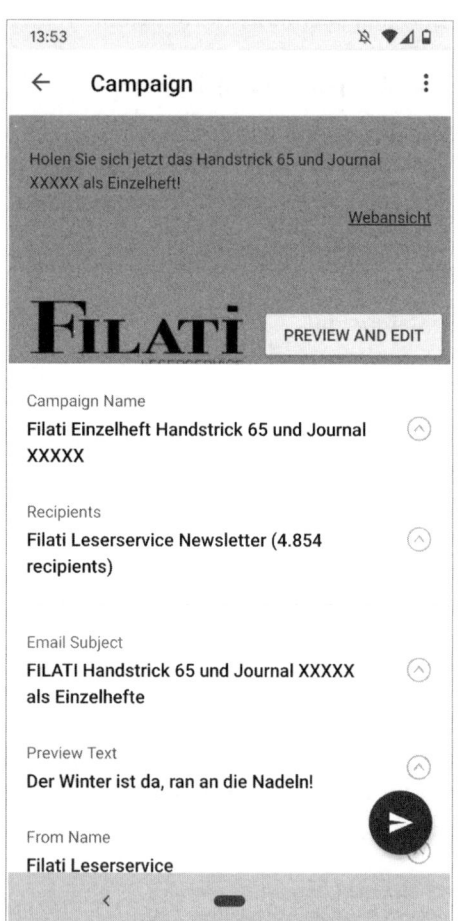

Abb. 16.4: Die App behält den ganzen Account gut im Überblick.

Abb. 16.5: Die Kampagneneinstellungen können direkt aus der App verändert werden.

Unter CAMPAIGNS kann man vorbereitete Newsletter ansehen. Die Darstellung auf dem Smartphone-Bildschirm ist etwas unbequem, da die Ansicht leider nicht ska-

liert. Hier sollte man besser ein Tablet benutzen. Von diesem Bildschirm aus können Sie einen Newsletter auch direkt versenden. Die App lässt sich somit auch für
Freigaben durch einen verantwortlichen Vorgesetzten nutzen, auch wenn dieser
gerade auf Dienstreise ist.

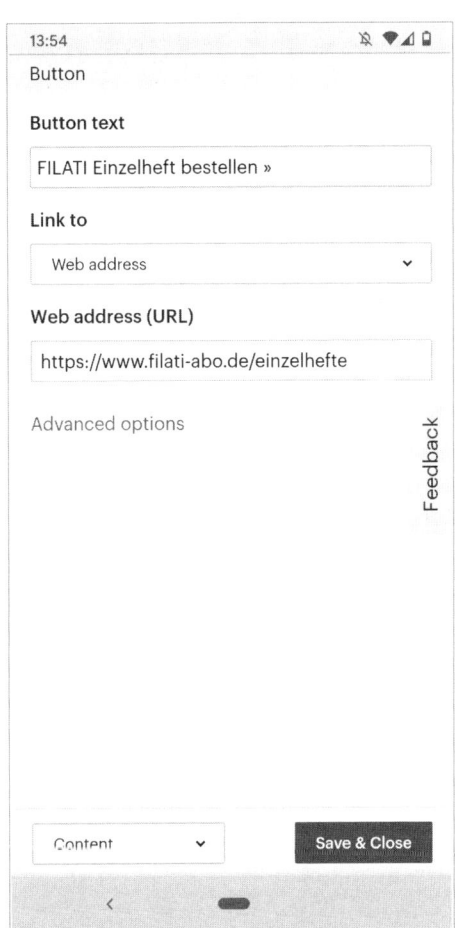

Abb. 16.6: Auf dem Smartphone machbar, auf dem Tablet besser: Editieren direkt aus der App heraus.

Abb. 16.7: Der Editor funktioniert nahezu genau so wie am Bildschirm.

Die App wird ständig weiterentwickelt – neue Versionen erscheinen in der Regel
alle paar Monate. Zwischenzeitlich wurden auch Funktionen hinzugefügt, die das
Bearbeiten von Newslettern direkt aus der App heraus ermöglichen. Die Funktionsweise des Editors ist dabei grundsätzlich die gleiche wie bei der Web-Version.
Lediglich visuell unterscheiden sich die Versionen etwas. Dafür kann man mittlerweile eine sehr gute Vorschau in der App selbst haben.

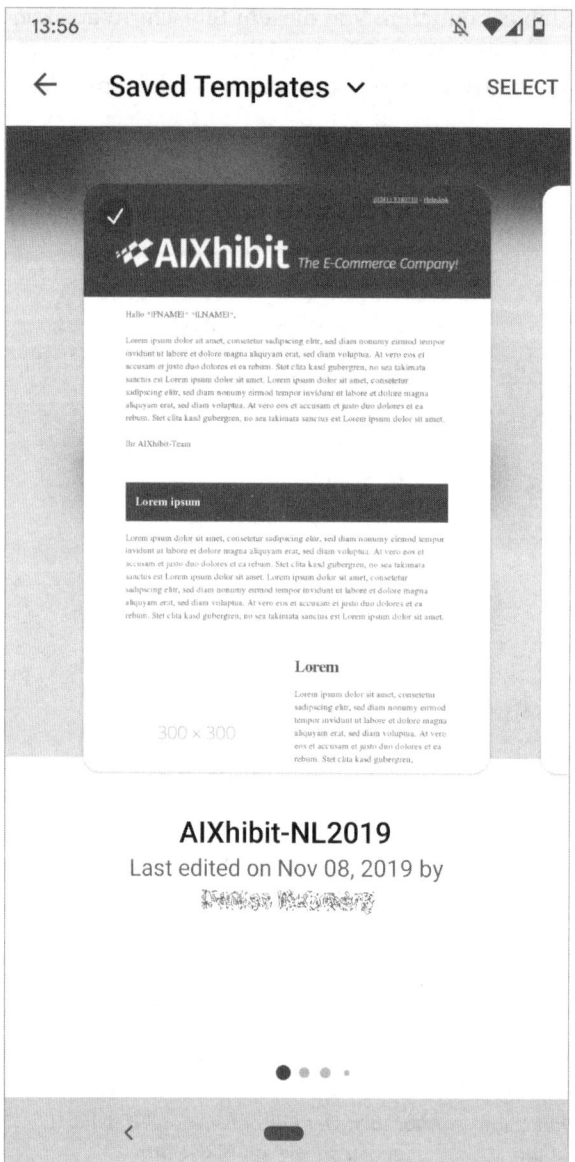

Abb. 16.8: Die Template-Vorschau auf einem gewöhnlichen Smartphone.

Ich benutze diese App meist, um zwischendrin einen schnellen Überblick über die Leistung einer frisch versendeten Kampagne zu erhalten. Der Leistungsumfang ist über die Jahre beständig gewachsen, sodass die App mittlerweile auch für den produktiven Einsatz unterwegs geeignet ist. Eine Mitarbeiterin hatte kürzlich einige längere Wartezeiten zwischen zwei Arztterminen gehabt und nutzte die App, um aus dem Wartezimmer heraus Änderungen an einem Newsletter vorzunehmen, einen Testversand an die Kundin zu machen und dann den finalen Versand anzustoßen.

Mailchimp VIPs

Diese App ist seit einiger Zeit nicht mehr im PlayStore oder dem iTunes Store vertreten. Sollten Sie die App aber bereits auf Ihrem Smartphone oder Tablet haben, dann kann sie nach wie vor benutzt werden.

In jeder Liste gibt es vermutlich Personen, bei denen Sie ganz besonders gespannt sind, wann – oder gar ob – sie Ihren Newsletter lesen und wie sie darauf reagieren. Um Ihnen zu ersparen, wie gebannt vor dem Computer zu sitzen und jede Minute die Statistiken zu aktualisieren, gibt es die Mailchimp-VIPs-App – auf Android ehemals etwas spöttisch »Golden Monkeys« genannt.

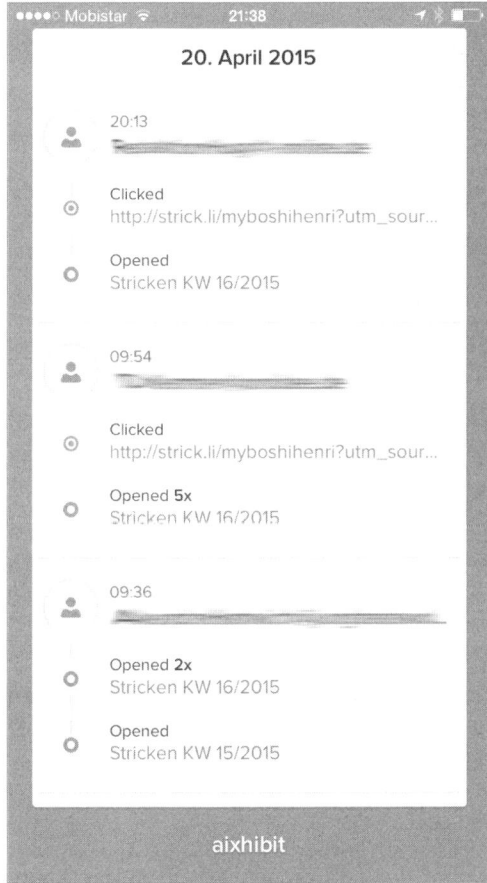

Abb. 16.9: VIP-Aktivitäten. Sie können sehen, welcher VIP-Empfänger
welche E-Mails geöffnet oder Links angeklickt hat.

In jeder Mailchimp-Liste können Sie einzelne Abonnenten als VIP markieren. Dies ist eine rein interne Kennzeichnung für Sie – die betreffende Person ist sich nicht gewahr, dass sie ein VIP ist. Die Aktivitäten der VIPs – und nur diese – werden in der Mailchimp-VIP-App sofort dargestellt.

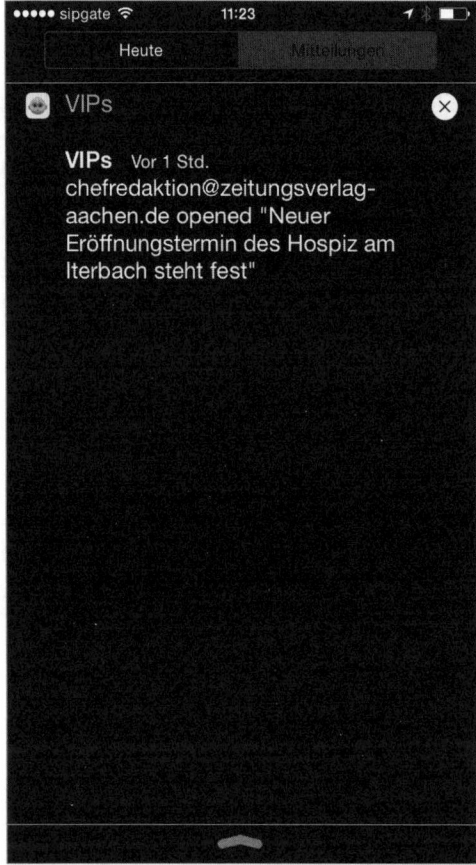

Abb. 16.10: Mittels Push-Benachrichtigung sehen Sie auch im Lockscreen, wenn VIPs Ihre E-Mails lesen.

Wenn Sie der App erlauben, Ihnen »Push-Benachrichtigungen zu senden, dann bekommen Sie sofort eine Nachricht, wenn ein VIP den Newsletter öffnet oder beispielsweise auf den KAUFEN-Link in einem Angebotsnewsletter geklickt hat.

Mailchimp Subscribe

Das Kernstück Ihres E-Mail-Marketings sind die zahlreichen Adressen der Abonnenten, organisiert in Ihren Listen. Das Gros Ihrer Abonnenten wird sich über Ihre Website anmelden. Doch was ist mit Kunden in einem Ladenlokal oder Besuchern an einem Messestand? Hier besteht schon direkter Kontakt durch Sie oder Ihre Mitarbeiter. Den Besucher oder Kunden zu bitten, sich über die Website zum Newsletter anzumelden, verkompliziert es für den potenziellen Abonnenten und schafft einen Abstand zwischen dem (hoffentlich) positiven Erlebnis des Gesprächs und dem Zeitpunkt der Anmeldung. Viel besser wäre es, den Kontakt an Ort und Stelle zum Eintragen auffordern zu können. Genau das leistet die mobile App Mailchimp Subscribe!

Die App ist für Tablets wie das Apple iPad oder das Google Nexus konzipiert, denn nur diese Geräte bieten genug Platz auf dem Bildschirm, um eine Newsletter-Anmeldemaske aufzunehmen.

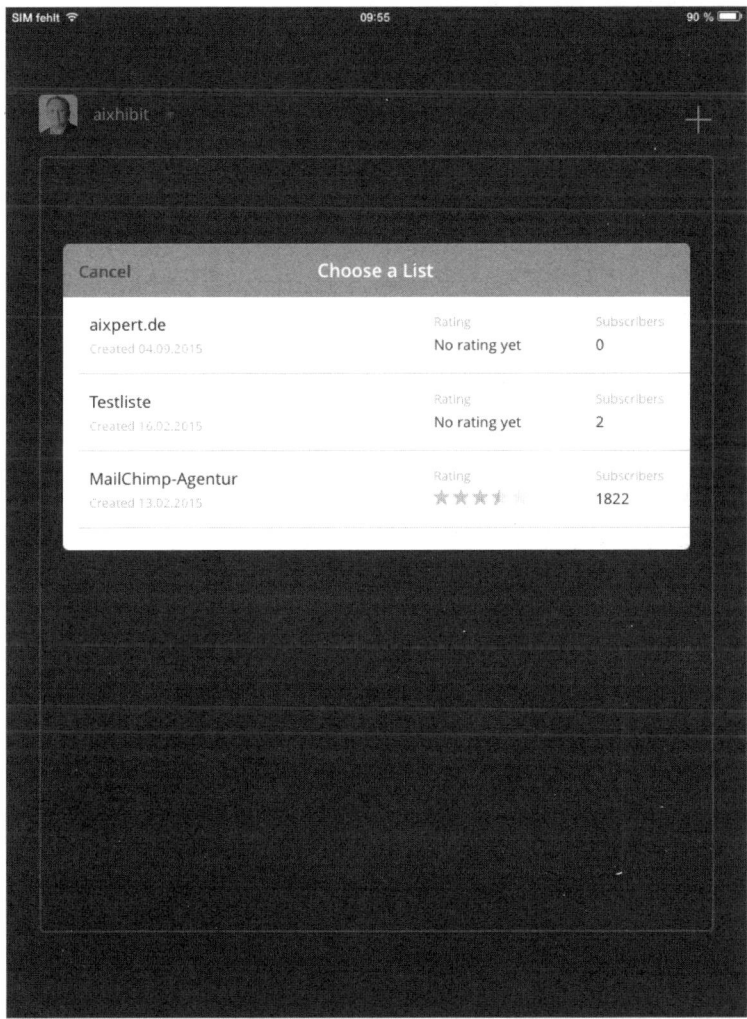

Abb. 16.11: Mailchimp Subscribe können Sie für die Anmeldung zu Ihrem Newsletter auf Tablet-PC einsetzen.

Mailchimp Subscribe kann mehrere Formulare für verschiedene Listen verwalten. Starten Sie also über ADD FORM ein neues Formular und wählen Sie dann die Liste aus, für die das Formular ist. Vorher jedoch müssen Sie sich mit der App in Ihren Mailchimp-Account einloggen. In den nächsten Schritten können Sie dann die Anmeldemaske gestalten.

Abb. 16.12: Die Gestaltung der Anmeldemasken in Mailchimp Subscribe funktioniert mit wenigen Fingertipps.

Die Gestaltung geht relativ schnell von der Hand, was daran liegt, dass die gestalterischen Mittel sehr begrenzt sind. Das kann aber durchaus als Vorteil gesehen werden, denn so konzentriert sich die Anmeldemaske auf das Wesentliche.

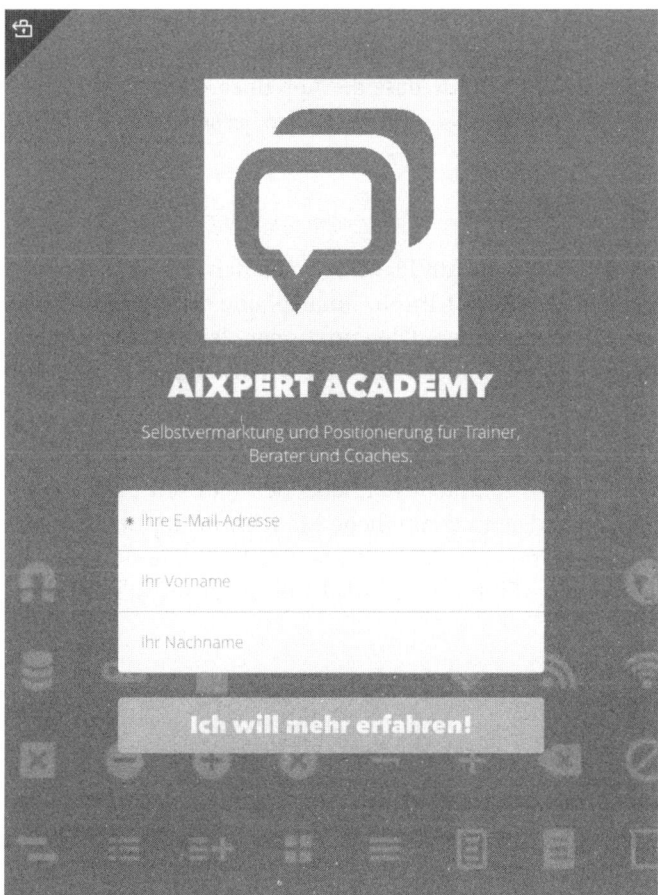

Abb. 16.13: Die fertige Anmeldemaske in der Portrait-Ansicht

Nachdem die Anmeldemaske designt ist, kann man sie gegen Veränderungen sperren. Schaltet man dann auf dem Tablet den sogenannten Kiosk-Modus ein, wird Mailchimp Subscribe als einzige App ausgeführt, ohne dass ein Benutzer die App wechseln kann oder sich die Konfiguration des Tablets ändert. Informationen zur Einrichtung des Kiosk-Modus unter iOS finden Sie unter *https://support.apple. com/de-de/HT5509* – unter Android sind dafür externe Apps wie zum Beispiel Site-Kiosk nötig.

Es gibt mittlerweile einige sehr schöne Boden- oder Theken-Ständer für iPads und andere Tablets, mit denen man das Gerät im Ladenlokal oder auf der Messe diebstahlsicher aufstellen kann. Eine andere Alternative ist es, dem Standpersonal auf der Messe jeweils eigene Tablets zu geben und nach einem Beratungsgespräch die Mailchimp-Subscribe-App zu starten und den Interessenten zum Anmelden zu bewegen.

Zur Drucklegung dieses Buches war die letzte Version dieser App vom August (Google) beziehungsweise September (Apple) 2016 – für eine App eine recht lange Zeit. Möglicherweise ist das ein Indiz dafür, dass die App über kurz oder lang aus den jeweiligen App-Stores verschwindet. Sie sollten sie also besser direkt herunterladen.

Mailchimp Editor

Diese App ist seit einiger Zeit nicht mehr im PlayStore oder dem iTunes Store vertreten. Sollten Sie die App aber bereits auf Ihrem Smartphone oder Tablet haben, dann kann sie nach wie vor benutzt werden. Die Funktionen der »Mailchimp Editor«-App sind mittlerweile nahezu alle in der »Mailchimp Marketing & CRM«-App verfügbar.

Mit der Einführung der neuen Template-Engine in 2014, die das Erstellen von Templates und Newslettern sehr vereinfacht hat, kam der Wunsch nach einem bequemen Editor für Tablets auf. Die ursprüngliche Mailchimp-App war für diesen Zweck nicht geeignet. So wurde auf Basis des neuen Editors eine spezielle App – passenderweise Mailchimp Editor – auf iPad und Android-Tablets zugeschnitten.

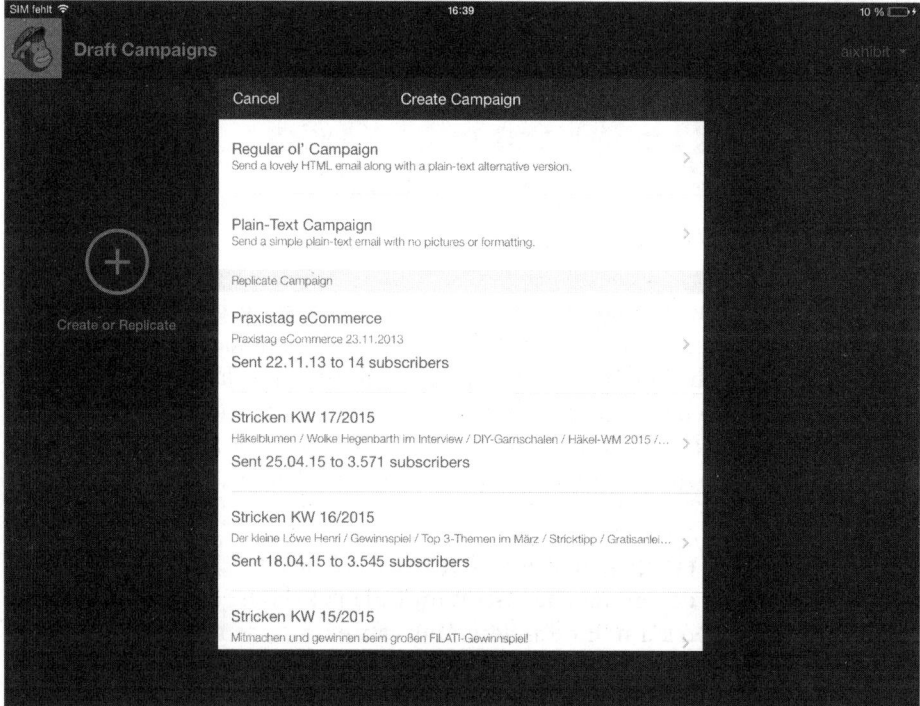

Abb. 16.14: Mailchimp Editor. Auch komplette Kampagnen können mittels App auf dem Tablet umgesetzt werden.

Auf Finger-Bedienung optimiert, führt die App den Benutzer Schritt für Schritt durch die Erstellung eines neuen Newsletters. Man hat aber auch Zugriff auf sämtliche bislang versendeten Newsletter oder auf Entwürfe, die noch nicht versendet sind. Die Mailchimp-Editor-App und die Bedienung über den Browser laufen dabei parallel. Man kann jederzeit von einem zum anderen wechseln und die Arbeit am jeweils geeigneteren (oder verfügbaren) Gerät fortsetzen. So können Sie zum Beispiel während einer Bahnfahrt den nächsten Newsletter zusammenstellen und die Texte schreiben. Sobald Sie dann wieder zu Hause oder im Büro sind, können Sie Bilder aufbereiten und hinzufügen und das Feintuning machen.

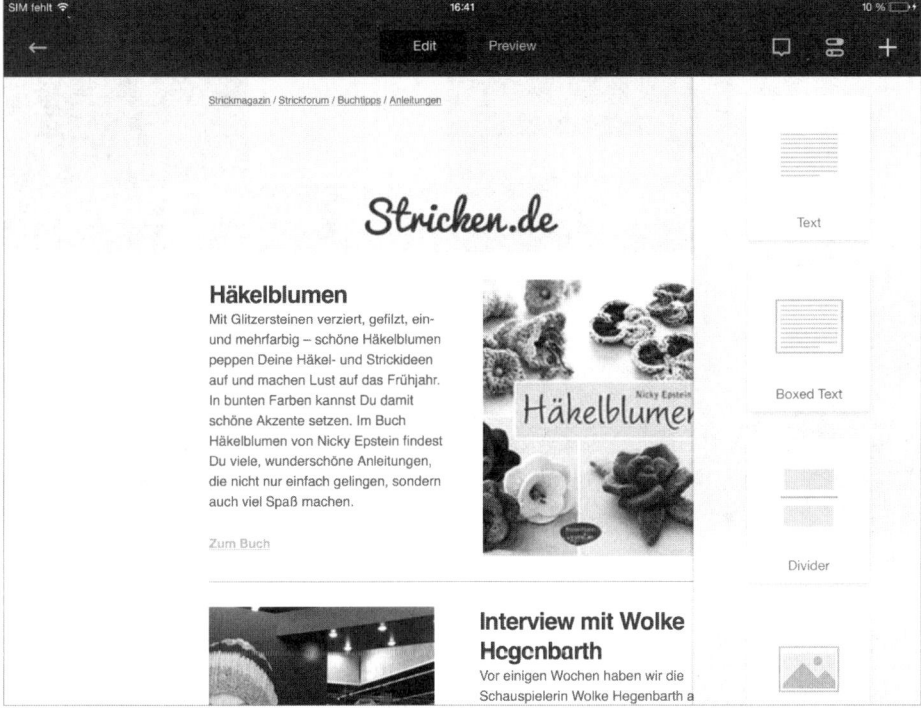

Abb. 16.15: Die Mailchimp-App ist an die Bedienelemente des Tablets angepasst. Fingergesten ersetzen die Maus.

Beim Definieren der Inhalte stehen die gleichen Inhaltselemente wie beim »großen« Mailchimp zur Verfügung. Sie werden mit den Fingern an Ort und Stelle bewegt, wie sie mit Inhalten gefüllt werden müssen.

Aufgrund der Bildschirmgröße ist viel »Fingerarbeit« zu erledigen. Ich bevorzuge die Arbeit an einem größeren Bildschirm mit der Maus. Man gewöhnt sich aber schnell an das Scrollen durch die Bausteine und wie man die einzelnen Bausteine platziert.

Bei den Bildern ist man auf die Grafiken angewiesen, die sich bereits auf dem Gerät befinden. Hier empfiehlt es sich oft, lediglich Platzhalterbilder auf dem Tablet zu benutzen und dann am Computer die Bilder für den Newsletter aufzubereiten und einzusetzen.

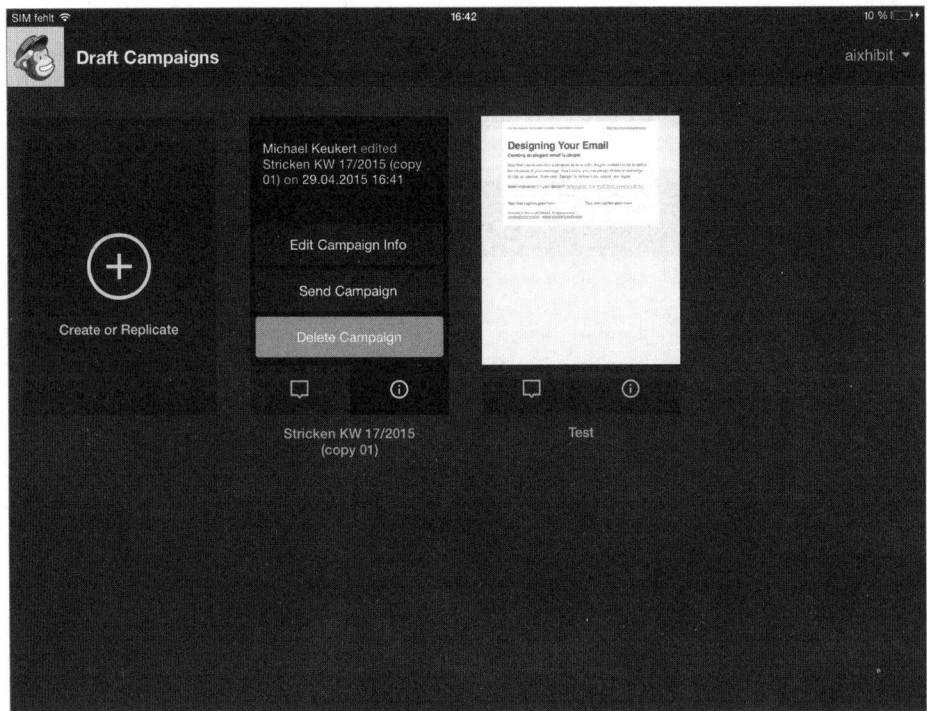

Abb. 16.16: Die Übersicht über alle Kampagnen. In der Tablet-App ist ein Vorschaubild zu sehen.

Die Kampagnen-Übersicht ist auf dem Tablet sogar schöner gelöst als in der Browser-Version, denn von jeder Kampagne wird ein kleines Vorschaubild angezeigt. Von hier aus können Newsletter versendet werden. Hier können Sie auch die Entwürfe verwalten beziehungsweise einen neuen Entwurf erstellen.

Insgesamt ist die Mailchimp-Editor-App sehr aufgeräumt und schön zu bedienen, jedoch noch kein vollwertiger Ersatz für die Browser-Version.

Mailchimp Snap

Diese App ist seit einiger Zeit nicht mehr im PlayStore oder in Apples App Store vertreten. Sollten Sie die App aber bereits auf Ihrem Smartphone oder Tablet haben, dann kann sie nach wie vor benutzt werden. Anfang 2015 stieß diese App zur Reihe der Mailchimp-Apps hinzu und dient dem schnellen und einfachen Versenden fotobasierter Newsletters.

Zielgruppe sind hier eher private Newsletter, eine Anwendung ist aber auch bei Prominenten- und Marken-Newslettern (was ja im Prinzip dasselbe ist) oder für Events vorstellbar.

Die Bedienung von Mailchimp Snap ist komplett auf Fotos ausgelegt – es kann aber immer nur ein einziges Foto als Grundlage für den Newsletter gewählt werden. Dieses kann unmittelbar über die Smartphone-Kamera aufgenommen werden oder aus den auf dem Gerät gespeicherten Bildern stammen. Eine Anbindung an den populären Foto-Dienst Instagram ist ebenfalls möglich.

Abb. 16.17: Mailchimp Snap ist die App speziell für Foto-Newsletter.

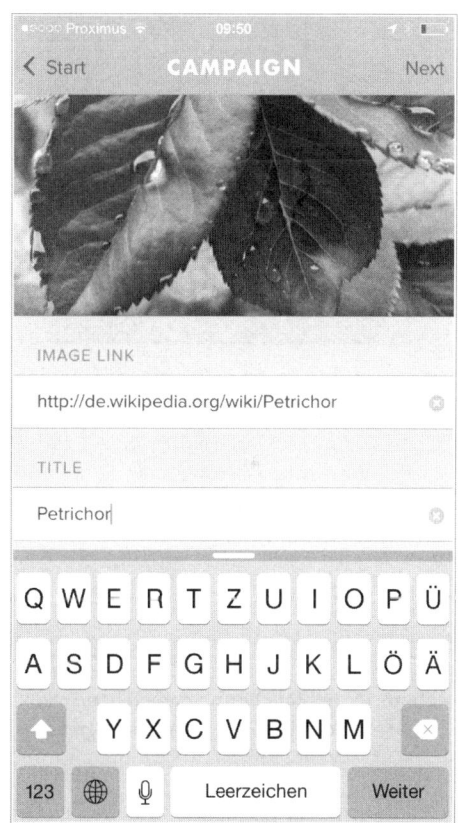

Abb. 16.18: Mailchimp Snap hat einen sehr eingeschränkten Funktionsumfang. Die Bedienung ist dementsprechend einfach und übersichtlich.

Ein Newsletter besteht aus einem einzigen Bild, einem optionalen Link, der dem Bild hinterlegt ist, einer Betreffzeile und einer Nachricht. Das ist alles sehr einfach gehalten, lässt sich dafür aber hervorragend auf dem Smartphone bedienen.

Konsequenterweise stehen aktuell lediglich drei Designvorlagen zur Verfügung, die sich zudem nicht groß unterscheiden; im Mittelpunkt stehen immer das Bild und die kurze Nachricht.

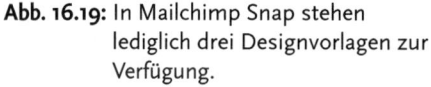

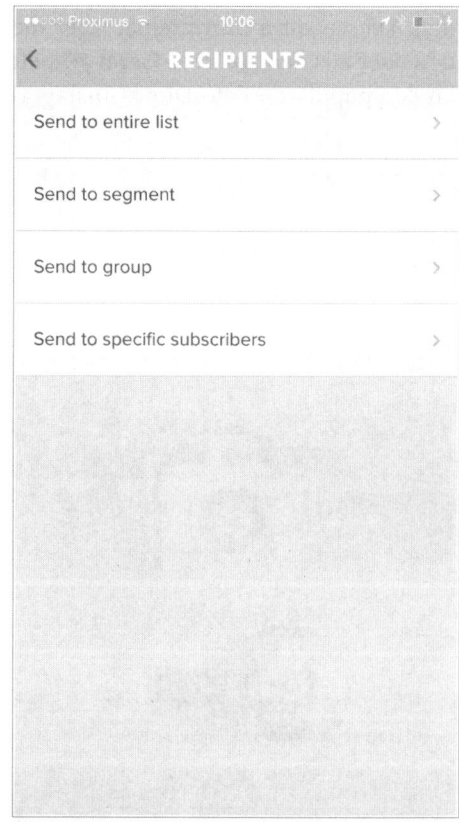

Abb. 16.19: In Mailchimp Snap stehen lediglich drei Designvorlagen zur Verfügung.

Abb. 16.20: Auswahl der Empfänger in Mailchimp Snap

Sobald alles fertig eingegeben wird, kann man diesen Kurz-Newsletter sofort absenden. Dazu stehen noch einige Möglichkeiten der Segmentierung zur Verfügung. Neben vorhandenen Segmenten in der Liste kann man auch individuelle Adressen auswählen.

Abb. 16.21: Preview-Modus der versandfertigen Kampagne

Ein letzter Blick auf den fertigen Mini-Newsletter erlaubt das finale Überprüfen. Mailchimp setzt die Pflichtangaben – Absenderadresse und Abmelde-Link – automatisch ein. Das kleine Kamera-Symbol zeigt, dass die Mail von Mailchimp Snap versendet wurde. Klickt man nun auf SEND, wird dieser Newsletter an alle ausgewählten Adressaten versendet.

Mailchimp Snap eignet sich hervorragend dafür, aktuelle Eindrücke und Impressionen schnell an eine Gruppe von Personen zu versenden. Die Limitierung auf nur ein Bild und einen kurzen Text sind die Stärken dieser Anwendung, die am ehesten einer Mischung aus dem Bilderdienst Instagram und der Kurznachrichten-Plattform Twitter darstellt. Die Gefahr ist aber, dass man seine Abonnenten mit zu vielen dieser Kurz-Newsletter überfordert und sie nach kurzer Zeit den Newsletter entnervt abbestellen. Selbst von einem Promi würde ich ungern mehrmals am Tag eine Mail erhalten.

Interessante Anwendungsbereiche ergeben sich dort, wo man die Beschränkungen des Mediums innovativ und ungewöhnlich nutzt. So könnte man mit Mailchimp Snap beispielsweise eine interaktive, fotografische Schnitzeljagd abbilden, bei der über einen begrenzten Zeitraum ein bis zwei Bilder-Mails pro Tag versendet werden und die Empfänger raten müssen, an welchem Ort sich der Absender aufhält.

Den Haupt-Anwendungsbereich sehe ich aber eher im privaten Freundes- oder Familienkreis denn im professionellen Umfeld.

Mailchimp for Apple Watch

The Rocket Science Group war unter den ersten Firmen, die eine App für die Apple Watch veröffentlicht hat. Noch am Tag des Verkaufsstarts der Uhr erklärten die Mailchimp-Entwickler in einem Blogpost (*https://blog.mailchimp.com/making-mailchimp-for-apple-watch/*), wie sie die App konzipiert haben, welche Funktionen sie hat und wie sie über das »Handoff«-Protokoll von Apple mit iPhone oder iPad kommuniziert.

Abb. 16.22: Apple Watch. Mailchimp stellt eine eigene Watch-App mit besonderen Funktionen zur Verfügung.

Auf den Bildern im Blogpost kann man erkennen, dass die Watch-App primär dem schnellen Überblick über die Kampagnen-Performance dient. Auf drei aufeinanderfolgenden Ansichten sieht man zunächst die Grunddaten der aktuellen Aussendung, dann die Öffnungsrate und schließlich die Klickrate.

Auf einem mit der Apple Watch gekoppelten iPhone oder iPad kann man dann über »Handoff« die Daten übernehmen und mit der Mailchimp-App genauere Informationen abrufen.

Ob diese App noch angeboten wird, lässt sich nicht eindeutig feststellen. Auf der Mailchimp-Website ist sie nach wie vor beschrieben. Die »Mailchimp Marketing & CRM«-App wird jedoch nur als für »iPhone und iPad geeignet« beschrieben. Einer Mitarbeiterin war es nicht möglich, mit der neuesten Version der iPhone-App eine Verbindung zur Apple-Watch-App herzustellen. Nach wie vor würde ich mich daher über Feedback von Benutzern freuen (*michael.keukert@Mailchimp-agentur.de*).

Mandrill

Eine Sonderrolle unter den Mailchimp-Apps nimmt Mandrill ein. Mailchimp dient primär dem Versenden von Newslettern. Auch wenn es durchaus Ausnahmen gibt, handelt es sich dabei um eine 1:n-Relation: ein Absender, zahlreiche Empfänger.

Mandrill beschäftigt sich ausschließlich mit 1:1-Sendeverhältnissen, also einem Absender und einem Empfänger. Der Kern-Anwendungsbereich sind Transaktionsmails, also zum Beispiel Bestellbestätigungen.

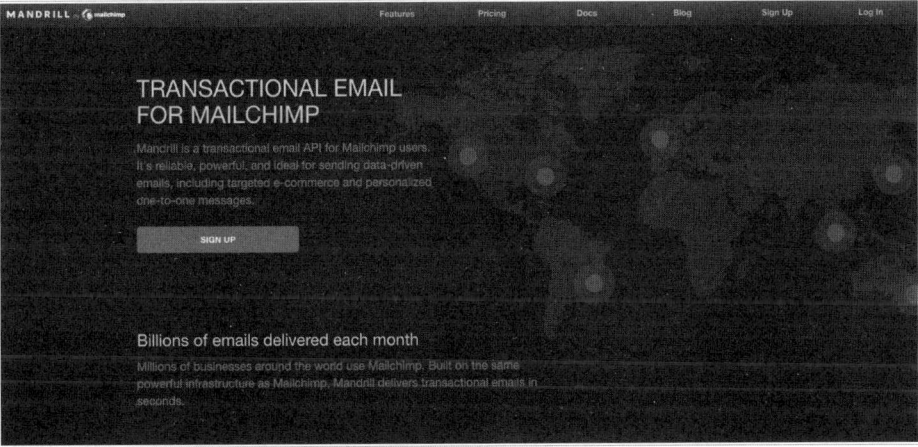

Abb. 16.23: Mandrill ist eine Schwester-Applikation von Mailchimp.

Mandrill wurde als unabhängiges Projekt entwickelt, nutzt aber die verteilte Server-Infrastruktur von Mailchimp. Darüber hinaus sind beide Systeme stark miteinander verknüpft. So erstellt man in einem Mailchimp-Account Templates, die dann von Mandrill zum Versand der individuellen Mails benutzt werden.

Zwischen beiden Projekten gibt es gewisse Überlappungen. Einige Dinge, für die Mandrill prädestiniert ist, können auch – teilweise mit Klimmzügen – über

Mailchimp realisiert werden. Umgekehrt muss man bei Mandrill einigen Aufwand betreiben, um Funktionalitäten abzubilden, die in Mailchimp sehr einfach gelöst sind. Grundsätzlich kann man feststellen, dass Mailchimp weitestgehend alleine funktioniert, während man bei Mandrill in jedem Fall externe Programmierungen einsetzen muss.

Ein hauptsächlicher Unterschied besteht darin, dass Mailchimp die Adressen in Listen organisiert und ein Adressat sich immer von einer Liste abmelden kann (und damit für die Zwecke des E-Mail-Marketings zunächst verloren ist). Mandrill sendet hingegen immer individuelle Mails, von daher gibt es keine Abmeldemöglichkeit. Was jedoch nicht heißt, dass ein Empfänger sich nicht auf andere Weise Gehör verschaffen kann, wenn er sich von Mails belästigt fühlt.

Kapitel 17

Ausblick

Als Ben Chestnut in den frühen 2000er Jahren noch eine Agentur für Webdesign betrieb, gab es unter den Entwicklern den Spruch »Wenn nichts mehr klappt, füge einen Affen hinzu – Kunden lieben Affen«. Folgerichtig wurde ein Schimpanse das Maskottchen für das damalige Nebenprojekt Mailchimp. Die Kunden liebten den Affen tatsächlich. Befragt, wie das Tier denn heißt, antwortete Chestnut mit dem »most ridiculous name we could think of«, dem lächerlichsten Namen, den sich das Team ausdenken konnte: »Frederick ›Freddy‹ von Chimpenheimer IV.« war geboren.

Bereits 2005 wurde aus dem Nebenprodukt der Haupt-Geschäftsbereich der Firma und im Jahr 2007 drückte Chestnut den virtuellen »Reset-Knopf« und wandelte die vorherige Webdesign-Agentur in eine produktgetriebene Firma um, die sich ausschließlich um Mailchimp kümmert. Ein sehr interessantes Interview mit Ben Chestnut über diese Zeit finden Sie unter *http://doeswhat.com/2012/09/26/interview-with-ben-chestnut-mailchimp/*.

Heutzutage setzen zahllose Privatleute, Start-ups und gestandene Firmen weltweit Mailchimp ein. Vom gelegentlichen Newsletter an Familie und Freunde bis hin zu halb-täglichen Terminmarktnotierungen (ja, richtig, ZWEI Newsletter pro Empfänger pro Werktag – eines der Projekte, die wir für einen Kunden realisiert haben) findet sich eine riesige Bandbreite an Anwendungen für den Schimpansen aus Atlanta.

Einzigartig bei Mailchimp ist dabei, wie das Werkzeug für alle diese Bereiche genutzt werden kann, ohne dabei übermäßig komplex zu sein oder dem Anwender Limitationen aufzulegen. Mailchimp legt eine hohe Innovationsrate vor – im Schnitt kommen alle sechs bis acht Wochen neue Funktionen hinzu –, ohne aber die Anwender zu verprellen oder unnötig zu verwirren.

Die Änderungen der letzten zwei Jahre zeigen, wohin die Reise geht: Zunehmende Integration von Social Ads über Facebook und Instagram – weitere werden sicher folgen – sowie die deutliche Fokussierung auf Onlineshops und E-Commerce ermöglichen ein umfassendes Kampagnenmanagement. Mit dem Anbieten von Landingpages, Postkarten, Popups und demnächst Microsites werden weitere Bereiche erschlossen, die Mailchimp in eine umfassende Onlinemarketing-Plattform entwickeln.

Für Sie bedeutet dies vor allem zwei Dinge: Investitionsschutz und langfristige Planbarkeit! Wenn Mailchimp jetzt das richtige Tool für Sie ist, dann wird es das auch noch in zwei oder fünf Jahren sein. Die Basis, die Sie sich heute anhand dieses Buches oder durch die Dienstleistung einer auf Mailchimp spezialisierten Agentur schaffen, können Sie über die Jahre weiter ausbauen und Ihren wachsenden Bedürfnissen anpassen.

Unsere Website *https://www.mailchimp-agentur.de* hilft Ihnen dabei, Mailchimp auch nach Abschluss der Lektüre dieses Buches weiter professionell zu nutzen. Wir berichten dort regelmäßig über Neuerungen, geben Tipps und zeigen Tricks und stellen interessante Anwendungsszenarien vor. Selbstverständlich können Sie sich dort auch in einen Newsletter eintragen und hören dann einmal im Monat von uns.

Danke bis hierhin! Wir würden uns freuen, von Ihnen zu hören!

Viel Spaß mit Mailchimp,
Michael Keukert, Aachen, 29.02.2020

Stichwortverzeichnis

René Kulka

E-Mail-Marketing

Das umfassende Praxis-Handbuch

- **E-Mail-Verteiler aufbauen und Maßnahmen planen**
- **Klickstarke E-Mails und Newsletter gestalten**
- **Messen, auswerten und Erkenntnisse ableiten**
- **Rechtliche Aspekte kennen, Spam-Filter umgehen**

Keine Web-Applikation wurde so oft totgesagt wie die gute alte E-Mail. Doch Marketer möchten auf das Medium nicht mehr verzichten, sobald sie einmal die Vorzüge erkannt haben.

Professionelles E-Mail-Marketing ist eine besonders effektive Marketing-Disziplin: Newsletter und Kampagnenmails bieten messbar große Erfolge bei einem vergleichsweise geringen Ressourceneinsatz und sind so mit einem hohen Return on Investment sehr gewinnbringend. In diesem Buch erfahren Sie, wie sich E-Mails optimal als Marketinginstrument einsetzen lassen.

Erfolgreich ist E-Mail-Marketing nur, wenn Sie eine Vielzahl von Regeln beachten. Denn so interessant das Medium auf der einen Seite ist – zugleich sind E-Mails häufig auch ein Ärgernis für den Empfänger. René Kulka zeigt, wie Sie im E-Mail-Kanal erfolgreich agieren und Kundenbeziehungen weiterentwickeln – ohne den Abonnenten auf die Nerven zu gehen.

Der Autor vermittelt detailliertes Know-how, das alle Facetten zeitgemäßen E-Mail-Marke-

tings berücksichtigt: Sie lernen, was eine individuelle und überzeugend gestaltete Marketing-Mail ausmacht. Sie erfahren außerdem, wie Sie relevante Informationen zu einem günstigen Zeitpunkt an die richtigen Abonnenten senden. Die Erfolgskontrolle, rechtliche Aspekte sowie die Spam-Problematik werden ebenfalls ausführlich besprochen.

Dieses Handbuch richtet sich sowohl an Einsteiger als auch an Praktiker – mit dem Ziel, eine solide Grundlage für den Auf- und Ausbau ihres E-Mail-Marketings zu legen.

Über den Autor:
René Kulka ist Email Marketing Evangelist bei einem der größten E-Mail-Marketing-Dienstleister im deutschsprachigen Raum. Er steuert dort den Wissenstransfer und informiert in dem E-Mail-Marketing-Blog www.emailmarketing.de regelmäßig über Trend- und Praxisthemen. Er ist darüber hinaus Herausgeber des Fachblogs www.emailmarketingtipps.de.

Probekapitel und Infos erhalten Sie unter:
www.mitp.de/5095

ISBN 978-3-8266-5095-6

Miriam Rupp

Storytelling für Unternehmen

Mit Geschichten zum Erfolg in Content Marketing, PR, Social Media, Employer Branding und Leadership

Storytelling als Basis für modernes Content Marketing

Wirkung und Erzählformate guter Geschichten

Zahlreiche anschauliche Beispiele und praktische Checklisten zur Ideenfindung

Storytelling ist für Marketingabteilungen das neue Fundament in der Kundenkommunikation über alte und neue Kanäle wie PR, Content Marketing und Social Media.

Marken wie Red Bull, Apple, Coca-Cola, Dove oder airbnb sind heutzutage in aller Munde, wenn es um Brand Storytelling geht. Doch was genau machen sie anders, als wir es von der traditionellen Unternehmenskommunikation kennen? Was können Sie von ihnen lernen? Anhand konkreter Beispiele erfahren Sie in diesem Buch, wie Storytelling erfolgreich im Marketing und in der Unternehmensführung eingesetzt werden kann.

Im ersten Teil des Buches lernen Sie detailliert, welche Bestandteile eine gute Geschichte enthalten sollte, und erfahren, wie Sie für Ihr Unternehmen Helden, Konflikte, ein Happy End und letztendlich Ihre eigene Rolle in einer Geschichte finden – passend zu Ihrer Unternehmensstrategie und -vision.

Der zweite Teil des Buches erläutert, wie Sie Ihre Geschichten optimal an Ihr Publikum bringen.

Die Autorin zeigt im dritten Teil des Buches, dass Storytelling nicht nur ein Thema für Lifestyle-Produkte wie Energy-Drinks oder Smartphones ist. Geschichten bieten gerade für technische oder Nischen-Themen oder auch im B2B-Bereich enormes Potenzial, das meist einfacher umzusetzen ist als angenommen.

Darüber hinaus ist Storytelling nicht nur ein Tool für die Kommunikation nach außen. Sie erfahren, inwiefern es auch für Employer Branding und Leadership generell von großer Bedeutung ist, um Mitarbeiter zu finden, zu halten und zu motivieren.

In jedem Kapitel finden Sie detaillierte Fragestellungen zur Ideenfindung, die Sie dabei unterstützen, Ihre eigene Story zu finden.

Zusätzlich geben Interviews mit Entrepreneuren, Agenturen und Storytelling-Verantwortlichen in Unternehmen ganz persönliche Eindrücke aus der Praxis.

ISBN 978-3-95845-242-8

Probekapitel und Infos erhalten Sie unter:
www.mitp.de/242

Sepita Ansari | Wolfgang Müller

Content Marketing
Das Praxis-Handbuch für Unternehmen
Strategie entwickeln, Content planen, Zielgruppe erreichen

Ziele richtig definieren und Strategie entwickeln als Basis für den gesamten Content-Marketing-Prozess

Marke stärken und Kunden entlang der gesamten Customer Journey aktivieren

Zahlreiche Beispiele, Praxis-Tipps, Checklisten und nützliche Tools

Content Marketing stellt den Kunden in den Mittelpunkt aller Aktivitäten. Dabei vermitteln gezielt geplante Inhalte zwischen dem Angebot des Unternehmens und den Bedürfnissen der Kunden. Unternehmen und Kunden wachsen damit enger zusammen und die Wertschöpfung steigt.

Für effektives Content Marketing benötigen Sie einen klaren Plan, um das Potenzial für Ihr Unternehmen voll auszuschöpfen. Mit diesem Buch erhalten Sie einen Leitfaden, der praxisnah erläutert, worauf es ankommt. Wesentlich ist dabei, dass erfolgreicher Content immer zielgerichtet und auf Basis einer umfassenden Strategie entsteht.

Sie lernen, Content-Marketing-Ziele im Einklang mit Unternehmenszielen zu definieren, geeignete KPI zu bestimmen und auf dieser Basis Ihre Content-Strategie zu entwickeln. Ausgehend davon werden als weitere Schritte die Content-Planung, -Produktion und -Distribution bis hin zur Analyse behandelt.

Sie erfahren, wie Sie die Interessen und Bedürfnisse Ihrer Zielgruppe analysieren, um Ihren Content darauf abstimmen zu können. Die Autoren erläutern, wie wichtig die Customer Journey ist, die den Kaufprozess in Phasen unterteilt. Sie zeigen auf, dass die Nutzer in jeder Phase mit unterschiedlichen Inhalten bedient werden müssen. Anhand von Beispielen aus der Praxis lernen Sie, den Content für jede Phase der Customer Journey optimal zu planen.

Angeleitet durch dieses Buch wählen Sie die Kanäle und Distributionsplattformen bewusst aus, um mit potenziellen und bestehenden Kunden in den Dialog zu treten. Abschließend zeigen die Autoren, wie Sie mit Analytics-Methoden überprüfen, ob Sie Ihre strategischen Ziele erreichen.

Probekapitel und Infos erhalten Sie unter:
www.mitp.de/044

ISBN 978-3-95845-044-8

Michael Keukert

101 Tipps für erfolgreiches
E-Mail-Marketing

**Effektive und konversionsstarke
Newsletter erstellen**

**Schluss mit ungeöffneten Newslettern:
höhere Öffnungsraten und mehr
Aufmerksamkeit erreichen**

**Bewährte Praxis-Tipps vom Profi:
typische Fehler vermeiden**

E-Mail-Marketing ist im Marketing-Mix immer noch eins der wichtigsten Werkzeuge,
denn es gibt kaum ein anderes, das genauso effektiv, einfach und günstig ist – wenn
es entsprechend gut umgesetzt wird.

Michael Keukert ist Berater und Stratege für E-Mail-Marketing und gibt Ihnen in diesem
Buch 101 Praxis-Tipps für effektive und erfolgreiche Newsletter. Aus seiner langjährigen Erfahrung weiß er, welche Fehler selbst Kenner der Materie noch machen und
an welchen Stellschrauben man drehen muss. Dabei sind zahlreiche Aspekte relevant
wie Absender, Preheader, Gestaltung u.v.m.

Helfen Sie Ihren Kunden, auf Ihr Angebot aufmerksam zu werden, indem Sie ansprechende Newsletter verschicken – anstatt plumper Werbung und Spam. Denn interessante Newsletter, die zu Ihrer Zielgruppe passen, werden gerne gelesen.

Bringen Sie Ihr E-Mail-Marketing mit den 101 direkt umsetzbaren Tipps auf ein neues Level und verschicken Sie zukünftig bessere, effektivere und konversionsstärkere
Newsletter.

ISBN 978-3-7475-0018-7

Probekapitel und Infos erhalten Sie unter:
www.mitp.de/0018